3ステップでしっかり学ぶ

Visual Basic入門

改訂第3版

朝井淳［著］

技術評論社

はじめに

よくある業界ネタで、「どの言語を学習したらよいか？」という話題があります。プログラミング言語の黎明期では選択肢がそれほど多くなかったので、「Basicでいいんじゃない？」といった雰囲気でしたが、現在では多くのプログラミング言語があり、選択肢も豊富にあります。

人気やトレンドというもありますしね。今はAIが流行りなので、Pythonが一番人気でしょうか。流行りの言語が習得できれば即戦力になる、といった考え方もあるかもしれません。

黎明期での有名なプログラミング言語としてはFORTRAN、COBOLそしてBASICがあります。今やFORTRANはあまり使われなくなりました、COBOLは汎用機が残っているので一部には需要があります。BASICはというとMicrosoftのおかげもあってかVisual Basicとして今だに現役のプログラミング言語でもあります。

そんなBASICを勉強しよう、というのが本書であるわけなのですが、言語の差異なんてそう大きくありません。FORTRANにせよ、Pythonにせよ、基本はみな同じです。何せコンピュータの基本的なしくみは50年前の黎明期からさほど変化していないのですから。

本書ではVisual Basicを学ぶための本ですが、基本的なプログラミングの概念やその方法を学ぶことができるように作成しました。変数や定数、条件分岐や繰り返し、配列、プロシージャや関数、それにクラス、プロパティ、メソッドといった概念はどのプログラミング言語にも出てくる話です。つまり本書できっちり基礎を学べばどの言語でも応用が効く、ということですね。

それでは楽しんで学習していきましょう。

2024年1月　朝井 淳

Contents

目次

第4章 プログラムの実行順序

第5章 演算と変数

第6章 型と戻り値

第7章 Ifと条件式

Contents

第11章 クラス

第12章 お絵かきプログラムの作成

第13章 ファイルIO

本書の使い方

本書は、Visual Studio Community 2022を使ってVisual Basicを学ぶ書籍です。
各節では、次の３段階の構成になっています。
本書の特徴を理解し、効率的に学習を進めてください。

Step1 その節で解説する内容を簡単にまとめています

Step2 実際にVisual Basicでプログラムを作成します

Step3 キーワードや、プログラムのコードの内容を文章とイラストでわかりやすく解説しています

各章末には、
学習した内容を確認する練習問題が付いています
解答は、巻末の364ページに用意されています

◉開発環境のインストールについて

「Visual Studio Community 2022」のインストールは、376ページを参照してください。

◉サンプルプログラムについて

本書で扱っているサンプルプログラムは、次のURLからダウンロードすることができます。
ダウンロード直後は圧縮ファイルの状態なので、適宜展開してから使用してください。

 http://gihyo.jp/book/2024/978-4-297-14025-0/support

プログラムとは何か

1-1　プログラムとは何か

1-2　Visual Basicとは何か

1-3　Visual Basicでの開発手順

プログラムとは何か

完成ファイル | なし

予習 プログラムとは何なのかを知ろう

本書は、Visual Studio 2022（ビジュアル スタジオ 2022）に含まれるVisual Basic言語を使って**プログラム**を作成する方法を学習する書籍です。
しかし、そもそも**プログラム**とはいったい何なのでしょうか。

プログラムの別の呼び方として**ソフトウェア**があります。プログラムをソフトウェアと呼ぶのに対して、コンピュータは**ハードウェア**と呼ばれます。そして、プログラムを作成していく過程では、**プログラミング・ツール**が必要になります。

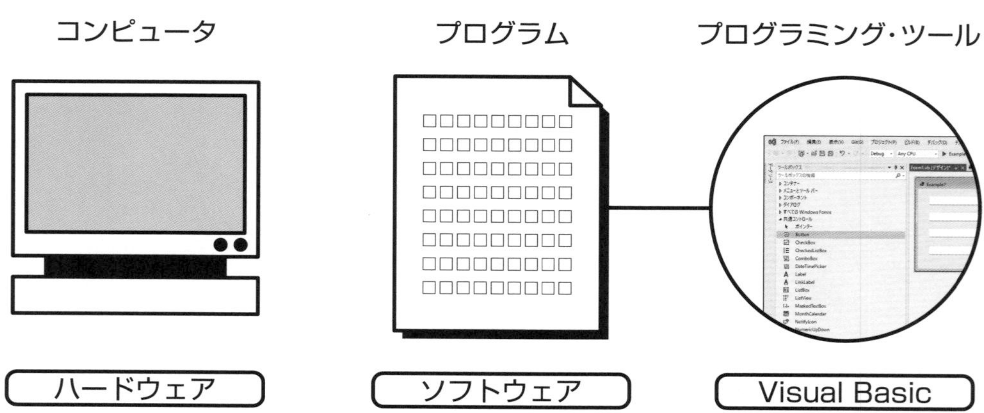

理解 プログラムについて

プログラムとは

ひとくちに**プログラム**といっても、運動会やイベントなどの予定表をプログラムと呼ぶこともあります。それに対して、コンピュータの分野でプログラムといえば、「**コンピュータを動かすための命令の集まり**」という説明がなされます。運動会のプログラムも、順番にやることが書いてあるわけですから、似ているといえば、似ています。

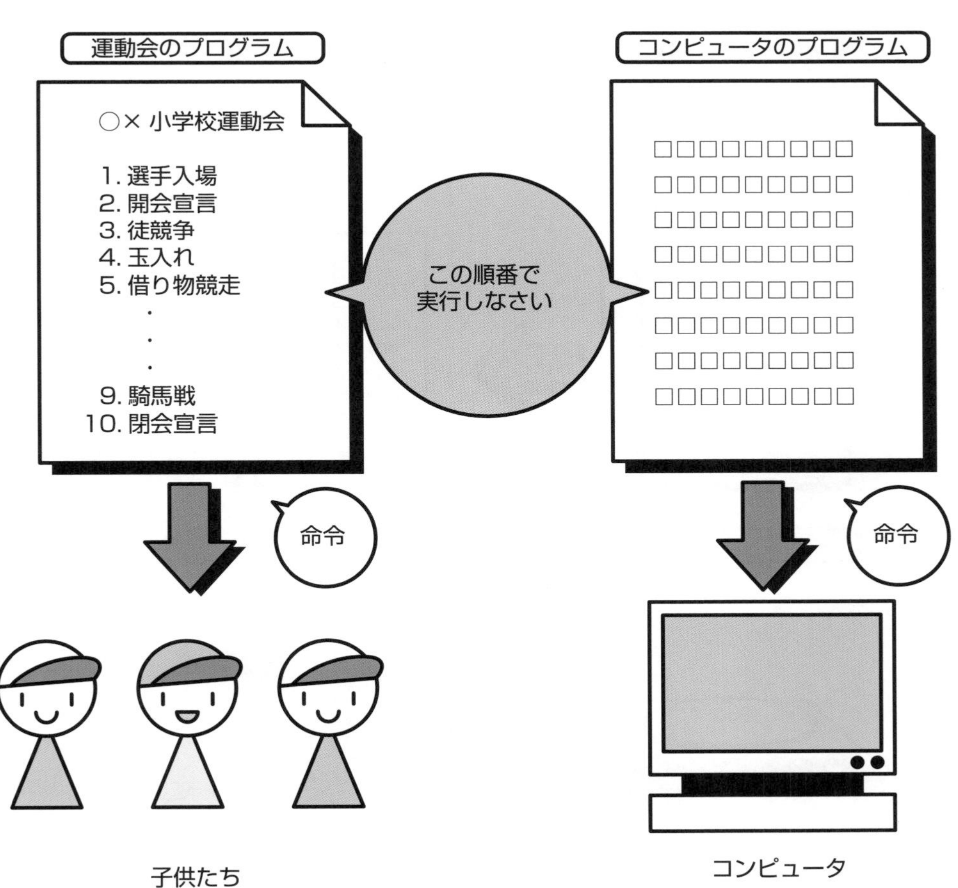

ソフトウェアとハードウェア

プログラムは、ソフトウェアと呼ばれることもあります。また、ソフトウェアの対となる言葉として、ハードウェアがあります。直訳すると、ハードウェアは「硬いもの」、ソフトウェアは「柔らかいもの」です。

ハードウェアは、コンピュータ自体や、ハードディスクやメモリといった、実際に手にとることのできる「もの」を指していいます。硬いという感覚は、機能を追加したり、変更したりするのに、融通が利かない、というところから来ています。

一方、ソフトウェアは、命令の集まりです。命令は、命令書のような形で作成されます。命令書を保存する場所はどこでもよく、ハードディスクであったり、DVD-ROMであったりします。命令書は画面に表示すれば見えますし、印刷すれば手に取ることもできますが、実体があるかというと怪しい感じのものになります。

ハードウェアに対して機能変更を行うことは容易ではありませんが、ソフトウェアの変更は簡単です。命令の一部を書き換えるだけでよいからです。

ソフトウェアとハードウェアは、お互いがお互いを必要とします。ハードウェアを制御するソフトウェアがあってこそ、本来の目的を達成できるようになっています。

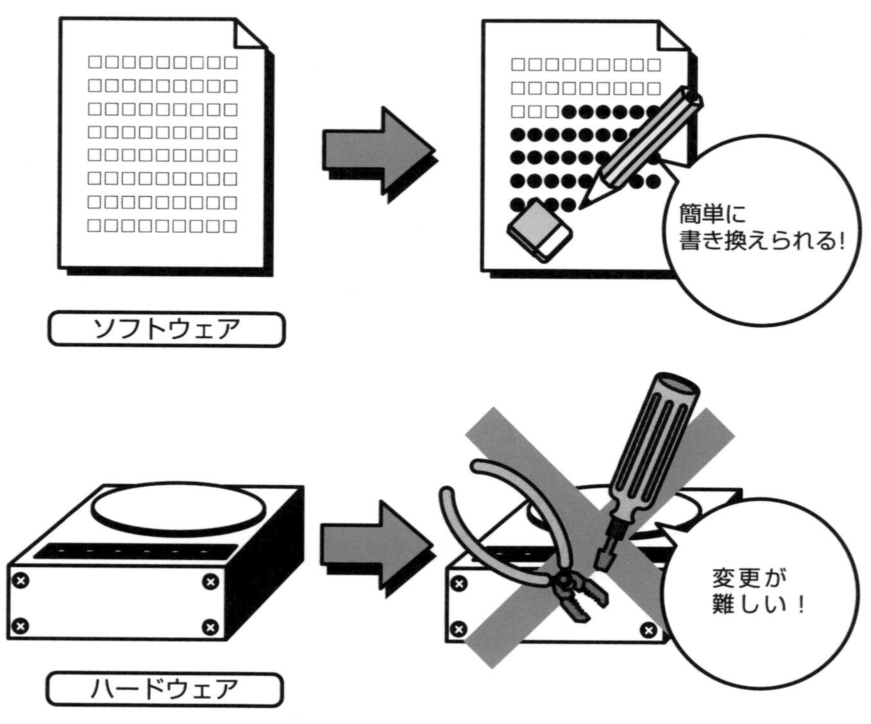

>>> プログラミングとは

プログラムがコンピュータに対する命令書であるとすれば、**プログラミング**は、命令書を作成する作業のことです。さらに付け加えると、プログラムをプログラミングする人のことを**プログラマ**と呼びます。

コンピュータの世界では、プログラムの元となる命令書のことを、**ソースコード**と呼びます。つまり、プログラミングはソースコードを作成する作業のことであり、プログラマがソースコードを作成し、それを集めることで、**プログラム**が完成します。

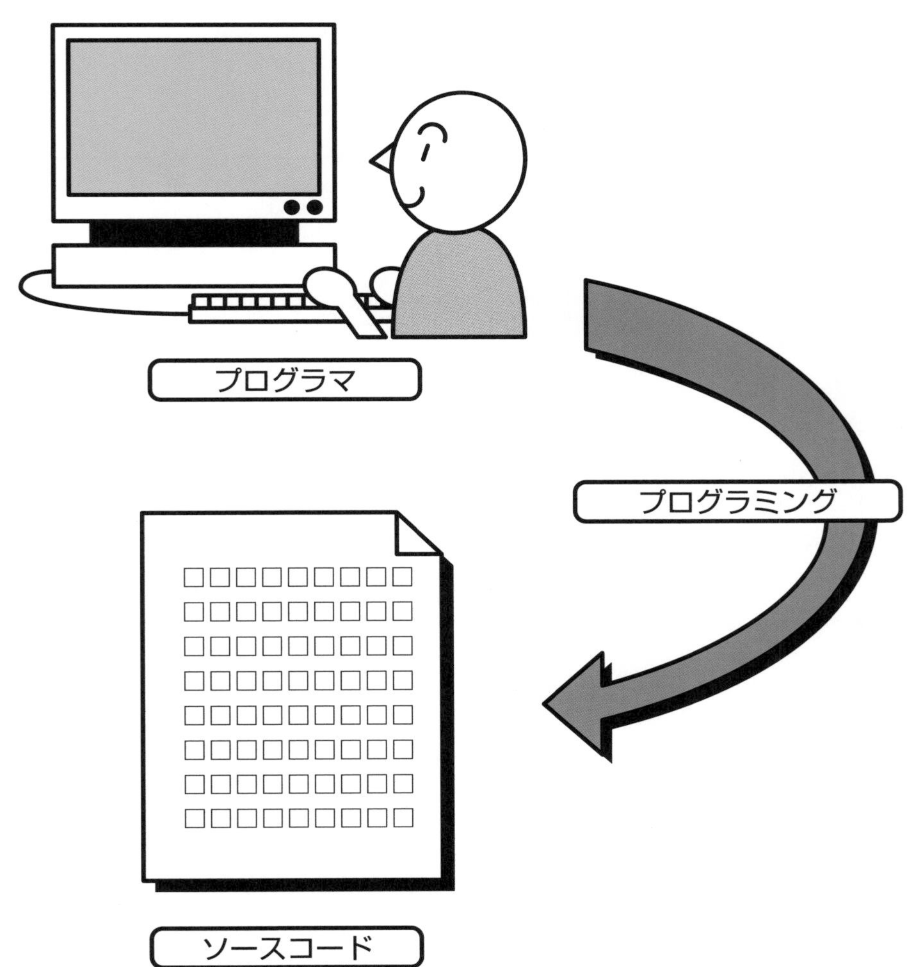

>>> プログラミングに必要なもの

プログラミングを行うためには、プログラミングを助ける**プログラミング・ツール**が必要になります。ソースコードを作るための**エディタ**や、作成したソースコードをコンピュータが理解できる形に変換するための**コンパイラ**、さらにはプログラムの間違いであるバグを探し修正するための**デバッガ**といったものがプログラミング・ツールには含まれます。
Visual Studio 2022をインストールすると、これらの**ツール**はすべて揃います。Visual Studio 2022は、プログラミング・ツールが1つのプログラムにまとめられた、**統合開発環境**と呼ばれるタイプのプログラミング・ツールなのです。

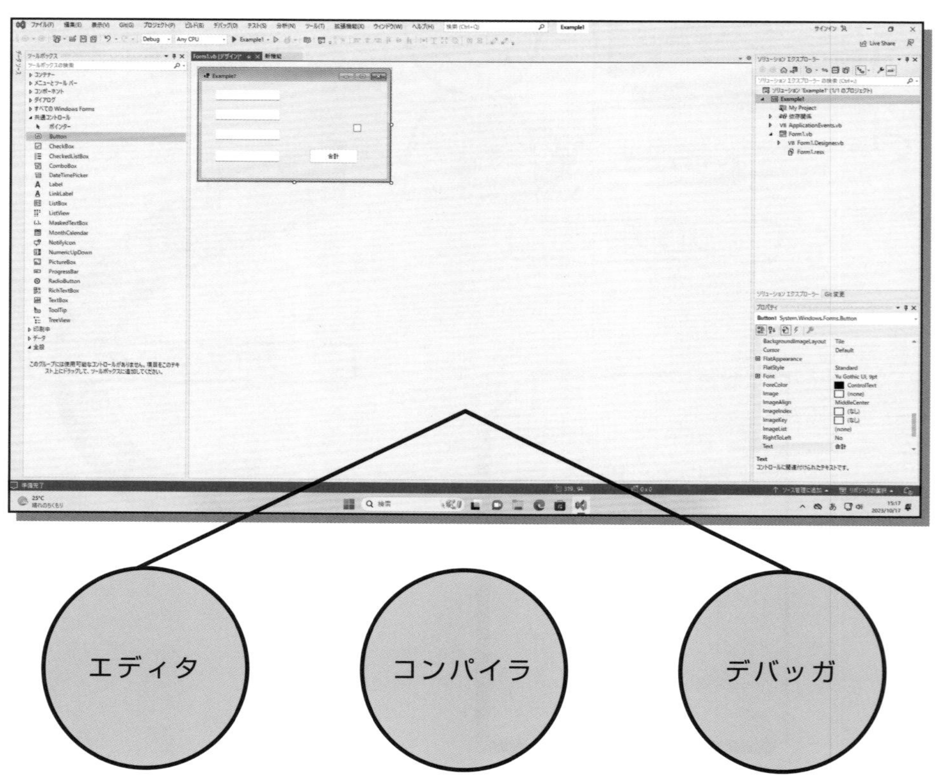

>>> コンパイラとは

プログラミングは、人間が理解できる言葉を使って行います。そのため、ソースコードをあとから見直すことも容易です。しかし、コンピュータが直接理解できる言葉と、人間が理解できる言葉は異なっています。つまり、人間が作成したソースコードは、そのままではコンピュータが理解することができないのです。

そのため、作成したソースコードを、コンピュータが理解できる形に翻訳する必要があります。この翻訳作業のことを、**コンパイル**といいます。そして、このコンパイルを行うソフトウェアが、**コンパイラ**なのです。

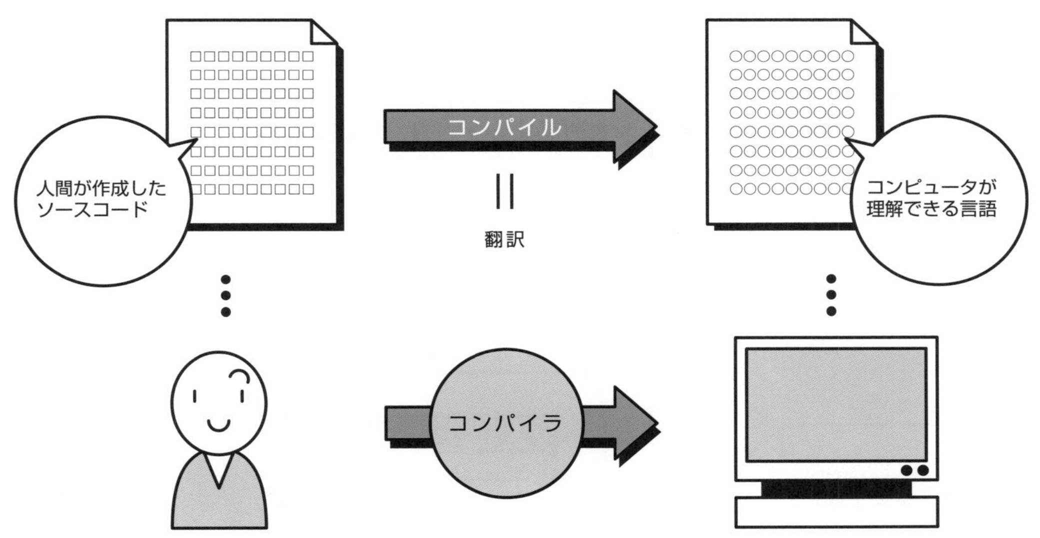

まとめ

- ◉プログラムはソフトウェアと呼ばれることもある
- ◉プログラムを作成することがプログラミングである
- ◉プログラミングを行うにはプログラミング・ツールが必要である
- ◉Visual Studio 2022は、統合開発環境のプログラミング・ツールである

2 Visual Basicとは何か

完成ファイル　なし

予習 Visual Basicの特徴について知ろう

プログラムのソースコードは、ある決められた通りの文法で書いていかなければなりません。プログラムを記述するための文法が定められた言葉のことを、**プログラミング言語**といいます。プログラミング言語には、たくさんの種類がありますが、Visual Basicもその１つです。**Visual Basic**の特徴は、ウィンドウやボタン、ラベルといった、目に見える部品を使ってプログラミングを行うという点にあります。そして、これらの部品を使ってコンピュータを操作することを、**GUI（ジーユーアイ／グイ）**と呼びます。

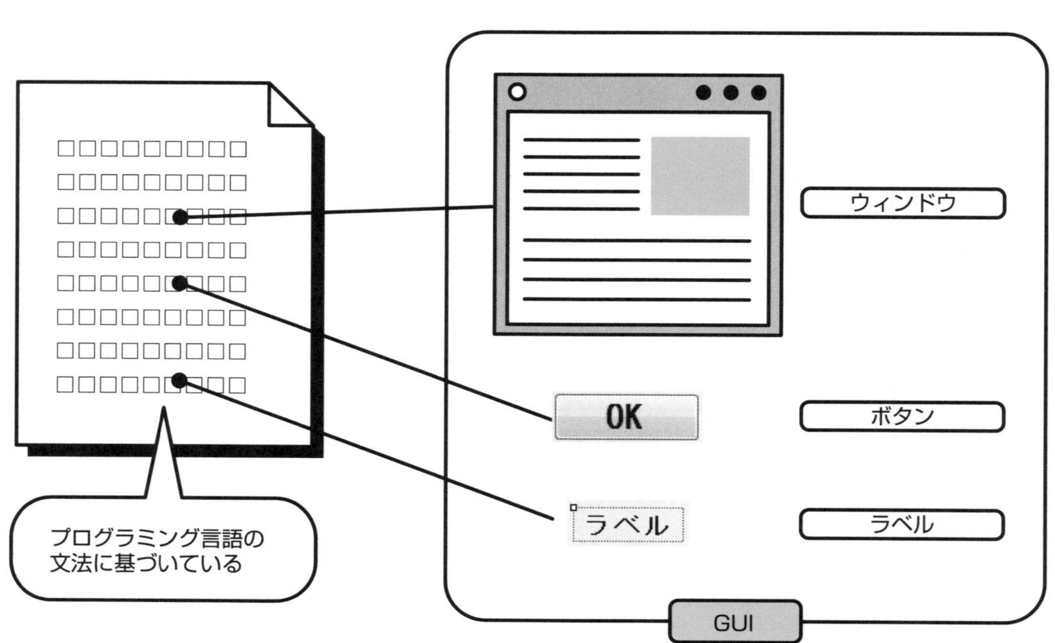

理解 Visual Basicについて

>>> Visual Basicの名前の由来

本書で解説するプログラミング言語は、Visual Basicです。まずは、この名前の由来について説明しましょう。

先頭のVisualは、視覚的という意味です。Visual Basicは世に出た当初から、マウス操作を中心としたGUI（ジーユーアイ）操作で、視覚的にプログラミングを行うことができました。それまでのプログラミング・ツールは、文字だけでプログラムを作成していく形式であったため、この点でVisual Basicは画期的だったのです。
最後のBasicは、Visual Basicの登場以前からある、プログラミング言語の1つです。つまりVisual Basicは、プログラミング言語Basicを、GUI操作でプログラミングできるように改良した言語である、ということなのです。

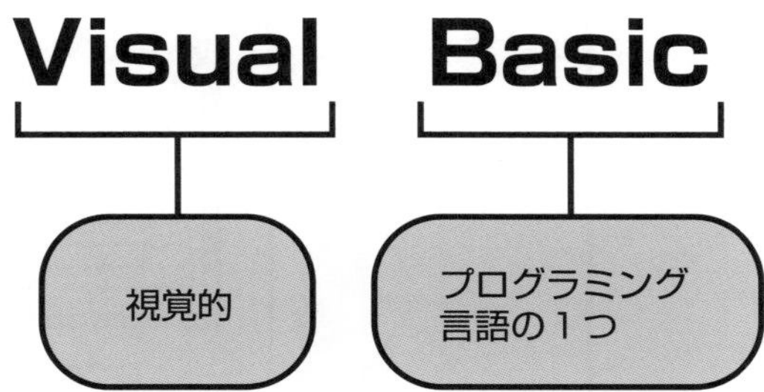

Visual Studioについて

Visual Basicは当初、単独のプログラミングツールでしたが、今では「Visual Studio」と呼ばれる統合開発環境の一部になりました。Visual Studioでは、Visual Basic以外にC#やC++などのプログラミング言語を使用することができます。
開発ツールの名称としては、Visual Studioが正しいのですが、以降Visual Basicと記載します。

・Visual Studio：開発ツールの名称
・Visual Basic：プログラミング言語の名称

>>> Visual Basicの優位点

Visual Basicには、次のような優れた特徴があります。

1. 統合開発環境である
2. GUIによってGUIインターフェースを作成できる

Visual Basicは、エディタ、コンパイラ、デバッガが1つにまとめられた**統合開発環境**です。そして、これらのツールをわかりやすいGUIによって操作できるため、プログラマは容易に開発ができるのです。

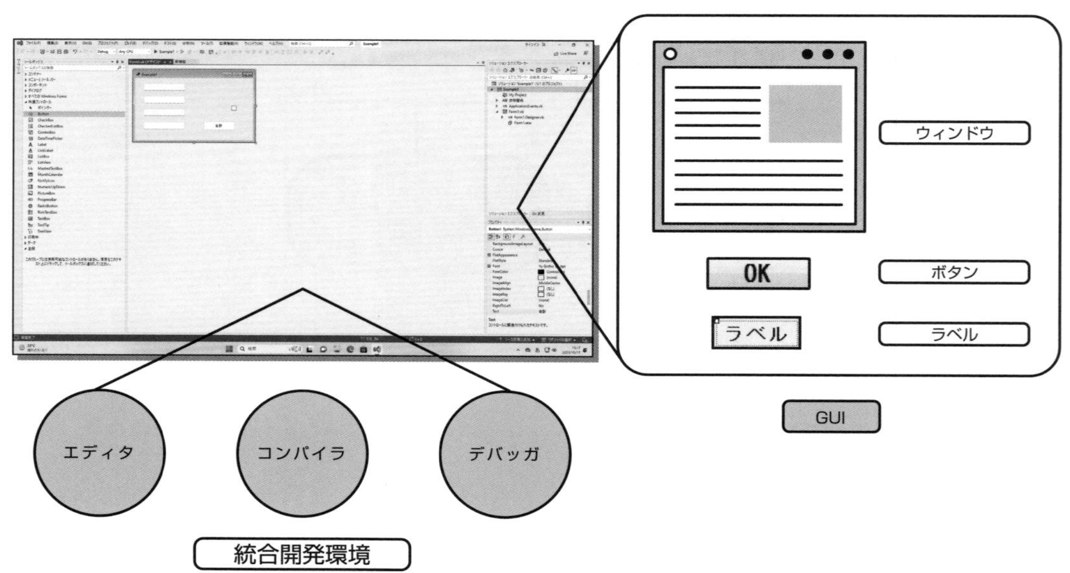

ユーザインターフェースについて

すでに解説したように、Visual Basicは、視覚的にプログラミングを行うことができます。これがVisual Basicの大きな特徴であり、他のプログラミング・ツールよりも優れている点です。具体的にいうと、他のプログラミング言語とは、ユーザインターフェースが異なるのです。

ここで、**ユーザインターフェース**(UI)という言葉を覚えてください。ユーザインターフェースは、コンピュータの使用者(ユーザ)とコンピュータの間でどのような操作が行われるのか、またどのような結果を返してくるのか、ということを意味します。

UIには、大きく以下の2種類があります。

- CUI(キャラクタ・ユーザインターフェース)
- GUI(グラフィカル・ユーザインターフェース)

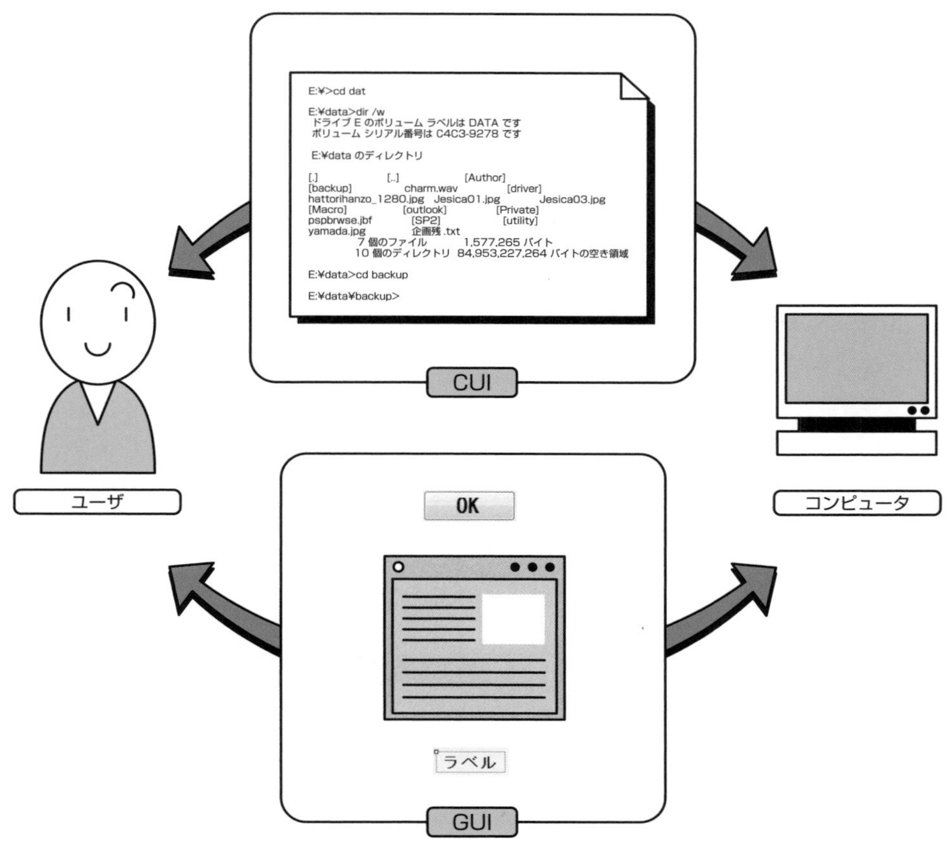

>>> CUI

CUI（シーユーアイ）は、昔からあるユーザインターフェースです。ユーザは、文字による命令で、コンピュータに指示を出します。それに対するコンピュータからの答えも文字です。CUIでは、主にキーボードから文字を入力し、結果は画面に文字として出力されます。

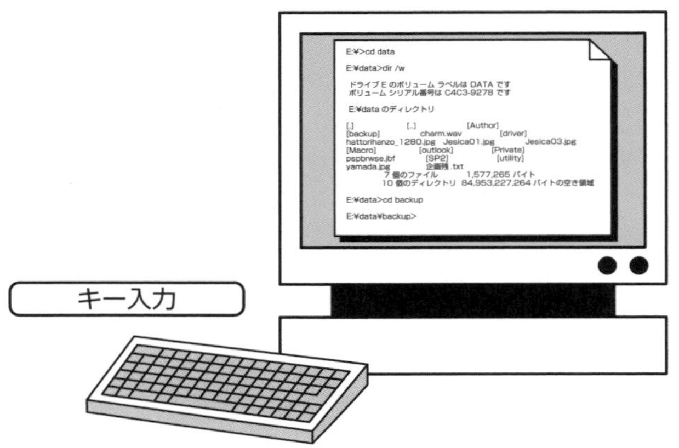

>>> GUI

GUI（ジーユーアイ）は、比較的新しいユーザインターフェースです。ユーザは、マウスを使って、画面に表示されているウィンドウやボタン、メニューなどを操作してコンピュータに指示を出すことができます。

Visual Basicは、GUIによるプログラムを作成することを前提としたプログラミング・ツールです。CUIのプログラムを作ることもできなくはありませんが、それではVisual Basicのよさが発揮されません。

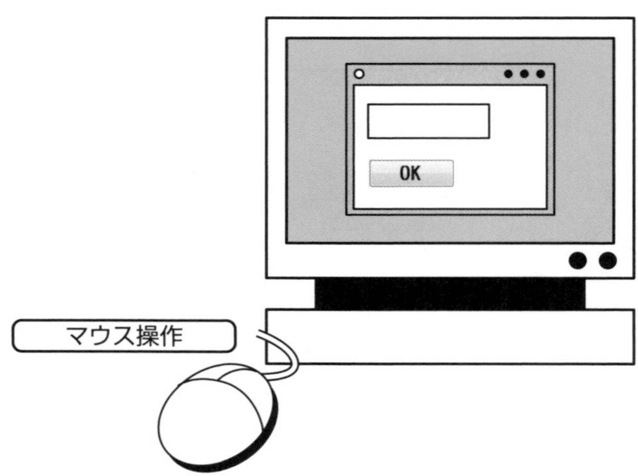

>>> GUIについて

GUIによるプログラムを構築する際、ウィンドウやボタン、テキストボックスといったGUI部品を配置する作業が必要になります。
まず最初に、ウィンドウを作ります。そのウィンドウに、ラベルやボタンなどを作成します。こうしたインターフェースの構築作業を、Visual Basicでは視覚的にGUIで行うことができます。つまり、GUIプログラムをGUIの開発環境で作成できるのです。Visual Basicは、こうしたGUI部品の作成と配置をマウス操作だけで行うことができるという点が画期的だったのです。

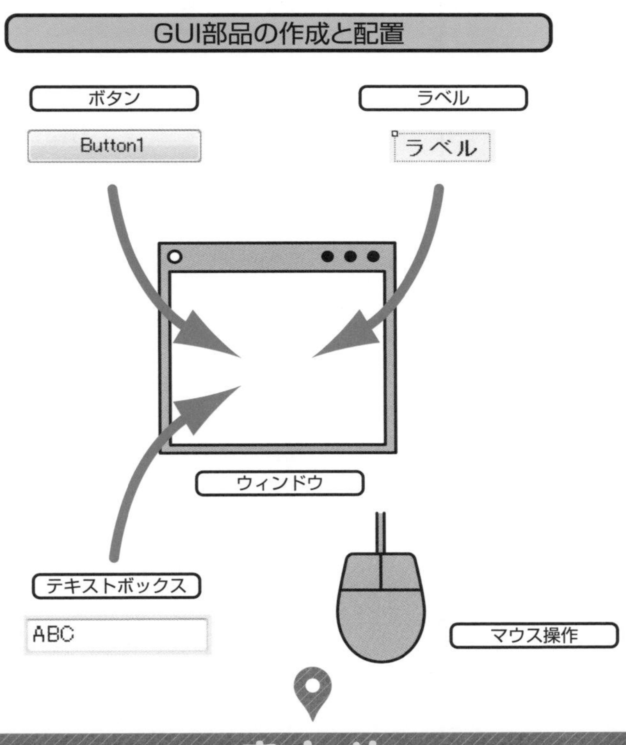

まとめ

- ◉プログラムは、プログラミング言語で決められている文法通りに記述しなければならない
- ◉Visual Basicはプログラミング言語の1つで、Basicという別のプログラミング言語を改良したものである
- ◉Visual BasicはGUIプログラムを作成することができる
- ◉Visual BasicはGUIで操作できる

Visual Basicでの開発手順

完成ファイル | なし

予習 Visual Basicでプログラムを作成する手順を知ろう

Visual Basicにおける、プログラムの典型的な開発手順は、次の５段階から構成されます。

1. プロジェクトの作成
2. フォームの作成
3. GUI部品の配置
4. 命令の作成
5. 実行して動作を確認

Visual Basicでは、プログラムを**プロジェクト**（ソリューション）と呼ばれる単位で作成します。プログラムを作成するには、まず最初にプロジェクトを作成します。続いて、プロジェクトの中に**フォーム**（Form）と呼ばれるウィンドウを作成し、さらにその中にボタンやテキストボックスなどの**GUI部品**を配置していきます。
配置した部品に対して、プログラミング言語で**命令**を作成し、最後に**実行**させて、動作を確認します。

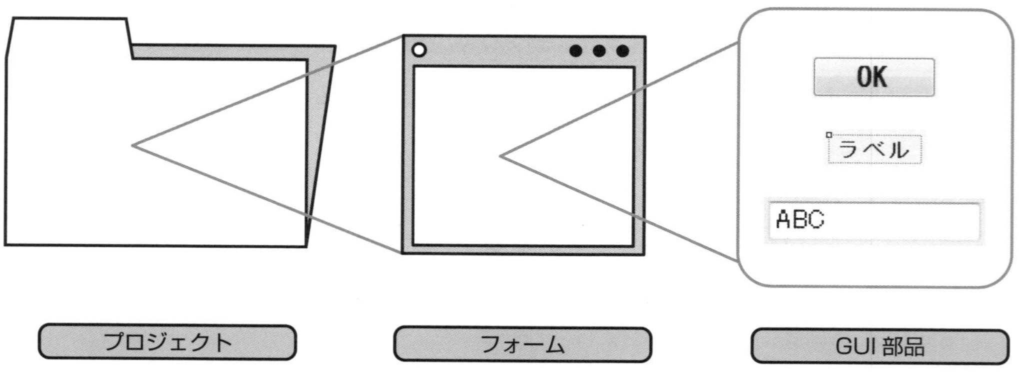

理解 Visual Basicでの開発手順について 

>>> プロジェクトの作成

Visual Basicでは、プログラムを**プロジェクト**という単位で作成します。プロジェクトは、Visual Basicで記述していくソースコードや、GUI部品を配置した見取り図によって構成されます。そこでまず最初に、プロジェクトを作成します。

>>> **Tips**

プロジェクトには用途に合わせていくつかの種類があります。コンソールアプリではCUIのプログラムを作成できます。

>>> フォームの作成

基本的にVisual Basicでは、ウィンドウを使ったプログラムを作成します。このウィンドウのことを、**フォーム**と呼びます。プロジェクトを作成すると、フォームが自動的に1つだけ作成されます。

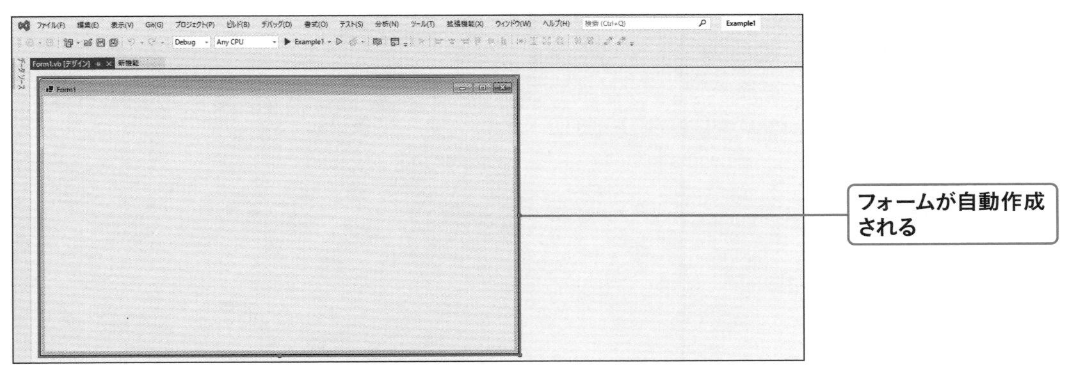

GUI部品の配置

作成されたフォームに、ボタンなどのGUI部品を配置したり、大きさを調整したりして、デザインしていきます。

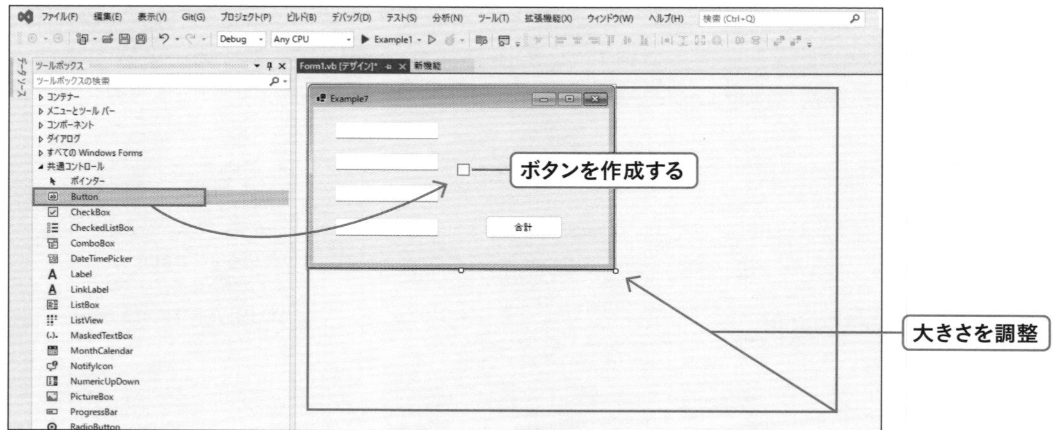

命令の作成

GUI部品を配置するだけでは、ウィンドウを表示することしかできません。ボタンがクリックされたら何をしろ、メニューが選択されたら何をしろ、といった命令は、プログラマ自身が作成しなければなりません。

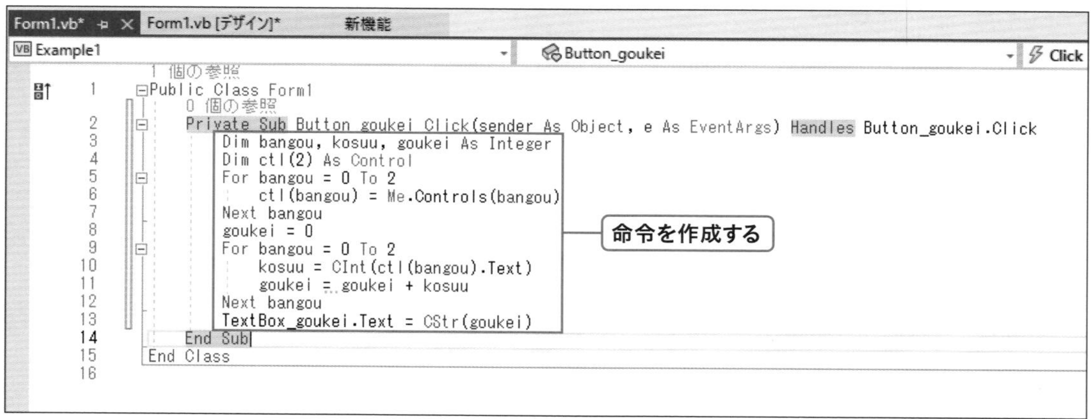

>>> 実行して動作を確認

プログラムが完成したら、デバッガと呼ばれるツールを使って実行を行い、正しく動作するかどうかを確認します。プログラムが思ったように動かなかったり、機能が足りなかった場合は、「GUI部品の配置」または「命令の作成」に戻ってプログラミングを続けていきます。

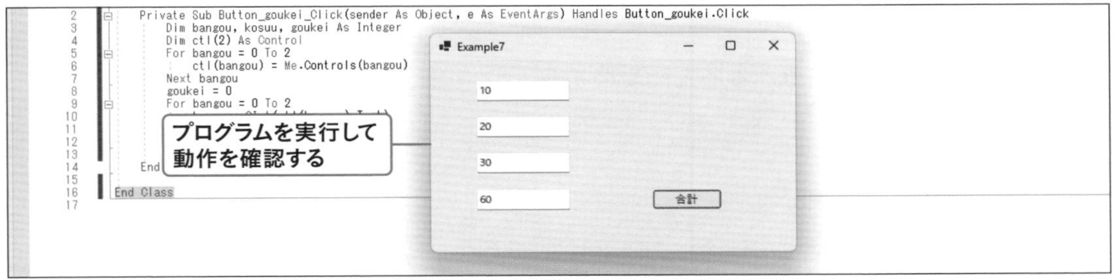

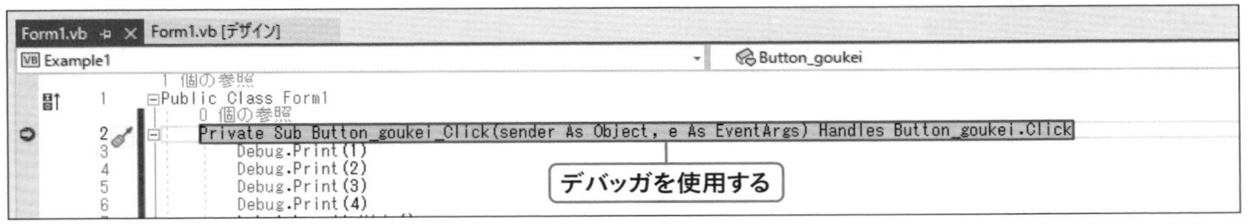

本書では、適宜プロジェクトを作成しながら学習を進めていきます。プログラムの作成を中断したい場合は、Visual Basicを終了してください。終了する際、プログラムの変更を保存するかどうか尋ねられることがあります。「保存しますか？」の質問に対して、「はい」で答えるようにします。

再度Visual Basicを起動し、プロジェクトを開くことで、保存した状態からプログラムの作成を再開することができます。

まとめ

- **Visual Basicでは、以下の手順でプログラムを作成する**
  1. **プロジェクトの作成**
  2. **フォームの作成**
  3. **GUI部品の配置**
  4. **命令の作成**
  5. **実行して動作を確認**

第1章 練習問題

■問題1

次の文章の穴を埋めよ。

プログラミング・ツールには、ソースコードを作成するための[①]、ソースコードをコンピュータが理解できる形式に変換する[②]、プログラムのバグを修正するための[③]などがある。

ヒント 14ページ

■問題2

次の文章の穴を埋めよ。

Visual Basicは、エディタ、コンパイラ、デバッガなどのプログラミングに必要なプログラミング・[①]が1つにまとめられた[②]環境である。

ヒント 14ページ

■問題3

次の文章は、CUI、GUIのどちらに関する記述であるのか答えなさい。

- マウスをよく使う
- メニュー、ボタン、ラベルなどの部品がある
- 視覚的なユーザインターフェース

ヒント 20ページ

■問題4

GUI部品にはどういったものがあるのか答えなさい。

ヒント 21ページ

プログラムの作成

1 プロジェクトを作ろう

完成ファイル | [0201] → [Example1] → [Example1.sln]

予習 プロジェクトとフォームの作成方法を知ろう

Visual Basicでは、**プロジェクト**という単位でプログラムを作成していきます。プロジェクトには、原則として**フォーム**が１つ以上必要です。

Visual Basicにおけるフォームとはウィンドウのことで、プロジェクトに複数のフォームを作成することも可能です。また、プロジェクトを作成すると、自動的にフォームが１つ作成されます。

フォームは、名前などの属性（**プロパティ**）を変更することで、プログラム上の管理が可能になります。

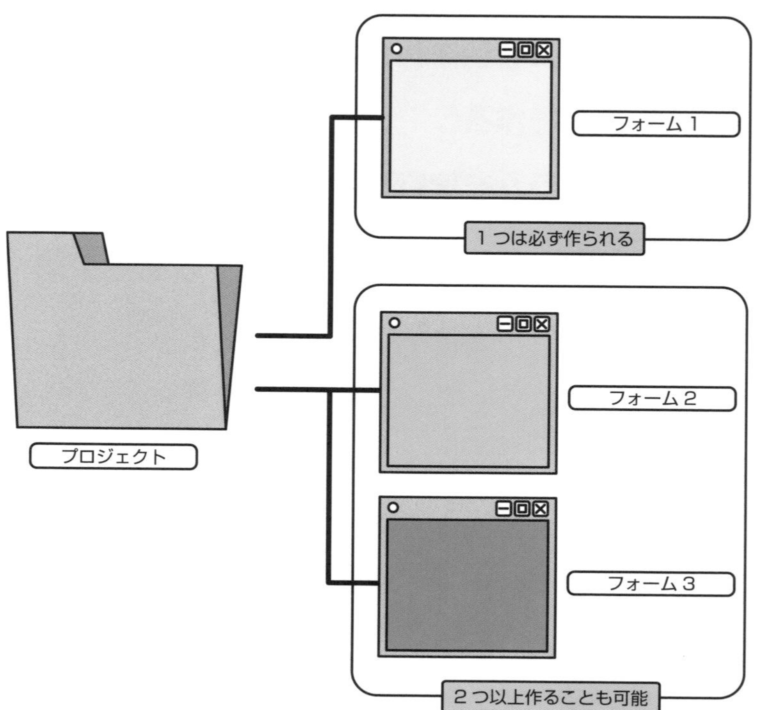

体験 プロジェクトを作成しよう

1 Visual Basicを起動する

[スタート]→[すべてのアプリ]→[Visual Studio 2022]の順にクリックします1。

>>> Tips

スタートメニューやタスクバーに「ピン留め」すると起動しやすくなります。

2 新しいプロジェクトの作成

Visual Basicの起動直後には開始メニュー画面が表示されます。
プロジェクトを新規に作成してプログラムを作成していきます。[新しいプロジェクトの作成]をクリックします1。

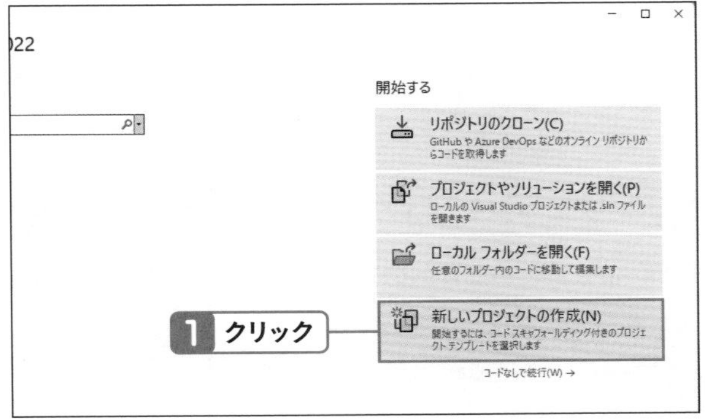

3 テンプレートの選択

Visual StudioではVisual Basic以外の言語でも開発することが可能なため多くのテンプレートが用意されています。
本書ではVisual Basicを使ってプログラムを作成していくため、メニューから[Visual Basic]を選択し1、一覧表示の中から[Windowsフォームアプリ]をクリックします2。最後に、[次へ]ボタンをクリックします3。

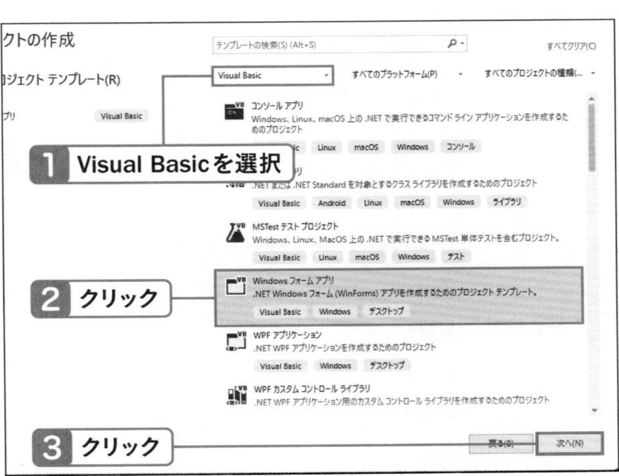

4 プロジェクトに名前を付ける

[プロジェクト名] に「Example1」と入力します❶。
[次へ] ボタンをクリックします❷。

5 フレームワークを選択する

.NETフレームワークを選択する画面になります。フレームワークを変更することなく、そのまま [作成] ボタンをクリックします❶。

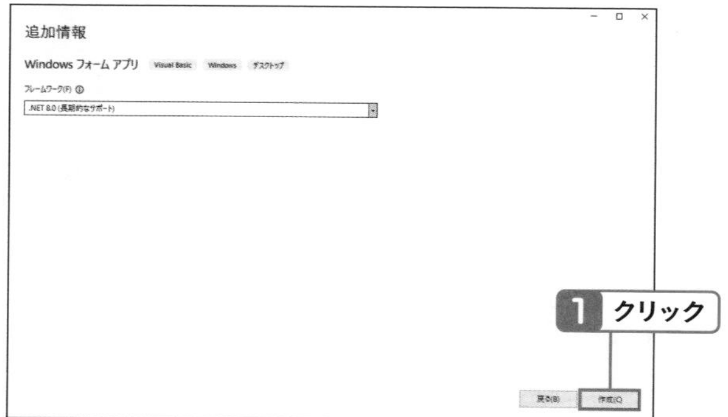

6 ソリューションエクスプローラとプロパティウィンドウを理解する

「Example1」という名前のプロジェクトが作成され、次の画面が開きます。

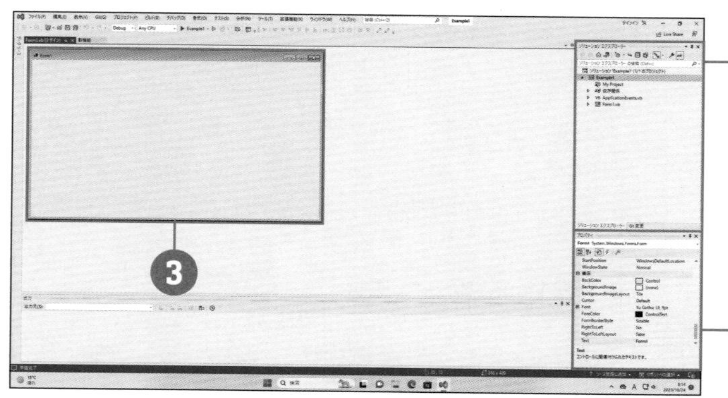

1 ソリューションエクスプローラ

プロジェクトの構成要素がツリー表示されます。手順4で入力した「Example1」というプロジェクト名が表示されています。

2 プロパティウィンドウ

フォームやボタン、ラベルなどのGUI部品の属性を設定する画面です。
初期状態では表示されません。
[表示]メニュー-> [プロパティウインドウ] で表示できます。

3 Form1.vb

Visual Basicが自動的に作成したフォームです。Visual Basicでは、ウィンドウのことをフォーム(Form)と呼び、フォーム上にいろいろなGUI部品を配置することで、プログラムを作成していきます。

7 フォームを選択する

Visual Basicの画面には、[Form1.vb [デザイン]]というタブに、中身のないウィンドウ(GUI部品が配置されていないフォーム)が表示されています。まず、このフォームのタイトルを変えてみましょう。フォームをクリックします1。

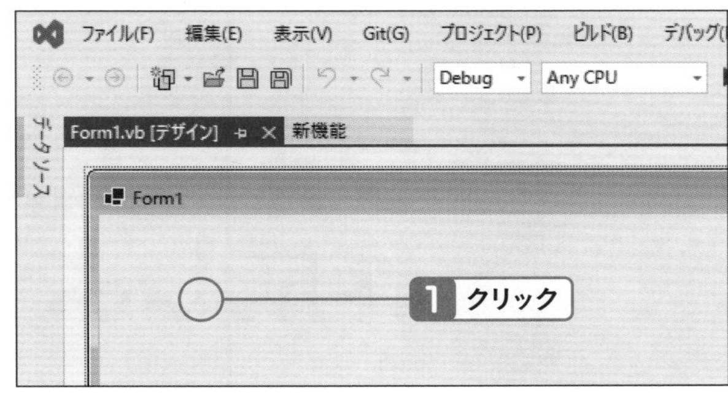

8 フォームのタイトルを変更する

フォームのタイトルは、プロパティウィンドウの[Text]という項目で変更できます。[Text]の右側の列をクリックします1。「Form1」という文字を削除して「Example1」と入力し、Enter キーを押します2。
プロパティウインドウが表示されていない場合は、[表示]メニュー->[プロパティウインドウ]で表示できます。

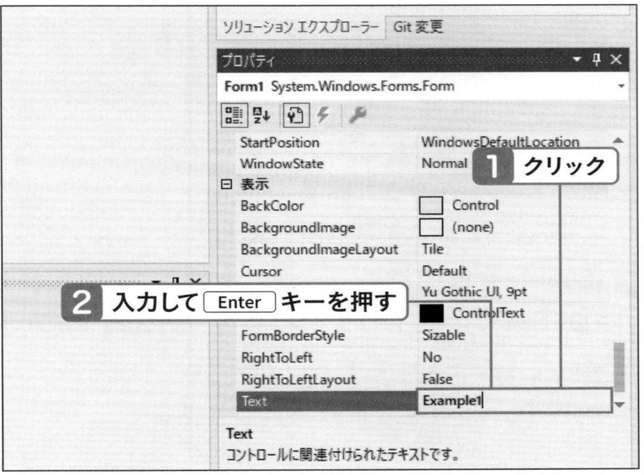

9 タイトルが変更された

フォームのタイトルがExample1に変わります。

>>> **Tips**

ここでプログラムの作成を中断する場合、48ページの方法でVisual Basicを終了してください。

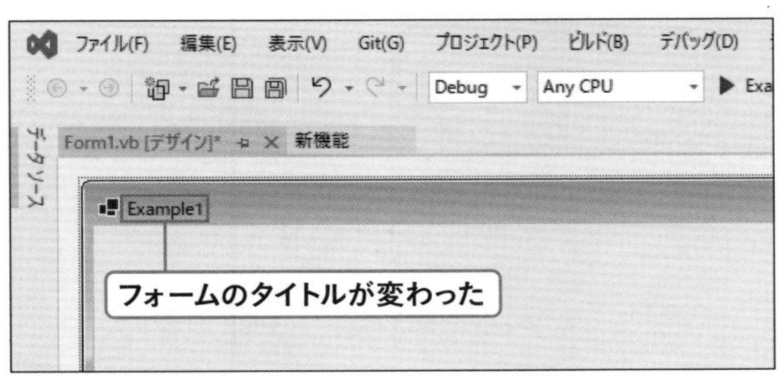

まとめ

- ◉プログラムを作成するには、まずプロジェクトを作成する
- ◉Visual Basicでは、フォームにGUI部品を配置することで、プログラムを作成する
- ◉プロパティを変更することで、フォームの属性を変更できる

2 フォームにラベルを作成しよう

完成ファイル | [0202] → [Example1] → [Example1.sln]

予習 GUI部品を配置する方法を知ろう

ここでは、前節で作成したフォームに、**ラベル**を追加します。ラベルは、フォームに文字列を表示するためのGUI部品です。

フォームに作成できるGUI部品は**ツールボックス**にまとめられているので、その中からラベル（Label）を選択します。ラベル以外のGUI部品も、同様の方法で作成することができます。Visual Basicを終了している場合、Visual Basicを起動後、59ページの方法でプロジェクトを開いてください。さらに、ソリューションエクスプローラのForm1.vbをダブルクリックし、Form1.vb[デザイン]を表示させます。

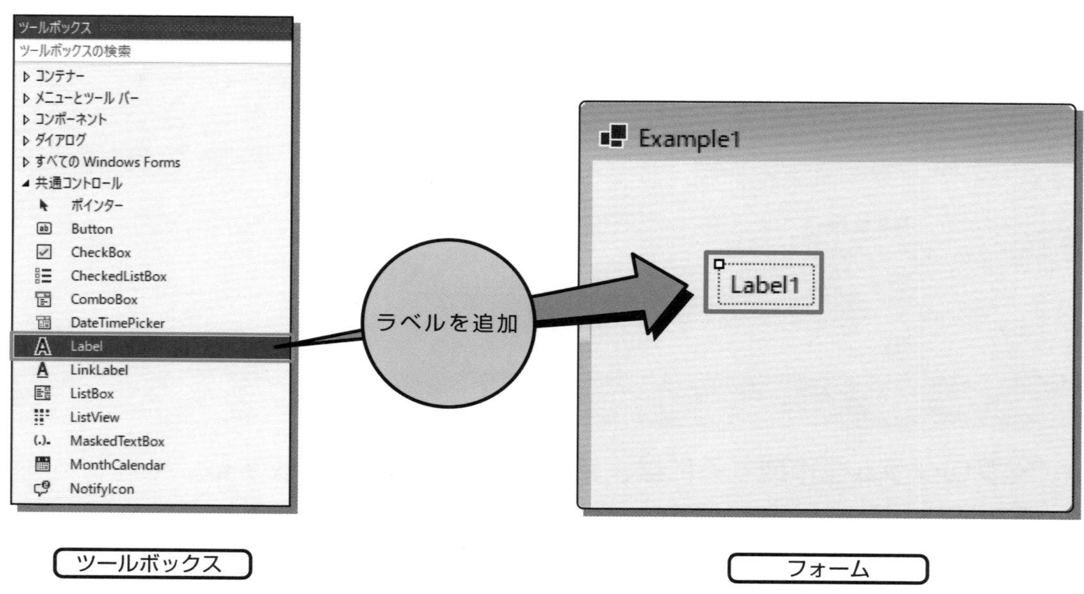

体験 フォームにラベルを作成しよう

1 ツールボックスを表示する

初期状態ではツールボックスが非表示になっていますので、[表示]メニュー1→[ツールボックス] 2の順にクリックして表示します。表示できたら、[自動的に隠す]ボタンをクリックします。これで、ツールボックスが固定されます。

>>>Tips

[自動的に隠す]ボタンを再度クリックして横向きにすれば、元の状態に戻ります。

2 ラベルを選択する

ツールボックスの中から、フォームに配置したいGUI部品を選択します。ここではラベルを作成したいので、[Label]をクリックします1。

Labelは共通コントロールの下にあります。展開表示されていない場合は、共通コントロールをクリックして下の階層を表示します。

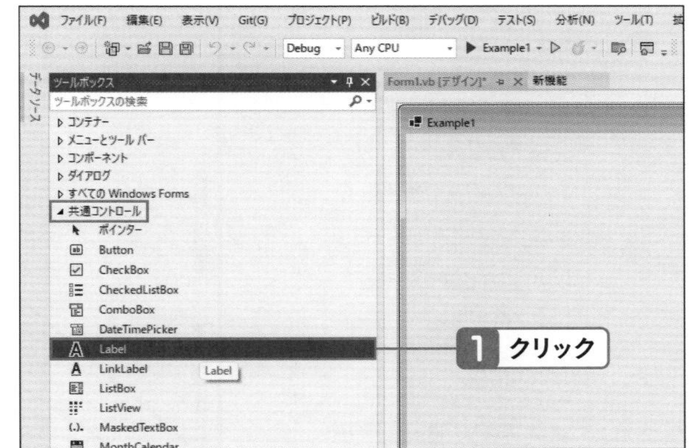

3 ラベルをフォームに配置する

[Label]を選択したのち、フォームの上にマウスポインタを移動すると、マウスポインタがラベルのアイコンに変化します。この状態で、フォーム上のラベルを作成したい位置でクリックします1。すると、その位置にラベルが作成されます。

理解 ツールボックスについて

ツールボックスには、[Button]、[CheckBox]、[CheckedListBox]など、たくさんのGUI部品が並んでいます。これらのGUI部品を、総称して**コントロール**と呼びます。
前ページで作成したラベル(Label)も、コントロールの1つです。Visual Basicでは、ツールボックスから作成したいコントロールを選び、フォームに配置していくことで、プログラムのGUIを構築していきます。

Visual Basicでのプログラミングは、コントロールを配置するだけで、かなりの部分が完成します。ただし、コントロールを配置しただけでは、何も生じません。次節で学習するプロパティを設定したり、次章で学習するイベントのコードを記述することで、配置したコントロールを使ったプログラムが完成するのです。
ツールボックスは、右上の×ボタンをクリックすると消えてしまいます。もし消してしまった場合、[表示]メニュー→[ツールボックス]の順にクリックすることで表示することができます。

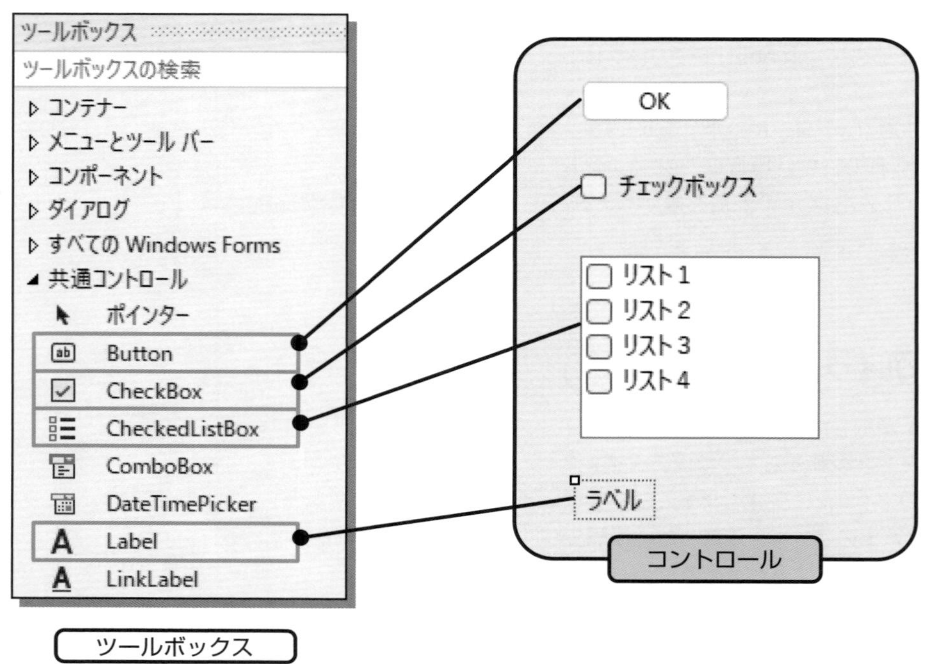

COLUMN ソリューションエクスプローラ

ソリューションエクスプローラには、プロジェクトの構成要素がリストで表示されます。なお、[Form1.vb]などが表示されていない場合、[Example○]のアイコンの左にある▷をクリックすると、格納されている要素が表示されます。Example○のプロジェクトのリストの中に、[Form1.vb]や[Zahyou.vb](11章以降で解説)などがあります。

[Form1.vb]はフォームです。[Form1.vb]をダブルクリックするとフォームのデザインウィンドウが開きます。また、[Form1.vb]を右クリックして表示されるメニューから[コードの表示]を選ぶとコードウィンドウ(60ページ参照)が表示されます。[Zahyou.vb]をダブルクリックするとコードウィンドウが開きます。

デザインウィンドウやコードウィンドウは、タブにより切り替えて表示させることができます。これらのウィンドウは、右上の×ボタンで消すことができます。

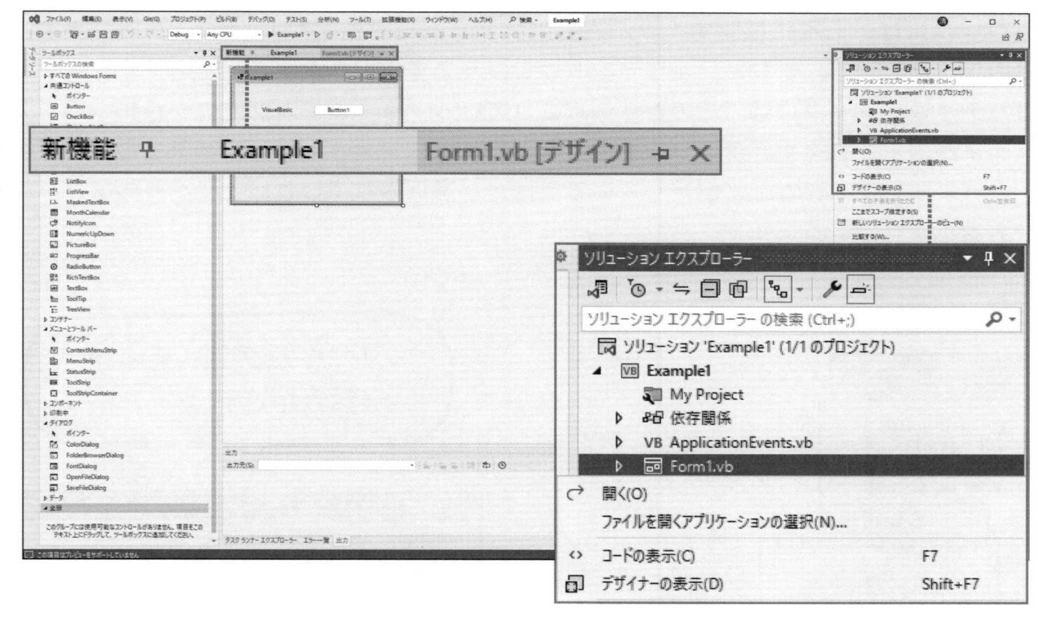

まとめ

◉コントロールは、ツールボックスから選んでフォームに配置する

◉コントロールを配置することで、プログラムのGUIを構築していく

3 ラベルに名前を付けよう

完成ファイル | [0203] → [Example1] → [Example1.sln]

予習 コントロールの属性を変更しよう

ここでは、前節で作成したラベルの表示内容や名前を変更します。ラベルをはじめとするコントロールには、それに付随する表示内容や名前などの**属性**（**プロパティ**）があります。これらのプロパティは、**プロパティウィンドウ**を使って変更できます。
プロパティウィンドウには、そのとき選択されているフォームやコントロールについてのプロパティが表示されます。フォームを選択していれば、フォームのプロパティの内容が一覧表示されます。フォーム上に配置しているラベルが選択されていれば、ラベルのプロパティが一覧表示されます。

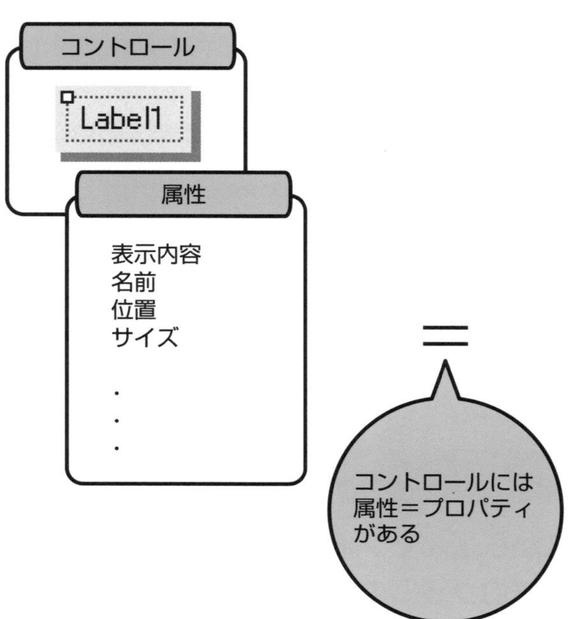

体験 ラベルの表示内容を変更しよう

1 ラベルのプロパティを表示する

前節で作成したラベルをクリックし、選択します1。プロパティウィンドウに、「Label1」と表示されていることを確認します2。

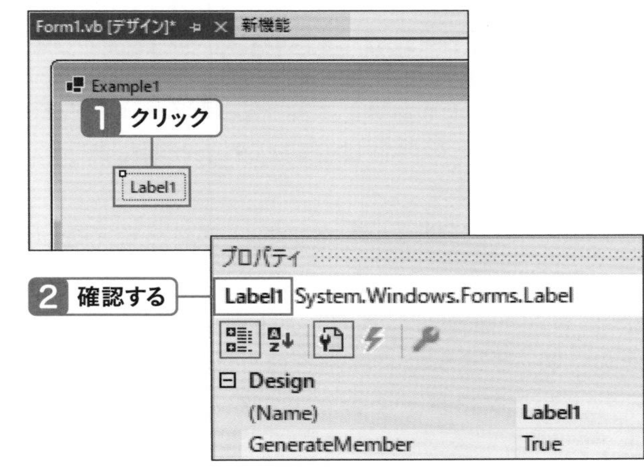

>>> Tips

「Label1」と表示されているのは、作成したラベルの名前を、Visual Basicが自動的に決定したためです。

2 ラベルの表示内容を変更する

プロパティウィンドウの［Text］の右側の列をクリックします1。「Label1」という文字を削除して「VisualBasic」と入力し、Enter キーを押します2。すると、フォームに配置したラベルの表示内容も変わります。

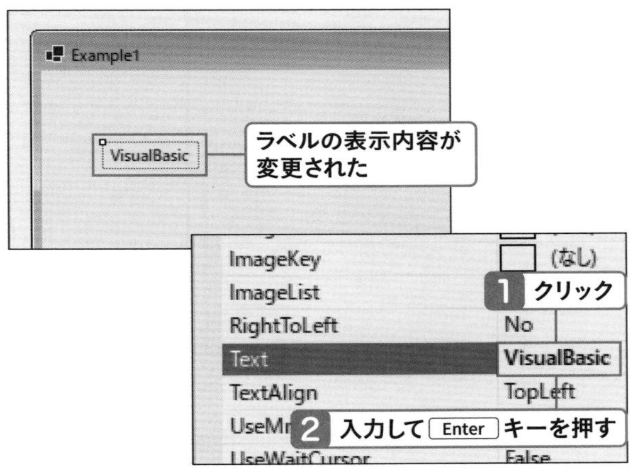

>>> Tips

同時に「VisualBasic」という文字に合わせてラベルの大きさが大きくなります。

3 ラベルの名前を変更する

次に、ラベルの名前を変更します。ラベルの名前は、［(Name)］プロパティで変更します。［(Name)］の右側の列をクリックします1。「Label1」という文字を削除して「Label_hyouji」と入力し、Enter キーを押します2。

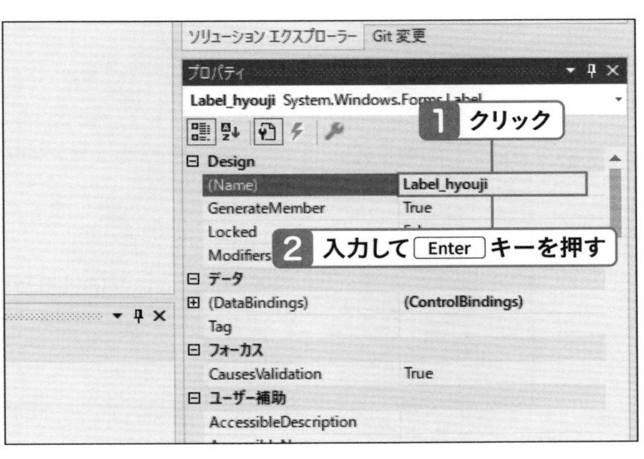

>>> Tips

(Name)プロパティはリストの上の方にあります。

理解 コントロールのプロパティについて

コントロールの表示内容 ～Textプロパティ

フォームに配置するコントロールには、表示内容や、大きさ、色などのさまざまな属性があります。これらの属性は**プロパティ**と呼ばれ、コントロールごとに**プロパティウィンドウ**に表示されています。
配置したコントロールを選択し、プロパティを変更することで、コントロールの表示内容や色、フォントなどを変更することができます。37ページでは、ラベルの表示内容を「Label1」から「VisualBasic」に変更しました。ラベルの表示内容を決定するのは、**Textプロパティ**です。そのため、ラベルの表示内容は、プロパティウィンドウの［**Text**］で変更することができます。また、Textプロパティを変更すると、表示される文字数に合わせてラベルの大きさが変化します。

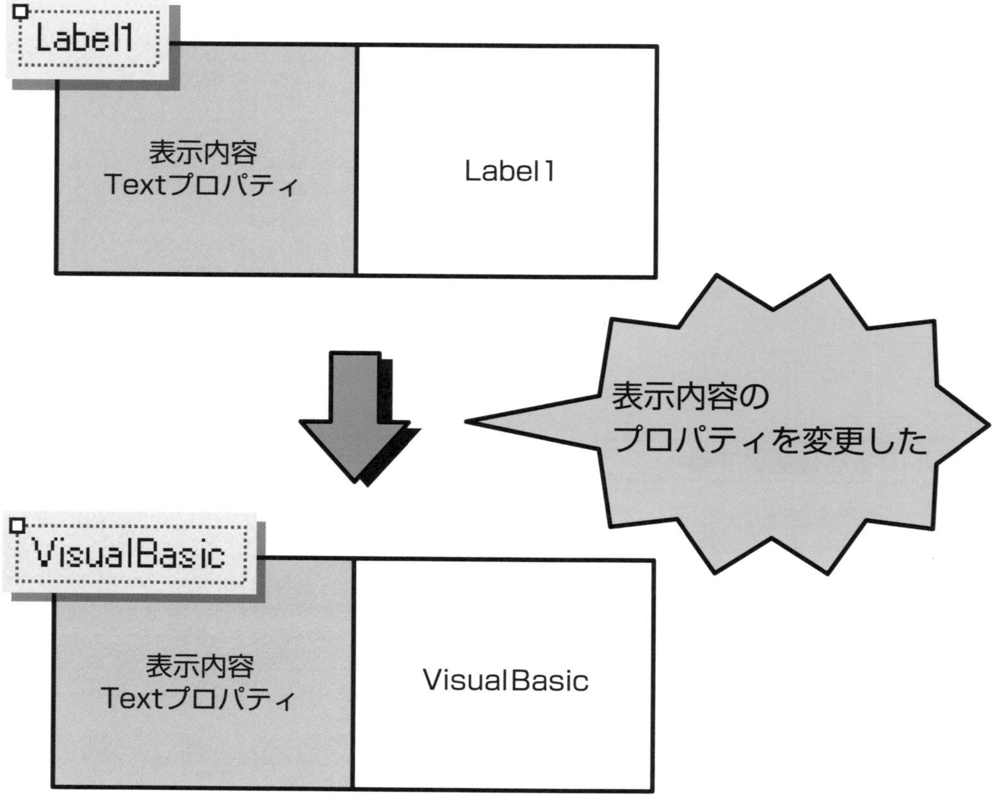

表示内容 Textプロパティ	Label1

Label1

表示内容のプロパティを変更した

VisualBasic

表示内容 Textプロパティ	VisualBasic

>>> コントロールの名前 ～(Name)プロパティ

また、コントロールの名前もプロパティの1つです。作成直後のラベルは「Label1」という名前になっていますが、37ページでは、「Label_hyouji」に変更しました。ラベルの名前は、プロパティウィンドウの[(Name)]で変更することができます。

混乱しているかもしれませんが、同じ「Label1」でも、左ページの「Label1」はラベルに表示される文字列を決定している**Textプロパティ**でした。ここで解説している「Label1」はフォームに配置したラベルコントロールの名前を決定している**(Name)プロパティ**です。

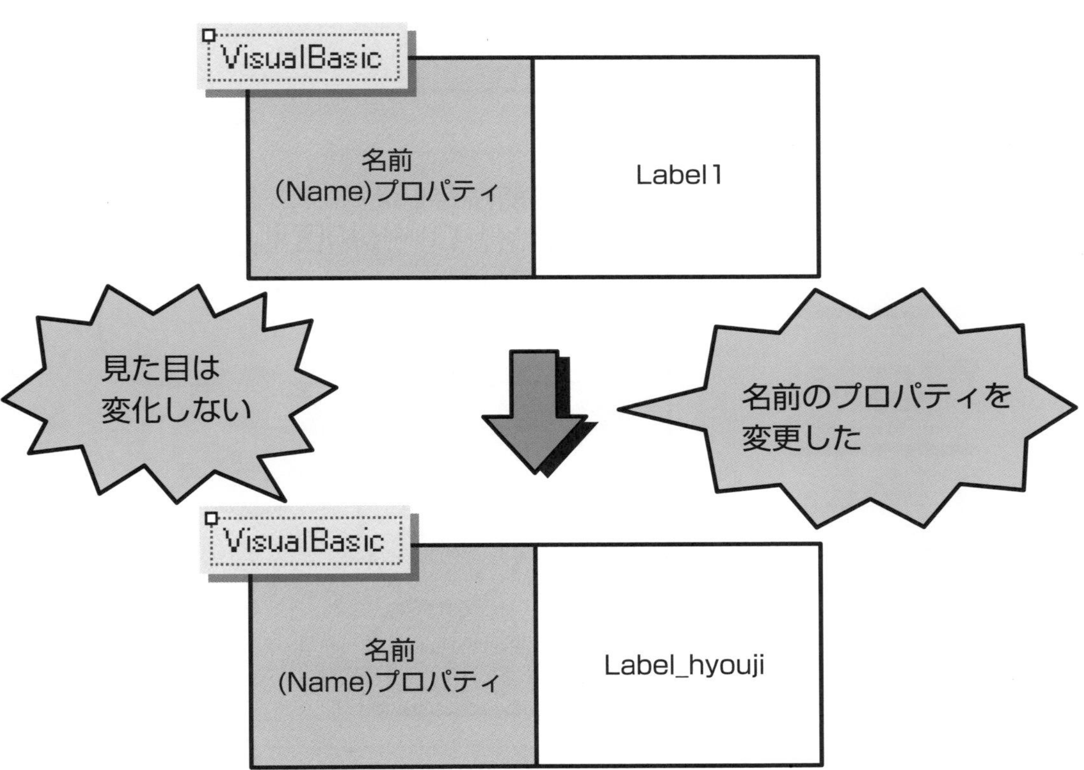

>>> コントロールには名前が必要

ラベルなど、同じ種類のコントロールはいくつでもフォームに配置することができます。そのため、配置したラベルを区別するために、それぞれのラベルに**名前**を付ける必要があります。この名前を決めるプロパティが、**(Name)** です。コントロールに付けた名前によって、プログラムのコードからそのコントロールを操作することができます。

Label1のように自動的に付けられる名前にしておくと、どのコントロールがどういう名前であったか忘れてしまいます。目的に合った名前を付けておくように心がけてください。

>>> 表示内容と名前のプロパティは異なる

(Name) プロパティは、コントロールそのものの名前を表しています。それに対してTextプロパティは、フォーム上に配置されたコントロールに表示される文字を表しています。この2つを区別するようにしてください。

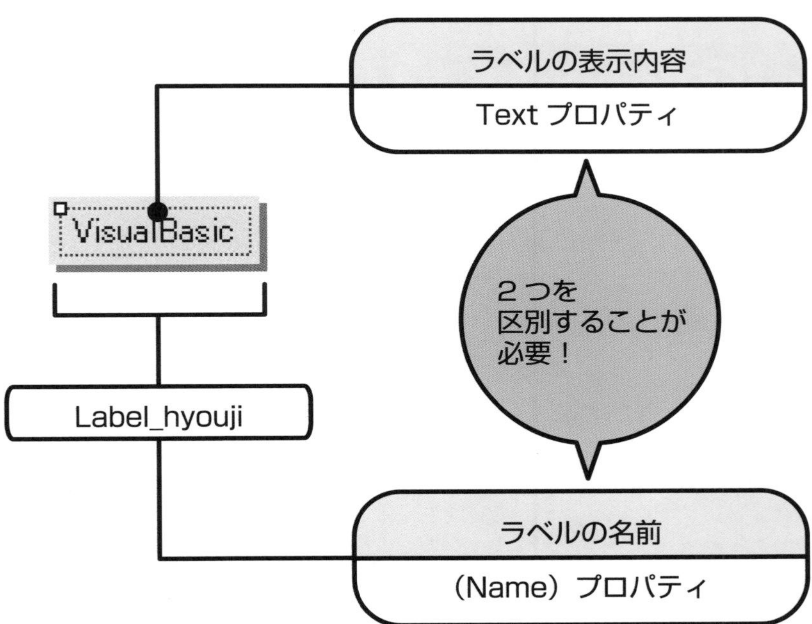

まとめ

- 作成したコントロールの属性（プロパティ）は、プロパティウィンドウで変更することができる
- コントロールの名前はわかりやすいものに変更しておく
- (Name) プロパティとTextプロパティの区別は重要

4 ボタンを作ろう

完成ファイル | [0204] → [Example1] → [Example1.sln]

予習 ボタンの作成方法を知ろう

ここでは、フォームに**ボタン**(Button)を作成します。ボタンは、クリックすることで、さまざまな動作を生み出すコントロールです。

ボタンの作成方法やプロパティの変更方法は、ラベルと同じです。ただし、ラベルの場合は、表示内容である文字の長さに合わせて大きさが変化しましたが、ボタンの場合は、自分で大きさの変更を行う必要があります。

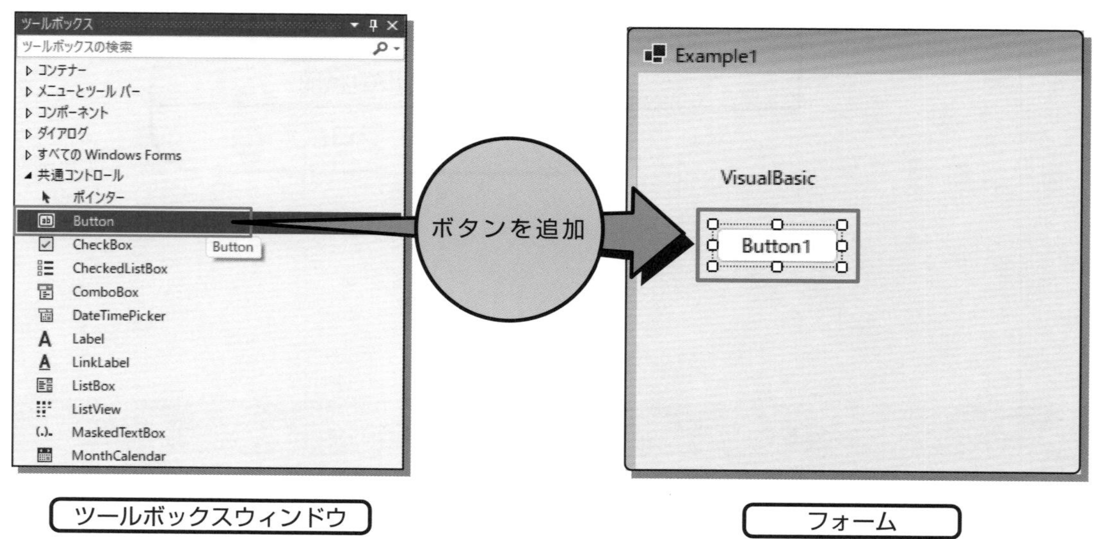

体験 フォームにボタンを作成しよう

1 ツールボックスからボタンを選択する

ツールボックスの中から［Button］をクリックします**1**。

>>> **Tips**
>
> Buttonをクリックすると、マウスカーソルが変化します。

2 ボタンをフォームに配置する

フォーム上の、ボタンを作成したい位置でクリックします**1**。すると、その位置にボタンが作成されます。

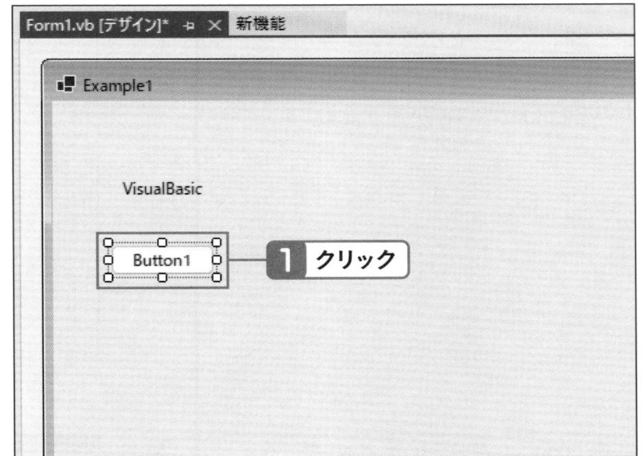

>>> **Tips**
>
> ドラッグ・ドロップでもボタンを作成できます。

3 ボタンの名前を変更する

プロパティウィンドウに「Button1」と表示されていることを確認し、［(Name)］の右側の列をクリックします**1**。「Button1」という文字を削除して「Button_jikkou」と入力し、Enter キーを押します**2**。

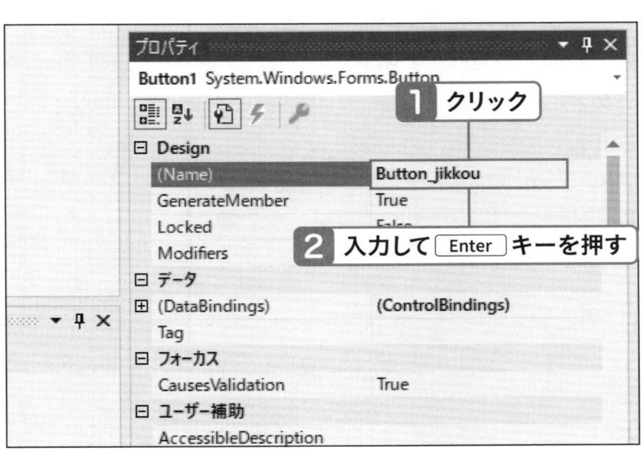

>>> **Tips**
>
> (Name)はリストの上部にあるのでスクロールして表示させます。

4 ボタンを大きくする

ボタンが選択された状態で、ボタン右横真ん中のハンドル（□）を右方向にドラッグします**1**。すると、ボタンが横に広がります。

>>> **Tips**
>
> ハンドルは8個あります。どのハンドルをドラッグするかにより、拡大、縮小できる方向が決まります。

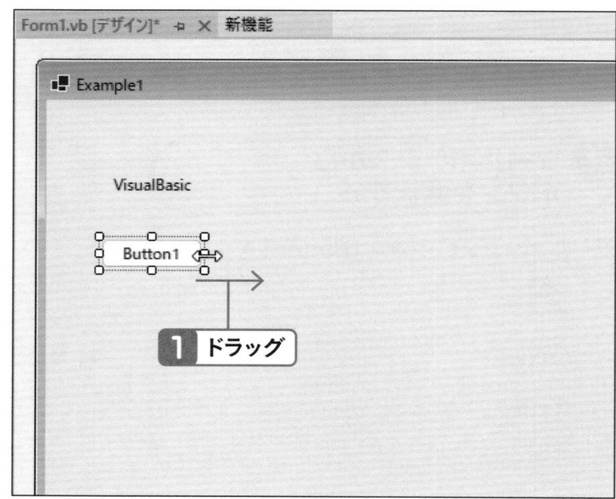

5 ボタンを移動する

続いて、ボタンをラベルの右側にドラッグします**1**。ラベルと水平の位置にくると補助線が表示されるので、その位置で離せば、ぴったりと合わせることができます。

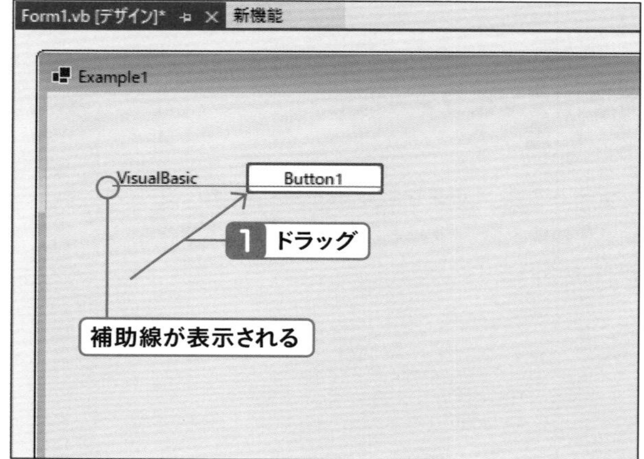

6 フォームを小さくする

デフォルトで作成されているフォームは少々大きいので小さくします。
ボタンと同じ要領でフォームの大きさを調整します。
フォームを選択し、右下に表示されるハンドルをドラッグして大きさを調整します**1**。

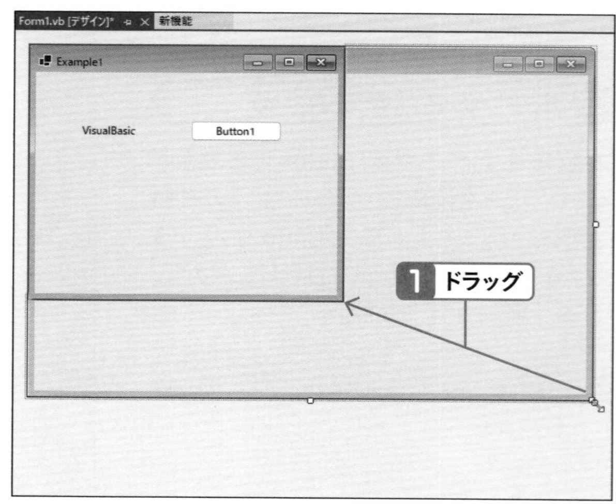

理解 サイズを変更する方法の違い

33ページで作成したラベルは、ツールボックスからフォームに配置した直後、マウスのドラッグ操作でサイズが変更できませんでした。ラベルの表示内容を表すTextプロパティの内容を変更することで、自動的にサイズが変更されました。

対して、ボタンはフォームに配置した直後から、ボタンの**ハンドル**（□）のドラッグ操作でサイズが変更できます。

●ラベルの Text プロパティを変更することでサイズを変更

●フォームやボタンのハンドルをドラッグすることでサイズを変更

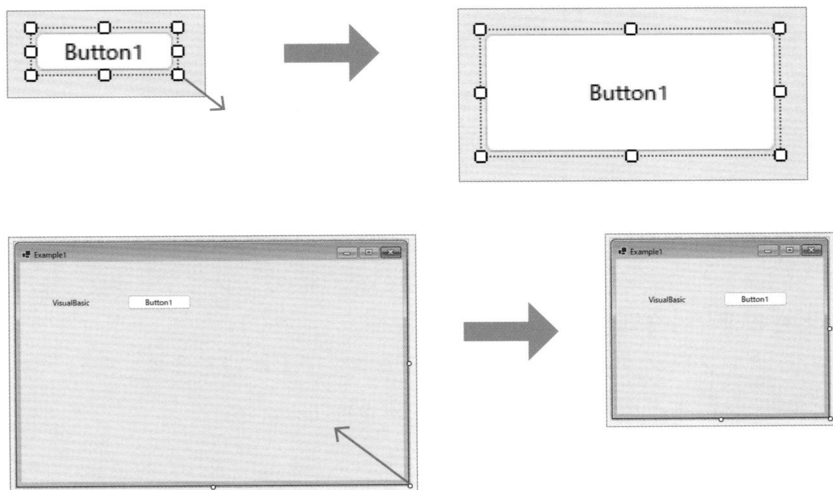

まとめ

◉フォームやボタンが選択状態にあるとハンドルが表示される

◉ハンドルを操作することでフォームやボタンの大きさを変更できる

◉コントロールをドラッグすることで位置を変更できる

プログラムを実行しよう

完成ファイル | [0205] → [Example1] → [Example1.sln]

予習 プログラムの実行と終了の方法を知ろう

ここまでの操作で、フォームにラベルとボタンを作成することができました。これだけでは、まだプログラミングらしいことはしていませんが、コントロールを配置しただけでもプログラムとして実行させることができます。プログラムを実行する方法には、以下の2通りの方法があります。

1. 実行可能なEXE形式のファイルを作り、それを実行する
2. [デバッグ]メニューから[デバッグの開始]を選択して実行する

1の方法は、プログラムが完成したときに使います。この方法を使うと、Visual Basicを起動しなくても開発したプログラムを実行できるので、他のコンピュータでプログラムを実行させたいときに使います（72ページ参照）。
ここでは、2の方法でプログラムを実行させる方法について解説します。
また、Visual Basicの終了方法についても解説します。

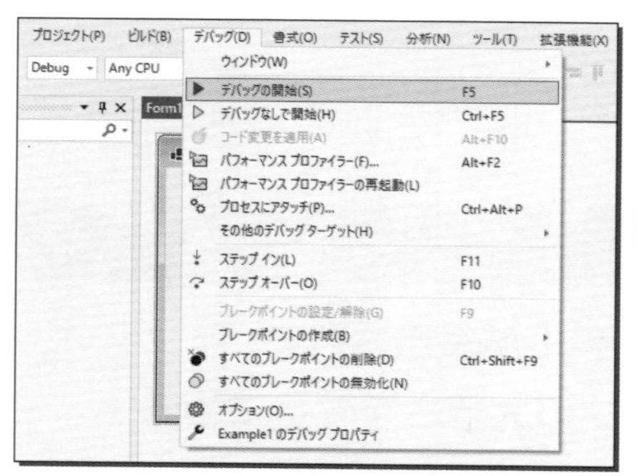

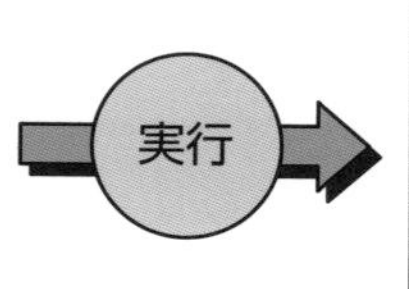

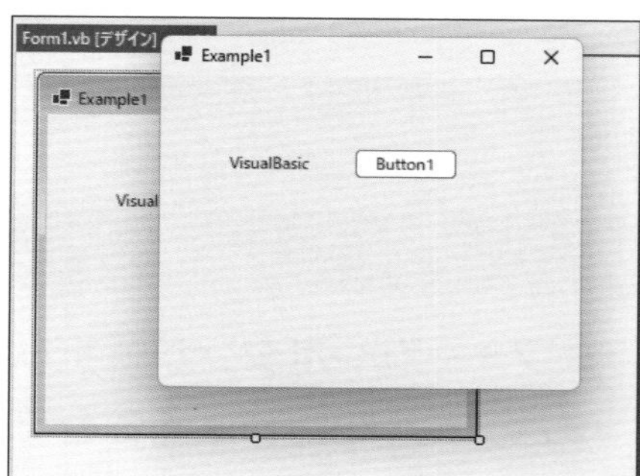

体験 プログラムを実行しよう

1 プログラムを実行する

プログラムを実行させてみましょう。[デバッグ] メニュー→[デバッグの開始] の順にクリックします**1**。

1 クリック

>>> **Tips**
>
> ツールバーにある[デバッグの開始] ボタンでも、プログラムを実行させることができます。

2 フォームが表示される

プログラムを実行すると、デザインした通りのフォームがプログラムとして動作し、表示されます。最初に実行するときにはプロジェクトを保存するため、少し時間がかかるかもしれません。
なお、プログラムを実行している間はステータスバーが青からオレンジ色に変化します。

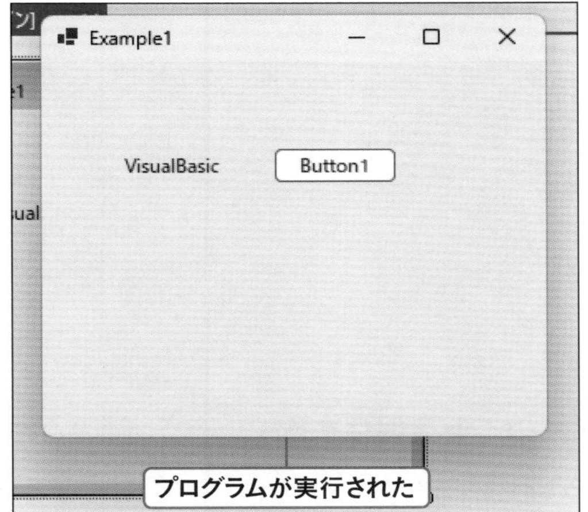

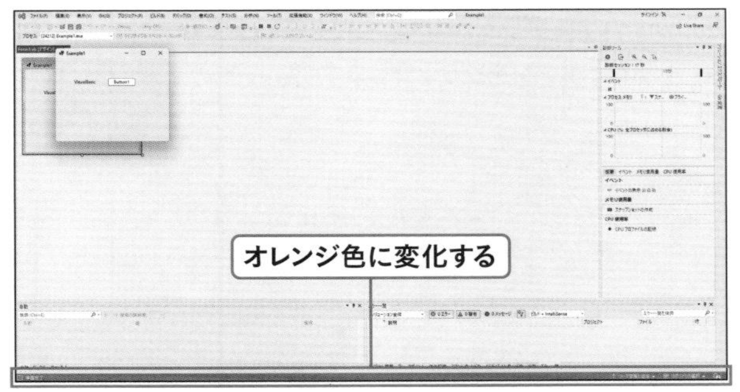

>>> **Tips**
>
> デバッグは、バグを取り除く作業のことをいいます。バグとは、プログラム中の間違いのことです。

3 プログラムを終了する

プログラムの作成を続けるには、実行したプログラムを終了します。ウィンドウの右上にある[閉じる]ボタンをクリックします1。

>>> Tips

[デバッグ]メニューの[デバッグの停止]または、ツールバーの[デバッグの停止]ボタンでもプログラムを終了することができます。

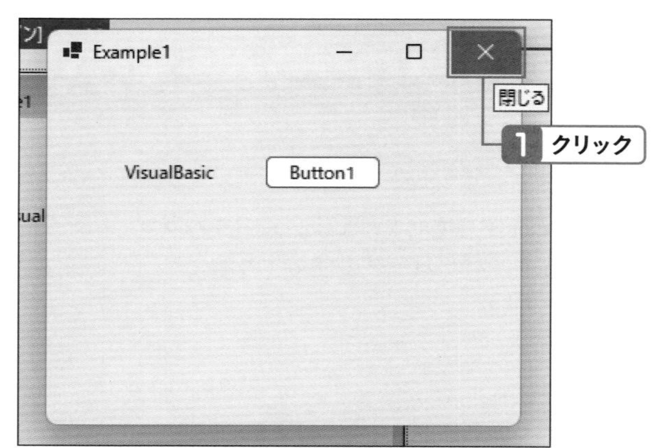

4 Visual Basicを終了する

プログラムの作成を終える場合は、Visual Basicを終了します。[ファイル]メニュー→[終了]の順にクリックします1。

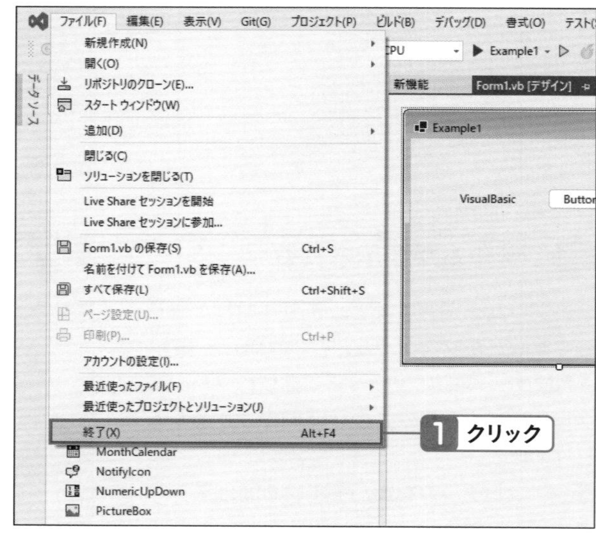

5 プロジェクトを保存する

プロジェクトの保存が行われていないと、右の画面が表示されます。保存しておかないとせっかくのプログラムがなくなってしまいますから、[保存]ボタンをクリックします1。

>>> Tips

ファイルの保存がすでに行われている場合は、右の画面は表示されません。そのまま終了します。

理解 プログラムの実行 

ここでは、作成したプログラムをはじめて実行しました。通常のプログラムは単体で実行できますが、今回は、Visual Basic上でプログラムを実行しました。単体で実行させる方法は、72ページで解説します。

プログラムを作成した直後は、プログラミング上の間違い（バグ）などがあり、プログラムの動作も非常に不安定です。この状態でプログラムを別のパソコンなどで実行することは少々危険な行為です。そのため、プログラムを作成したあと、Visual Basic上で実行させ、バグなどが完全になくなった段階ではじめて、別のパソコンで実行させるようにしましょう。

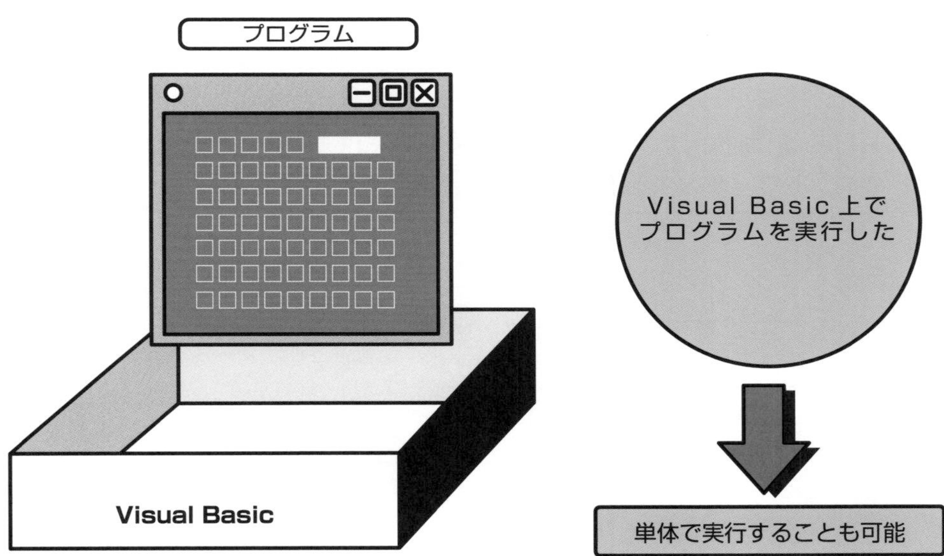

まとめ

- ◉ [デバッグ] メニュー→ [デバッグの開始] により、プログラムを実行することができる
- ◉ 実行したプログラムは、[閉じる] ボタンで終了できる
- ◉ Visual Basicを終了する際には、プロジェクトを保存する

第2章 練習問題

■問題1

次の文章の穴を埋めよ。

Visual Basicでは、フォームにラベルやボタンなどの［ ① ］を配置することで、プログラムのGUIを作成していく。
ラベルやボタンには［ ② ］が存在する。Text［ ② ］を変更することで、表示されている文字を変更することができる。

ヒント 34、38ページ

■問題2

プロジェクト「Test1」を作成し、次のようなフォームを作成しなさい。
ラベルなどのコントロールの名前も次の画面のように変更すること。

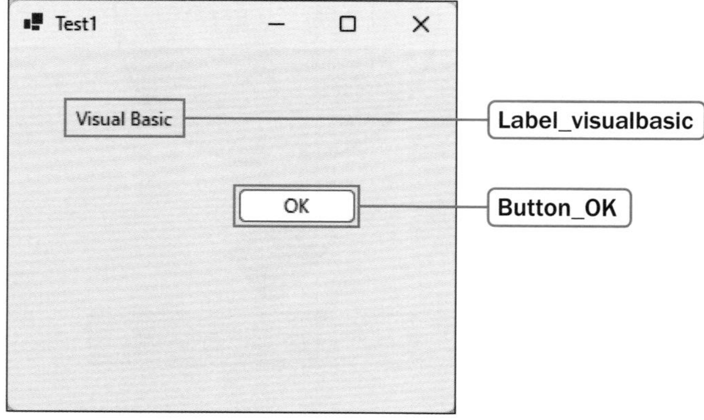

ヒント **プロジェクトの作成方法は28ページ。**
ラベルの作成方法は32ページ。
ボタンの作成方法は42ページ。

イベント

3-1　イベントとは何か

3-2　イベントプロシージャを作成しよう

3-3　イベントプロシージャの中身を作成しよう

3-4　コントロールのコピー・貼り付け・削除

3-5　実行可能なプログラムを作ろう

1 イベントとは何か

完成ファイル | なし

予習 イベントとは何かを知っておこう

ここでは、GUIプログラムを作成する上での重要な概念であるイベントについて学習します。Visual Basicでは、フォーム上にボタンやラベルを配置して、自由にGUIを作成することができますが、これだけでプログラムが完成したわけではありません。
実際にボタンがクリックされたときの処理は、プログラマが命令文として記述しなければならないのです。この、「処理が発生するきっかけ」のことを、イベントと呼びます。イベントには、「ボタンがクリックされたとき」以外にも、数多くの種類があります。

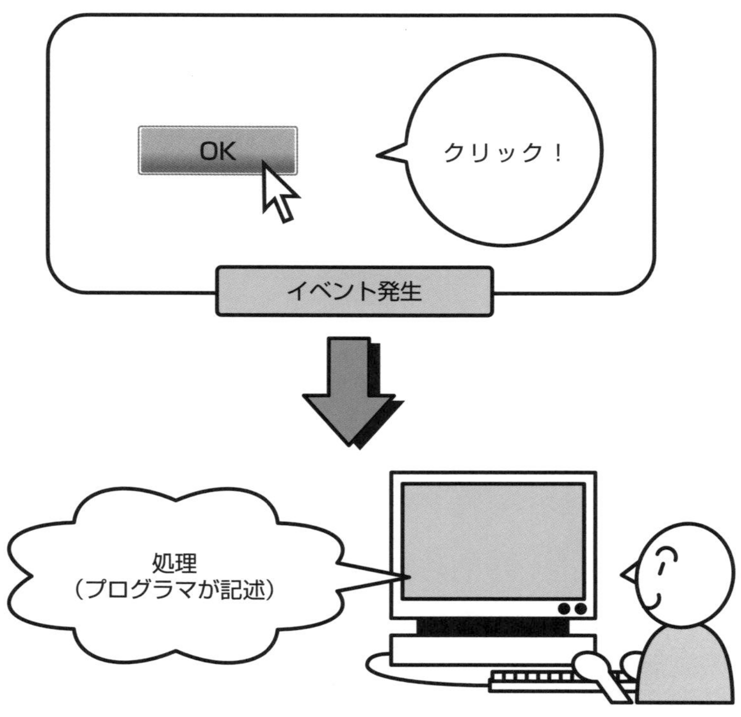

理解 イベントについて

イベントとは

CUIによるプログラムの構造は、比較的簡単です。文字で入力される命令を待ち、入力された命令通りに処理を行えばよいからです。
それがGUIになると、ウィンドウがあり、さらにその中にメニューやボタンがあるため、プログラムも複雑になります。そこで、**イベント**という概念を取り入れているのです。

GUI部品を操作すると、イベントが発生します。ボタンをクリックしたらクリックイベントが発生しますし、キーボードのキーを押せば、キーイベントが発生します。マウスカーソルを動かしただけでもマウスムーブイベントが発生します。
GUIによるプログラムは、イベントの発生によって処理が実行されていくため、**イベント駆動型プログラム**と呼ばれています。

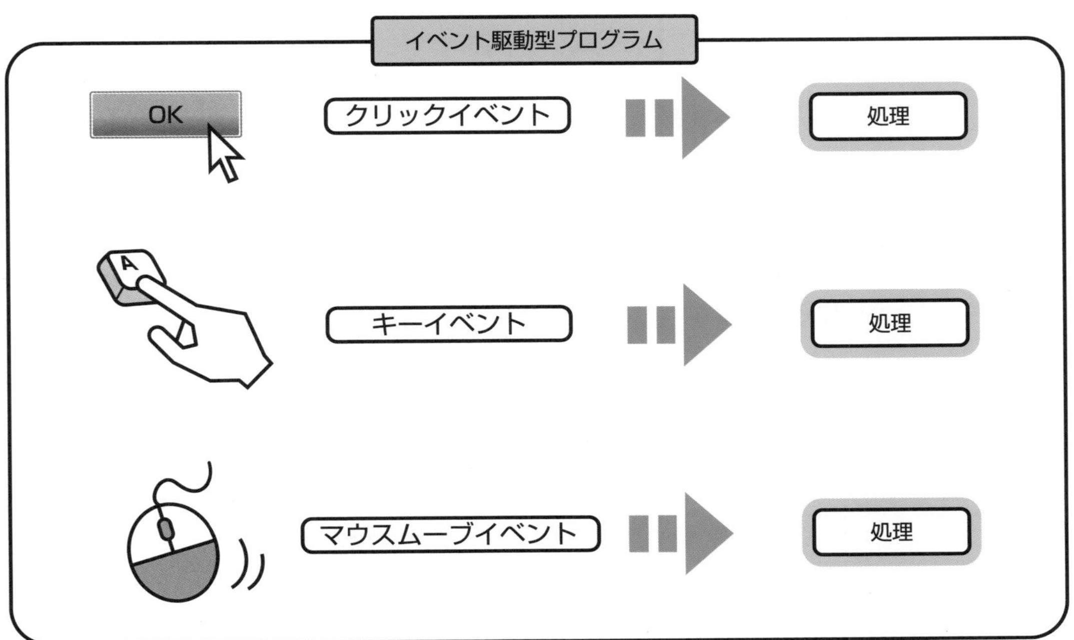

イベントプロシージャとは

1 ボタンの様子を確認しよう

前章で作成したプロジェクト「Example1」を47ページの方法で実行し、配置したボタンをクリックしてみましょう。まず、マウスカーソルがボタンの上に移動すると、ボタンの色が変わります。また、ボタンをクリックすると、ボタンがへこんでいるような表示になります。

2 処理をひとつひとつ書いていくのは大変

それでは、マウスカーソルが上にきたら表示を変えて、マウスの左ボタンが押されたら、へこんだように表示を変えて、といった処理を毎回プログラマが書かなければならないのでしょうか？　ボタンひとつひとつにこれらの処理を書いていくのは大変です。

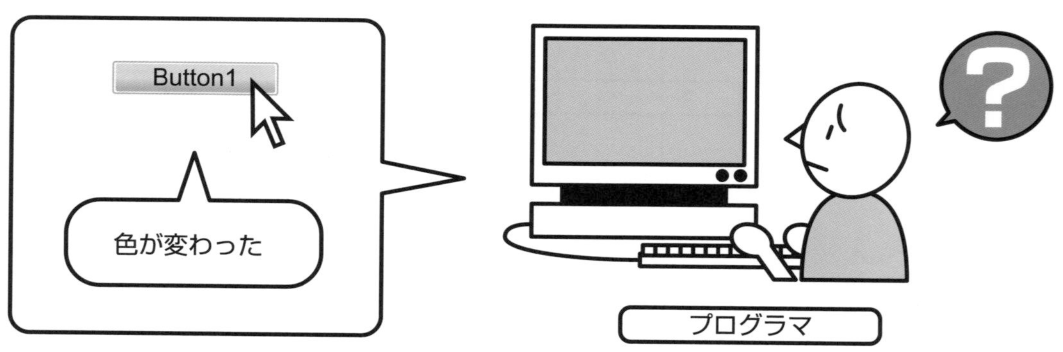

3 あらかじめ備わっているイベントプロシージャ

フォームにボタンを作成すると、それだけでGUIができあがります。前章で作成したプロジェクト「Example1」が、まさにこの状態です。ボタンにマウスカーソルを重ねたり、クリックすると、プログラマが何もしなくても表示が変わりました。

つまり、配置したボタンには、マウスカーソルを重ねたり、クリックしたりといった操作に応じて、実行されるプログラムがあらかじめ備わっている、ということになります。このように、行った操作（イベント）に応じて実行されるプログラムのことを**イベントプロシージャ**と呼びます。

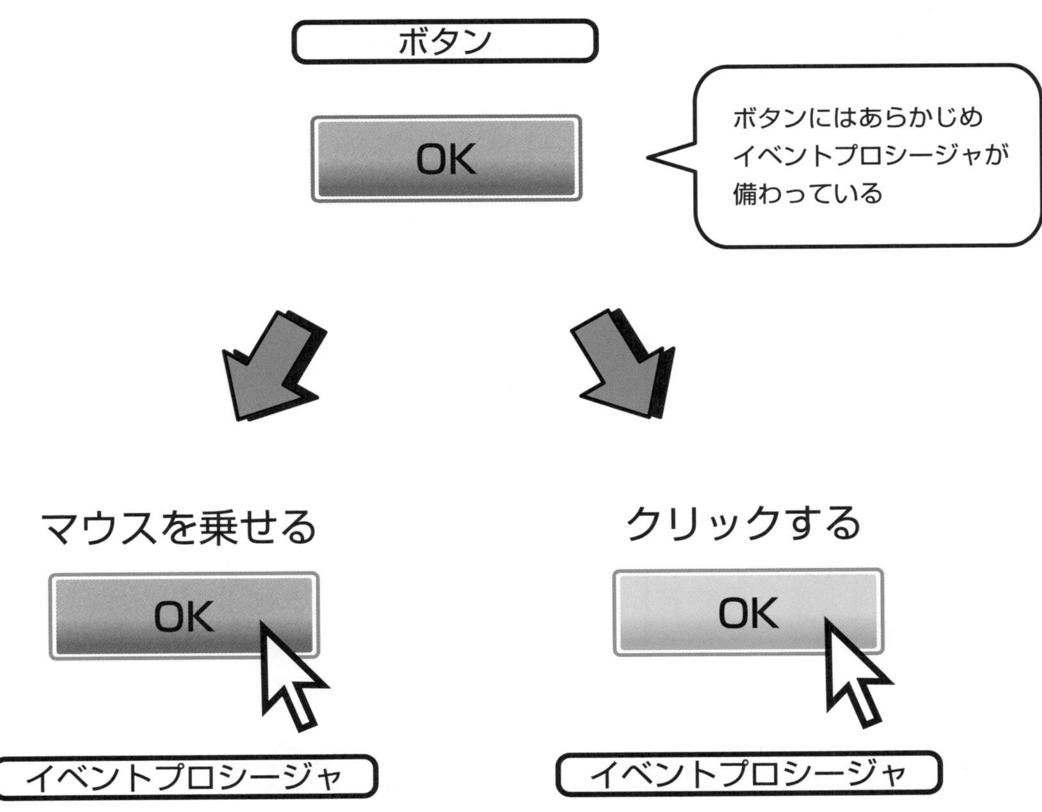

4 新しく作成するイベントプロシージャ

しかし、ボタンをクリックしても、変わるのは表示だけで、何も起こりません。ボタンをクリックした際に、表示を変えるだけでなく、何か別の処理をしようと思ったら、その処理を記述したイベントプロシージャが必要になるのです。次節以降で、実際のイベントプロシージャを作成していきましょう。

プロシージャとは、複数の命令文を集めて名前を付けたものです。ボタンクリック時のプロシージャを作成すれば、ボタンクリックのイベント発生時にそのプロシージャが呼び出され、命令文を実行してくれる、というわけです。イベントとプロシージャのこのような関係を、**コールバック**と呼びます。

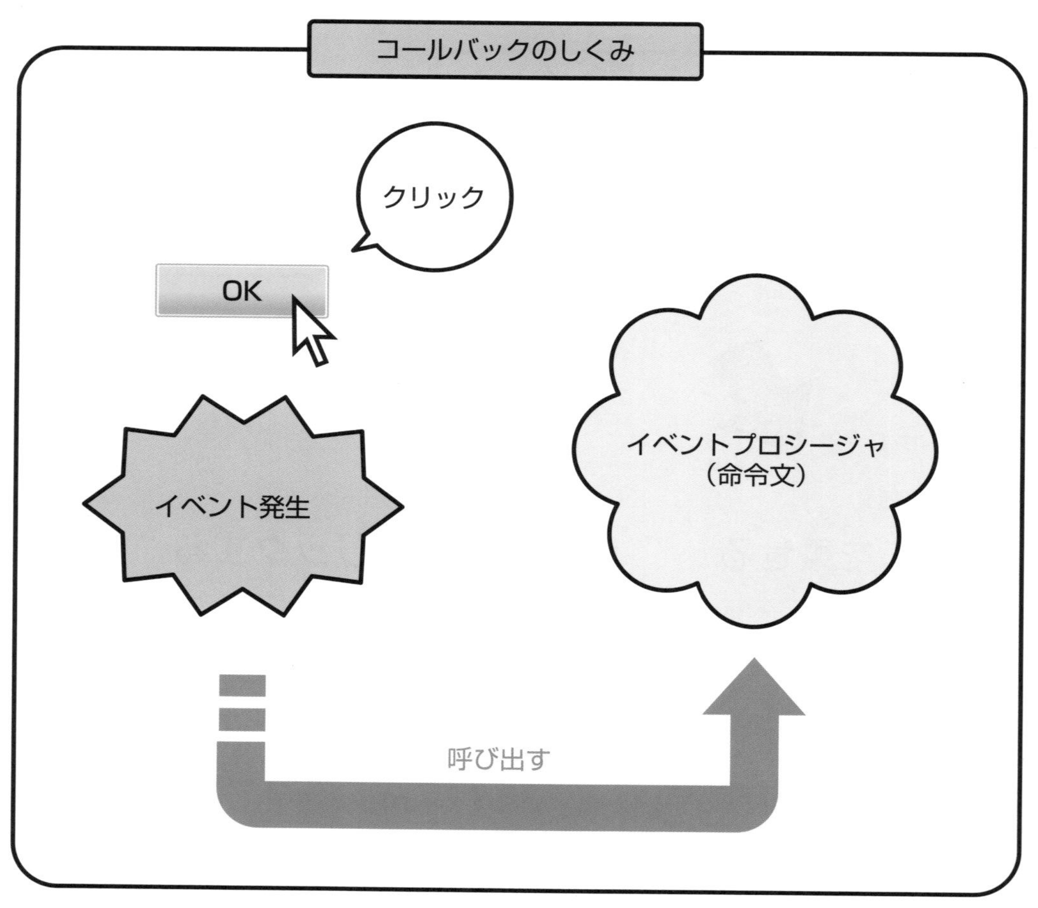

COLUMN プロパティとイベントのアイコン

コントロールには、属性を表すプロパティと、コントロールに対して何か操作を行うと発生するイベントがあります。また、コントロールの機能を呼び出すためのメソッドというものもあります(86ページ参照)。Visual Basicでは、次のようなアイコンを使って、プロパティ、イベント、さらにはメソッドを区別しています。

プロパティのアイコン

イベントのアイコン

メソッドのアイコン

まとめ

- ◉GUI部品を操作することで、イベントが発生する
- ◉GUIはイベント駆動型のプログラムである
- ◉発生したイベントに反応させるため、イベントプロシージャを作成する

イベントプロシージャを作成しよう

完成ファイル | [0302] → [Example1] → [Example1.sln]

予習 イベントプロシージャの作成方法を知ろう

GUIによるプログラムは、発生するイベントに応じて処理が行われていくことがわかりました。ここからは実際に、イベントを処理するためのイベントプロシージャを作成していきます。

イベントプロシージャの作成には、プロパティウィンドウのイベント一覧から作成する方法と、デザインウィンドウに表示されているフォーム上のボタンをダブルクリックする方法の2種類があります。

なお、このとき作成されるのは、イベントプロシージャの外枠（**スケルトン**）だけです。その中身は、プログラマが記述していきます。

イベント一覧から作成

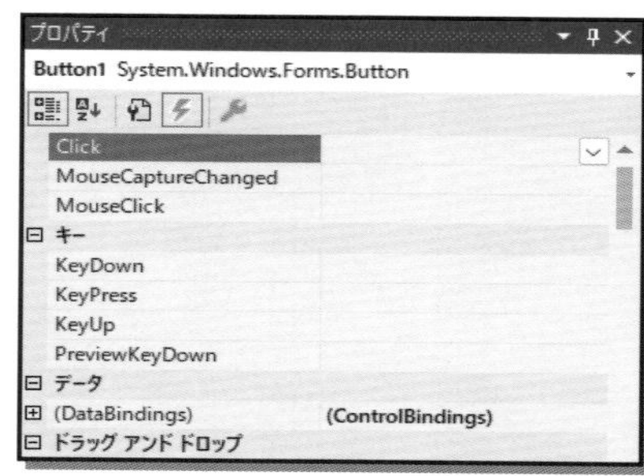

ボタンをダブルクリック

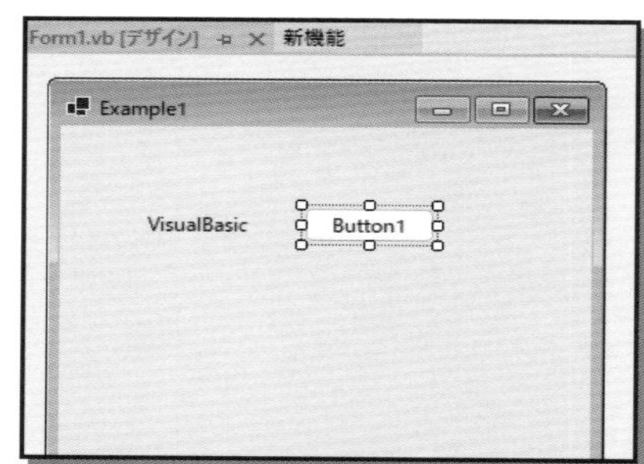

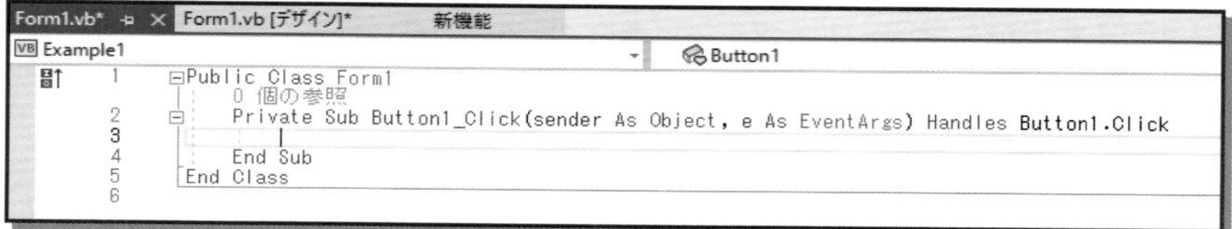

```
Public Class Form1
    0 個の参照
    Private Sub Button1_Click(sender As Object, e As EventArgs) Handles Button1.Click

    End Sub
End Class
```

イベントプロシージャの外枠が作成された

体験　イベントプロシージャを作成しよう

1 プロジェクトを開く

29ページの方法でVisual Basicを起動し、初期画面の［プロジェクトやソリューションを開く］をクリックします❶。

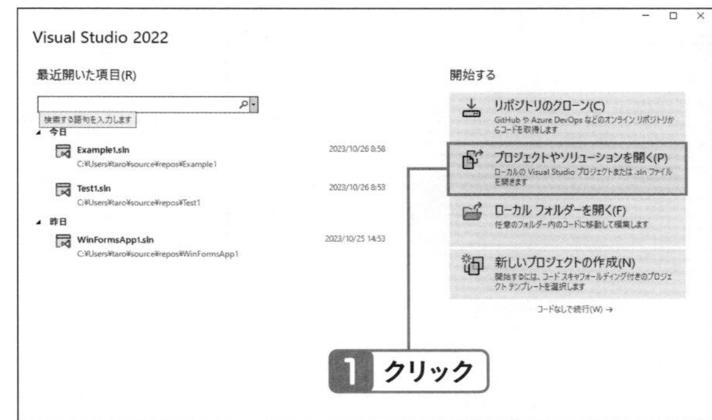

>>>Tips

プロジェクトはフォルダC:¥Users¥ユーザ名¥source¥repos以下に作成されています。

2 プロジェクトを選択する

プロジェクトを選択する画面が表示されるので、［Example1］フォルダをダブルクリックし、続いて［Example1.sln］をダブルクリックします❶。

>>>Tips

初期画面の［最近開いた項目］に［Example1］が表示されている場合は、これをクリックしてもOKです。

3 デザインウィンドウを表示する

［Form1.vb［デザイン］］タブをクリックします❶。デザインウィンドウが表示されるので、右の画面のようなフォームになっていることを確認します。

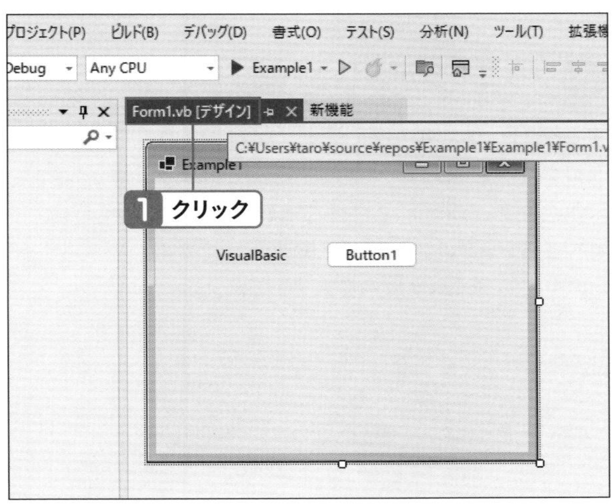

>>>Tips

もし、［Form1.vb［デザイン］］タブが存在しないときは、ソリューションエクスプローラ（35ページ参照）のリストにある、［Form1.vb］をダブルクリックしましょう。

4 Button1を選択する

ボタンをクリックしたときのイベントプロシージャを作成します。ボタン(Button1)をクリックします❶。

>>> Tips

デザインウィンドウのボタンをダブルクリックして、イベントプロシージャを作成することもできます(69ページ参照)。

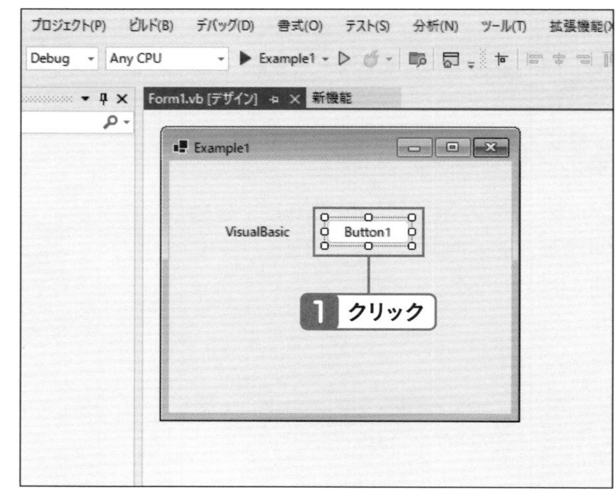

5 Clickをダブルクリックする

プロパティウィンドウに、ボタンのプロパティが表示されます。[イベント]ボタンをクリックします❶。ボタンのイベント一覧が表示されるので、[Click]をダブルクリックします❷。

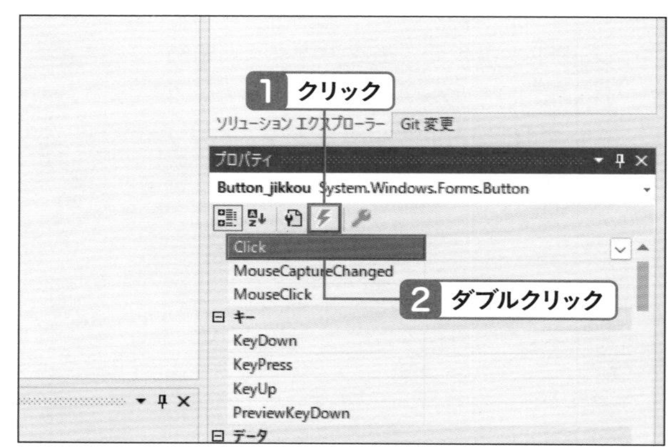

6 スケルトンが表示される

すると、[Form1.vb*]というタブが追加され、プログラムを入力する画面が表示されます。この画面を、**コードウィンドウ**といいます。これでイベントプロシージャが作成されたので、この中に処理すべき命令を入力していきます。

>>> Tips

コードウィンドウから元のデザインウィンドウに戻るには、[Form1.vb [デザイン]]タブをクリックします。

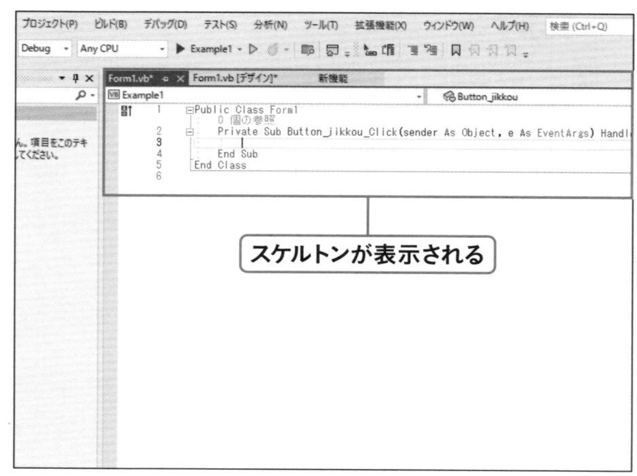

理解 イベントプロシージャのスケルトンについて

イベントは、コントロールの種類によってさまざまなものがあります。60ページの手順5でプロパティウィンドウをイベントに切り替えると、たくさんのイベントが表示されることからもわかると思います。**イベントプロシージャ**は、処理したいコントロールの、処理したいイベントに対して作成します。

プロシージャは、プロパティウィンドウでイベントをダブルクリックするか、プロシージャを作成したいコントロールをダブルクリックすることによって作成することができます。このとき作成されるのは、プロシージャの外枠だけです。これをイベントプロシージャの**スケルトン**と呼びます。

また、この操作によって、プロパティウィンドウのイベント欄に、作成されたプロシージャの名前が自動的に入力されます。ここでは、「Button_jikkou_Click」という名前が入力されています。イベントの右側を空欄にすれば、イベントプロシージャの登録が解除されます。

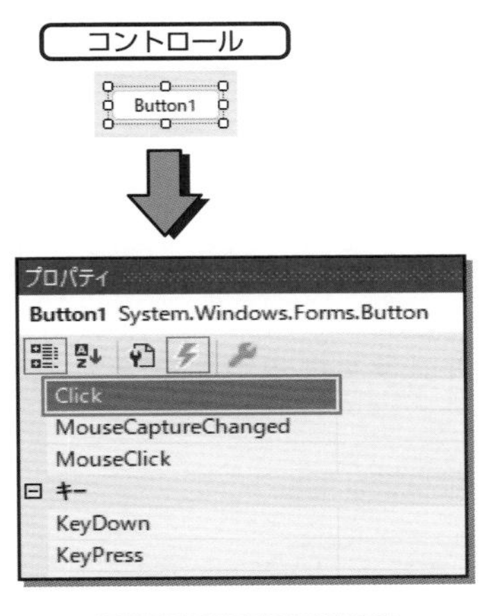

コントロールのイベント

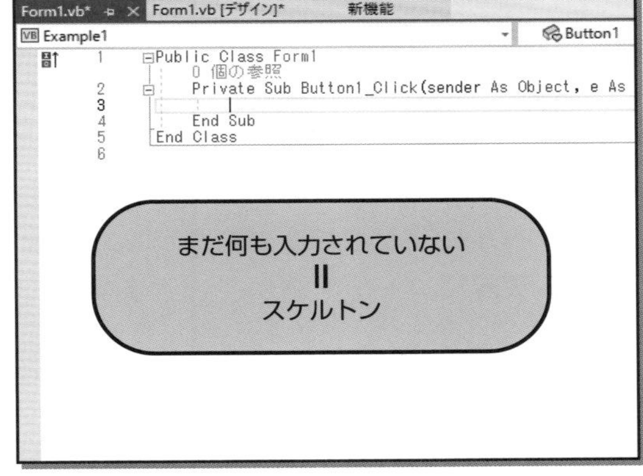

コントロールのイベントのイベントプロシージャ

まとめ

- ◉プロパティウィンドウの表示をイベント一覧に切り替えることができる
- ◉イベントをダブルクリックすることで、イベントプロシージャのスケルトンを作成することができる
- ◉イベントプロシージャのスケルトンは、コードウィンドウに表示される

イベントプロシージャの中身を作成しよう

完成ファイル | [0303] → [Example1] → [Example1.sln]

予習 イベントプロシージャに命令を書いて実行しよう

前節までの操作で、イベントプロシージャのスケルトンを作成することができました。
ここでは、イベントプロシージャ内に**命令**を記述して、動作させてみることにします。
ここで入力するのは、次のコードです。

```
Label_hyouji.Text = TextBox_nyuuryoku.Text
```

このコードによって、テキストボックスに文字を入力し、ボタンをクリックすると、入力した文字がラベルに表示されるプログラムが完成します。
これから、実際にコードを書いていきます。ここからが、プログラマの本領発揮です。

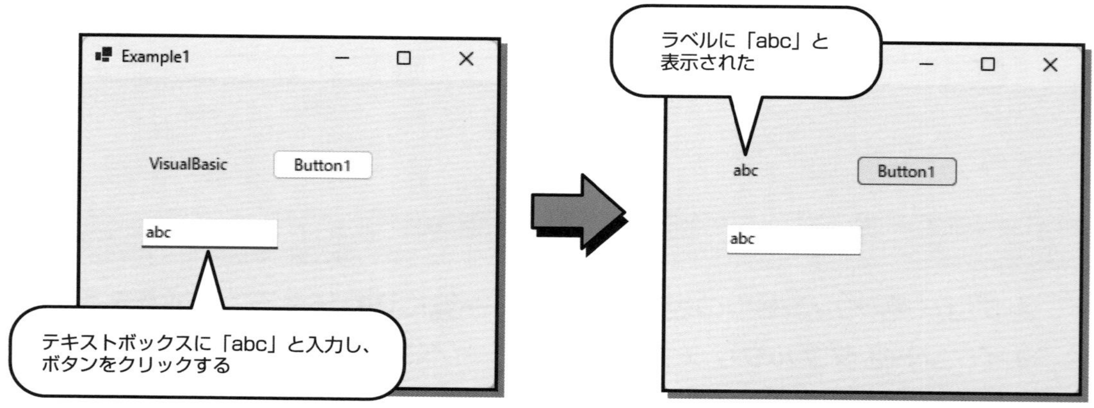

体験 イベントプロシージャにコードを書こう

1 テキストボックスを作る

コードウィンドウに命令を書いていく前に、テキストボックスを作成します。[Form1.vb [デザイン]]タブをクリックし1、デザインウィンドウを表示させます。

2 テキストボックスを配置して名前を付ける

ツールボックスの[TextBox]をクリックします1。続いて、フォームの、ラベルの下辺りをクリックします2。テキストボックスの名前は、37ページの方法で[(Name)]プロパティを「TextBox_nyuuryoku」に変更しておきます3。

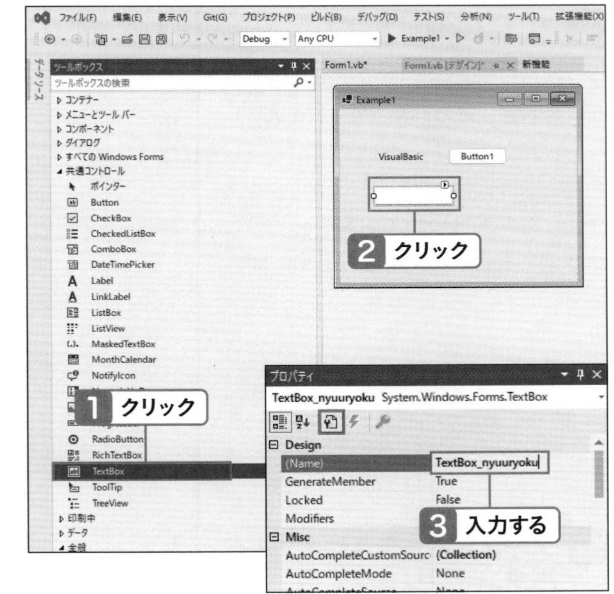

>>> Tips

[(Name)]プロパティが表示されていない場合は、プロパティウィンドウの [プロパティ]ボタンをクリックします。

3 イベントプロシージャを編集する

[Form1.vb]タブをクリックし1、「Private Sub Button_jikkou_Click...」と「End Sub」の間に、コードを右のように入力します2。

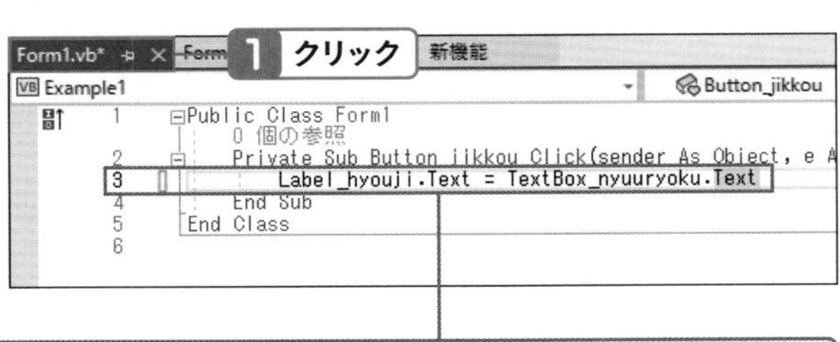

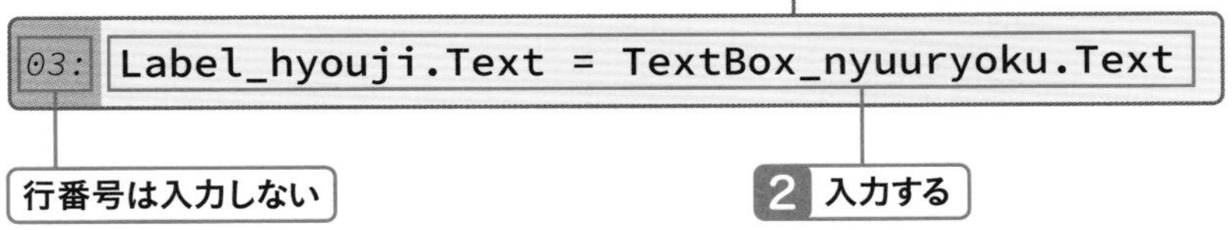

4 プログラムを実行する

入力できたら、プログラムを実行させてみましょう。[デバッグ] メニュー→[デバッグの開始] の順にクリックします1。

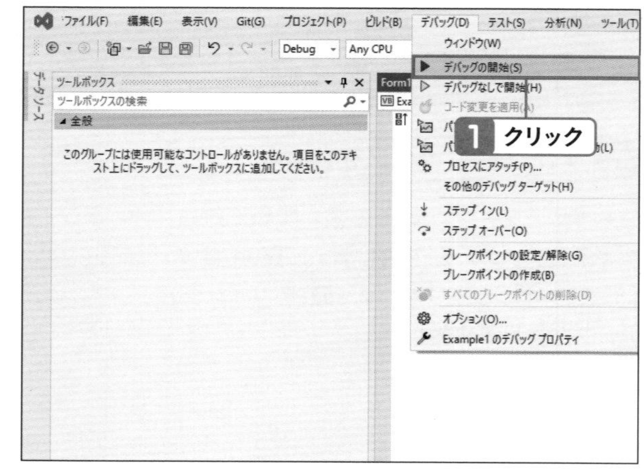

>>> Tips

ビルドエラーと表示された場合は、67ページを参照してください。

5 ボタンをクリックする

プログラムが実行されるので、ボタンをクリックします1。ボタンをクリックすることで、イベントプロシージャが呼び出され、入力した命令が実行されます。ここではテキストボックスに何も入力していないので、ラベルの表示が消えれば、正しく動作しています。

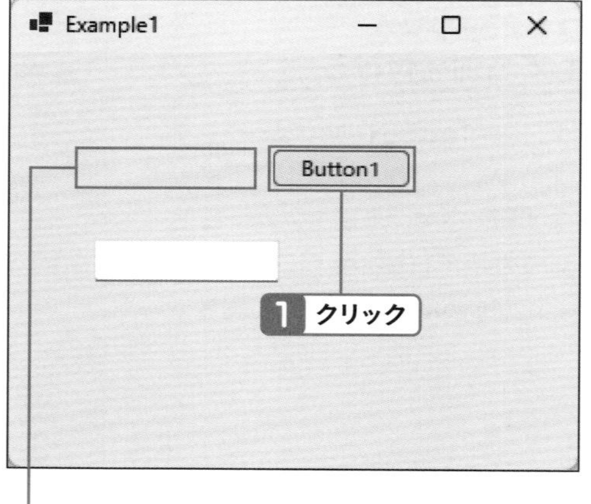

6 テキストボックスに入力してボタンをクリックする

テキストボックスに、abcと入力します1。入力後、ボタンをクリックすると2、ラベルにabcと表示されます。48ページの方法でプログラムを終了します。

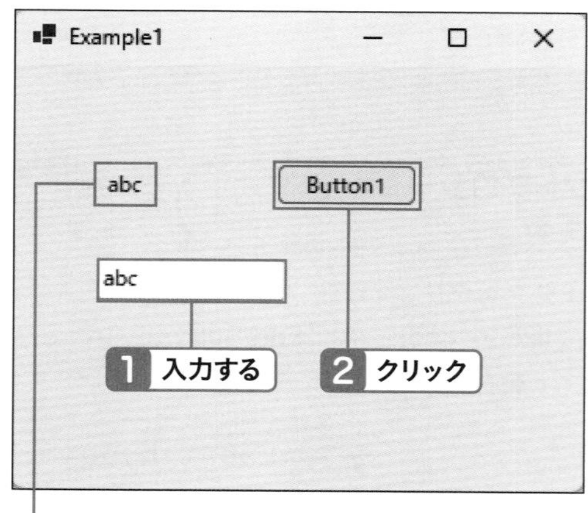

>>> Tips

Example1のウィンドウが隠れてしまった場合は、タスクバーを使ってExample1を表示させてください。

理解 入力したプログラムコード

コードを見てみよう

ボタンのイベントプロシージャとして入力したコードを、もう一度見てみましょう。コードは次のように3つの要素から構成されています。

```
Label_hyouji.Text = TextBox_nyuuryoku.Text
```

1 Label_hyouji.Text　3 =　2 TextBox_nyuuryoku.Text

この命令が、ボタンをクリックしたときに実行されます。命令は、=の前後で2つに分割できます。

1 ラベルLabel_hyoujiのTextプロパティ

=の左側（左辺）に注目してください。

```
Label_hyouji.Text
```

「Label_hyouji」は、37ページでラベルに付けた名前（(Name)プロパティ）です。名前に続いて「.」があり、「Text」が続きます。「Text」は、37ページで表示内容を変更した際に使ったTextプロパティです。全体で、「ラベル［Label_hyouji］のTextプロパティ」という意味になります。

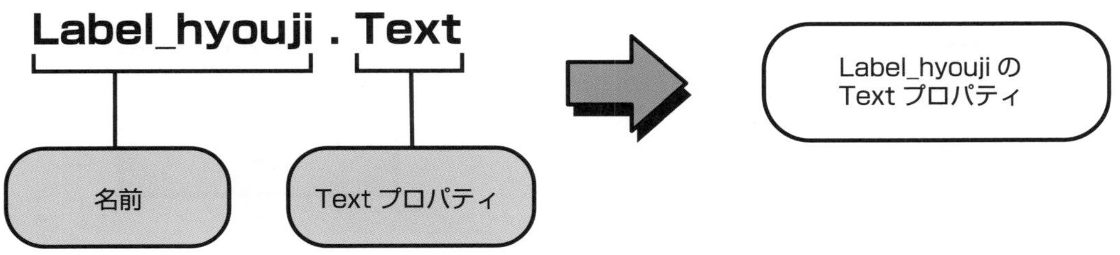

単にTextだけでは、フォームのTextプロパティかもしれませんし、ボタンのTextプロパティかもしれません。そこで、コントロールの名前を使って、ラベル［Label_hyouji］のTextプロパティである、という指示を行っているのです。

2 TextBox_nyuuryokuのTextプロパティ

同じように、＝の右側（**右辺**）は、次のようになっています。

```
TextBox_nyuuryoku.Text
```

これは、63ページで作成した「TextBox_nyuuryoku」という名前のテキストボックスの、Textプロパティを意味しています。テキストボックスには、プログラムの実行中に文字を入力することができます。テキストボックスのTextプロパティには、そこで入力された文字が入っています。

3 ＝（代入）

残りの＝を説明しましょう。

```
=
```

＝は、右辺の値を左辺に**代入**（**コピー**）しろ、という命令です。ここでの右辺は、テキストボックスに入力された文字（Textプロパティ）です。左辺は、ラベルに表示される文字（Textプロパティ）です。よって、テキストボックスに入力した値がラベルに代入され、表示されるというわけです。

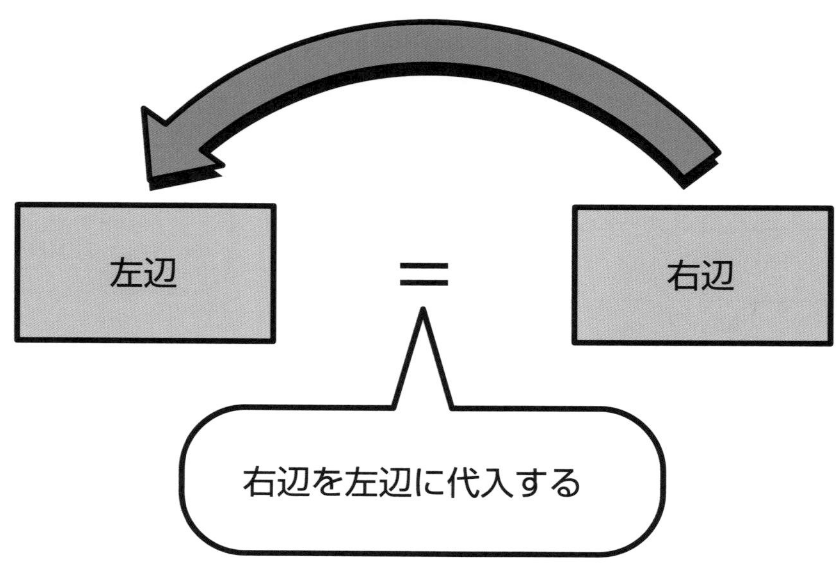

>>> オブジェクトについて

ここで、**オブジェクト**という用語を覚えてください。ツールボックスから作成する、ボタン、ラベル、テキストボックスについては、どれもコントロールであると解説しました。これらのコントロールとフォームを、まとめて**オブジェクト**と呼びます。そして、これらのオブジェクトに付けられた名前を、**オブジェクト名**と呼びます。Visual Basicは、オブジェクトという単位でプログラムを作成するプログラミング言語なのです。

COLUMN ビルドエラーについて

コードに間違いがあると、「ビルドエラー」が発生して、プログラムを実行できないことがあります。ビルドエラーが発生したら、プログラム中に間違いがあるので、これを取り除かなければなりません。ソースコードを正しく入力できているか確認し、間違いを修正しましょう。配置したラベルやテキストボックスの名前も、正しく入力されているかどうか確認しましょう。
ビルドエラーが起きると、エラーの詳細が、エラー一覧ウィンドウに表示されます。次の例は、ラベルの名前をLabel_hyoujと間違えてしまったときのものです。

- **ビルドエラーのダイアログ**

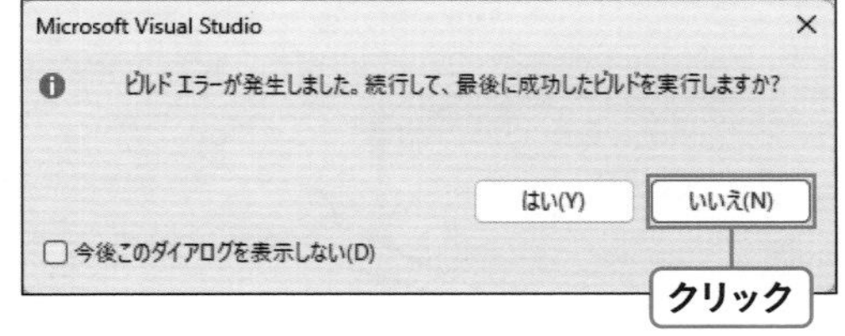

- **エラー一覧ウィンドウ**

また、コードウィンドウ上には、間違いとされた部分に波線による下線が引かれます。エラー一覧や波線を参考にしながら、間違いを探して修正し、実行し直します。エラー一覧ウィンドウはビルドエラーが発生すると自動的に表示されます。必要がなくなったら閉じてしまってかまいません。

まとめ

- ◉命令は、イベントプロシージャの中に作成する
- ◉＝を使った代入により、プロパティの内容を変更することができる
- ◉フォームやラベル、ボタンなどのコントロールを総称してオブジェクトと呼ぶ

4 コントロールのコピー・貼り付け・削除

完成ファイル | [0304] → [Example1] → [Example1.sln]

予習 コントロールの編集方法を知ろう

フォームにコントロールを配置し、イベントプロシージャを作成することで、初歩的なプログラムを作成することができました。ここでは、コントロールを**コピー・貼り付け・削除**する方法と、より進んだコードウィンドウでの入力方法を学習します。

コントロールは、WordやExcelの操作と同様に、コピーや貼り付け、削除が簡単に行えます。ただし、コントロールに作成したイベントプロシージャについては、コントロールを削除してもそのまま残ります。イベントプロシージャについては、コードウィンドウを使って削除します。

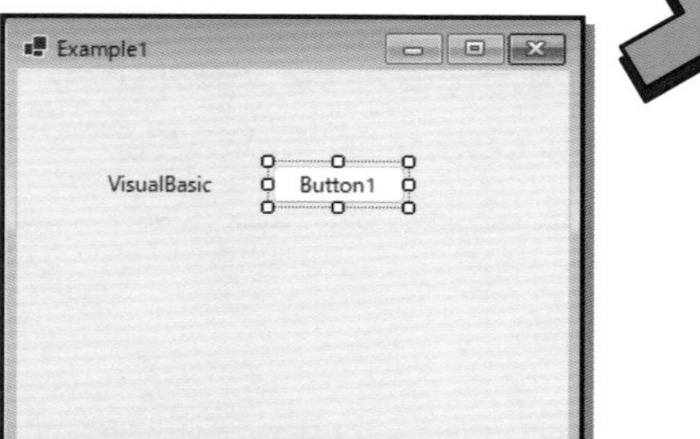

コピー
貼り付け

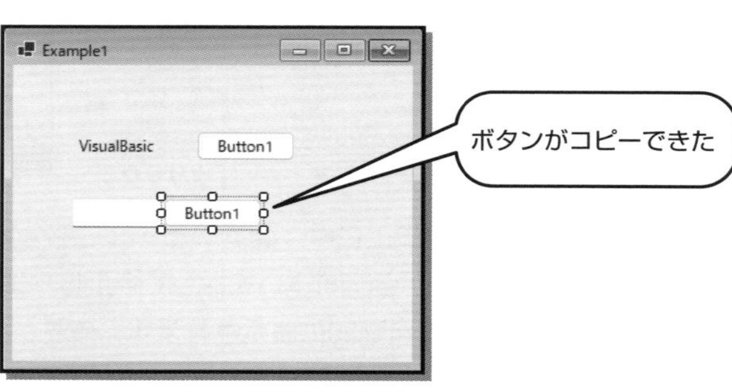

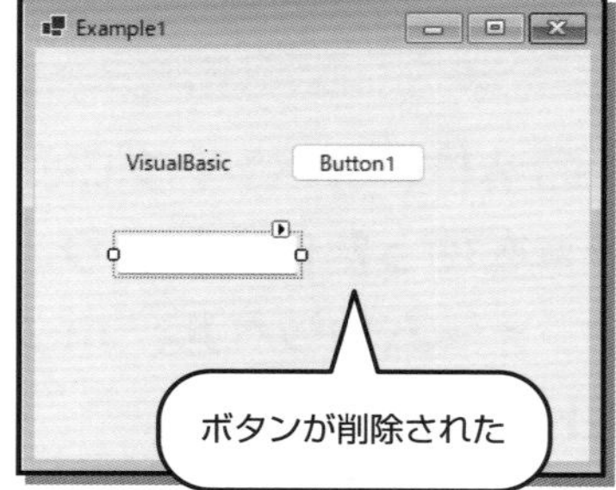

体験 コントロールの貼り付けと削除をしよう

1 ボタンをコピーする

最初に、ボタンをコピーします。フォーム上のボタン（Button_jikkou）をクリックします❶。［編集］メニュー→［コピー］の順にクリックします❷。

>>> **Tips**

デザインウィンドウが表示されていない場合は、［Form1.vb［デザイン］］タブをクリックします。

2 ボタンを貼り付ける

［編集］メニュー→［貼り付け］の順にクリックします❶。ボタンがフォームに貼り付けられます。同じ名前（Button_jikkou）は使えないため、自動的に「Button1」という名前になります。位置はフォームの中央になります。

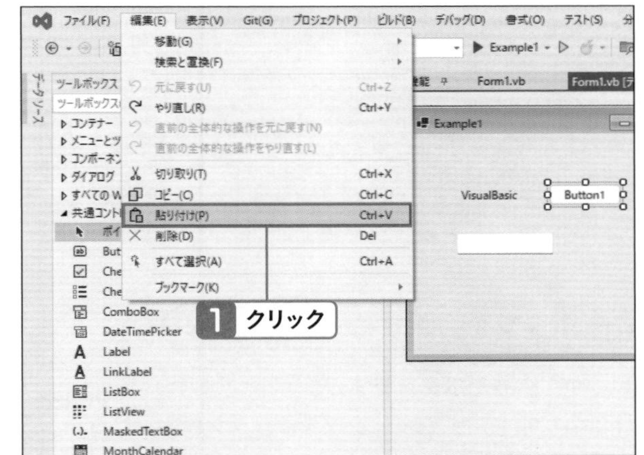

3 イベントプロシージャのスケルトンを作成する

イベントプロシージャまでは、自動的にはコピーされません。コピーしたボタンの［Click］イベントに、イベントプロシージャを作成してみましょう。今コピーした、フォーム上のボタン（Button1）をダブルクリックします❶。

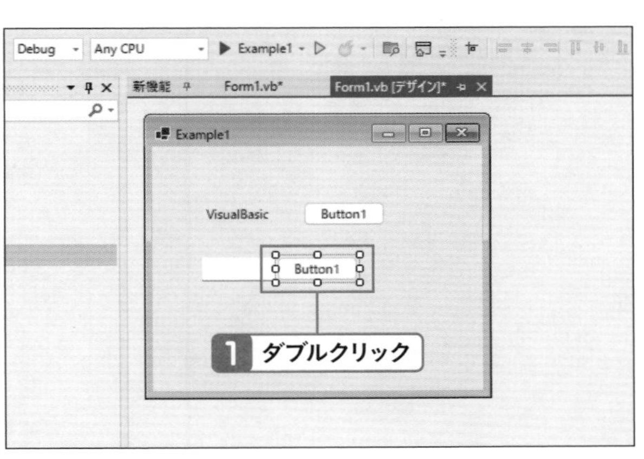

4 イベントプロシージャのスケルトンが作成される

「Button1_Click」という名前のイベントプロシージャが新しく作成されました。

```
新機能  Form1.vb*  Form1.vb [デザイン]*
Example1                                  Button1
  1 個の参照
1 Public Class Form1
      0 個の参照
2     Private Sub Button_jikkou_Click(sender As Object, e
3         Label_hyouji.Text = TextBox_nyuuryoku.Text
4     End Sub
5
      0 個の参照
6     Private Sub Button1_Click(sender As Object, e As Ev
7         |
8     End Sub
9 End Class
10
```

>>> Tips
イベントプロシージャのスケルトンは、[オブジェクト名_イベント名]で作成されます。

5 命令を入力する

作成されたイベントプロシージャの中に、63ページで作成した命令文と同じ命令文を入力します1。これで、イベントプロシージャも含めて、ボタンがコピーされました。入力の途中で表示されるリストについては、71ページを参照してください。

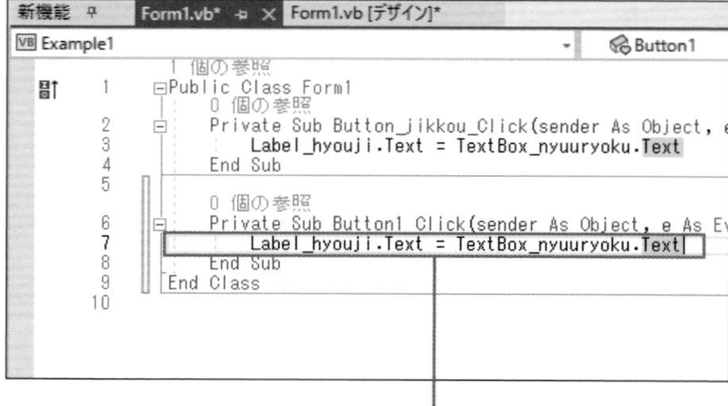


```
07: Label_hyouji.Text = TextBox_nyuuryoku.Text
```

1 入力する

>>> Tips
イベントプロシージャの命令文は、手順1、2の方法を使ってコピーし、貼り付けを行うこともできます。

6 ボタンを削除する

せっかく作ったボタンですが、削除します。[Form1.vb [デザイン]] タブをクリックします1。新しく作成したボタン（Button1）をクリックし2、Delete キーを押します3。これでボタンが削除されます。

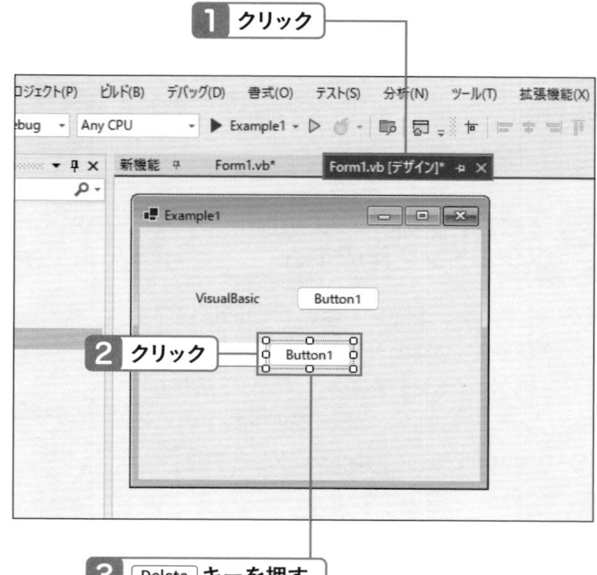

7 イベントプロシージャを削除する

コントロールは削除されますが、イベントプロシージャは削除されずに残っています。[Form1.vb] タブをクリックします❶。手順4、5で追加したプロシージャをドラッグして選択し❷、Delete キーを押します❸。

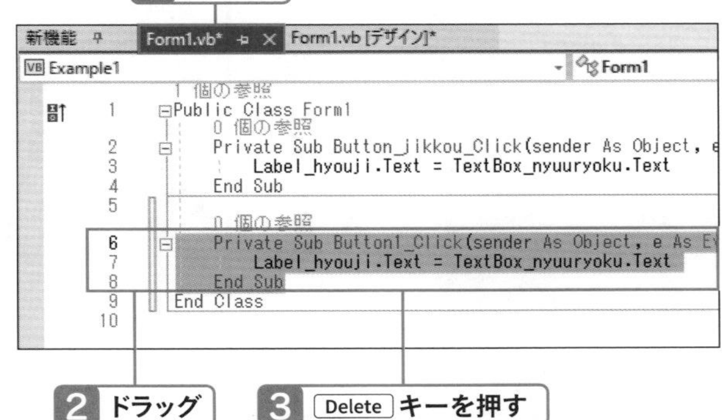

COLUMN 入力候補のリスト表示について

手順5で「Label_hyouji.」まで入力すると、リストが表示されると思います。このリストには、入力したオブジェクトが持っているプロパティなどが表示されています。リストの中の[Text]をクリックし、Tab キーを押すと、自動的に「Text」と入力されます。同様に、TextBox_nyuuryoku.と入力してもリストが表示されるので、Tab キーでTextを選択できます。リストの表示は、矢印キーで上下に移動できます。

- リスト表示

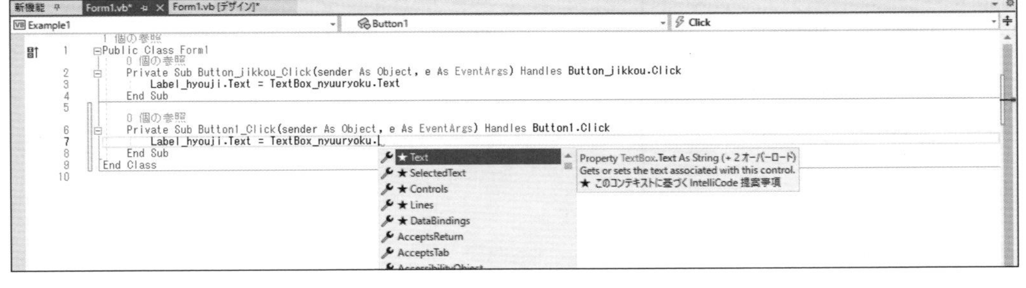

まとめ

- ◉コントロールは、コピーして貼り付けることができる
- ◉コントロールは削除することができる
- ◉イベントプロシージャは、コードウィンドウで削除する

第3章 イベント

5 実行可能なプログラムを作ろう

完成ファイル | [0305] → [Example1] → [Example1.sln]

予習 実行可能なプログラムの作成方法を知ろう

これまでにプログラムを作成し、実行してきましたが、実行はいつも**デバッガ**上で行ってきました。しかし、このようにデバッガ上でプログラムを実行させることができるのは、Visual Basicをインストールしたコンピュータだけです。デバッガは、Visual Basicの一部の機能だからです。
プログラムが完成したら、Visual Basicがインストールされていない別のコンピュータでも、そのプログラムを実行させる必要があります。デバッガを使わずにプログラムを直接実行させるには、**実行可能形式**のプログラムを作成する必要があります。実行可能形式のプログラムを作成しておくと、作成した実行可能形式のプログラムファイルを別のコンピュータにコピーするだけで、プログラムを直接実行させることができます。
ここでは、実行可能形式のプログラムを作成して、デバッガを使用せず、直接実行させる方法について学習します。

Visual Basic上で実行

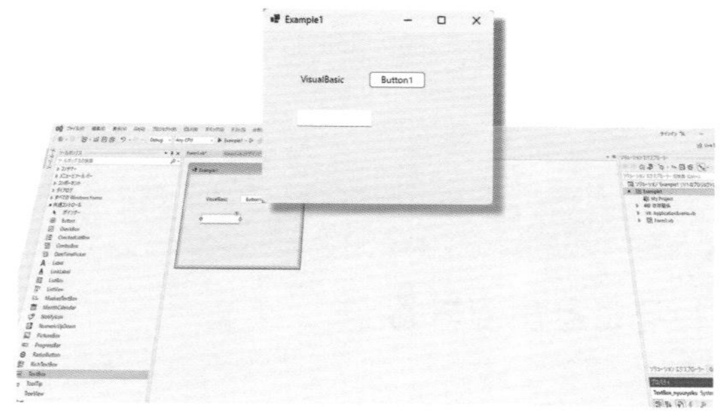

プログラム単体で実行

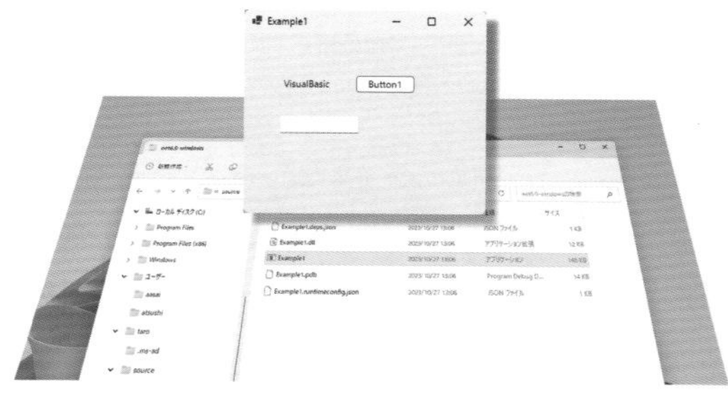

体験 実行可能なプログラムを作成しよう

1 プロジェクトを開く

Visual Basicを起動して、プロジェクト「Example1」を開きます1。

>>> **Tips**

ここでは、プロジェクトExample1のプログラムを例に説明していきます。

2 一度デバッガ上で実行させる

[デバッグ] メニュー→[デバッグの開始] の順にクリックし1、デバッガ上で実行させます。ビルドエラー (67ページ参照) により実行できないようなら、エラーを取り除いておきます。プログラムが正しく実行できることを確認したら、プログラムを終了します。

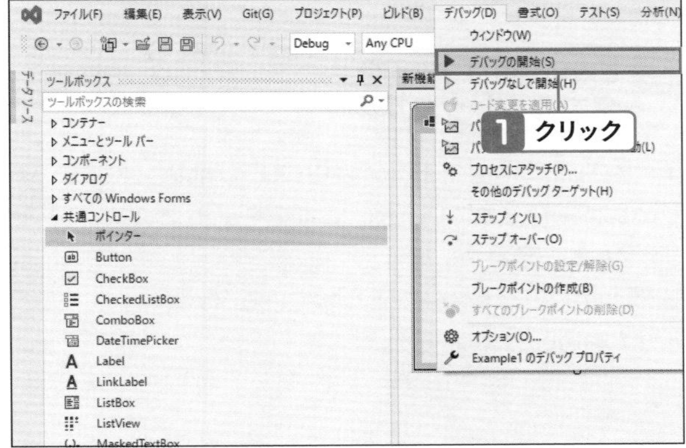

3 実行可能形式のプログラムを作成する

ビルドターゲットをReleaseに変更します。ツールバー上のDebugと表示されている部分をクリックして、[Release]をクリックします1。[ビルド] メニュー →[Example1のビルド] の順にクリックします2。すると、実行可能形式のプログラムが作成されます。

Visual Basicのウィンドウ左下に「ビルド：成功 1...」と表示されます。ビルドできたら、Visual Basicを終了します。

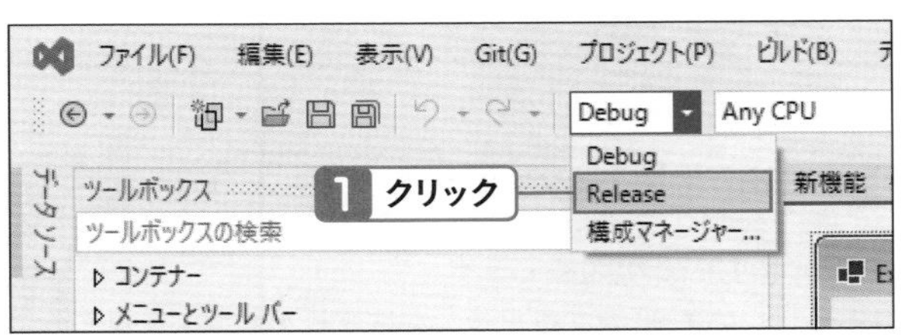

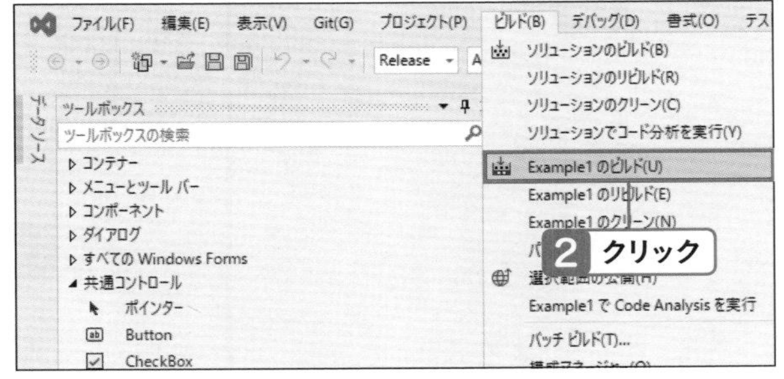

4 エクスプローラを起動する

タスクバーの［エクスプローラー］をクリックし、エクスプローラーを起動します。起動できたら、［C:］→［ユーザー］→［ユーザー名］→［source］→［repos］→［Example1］→［Example1］→［bin］→［Release］とフォルダを展開していきます。
［net8.0-windows］フォルダをクリックして1、フォルダ内のファイルを右側に表示させます。

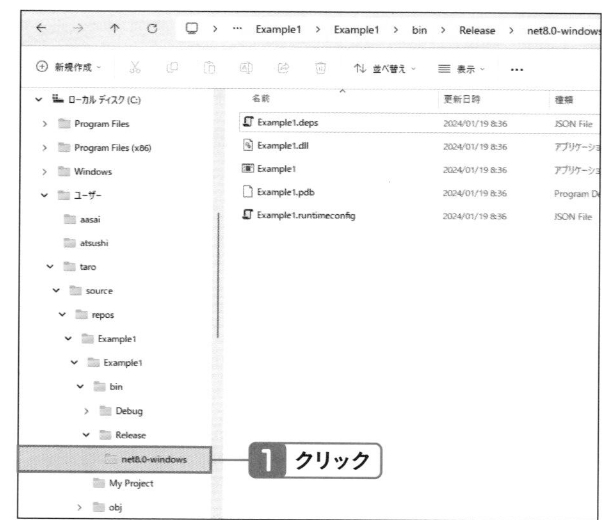

5 Example1.exeをダブルクリックする

［net8.0-windows］フォルダの中に、Example1.exeが保存されています。これをダブルクリックします1。
種類がアプリケーションとなっているファイルがExample1.exeです。

>>> Tips

デバッガで実行されるExample1.exeは、［Debug］フォルダ内に保存されています。

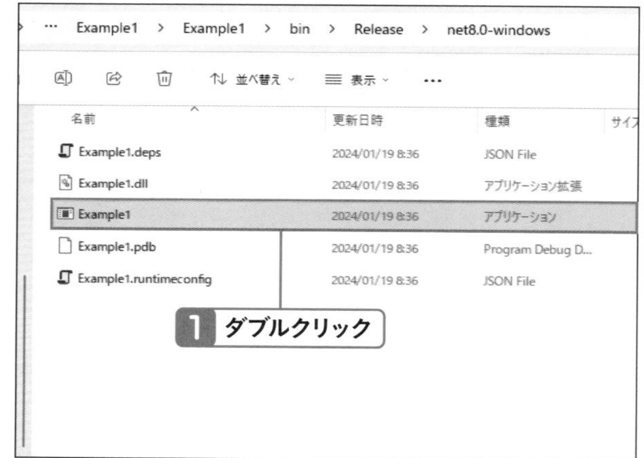

6 Example1.exeが起動する

Example1.exeが起動します。
48ページの方法でプログラムを終了します。

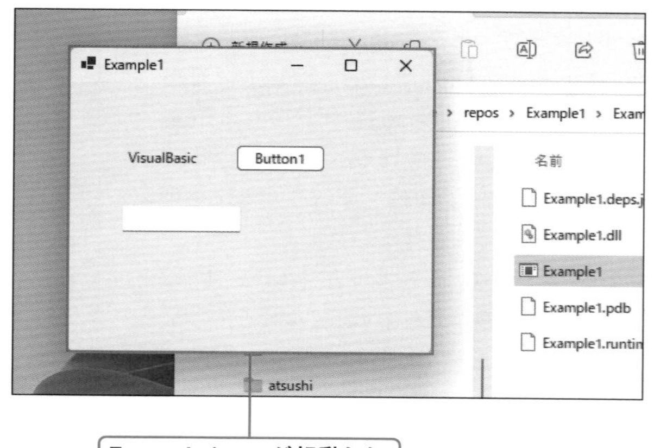

理解 実行可能形式のプログラムファイルについて

プログラムの実行方法には、2通りの方法があると解説しました。1つは、Visual Basicの[デバッグ]メニューにより実行させる方法です。もう1つは、ここで紹介した、実行可能形式のプログラムファイルをエクスプローラからダブルクリックすることで実行させる方法です。

これらの2つの実行方法には以下のような特徴があります。

- **デバッガ上から実行**
  - デバッガ上から実行するには、Visual Basicが必要です。
  - デバッガで実行制御を行うことが可能であるため、ブレークポイントを設定し、プログラムを一時停止させたり、ステップ実行を行うことができます。
  - [Debug]フォルダ以下にプログラムが作成されます。

- **エクスプローラから実行可能形式のプログラムを実行**
  - Visual Basicがインストールされている必要はありません。
  - ステップ実行などの、実行制御を行うことはできません。
  - [Release]フォルダ以下にプログラムが作成されます。

プログラムの開発中は、デバッガを使った方が何かと便利であるため、デバッガを使って実行します。プログラムが完成したら、別のコンピュータでも実行できるように、実行可能形式のプログラムファイルを作成して配布します。
これ以降も本書内の解説ではデバッガを使って実行を行います。

注）Visual Basicがインストールされていないコンピュータで、Visual Basicで作成された実行可能形式のプログラムを実行するには、.NETフレームワークが必要です。.NETフレームワークは、Windows OSの機能を拡張するプログラム部品です。

まとめ

- ◉実行可能形式のプログラムは、Visual Basicを介さずに実行できる
- ◉[ビルド]メニューの[×××.exeのビルド]により実行可能形式のプログラムを作成できる

第3章 練習問題

■問題1

次の文章の穴を埋めよ。

GUIによるプログラムは、[①]の発生によって処理が実行されていくため、[①]駆動型プログラムと呼ばれている。ボタンがクリックされた際には、クリックイベントが発生し、対応するイベント[②]が呼び出される。イベント[②]にプログラマが命令を記述することによりプログラムを作成していく。

ヒント 52〜55ページ

■問題2

プロジェクト「Test2」を作成し、次のようなフォームを作成しなさい。ボタンがクリックされたら、ラベルの背景色を青に変えるようにプログラムすること。背景色は、BackColorプロパティで変更できる。以下の命令をイベントプロシージャに記述すればよい。

```
Label_iro.BackColor = Color.Blue
```

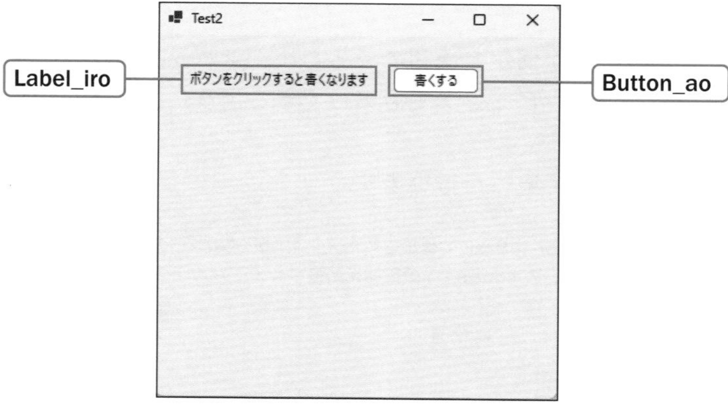

ヒント プロジェクトの作成方法は28ページ。
ラベルの作成方法は32ページ。
ボタンの作成方法は42ページ。
イベントプロシージャの作成方法は58ページ。

プログラムの実行順序

4-1　プログラムの最小単位〜命令文

4-2　メソッド

4-3　コメント

4-4　ブレークポイント

4-5　デバッガによるステップ実行

第4章　練習問題

1 プログラムの最小単位～命令文

完成ファイル | [0401] → [Example2] → [Example2.sln]

予習 命令文が実行される順番を理解しよう

ここでは、プログラムの最小単位である、**命令文**について学習します。日本語でも英語でも、「文」という単位で文章が構成されています。日本語であれば、「。」までが1つの文です。Visual Basicでも、プログラムは命令文を単位として作成していきます。

日本語は、「。」までで1つの文でしたが、Visual Basicでは、**改行**までが1つの命令文になります。改行は Enter キーで入力します。また、Visual Basicの命令文は、左から右、上から下の順番で書いていきます。

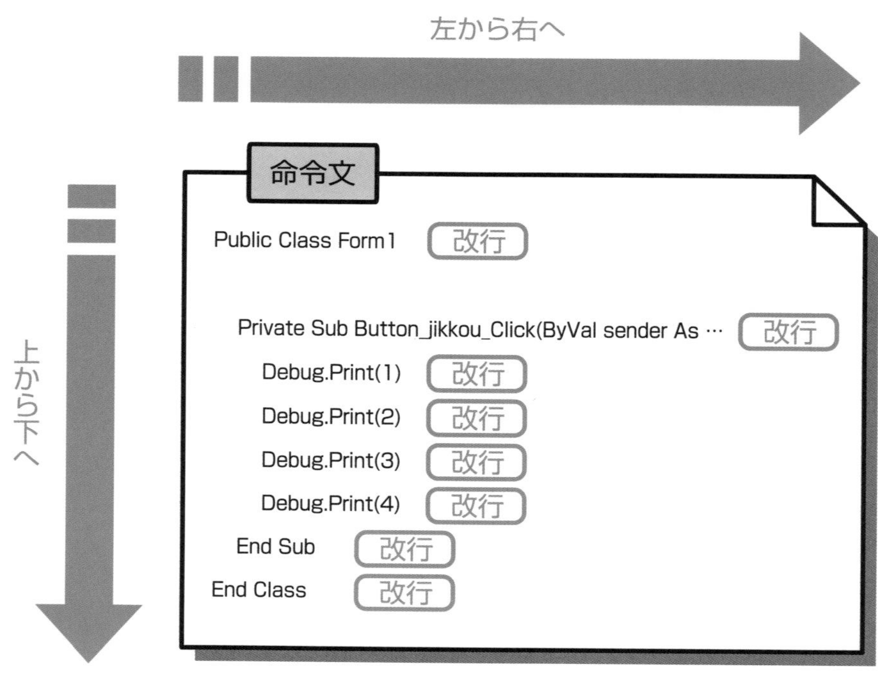

左から右へ
上から下へ
命令文
Public Class Form1 改行
Private Sub Button_jikkou_Click(ByVal sender As … 改行
Debug.Print(1) 改行
Debug.Print(2) 改行
Debug.Print(3) 改行
Debug.Print(4) 改行
End Sub 改行
End Class 改行

体験 複数の命令文を実行しよう

1 プロジェクトを作成する

29ページの方法で、新しいプロジェクト「Example2」を作成します。31ページの方法で、フォームのTextプロパティを「Example2」に変更しておきましょう。

>>> Tips

別のプロジェクトを開いている場合は、Visual Basicを終了して再起動してください。

2 フォームにボタンを作る

43ページの方法で、フォームにボタンを作成し、ボタンの名前（[（Name）] プロパティ）を「Button_jikkou」、表示内容（[Text] プロパティ）を「実行」に変更します。
また、フォームの大きさも小さくしておきます。

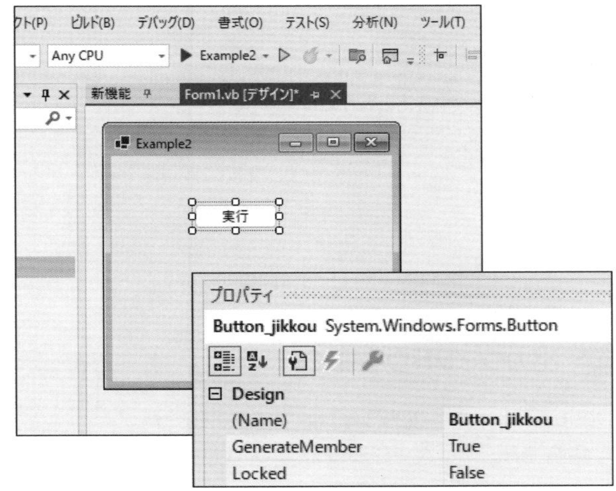

3 ボタンにイベントプロシージャを作る

続いて、ボタンをクリックしたときに実行されるイベントプロシージャを作成します。フォーム上のボタンをダブルクリックします1。

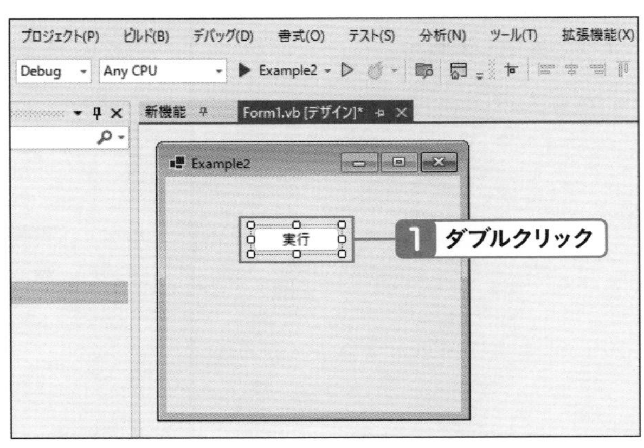

4 Debug.Print命令を入力する

イベントプロシージャのスケルトンが作成されます。続いて、ソースコードを右のように入力します1。読み方は、Debug（デバッグ）.Print（プリント）です。

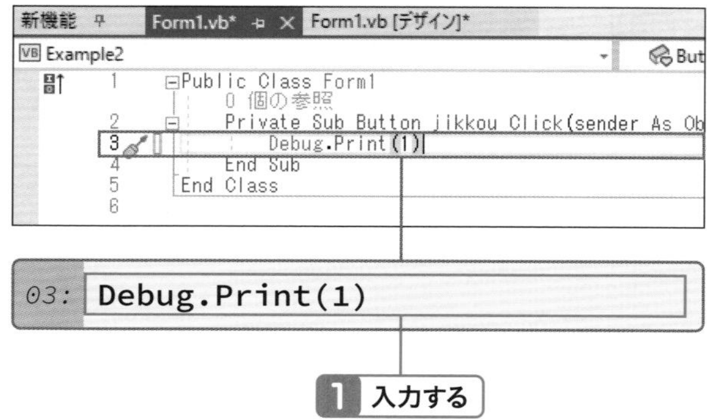

5 プログラムを実行する

［デバッグ］メニュー→［デバッグの開始］の順にクリックし1、プログラムを実行します。

>>> Tips

ビルドエラーが発生した場合、Debugの綴りが間違えていないかPrintの綴りが間違えていないかを確認します。

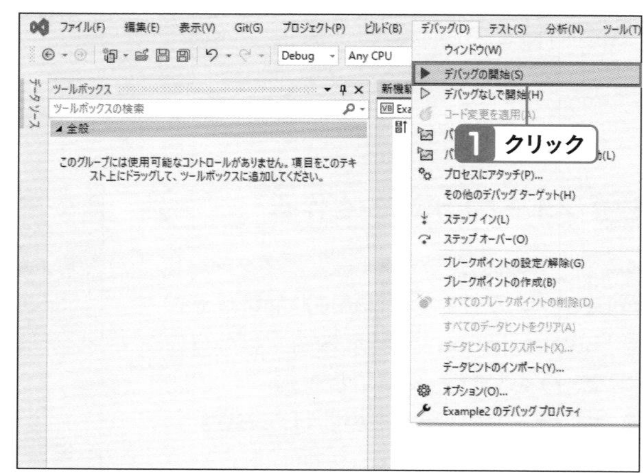

6 出力ウィンドウを開く

Debug.Printは、出力ウィンドウに表示を行う命令です。正しく実行されたかどうかを確認するため、［デバッグ］メニュー→［ウィンドウ］→［出力］の順にクリックし1、出力ウィンドウを表示します。

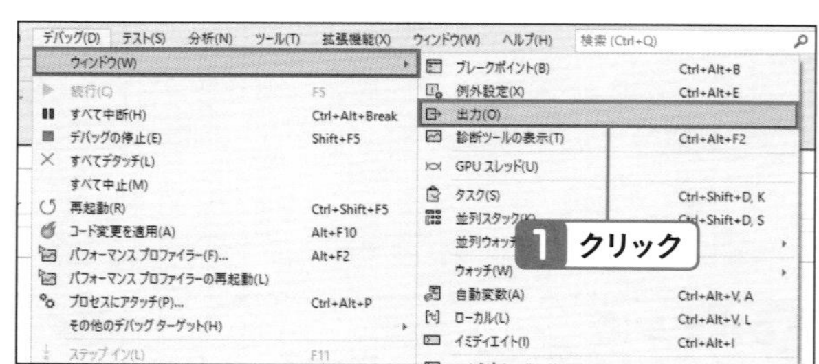

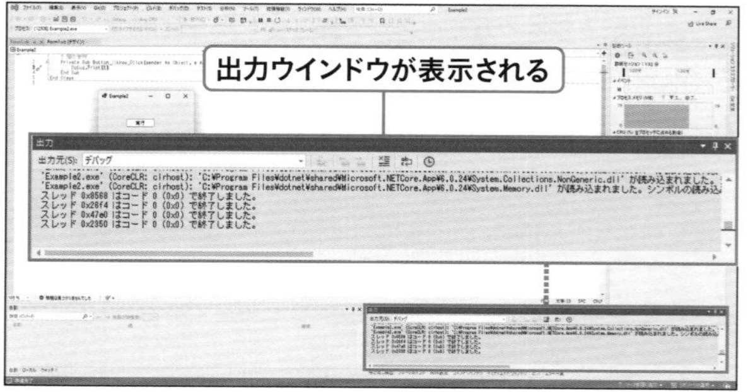

7 [実行] ボタンをクリックする

実行するとフォームが表示されるので、[実行] ボタンをクリックします1。

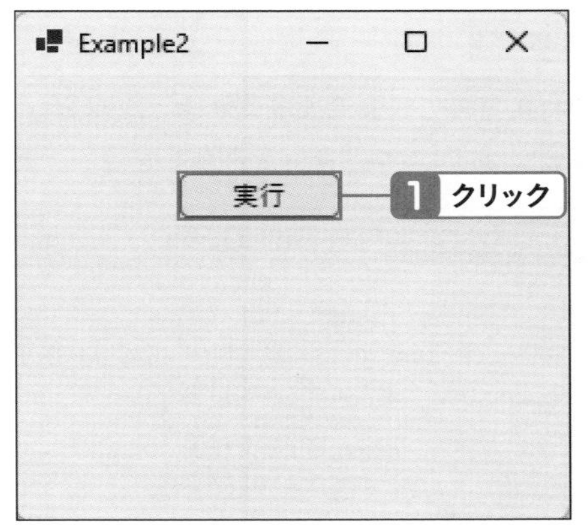

>>> Tips
Example2のウィンドウが隠れてしまった場合、タスクバーを使ってExample2を表示させてください。

8 出力ウィンドウに「1」と表示される

Button_jikkou_Clickイベントプロシージャが呼び出され、Debug.Print(1) が実行されます。出力ウィンドウに「1」と表示されます。

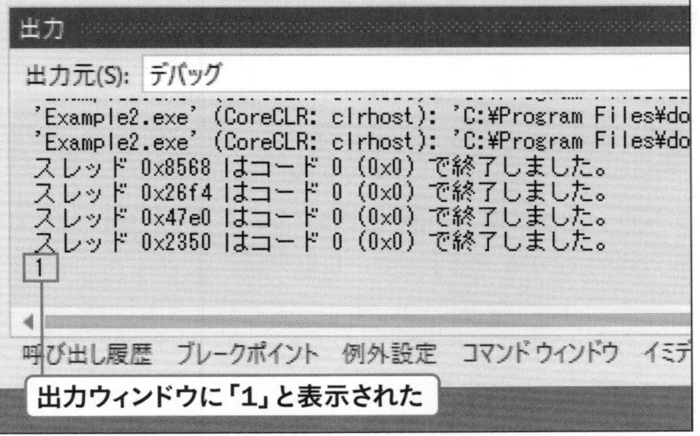

>>> Tips
呼び出し履歴が表示されているときは、[出力] タブをクリックし、出力ウィンドウをアクティブにしてください。

9 プログラムを終了する

フォームの [閉じる] ボタンをクリックし1、プログラムを終了します。

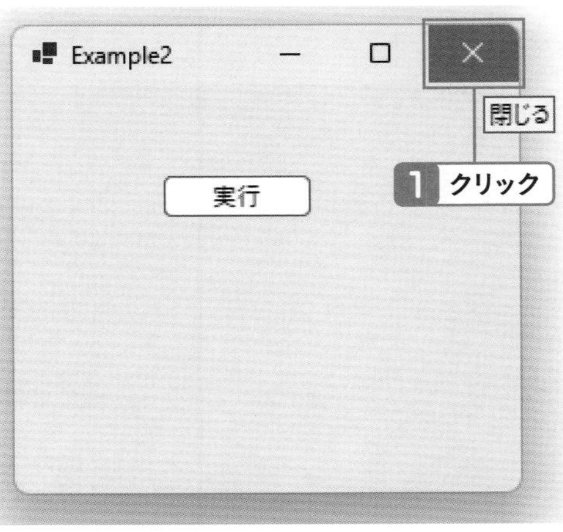

10 命令文を増やす

コードウィンドウに戻るので、命令文を次のように追記します 1 。
それぞれ命令文の最後で Enter キーを押して改行し、次の命令文を入力します。

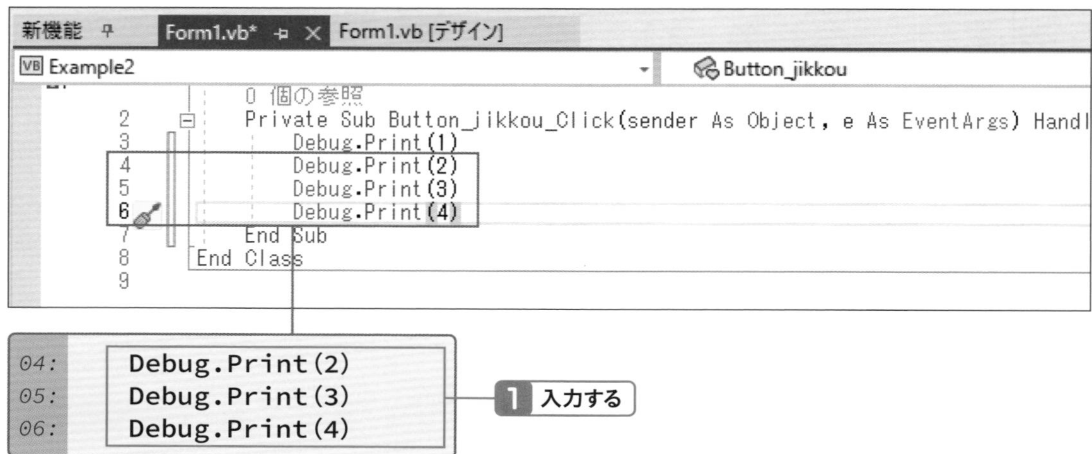

11 プログラムを実行する

手順5、7と同様な方法でプログラムを実行し、[実行] ボタンをクリックします 1 。出力ウィンドウに、1、2、3、4と表示され、すべての命令文が実行されていることがわかります。確認できたら、プログラムを終了します。

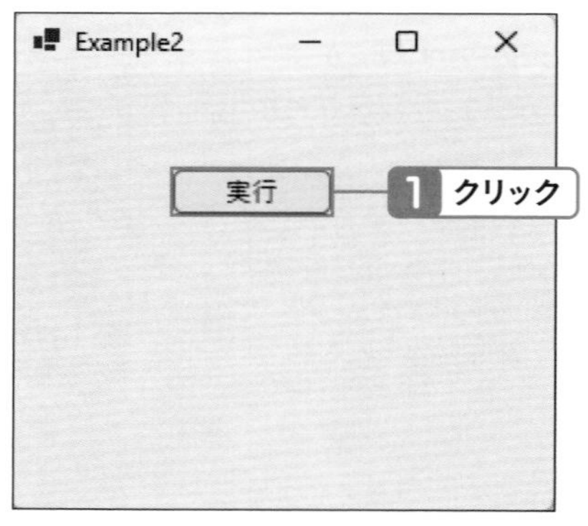

>>> **Tips**
>
> 出力ウインドウには、Debug.Printで出力したもの以外も表示されます。
> 出力ウィンドウの表示が、自動的にクリアされることはありません。

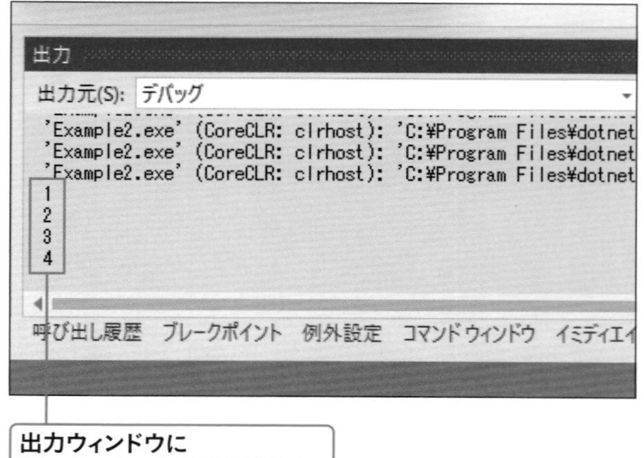

出力ウィンドウに
「1、2、3、4」と表示された

理解 ステートメントについて

ステートメント

Debug.Printは、出力ウィンドウに文字を表示する命令です。

```
Debug.Print(1)
Debug.Print(2)
Debug.Print(3)
Debug.Print(4)
```

上記のコードは、1つの行が1つの命令文です。つまり、改行までが1つの命令文になります。命令文のことを**ステートメント**と呼びます。ステートメントの集まりを**コード**と呼び、ステートメントを何行も書くことで、プログラムが作成されていきます。ステートメントは、基本的に上から下に向かって、順番に実行されていきます。

>>> 継続行

原則として、ステートメントは1行で記述します。今回のステートメントのように、行が短い場合は問題ありませんが、複雑な処理を行い、1行が長くなる場合があります。1行が長くなると、ステートメントが読みづらくなります。しかしVisual Basicでは、改行すると異なるステートメントになってしまいます。改行しても同じステートメントにするためには、特殊な記号を入力します。

Visual Basicでは、空白文字（スペース）と「_」（アンダーバー）を入れることで、ステートメントとしては継続した形で、改行を行うことが可能になります。たとえば、次のように行います。

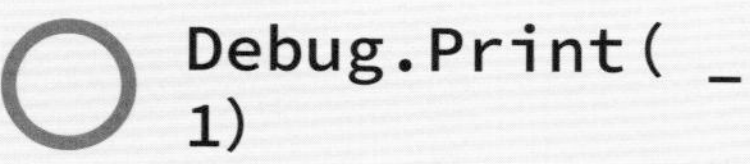

```
Debug.Print( _
1)
```

これで、「Debug.Print(1)」というステートメントを2行に渡って記述することができます。ここで、「_」の前に1つの空白文字（スペース）が必要であることに注意してください。
また、名前の途中で「_」を入れることはできません。たとえば、

```
Debug.Pri _
nt(1)
```

とすることはできません。

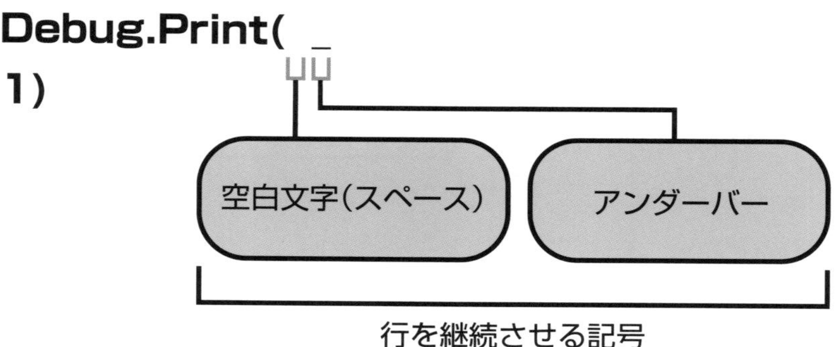

最初は、どこで区切ればよいかが難しいと思いますので、無理に継続行を使わなくてもよいでしょう。しかし、イベントプロシージャの定義部分は長いため、本書では、次のように継続行を使って説明することもあります。

```
Private Sub Button_jikkou_Click(sender As Object, _
    e As EventArgs) Handles Button_jikkou.Click
```

継続行

行末が「_」の時は、次の行につながっているのだな、という認識を持ってコードを見てください。

COLUMN マルチステートメントについて

1行に複数のステートメントを記述することもできます。この場合、どこまでが1つのステートメントであるかをはっきりさせるため、ステートメントの間に「:」(コロン)を入力します。

```
Debug.Print(1)
Debug.Print(2) : Debug.Print(3) : Debug.Print(4)
```

このように、1行に複数のステートメントを書くことを「マルチステートメント」と呼びます。マルチステートメントでは、左から右方向に、順番にステートメントが実行されていきます。

まとめ

- 1つのステートメントは改行で終了する
- ステートメントは、上から下に順番に実行されていく
- 長い行は空白文字(スペース)と「_」を使って折り返すことができる
- マルチステートメントでは、左から右に順番にステートメントが実行されていく

メソッド

完成ファイル | [0402] → [Example2] → [Example2.sln]

予習 メソッドについて知ろう

オブジェクトには、**プロパティ**と**メソッド**があります。プロパティ(属性)は、その値を変更することで、コントロールの状態を変更することができました(38ページ参照)。それに対してメソッドは、値を変更するのではなく、オブジェクトに用意されている機能を呼び出すためのものです。

たとえば、ラベルやボタンといったオブジェクトには、自身を隠す機能があります。隠す機能を呼び出すメソッドは、**Hideメソッド**です。いいかえると、Hideメソッドを呼び出すことで、オブジェクトを隠すことができる、ということになります。ここでは、メソッドについて学習しましょう。

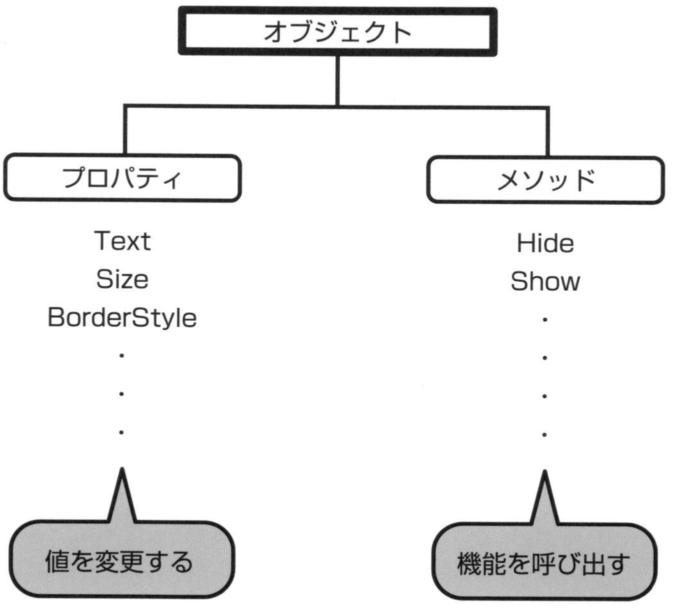

体験 Hideメソッドでラベルを隠そう

1 ラベルを作る

ここでは、ラベルのメソッドを使って、ボタンをクリックするとラベルが隠れるプログラムを作成します。[Form1.vb [デザイン]] タブをクリックします1。[実行] ボタンの隣に、ラベルを作成します2。名前 ([(Name)] プロパティ) は「Label_hyouji」、表示内容 ([Text] プロパティ) は「メソッドのテスト」としておいてください。

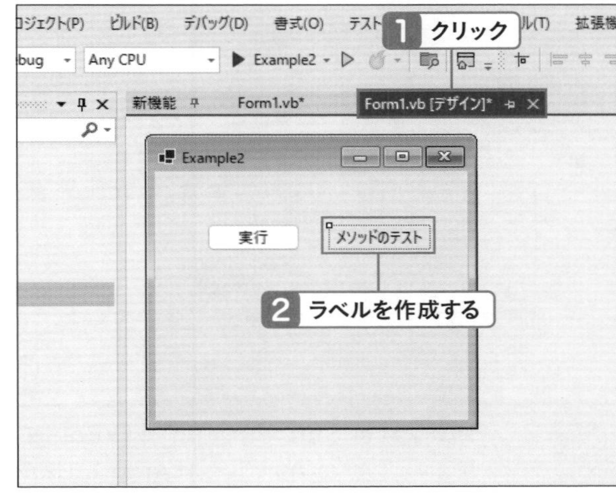

2 ラベルに枠線を付ける

ラベルが消えたことがはっきりわかるように、ラベルに枠線を付けます。プロパティウィンドウの [BorderStyle] プロパティ右側の⌄をクリックし1、表示されたメニューから、[FixedSingle] をクリックします2。

3 ラベルに枠線が付いた

ラベルに枠線が表示されました。

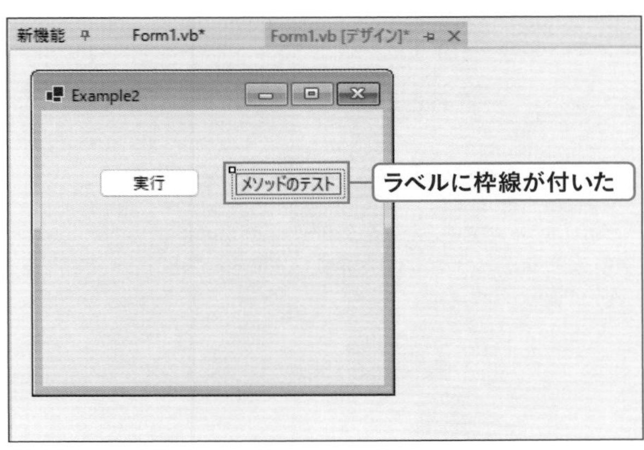

4 メソッドの呼び出しを追加する

[Form1.vb] タブをクリックし**1**、ボタンのイベントプロシージャに、コードを次のように追加します**2**。これで、「Label_hyouji」に対して、Hide(ハイド)メソッドが呼び出されます。
Form1.vbが表示されていない場合、[実行] ボタンをダブルクリックして表示します。

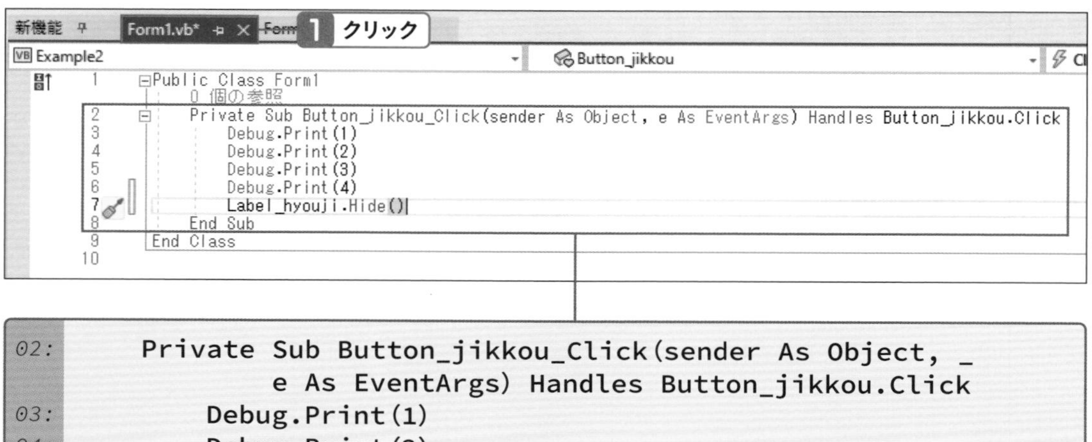


```
    Private Sub Button_jikkou_Click(sender As Object, _
            e As EventArgs) Handles Button_jikkou.Click
        Debug.Print(1)
        Debug.Print(2)
        Debug.Print(3)
        Debug.Print(4)
        Label_hyouji.Hide()
    End Sub
```

2 入力する

5 プログラムを実行する

47ページの方法でプログラムを実行し、[実行] ボタンをクリックします**1**。Hideメソッドが呼び出され、ラベルが消えます。Hideは「隠す」メソッドのため、ラベルが完全に消去されたわけではありません。確認できたら、プログラムを終了します。

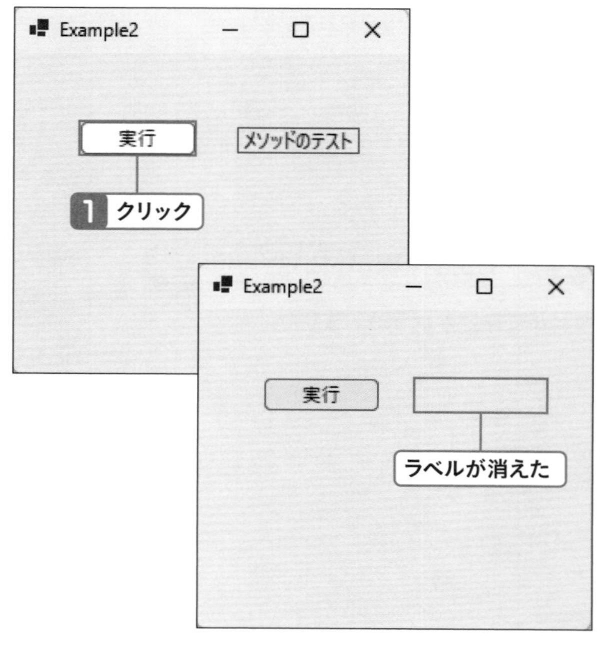

>>> **Tips**

ラベルを再び表示させるには、「Show(ショウ)」メソッドを呼び出します。
ビルドエラーが発生した場合、ラベル名がLabel_hyoujiとなっているか、Hideの綴りが間違えていないかを確認します。

理解 メソッドと引数について 

メソッドについて

前章では、ラベルのTextプロパティに値をセットすることで、ラベルの表示内容を変更しました。このようにTextプロパティを操作するときは、どのオブジェクトのプロパティなのかを指定する必要がありました。たとえば、ラベル「Label_hyouji」のTextプロパティは、次のように指定できます。

```
Label_hyouji.Text
```

オブジェクトは、プロパティの他に**メソッド**を持っています。プロパティがオブジェクトの**属性**であるのに対して、メソッドはオブジェクトに対する**操作**です。メソッドを呼び出すことで、オブジェクトが持っている機能を実行させることができます。その実例として、ラベルのHideメソッドを呼び出すことで、ラベルを隠すことができました。

プロパティ

Label_hyouji. Text

ラベルオブジェクトの名前

Textプロパティ

Label_hyouji の Text プロパティ

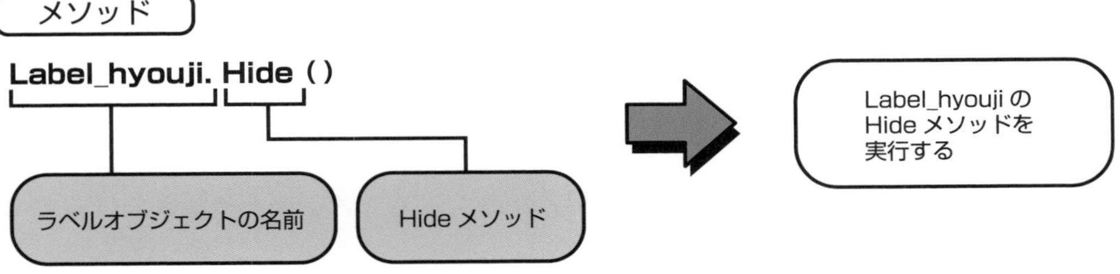

>>> メソッドの呼び出しについて

メソッドもプロパティと同様に、「オブジェクト名 . メソッド名」という形式で呼び出します。ただし、メソッド名のあとには必ず「()」が必要です。

実は、83ページで学習した「Debug.Print」の「Print」はメソッドです。「Debug」はオブジェクトであり、出力ウィンドウそのものがDebugオブジェクトに対応しています。Printメソッドは、出力ウィンドウに表示を行わせるメソッドです。そのため、Printメソッドを呼び出すことで、出力ウィンドウに表示が行われたというわけです。

>>> メソッドの引数について

メソッドには、引数というものが必要です。引数とは、オブジェクトに対してメソッドが操作を行う際に、オブジェクトに引き渡す値です。引数は、前後を () で括って指定します。Hideメソッドには引数がありませんでしたが、Printメソッドは引数を持っています。たとえばDebug.Printの実際の命令は次のようになっていました。

```
Debug.Print(1)
```

この命令では、「1」が引数です。Printメソッドは、出力ウィンドウに表示する機能を持ったメソッドです。そのため、「表示」を行う際に、どのような文字を表示するのかを、外部から引数を使って指定する必要があるのです。

つまり、「Debug.Print (1)」は、引数1を出力ウィンドウに表示しなさい、という命令になります。
どのような引数が必要になるのかは、メソッドの機能によって変わってきます。Hideメソッドはオブジェクトを隠す機能を持ったメソッドです。「隠す」を処理するときには、特別に呼び出す側から指定するものはありません。そのため、Hideメソッドには引数がないのです。ただし、「Label_hyouji.Hide ()」のように、引数がなくても、メソッドの最後には () が必要です。

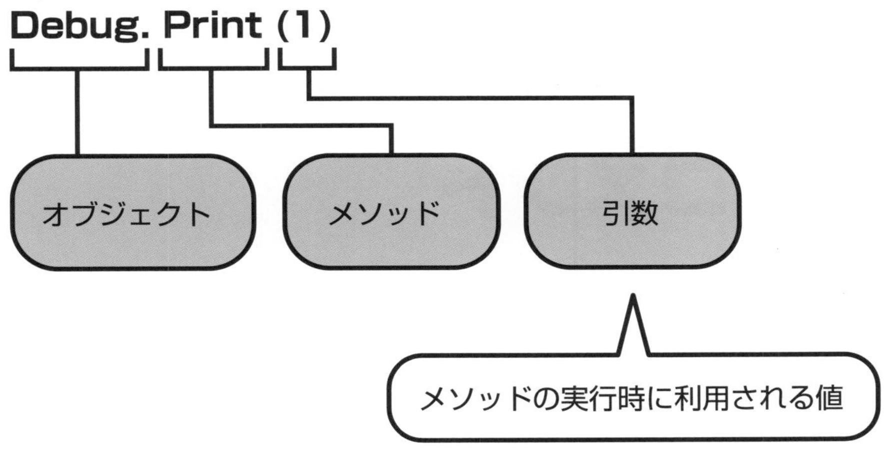

COLUMN 複数の引数を取ることもある

DebugオブジェクトのPrintメソッドは引数を1つだけ取りますが、別のメソッドは複数の引数を取ることもあります。複数の引数が必要な場合は、次のように ,(カンマ) を使って指定します。

```
Object.Method(1, 2, 3)
```

,(カンマ) を使って指定

まとめ

- ◉オブジェクトは、プロパティとメソッドを持っている
- ◉オブジェクトのプロパティは、オブジェクトの属性である
- ◉オブジェクトのメソッドは、オブジェクトに対する操作である
- ◉メソッドには引数を与えることができる

3 コメント

完成ファイル | [0403] → [Example2] → [Example2.sln]

予習 コメントの文法を知ろう

ここでは、**コメント**について学習します。コメントは文法の１つですが、命令文ではありません。コメントの役割は、ソースファイル中に、そこでどのような処理が行われているのかを普通の文章で記述するというものです。
また、今は不要と思われる命令でも、デバッグ用に追加した命令など、あとで必要になる場合があるものについては、その命令文を一時的にコメントにしておきます。
ここでは、コメントの記述方法について学習してください。

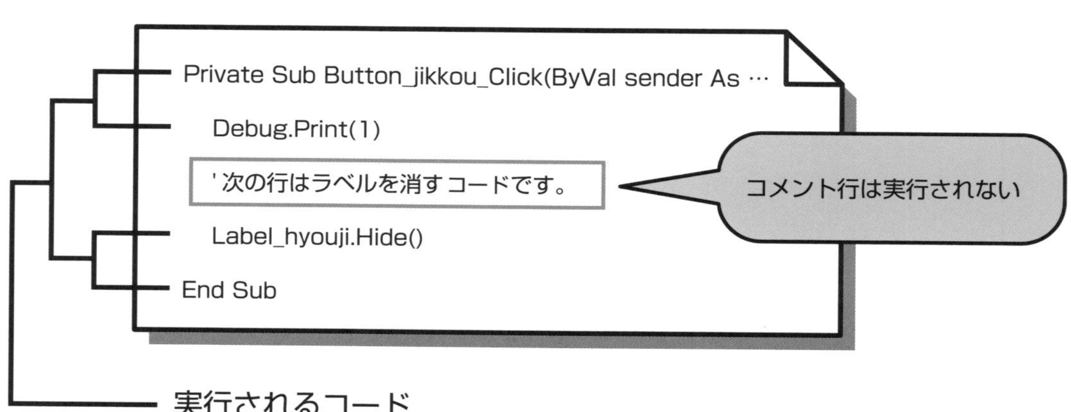
Private Sub Button_jikkou_Click(ByVal sender As …
Debug.Print(1)
' 次の行はラベルを消すコードです。
Label_hyouji.Hide()
End Sub
コメント行は実行されない
実行されるコード

体験 コメントにしよう

1 イベントプロシージャを編集する

「Form1.vb」タブをクリックして1、プロジェクト「Example2」のコードウィンドウを開いておきます。現在、Button_jikkou_Clickイベントプロシージャの内容は次のようになっています。

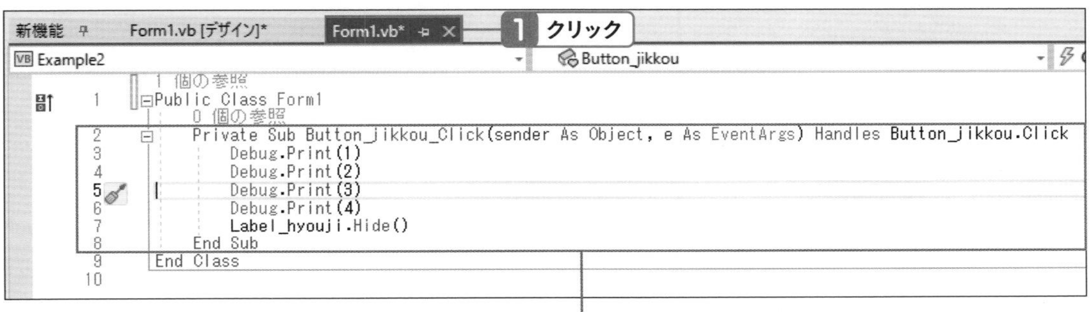


```
    Private Sub Button_jikkou_Click(sender As Object, _
            e As EventArgs) Handles Button_jikkou.Click
        Debug.Print(1)
        Debug.Print(2)
        Debug.Print(3)
        Debug.Print(4)
        Label_hyouji.Hide()
    End Sub
```

2 コメントにする

「Debug.Print (3)」の「Debug」の前に、「'」(シングルクォーテーション)を入力します1。「'」を入力すると、行の色が変わって表示されます。「'」から改行までは**コメント**であるとみなされ、命令として実行されません。

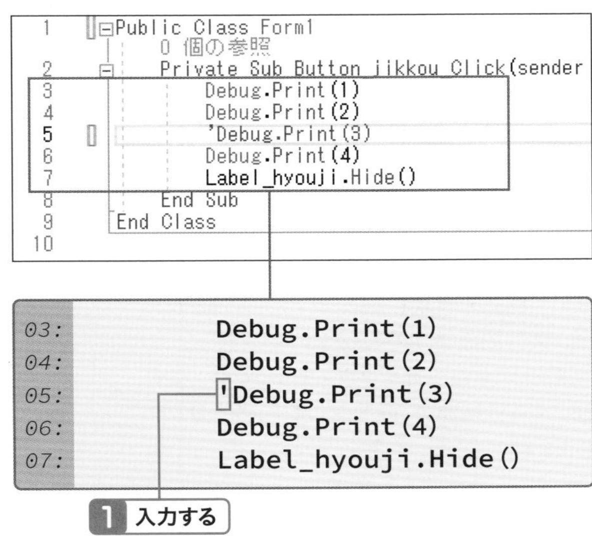

3 プログラムを実行する

プログラムを実行し、[実行] ボタンをクリックします❶。「Debug.Print (3)」をコメントにしたので、出力ウィンドウには、3は表示されません。確認できたらプログラムを終了します。

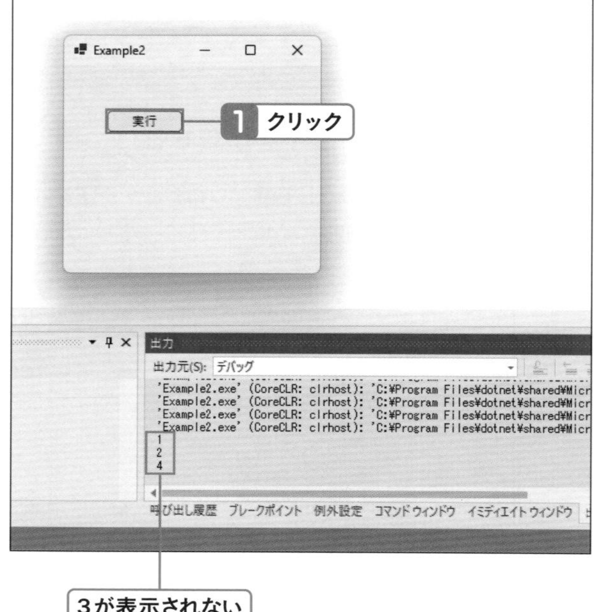

4 出力ウィンドウをクリアする

出力ウィンドウの表示内容を削除します。出力ウィンドウを右クリックし❶、表示されるメニューで [すべてクリア] をクリックします❷。これで削除することができます。

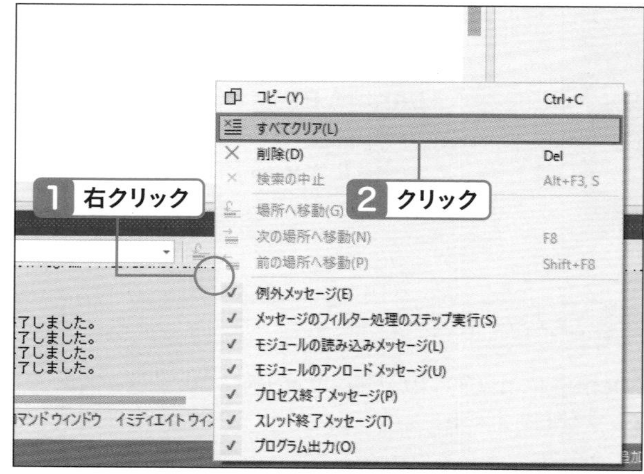

5 まとめてコメントにする

次に、何行も連続してコメントにしてみましょう。実行中のプログラムを終了します。
コメントにしたい行をマウスでドラッグします❶。[選択範囲のコメント] ボタンをクリックします❷。

6 コメントになった

選択していた行が、すべてコメントになりました。

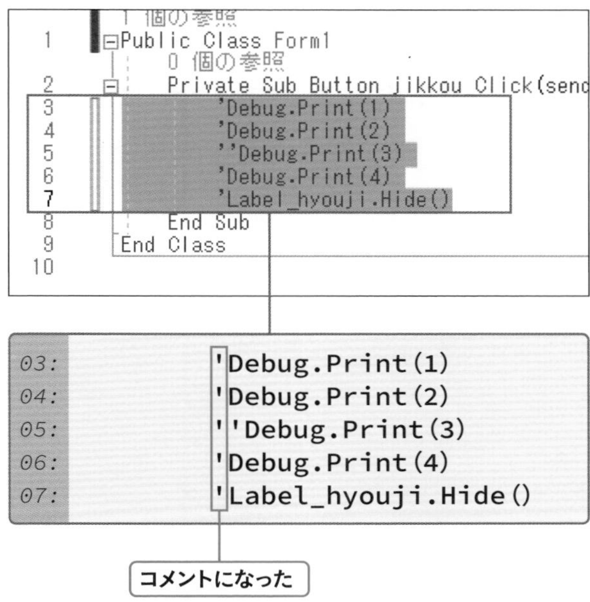

7 コメントを解除する

コメントにした行を、コメントでない命令文に戻すには、コメントを解除したい行を選択した状態で［選択範囲のコメント解除］ボタンをクリックします**1**。

>>> **Tips**
>
> ［選択範囲のコメント］ボタンの隣に解除ボタンがあります。

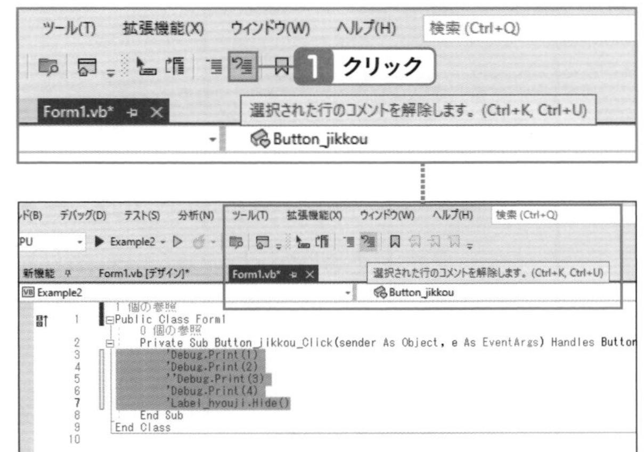

8 コメントが解除された

コメントが解除されました。ただし、「Debug.Print (3)」のみ、重複してコメントにしていたため、「'」が残っています。「Debug.Print (3)」の行を選択し、もう一度［選択範囲のコメント解除］ボタンをクリックしてください。

```
1 個の参照
Public Class Form1
    0 個の参照
    Private Sub Button_jikkou_Click(send
        Debug.Print(1)
        Debug.Print(2)
        'Debug.Print(3)
        Debug.Print(4)
        Label_hyouji.Hide()
    End Sub
End Class
```

理解 コメントについて

コメントの本来の目的は、処理の説明や、変数の役割などを書いておき、あとでプログラムを見直す際に、理解の助けとするものです。その他にも、ここで行ったように、命令文をコメントにすることで実行させない、といった用途にも使われます。
実行しない不要な命令なら削除してしまえばよいのですが、一時的に実行しないでおいてあとで戻したい、といったときにコメントにしておくと便利です。
命令文をコメントにして実行しないでおくことを**コメントアウト**と呼びます。

コメント

目的1　処理の内容を日本語で説明する

```
' 次の行はラベルを消すコードです。
Label_hyouji.Hide()
```

目的2　一時的に実行させない

```
Debug.Print(2)
'Debug.Print(3)
```

COLUMN コメントの文法

コメントはプログラムの内容を説明するためにあるので、何でも自由に記述できます。そのため、細かい文法はありません。次のルールだけ守っていればOKです。

- 「'」から行末までがコメント
- 「'」が途中にあってもよい

```
Debug.Print(1)
'Debug.Print(2)
Debug.Print(3)
```

「'」から行末までがコメントになるため、「Debug.Print (2)」の行だけがコメントになります。

```
Debug.Print(1)
Debug.Print(2)    'ここからコメント
Debug.Print(3)
```

この場合、「'」の前にある「Debug.Print (2)」はコメントではありませんから、実行されます。

まとめ

- **◉コメントは命令文ではないので実行されない**
- **◉「'」から行末までがコメントになる**
- **◉まとめてコメントにするときは、[選択範囲のコメント] ボタンを利用する**

4 ブレークポイント

完成ファイル | [0404] → [Example2] → [Example2.sln]

予習 ブレークポイントで一時停止させる方法を知ろう

ここでは、デバッガの機能であるブレークポイントの役割と設定、解除の方法を学習します。ブレークポイントを設定することで、ブレークポイントを設定した直前のステートメントで一時停止状態にすることができます。また、ブレークポイントを設定してデバッグを開始すれば、ブレークポイントまで一気に実行されます。
一時停止状態になったあとは、ステップインでステップ実行することができますから、じっくり動きを追うことができます。

ブレークポイントがない場合

```
Public Class Form1

    Private Sub Button_jikkou_Click( ···
        Debug.Print(1)
        Debug.Print(2)
        Debug.Print(3)
        Debug.Print(4)
        Label_hyouji.Hide()
    End Sub
End Class
```

最後まで一度に実行される

ブレークポイントがある場合

```
Public Class Form1

    Private Sub Button_jikkou_Click( ···
        Debug.Print(1)
        Debug.Print(2)
        Debug.Print(3)
        Debug.Print(4)
        Label_hyouji.Hide()
    End Sub
End Class
```

ブレークポイントを設定（Debug.Print(4)）

ブレークポイントの行で停止する

体験 ブレークポイントを設定しよう

1 プロジェクトを開く

あらかじめプロジェクト「Example2」を開いておきます。開いたら実行はせずに、コードウィンドウを開いてください❶。

>>> **Tips**

Example2が実行中の場合、一度終了してください。

1 クリック
Form1.vb
Form1.vb [デザイン]
Example2
Public Class Form1
Debug.Print(1)
Debug.Print(2)
Debug.Print(3)
Debug.Print(4)
Label_hyouji.Hide()
End Sub
End Class

2 ブレークポイントを設定する

「Debug.Print (4)」の行にブレークポイントを設定します。「Debug.Print (4)」の行をクリックします❶。［デバッグ］メニュー→［ブレークポイントの設定/解除］の順にクリックします❷。

>>> **Tips**

ツールボックスを折り畳んだ状態で操作しています。

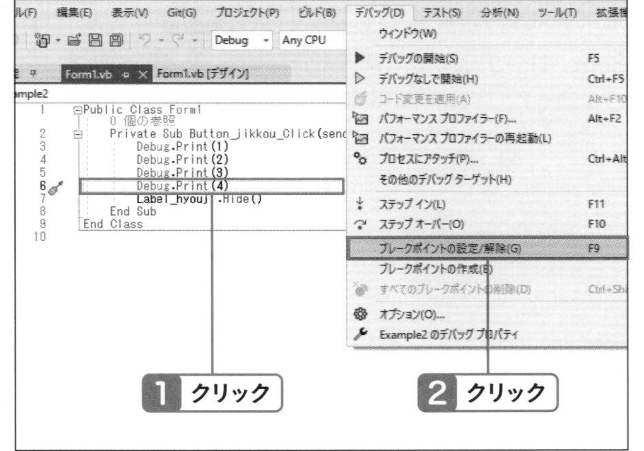

デバッグ(D)
ブレークポイントの設定/解除(G)
F9
1 クリック
2 クリック

3 ブレークポイントが設定される

すると、「Debug.Print (4)」の行の色が変わり、左端に赤いマークが付きます。これで、ブレークポイントが設定されました。

>>> **Tips**

コードウィンドウの左端（グレーの部分）をクリックすることでもブレークポイントを設定できます。

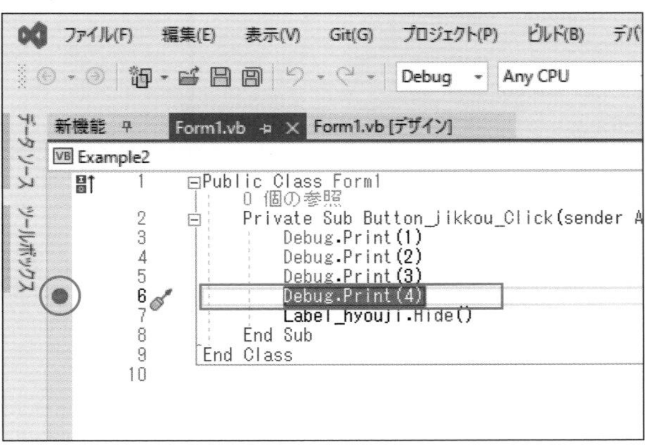

Form1.vb
Form1.vb [デザイン]
Example2
Public Class Form1
0 個の参照
Private Sub Button_jikkou_Click(sender
Debug.Print(1)
Debug.Print(2)
Debug.Print(3)
Debug.Print(4)
Label_hyouji.Hide()
End Sub
End Class

4 プログラムを実行する

ブレークポイントが設定されていると、その場所でプログラムは一時停止します。実際にそうなるか試してみましょう。プログラムを実行し、[実行] ボタンをクリックします❶。

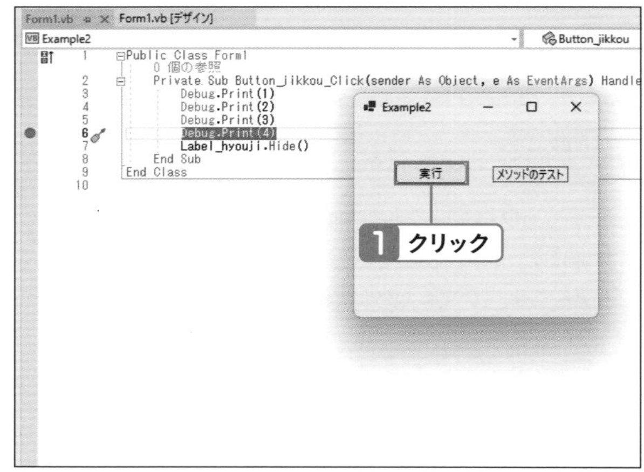

5 ブレークポイントで一時停止する

コードウィンドウが表示されます。ブレークポイントの行に矢印が表示され、「Debug.Print (4)」の直前で一時停止していることがわかります。

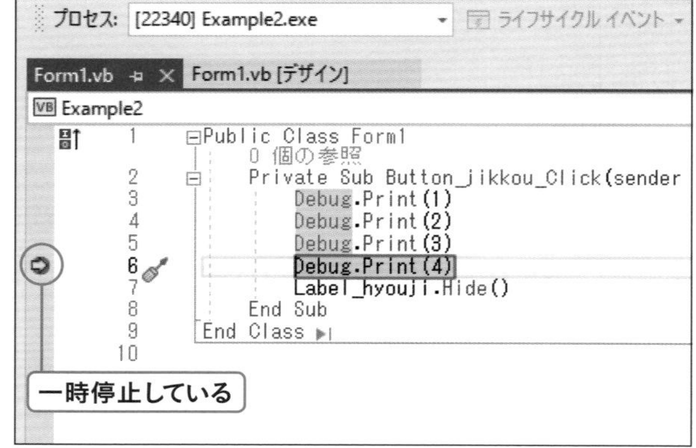

6 プログラムを再開する

プログラムを再開するには、[デバッグ] メニュー→[続行]の順にクリックします❶。プログラムが再開されます。

>>> Tips

もし別のブレークポイントが設定されていれば、そこで一時停止します。

7 ブレークポイントを解除する

ブレークポイントを解除しましょう。プログラムを終了し、「Debug.Print (4)」の行をクリックします**1**。次に、[デバッグ]メニュー→[ブレークポイントの設定 / 解除]の順にクリックします**2**。

プログラムの実行中でもブレークポイントは解除できます。

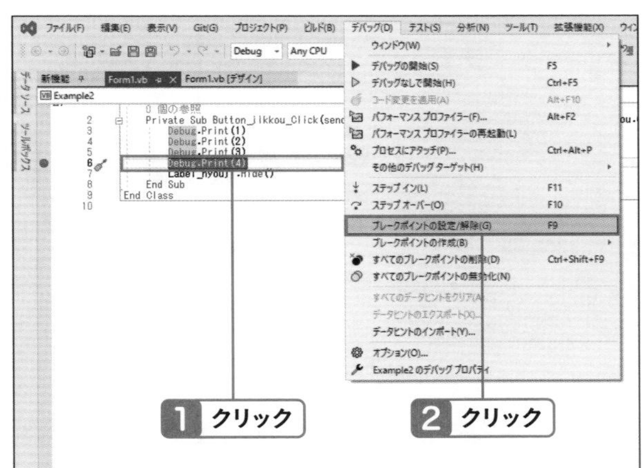
1 クリック
2 クリック

8 ブレークポイントが解除された

「Debug.Print (4)」の行に設定されていたブレークポイントが解除されます。

Tips

コードウィンドウの左端(グレーの部分)に表示されている赤丸をクリックすることでもブレークポイントを解除できます。

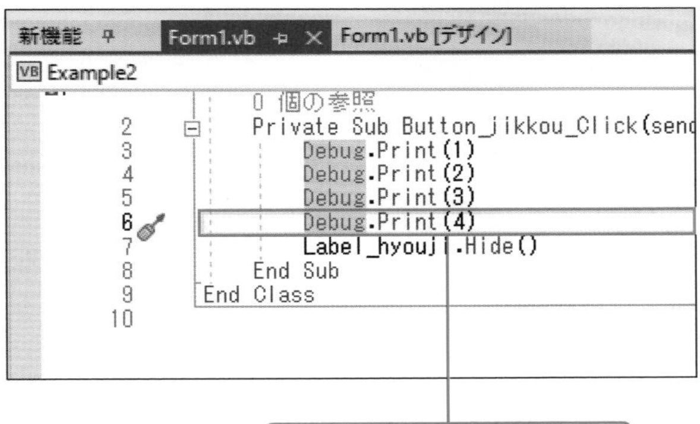
新機能
Form1.vb
Form1.vb [デザイン]
Example2
0 個の参照
Private Sub Button_jikkou_Click(send
Debug.Print(1)
Debug.Print(2)
Debug.Print(3)
Debug.Print(4)
Label_hyouji.Hide()
End Sub
End Class
ブレークポイントが解除された

まとめ

- ◉ステートメントに対して、ブレークポイントを設定、解除することができる
- ◉ブレークポイントを設定した行でプログラムが一時停止する

5 デバッガによるステップ実行

完成ファイル | [0405] → [Example2] → [Example2.sln]

予習 デバッガの使用方法を知ろう

プログラムの完成前に、作成したプログラムが正しく動作するかどうか、実行しながら確認するツールのことを**デバッガ**といいます。ここでは、デバッガの基本的な使い方について学習します。

デバッガを使うことで、プログラムの間違いを探したり、修正したりすることが簡単に行えるようになります。

デバッガによるプログラムの実行にはいろいろな方法がありますが、ここでは、プログラムを1ステートメント（1ステップ）ごとに実行する**ステップ実行**を使いましょう。

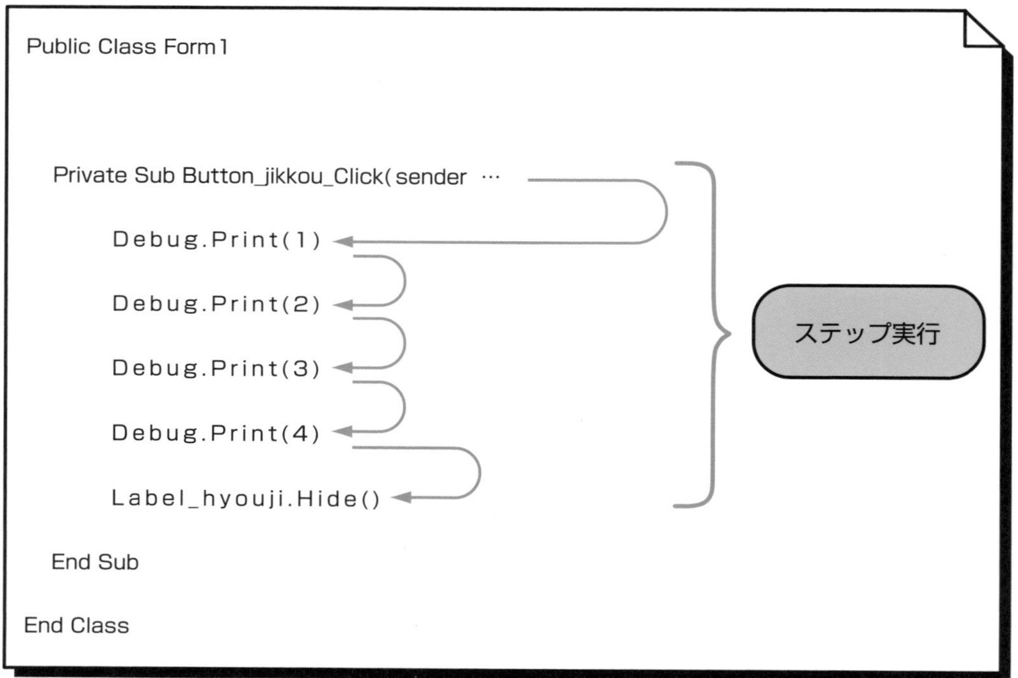
Public Class Form1
Private Sub Button_jikkou_Click(sender …
Debug.Print(1)
Debug.Print(2)
Debug.Print(3)
Debug.Print(4)
Label_hyouji.Hide()
End Sub
End Class
ステップ実行

体験 ステップ実行しよう

1 ブレークポイントの設定

イベントプロシージャの先頭行にブレークポイントを設定します。
Private Sub Button_jikkou_Click..の行をクリックして❶、[デバッグ]メニュー→[ブレークポイントの設定/解除]の順にクリックします❷。

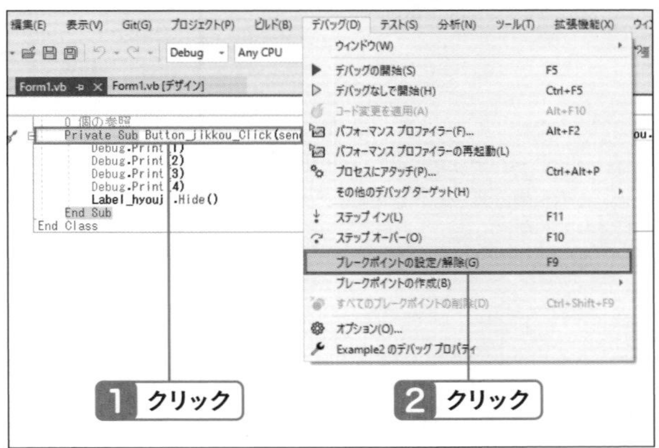

2 [実行]ボタンをクリックする

[デバッグ]メニュー→[デバッグの開始]の順にクリックして、プログラムを実行します。フォームが表示されたら、[実行]ボタンをクリックします❶。

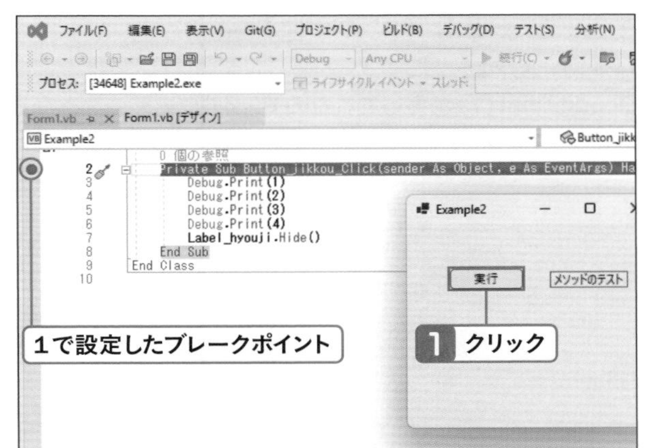

3 イベントプロシージャを実行する

[実行]ボタンをクリックすると、ブレークポイントで一時停止します。
Button_jikkou_Clickイベントプロシージャの最初の行が黄色く表示されます。コードウィンドウの左端には、矢印も表示されています。これは「今からこの行を実行します」という意味です。ツールバーの[ステップ イン]ボタンをクリックします❶。

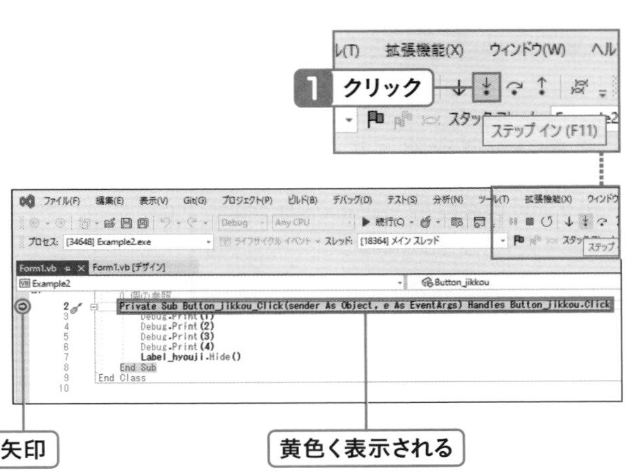

4 さらにプログラムを進める

黄色い矢印と行が1ステップ分進みました。もう一度［ステップイン］ボタンをクリックします1。

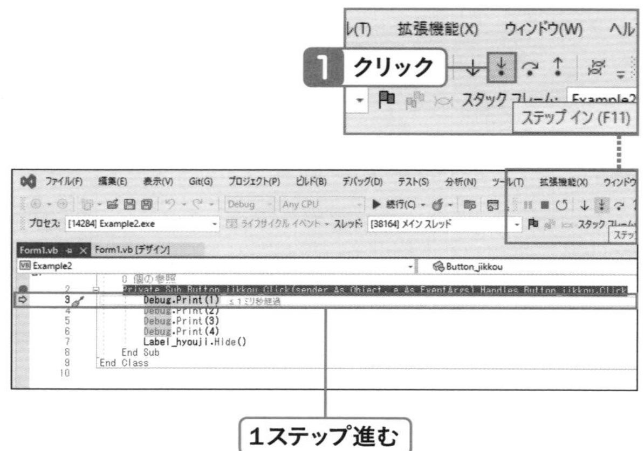

>>> Tips

黄色く表示されている行は、次に実行される行です。そのため、黄色く表示された時点ではまだ実行されていません。

5 次のステップに進む

「Debug.Print (1)」が実行され、次に実行されるステートメントが「Debug.Print (2)」に移動しました。

Debug.Print(1)が実行されたので、出力ウィンドウに1が表示されます。

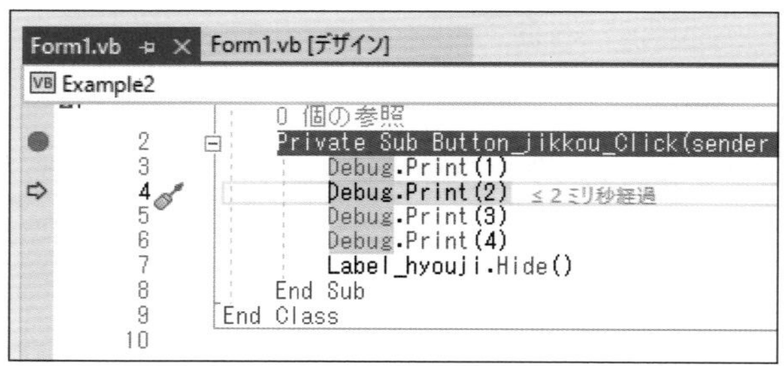

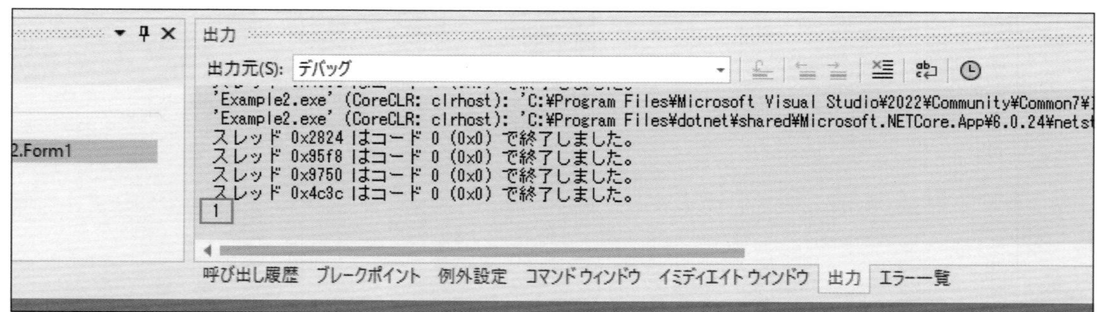

6 デバッグを終了する

ステップ実行を理解できたでしょうか？ このあと、［ステップイン］ボタンをクリックするたびに、1行ずつステートメントが実行されていきます。確認したら、［デバッグの停止］ボタンをクリックし1、デバッグを終了します。

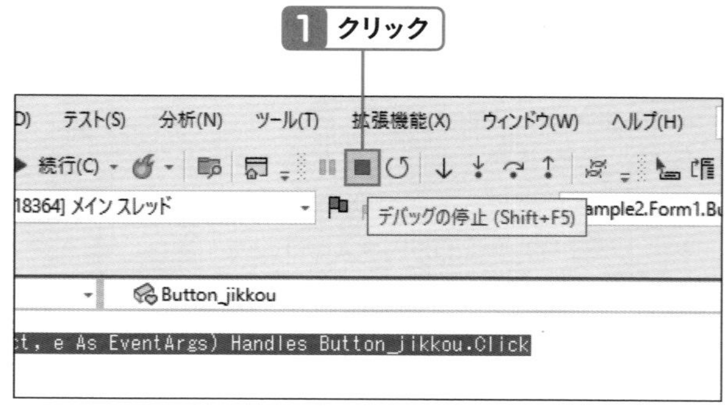

理解 デバッガについて

プログラムを実行する際には、これまで[デバッグ]メニューの[デバッグの開始]、またはツールバーの[デバッグの開始]ボタンで行ってきました。実はこの実行方法ではデバッガを使っていることになるのですが、ここでは、デバッガの役割がはっきりわかるように、ブレークポイントと[ステップイン]を使用しました。

ステップインにより**ステップ実行**させていくことで、プログラムがどのように実行されていくのかがよく理解できたと思います。デバッガを使うことで、プログラムが正しく動作しているかどうかを確認することができるのです。

デバッガは、ステップ実行する他に、その時点でのプログラム内のさまざまな情報を表示する機能を持っています。プログラムがステートメントを実行していくと、内部の状態も変化します。その様子を確かめながらステップ実行していくことで、プログラムが意図している通りに動いているか、間違いがないかを知ることができます。

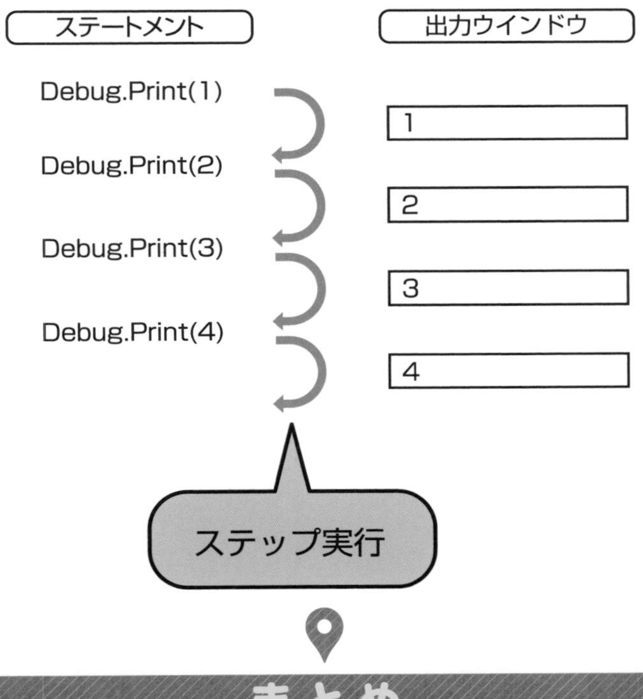

まとめ

- ◉**ステップ実行によりプログラムを1ステートメントごとに実行させていくことができる**
- ◉**デバッガを使うことでプログラムの動作を確認できる**

第4章 練習問題

■問題1

次の文章の穴を埋めよ。

プログラムは、［①］と呼ばれる命令文を最小単位として作成していく。［①］の集まりをコードと呼ぶ。プログラム中の［①］は、断りがない限り［②］から［③］の順番で実行されていく。

ヒント 83ページ

■問題2

次のようなコードを実行したとき、出力ウィンドウには、どう表示されるのか答えなさい。

```
Debug.Print(5)
Debug.Print(3)
Debug.Print(4)
Debug.Print(2)
Debug.Print(1)
```

ヒント ステートメントは上から下に順番に実行される。

■問題3

次のようなコードを実行したとき、出力ウィンドウには、どう表示されるのか答えなさい。

```
Debug.Print(5)
Debug.Print(3) : Debug.Print(4)
'Debug.Print(2)
Debug.Print(1)
```

ヒント 85ページ、96ページ

演算と変数

1 演算しよう

完成ファイル | [0501] → [Example2] → [Example2.sln]

予習 四則演算を知ろう

コンピュータは、計算を行うことが主な仕事です。ここでは、計算の中でも最も基本となる**四則演算**の方法について学習します。四則演算とは、足し算、引き算、掛け算、割り算の4つの計算のことをいいます。

四則演算というと何か難しい印象になりますが、そう難しくありません。普通に計算式を書けばよいだけの話です。1＋1を計算したければ、そのように書くだけです。ただし、掛け算と割り算については、×と÷の記号を使わずに、**＊（アスタリスク）**と**／（スラッシュ）**を使います。

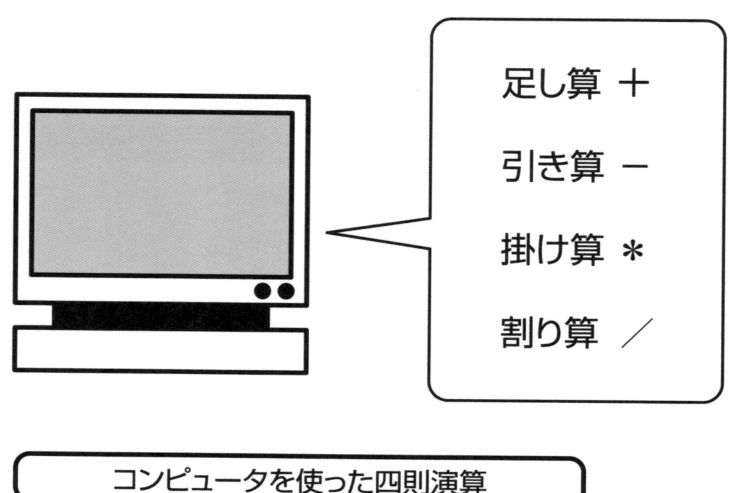

コンピュータを使った四則演算

体験 四則演算をしよう

1 足し算（加算）する

前の章で作成したプロジェクト「Example2」のコードウィンドウを開いておきます。

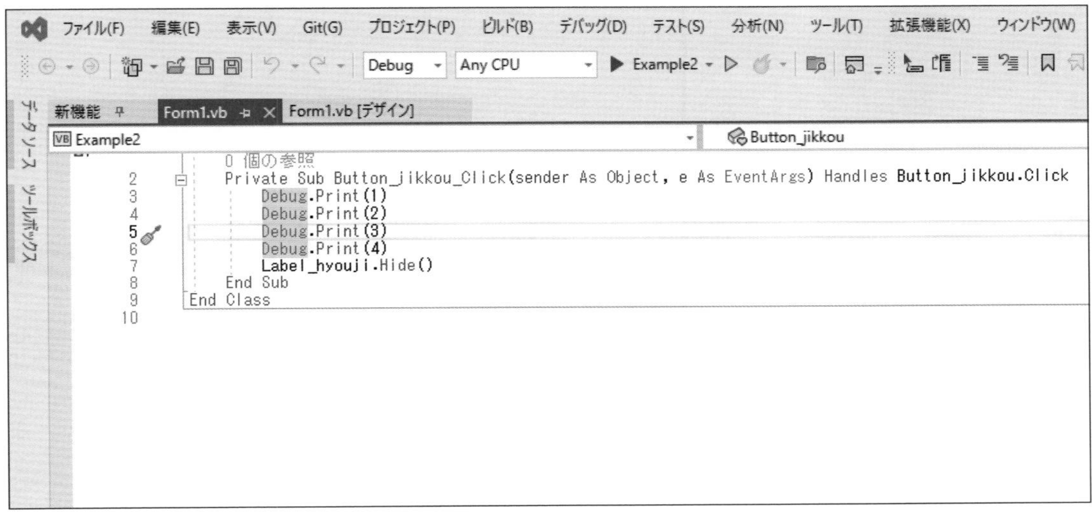

2 1＋2を計算する

Button_jikkou_Clickイベントプロシージャを、次のように修正します**1**。

```
    Private Sub Button_jikkou_Click(sender As Object, _
            e As EventArgs) Handles Button_jikkou.Click
        Debug.Print(1 + 2)
    End Sub
```

1 修正する

3 プログラムを実行する

修正できたら、プログラムを実行し、[実行]ボタンをクリックします1。

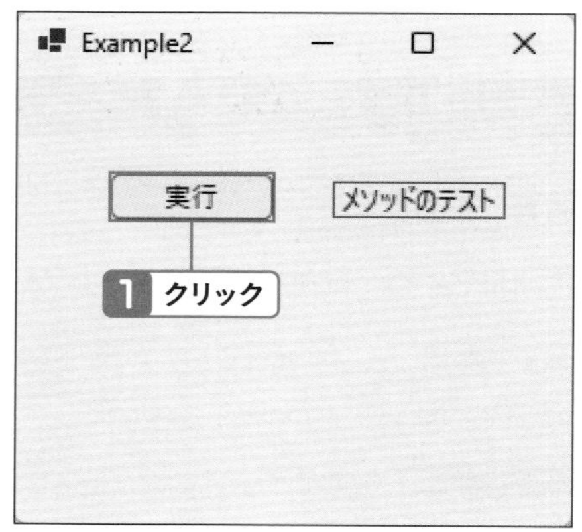

4 1＋2の計算結果が表示される

足し算が行われ、出力ウィンドウに「3」と表示されます。確認できたら、プログラムを終了します。

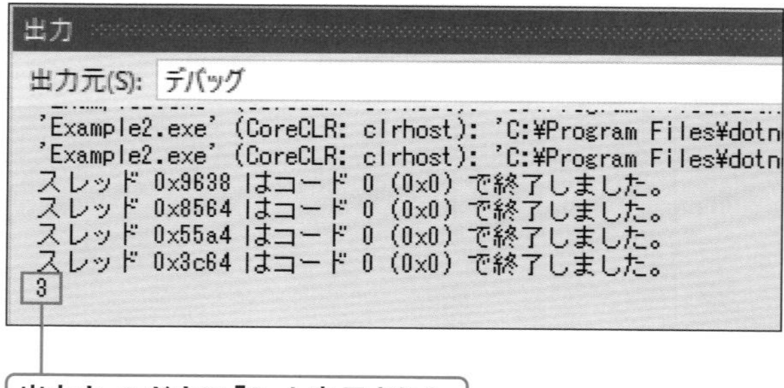

5 コードを確認する

コードを見てみましょう。「Debug.Print」の引数には「1＋2」という計算式が書いてあります。計算式が書かれていると、コンピュータは自動で計算してくれます。Printメソッドの引数には計算後の3が渡されるので、出力ウィンドウには「3」と表示されます。

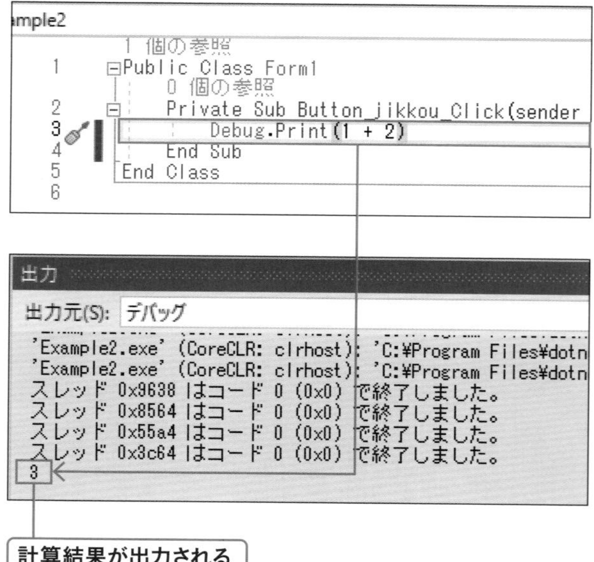

6 引き算（減算）する

続いて、引き算をやってみましょう。Button_jikkou_Clickイベントプロシージャに、命令文を次のように追加します❶。

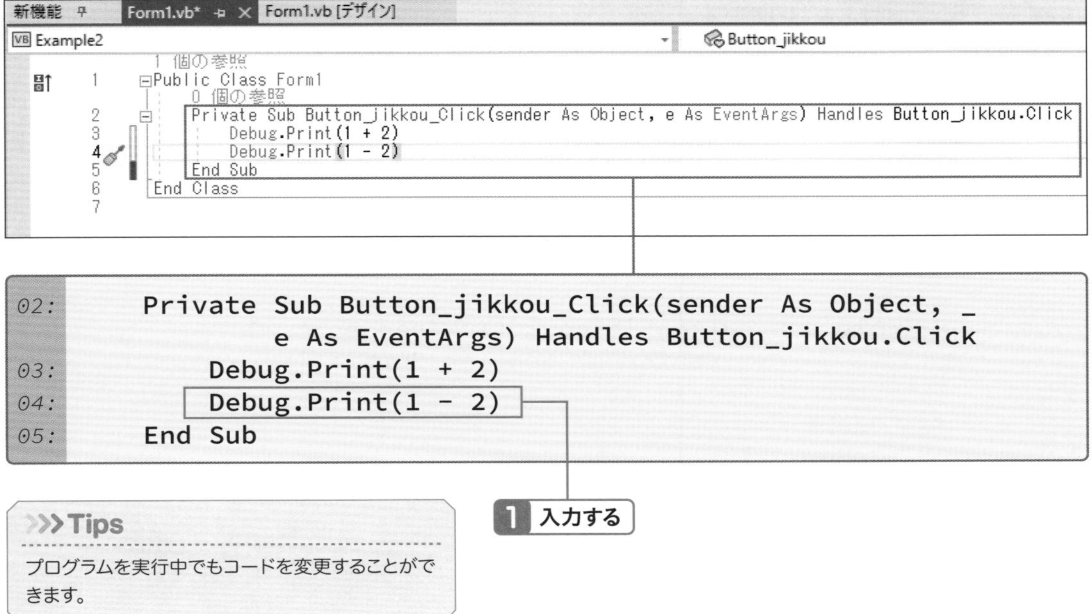

>>> Tips

プログラムを実行中でもコードを変更することができます。

7 プログラムを実行する

追加できたら、プログラムを実行し、［実行］ボタンをクリックします❶。すると、足し算と引き算が行われ、出力ウィンドウに「3」と「－1」が表示されます。1－2の結果は、－1ですから、プログラムの指示通りコンピュータが正しく計算してくれたことがわかります。

>>> Tips

プログラムを終了しないでコードを修正した場合は、［ホットリロード］ボタンでプログラムを更新してから［実行］ボタンをクリックして下さい。

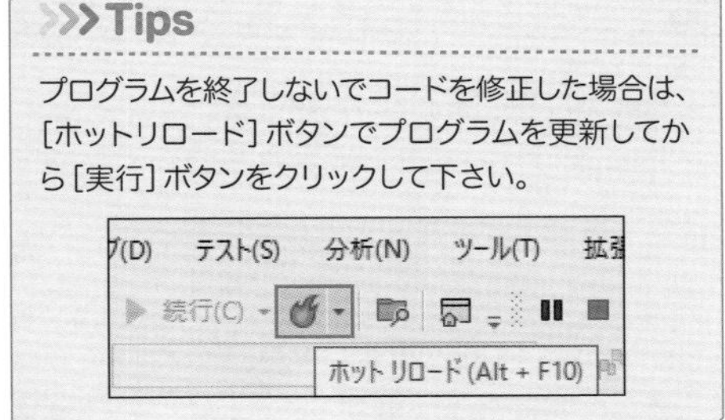

8 掛け算（乗算）と割り算（除算）をする

次に、掛け算と割り算をやってみましょう。プログラムを終了し、次のように2行追加します1。掛け算と割り算は×と÷の記号がないので、＊と ／を使います。

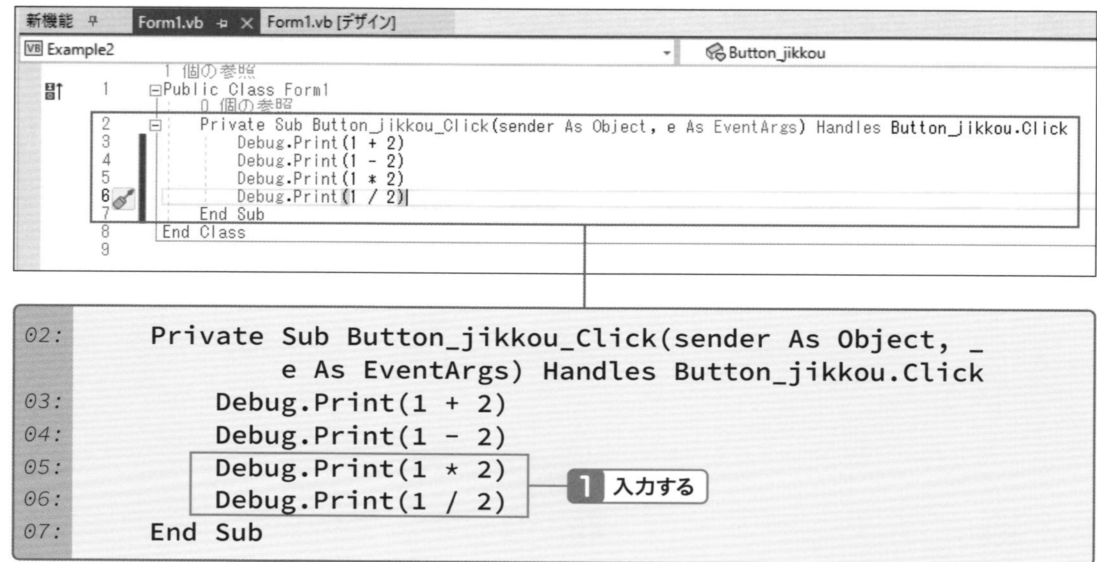

9 プログラムを実行する

追加できたら、プログラムを実行し、［実行］ボタンをクリックします1。4つの計算が行われ、出力ウィンドウにそれぞれの計算結果が表示されます。

>>> **Tips**
>
> 実行結果を確認したら、プログラムを終了します。また、94ページの方法で出力ウィンドウをクリアします。

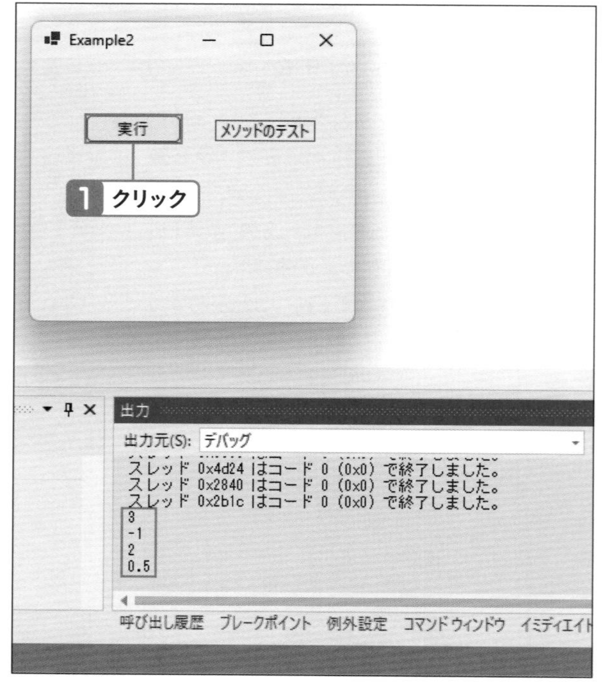

理解 演算について

プログラムで、計算を行うことができました。計算といっても、計算式を書くだけなので簡単です。ここで、用語を覚えてください。プログラミング用語では、計算ではなく、**演算**と呼びます。そして、＋ や － 、＊、／といった演算を行うための記号を**演算子**と呼びます。主な演算子には、以下のものがあります。

演算	演算子	読み方
加算	＋	プラス
減算	－	マイナス
乗算	＊	アスタリスク
除算	／	スラッシュ
除算の余り	Mod	ー
べき乗	^	ハット

COLUMN 全角と半角について

×と÷は全角文字としてはありますが、半角文字にはありません。プロパティの値や、オブジェクトの名前などに漢字を使うことができますが、. や (、)、+、-といった記号については、半角文字を使わなければなりません。「1÷2」のように、全角文字としてコードを入力しても、正しく計算してくれないばかりか、ビルドエラーになり、プログラムを実行することができませんので注意してください。
Visual Studio 2022からはこの点が改良されており、「１／２」のように全角文字で入力すると半角文字に自動的に変換されるようになっています。

まとめ

- ◉演算子を使って計算式を書くことができる
- ◉演算子により行われる演算が異なっている
- ◉演算子に全角の記号は使用できない

2 式

完成ファイル | [0502] → [Example2] → [Example2.sln]

予習 演算子の優先順位を知ろう

ここでは、足し算と掛け算を組み合わせたときの演算方法、および優先順位について学習します。たとえば次の式では、1＋2を先に計算するのではなく、2×3を先に計算します。

```
1 + 2 × 3
```

1＋2を先に計算したければ、次のように括弧を付けます。

```
(1 + 2) × 3
```

優先順位は、括弧を付けることで変更できます。
ここでは、演算が行われる順番と、括弧による優先順位の変更について学習してください。

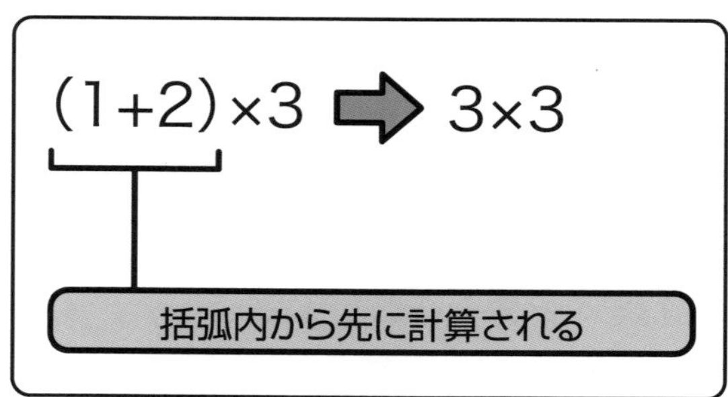

体験 複数の演算子を組み合わせよう

1 足し算と掛け算をする

複数の演算子を組み合わせて演算させてみましょう。
プロジェクト「Example2」のイベントプロシージャを、次のように修正します1。

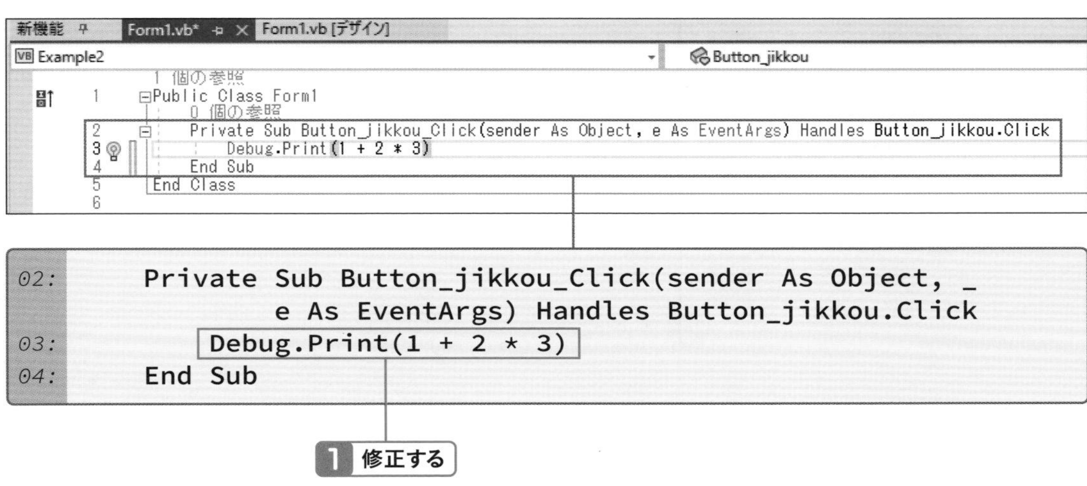

2 プログラムを実行する

修正できたら、プログラムを実行し、[実行]ボタンをクリックします1。演算が行われ、出力ウィンドウに「7」と表示されます。足し算よりも掛け算の方を先に計算するので、最初に2＊3が計算され、6になります。1＋6で結果は7になります。

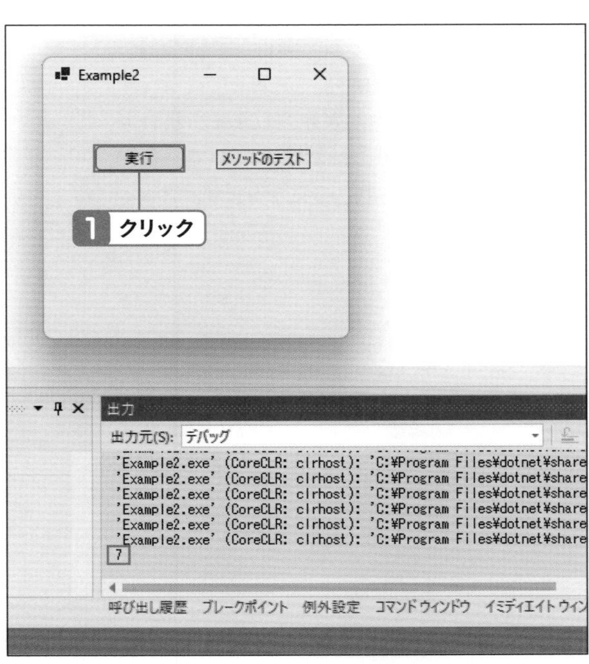

>>> Tips

実行結果を確認したら、プログラムを終了します。また、94ページの方法で出力ウィンドウをクリアします。

3 優先順位を変更する

足し算を先に処理したい場合は、括弧を付けて優先順位を変えなければなりません。次のように変更します**1**。

4 プログラムを実行する

変更できたら、プログラムを実行し、[実行]ボタンをクリックします**1**。演算が行われ、出力ウィンドウに「9」と表示されます。掛け算よりも足し算が先に計算されるので、最初に1＋2が計算され、3になります。3＊3で結果は9になります。

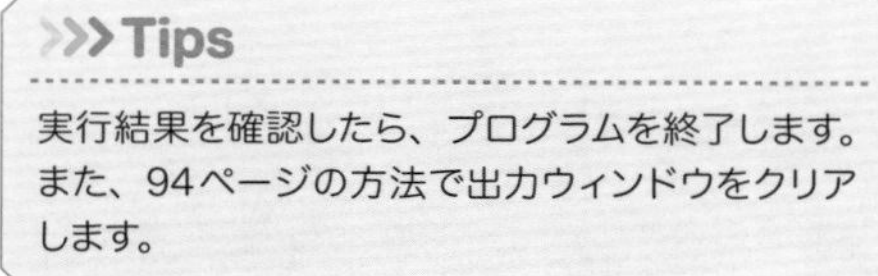

Tips

実行結果を確認したら、プログラムを終了します。また、94ページの方法で出力ウィンドウをクリアします。

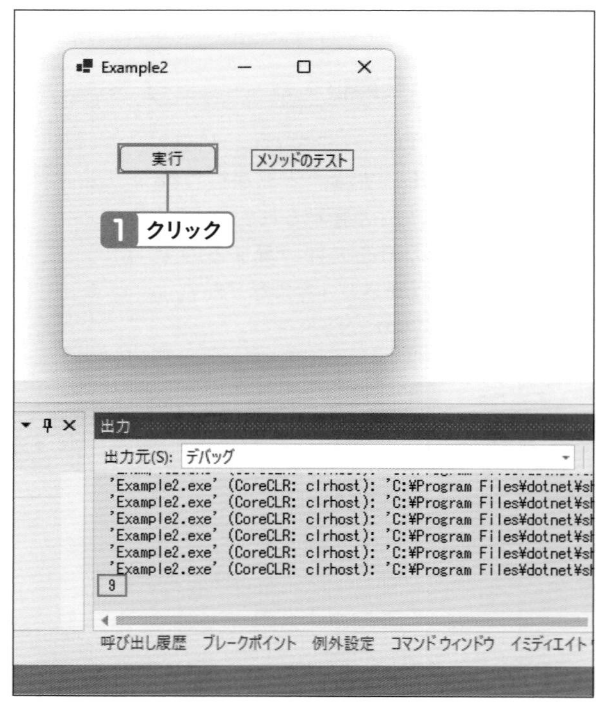

理解 演算子の優先順位について

>>> 演算子の左右

ここまでのところで、＋ や － は演算子であると解説しました。演算子の左側にあるものを**左辺**、右側にあるものを**右辺**と呼びます。1＋2という演算式を例にすると、＋ が演算子で、1が左辺、2が右辺になります。
演算子の左辺、右辺が式になっていることもあります。(1＋2) ＊3において、＊演算子の右辺は3ですが、左辺は (1＋2) という式になっています。

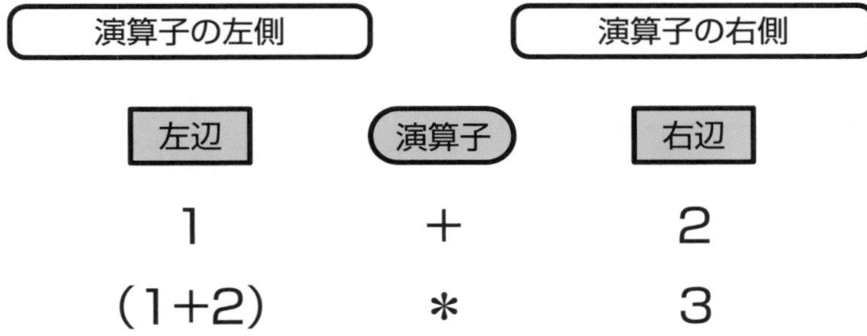

>>> 2種類の括弧の違い

メソッドの引数を記述するための括弧と、優先順位のための括弧が同じ ( ) であるため、少しわかりにくいかもしれません。一番外側の括弧は、Printメソッドのための括弧で、「1＋2」を括っているのが、優先順位を変更するための括弧です。

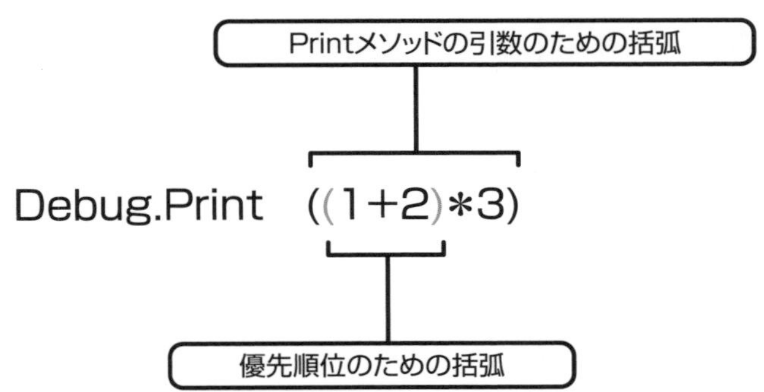

>>> 定数と演算式

1や2は演算される数値ですが、1は1として固定されています。このように、固定されて変化しない数のことを、定数と呼びます。120ページで学習しますが、固定されずに変化する「変数」というものもあります。

定数 ＝ 値が変化しない数

例 1,10

変数 ＝ 値が変化する数

例 X,Y

演算式は、演算子、定数、変数で構成されます。演算式は単に式と呼ぶこともあります。

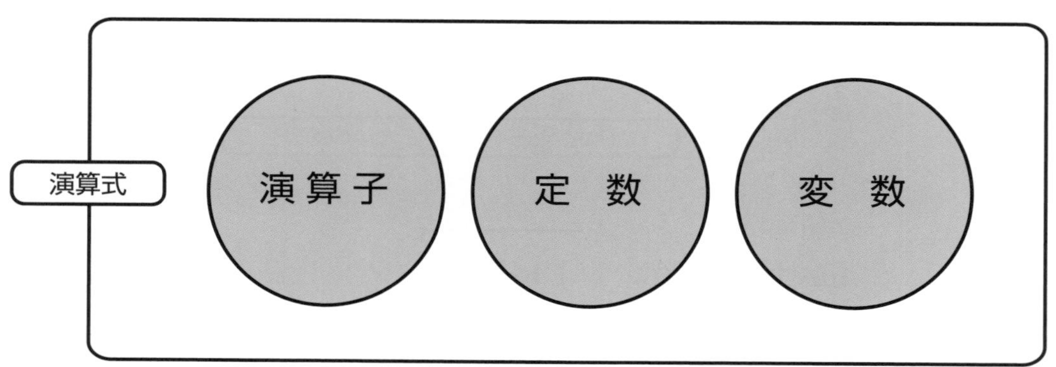

>>> 演算子の優先順位について

演算子には、いくつかの種類があります。演算式は、演算子の**優先順位**に従って順番に演算されていきます。演算子の優先順位は次のようになっています。

優先順位	演算子
第一位	^
第二位	*／ Mod
第三位	＋ －

同じ優先順位である演算子が１つの式にあるときは、左から右に順番に演算します。
たとえば、１＋２ －３であるのなら、１＋２を計算し、その結果の３を使って、３－３を計算します。
優先順位の変更は、( ) で行うことができます。先に演算したい式を括弧で括ります。

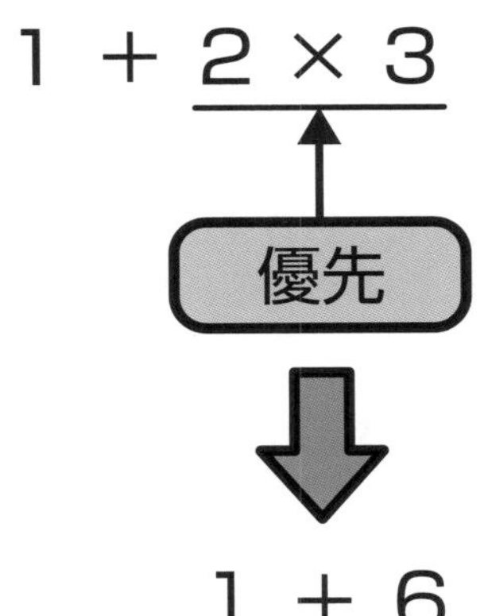

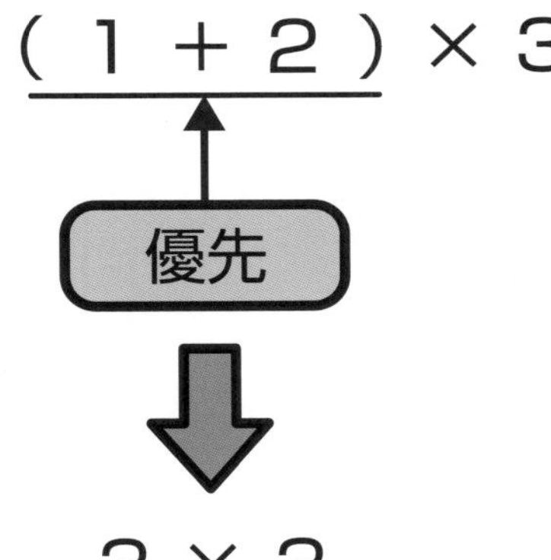

まとめ

- ◉演算子には優先順位がある
- ◉演算子の優先順位が高いものから演算される
- ◉優先順位は括弧により変更できる

3 変数を使おう

完成ファイル | [0503] → [Example2] → [Example2.sln]

予習 変数について知ろう

ここでは、変数について学習します。たとえば消費税は10%なので、次のような計算式で計算できます。

```
金額 * 0.1
```

このような式で、「kingaku * 0.1」のように、金額を記憶する値を「kingaku」とし、自由に変更できるようにすると、演算式を変えずに、任意の金額に対する消費税が計算できるようになります。

この「kingaku」のように、値を自由に変えられる数のことを変数といいます。たとえば変数kingakuに30000をセットして演算を行えば、30,000円に対する消費税が計算できることになります。

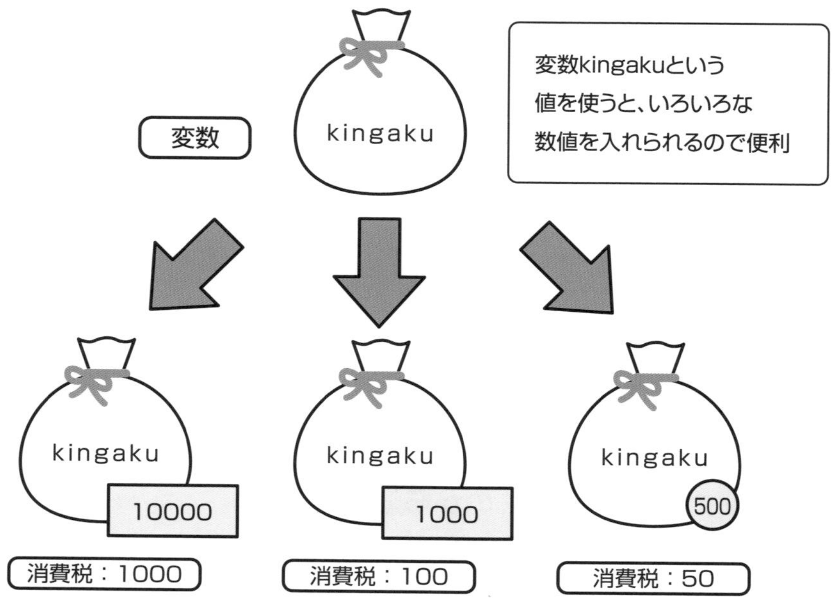

体験 変数を使おう

1 括弧の復習

前節で行った足し算と掛け算の演算をもう一度見てみましょう。＋ と ＊では、＊の方が優先されますが、括弧が付けられています。括弧の中を先に計算して、その結果と3を掛け算します。

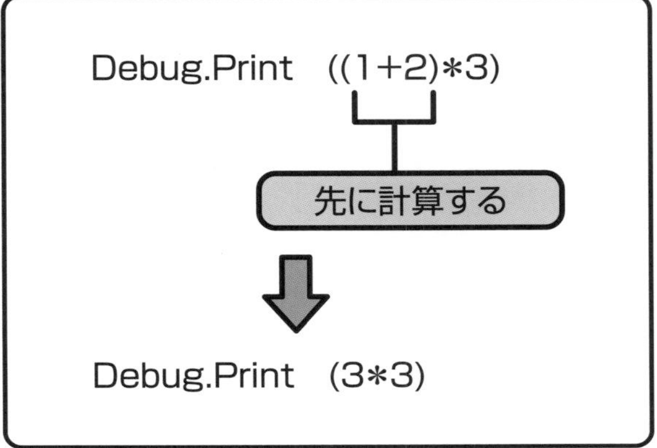

2 計算結果を変数で記憶する

１＋２の計算結果をどこかに覚えておけば、括弧を使う必要はなさそうです。計算結果を覚えておくには**変数**を使います。変数を使うためには、使う前に今からこういう変数を使いますと**宣言**する必要があります。まずは、変数宣言だけを行ってみましょう。
変数宣言は**Dim**を使って行います。

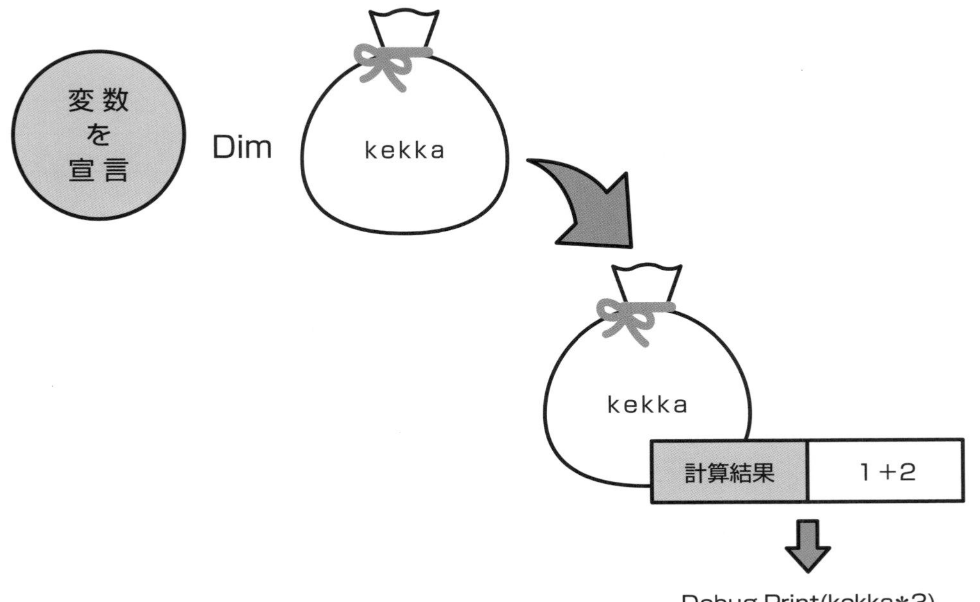

3 変数を宣言する

プロジェクト「Example2」のイベントプロシージャを、次のように修正します**1**。この例では、「kekka」という名前の変数を宣言しています。

> **Tips**
>
> 変数宣言は「Dim」で行います。Dimに続けて変数名を指定します。

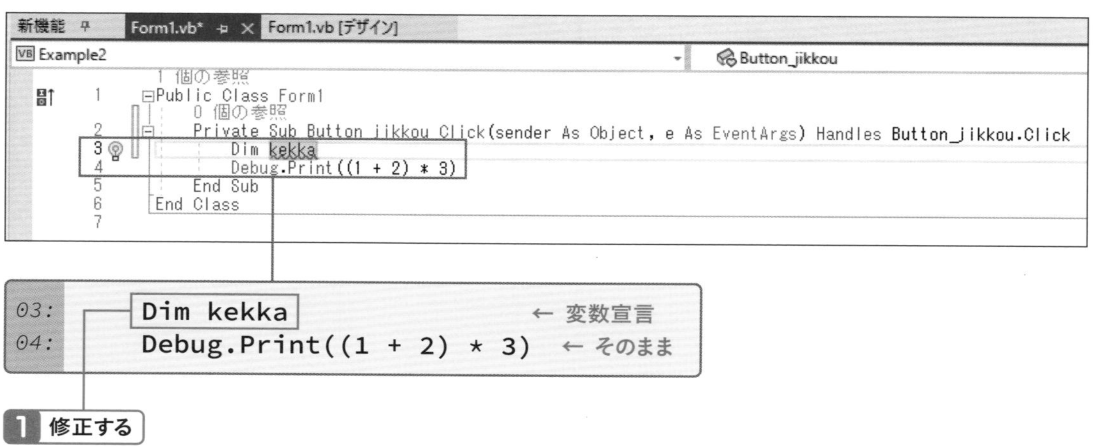

03: Dim kekka ← 変数宣言
04: Debug.Print((1 + 2) * 3) ← そのまま
1 修正する

4 変数に値を記憶させる

宣言ができたら、変数に演算結果を記憶させましょう。コードを右のように追加します**1**。変数に値を記憶させるときは、＝ を使います。これで、変数kekkaには、1＋2の演算結果である3が記憶されます。

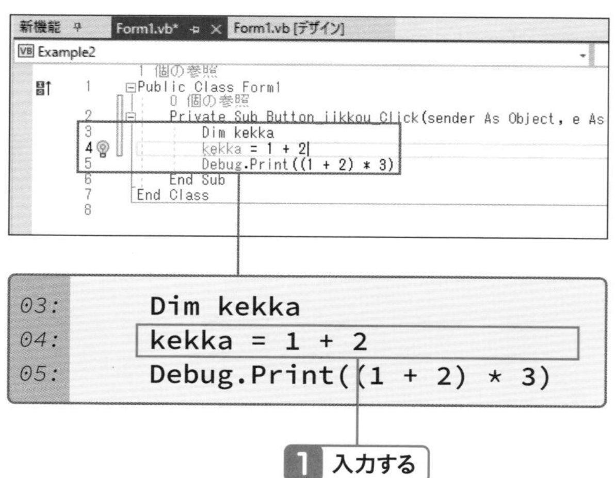

03: Dim kekka
04: kekka = 1 + 2
05: Debug.Print((1 + 2) * 3)
1 入力する

5 変数に記憶した値を使う

変数に記憶した値を使って（1 ＋2）＊ 3 を演算するように変更しましょう。コードを次のように修正します1。

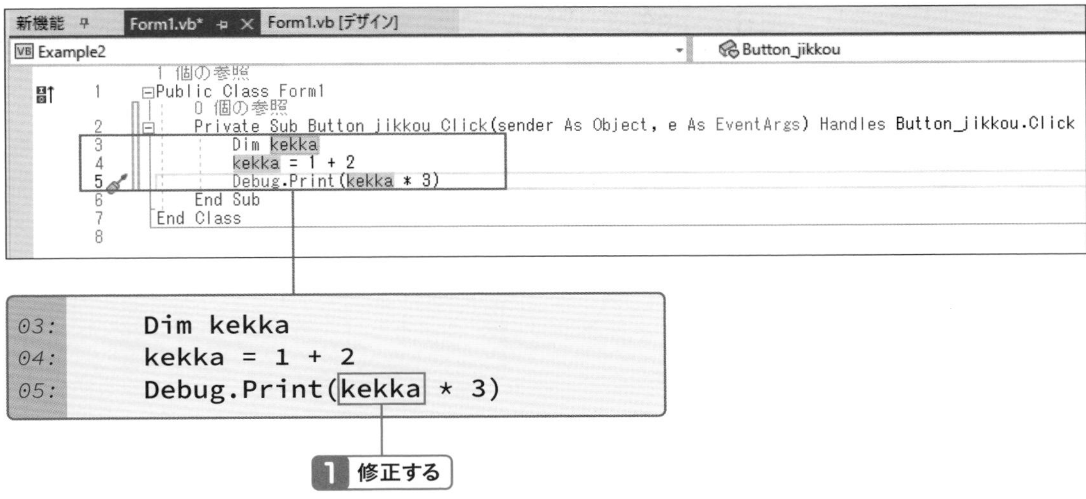

6 プログラムを実行する

ここまで入力できたら、プログラムを実行し、［実行］ボタンをクリックします1。変数を使った演算が行われ、出力ウィンドウに「9」と表示されます。

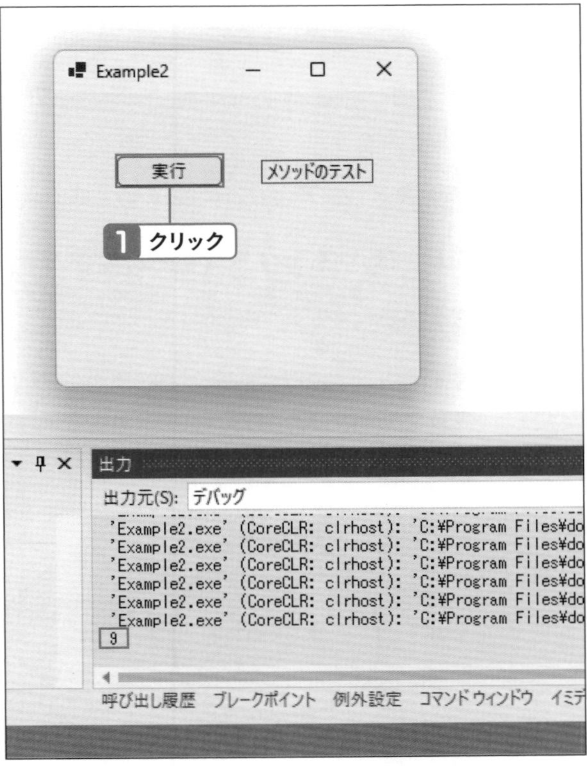

Tips

ビルドエラーが発生した場合は、Dimの綴りが間違えていないか、kekkaの綴りが間違えていないかを確認します。

理解 変数について

変数とは

変数は、定数（118ページ参照）とは異なり、値を変えられる数です。

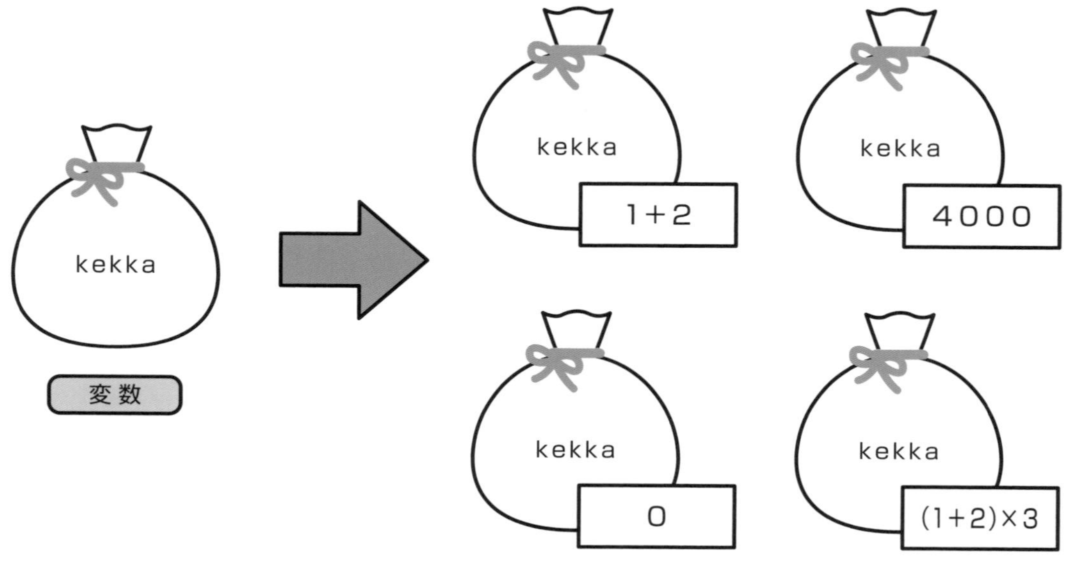

変数宣言

変数を使うときは、前もって宣言する必要があります。宣言は次のような宣言文で行います。

```
Dim 変数名
```

変数を宣言すると、コンピュータ上に値を記憶するための場所が作成されます。
ただし、変数を宣言しただけでは、その場所には何の値も入っていません。

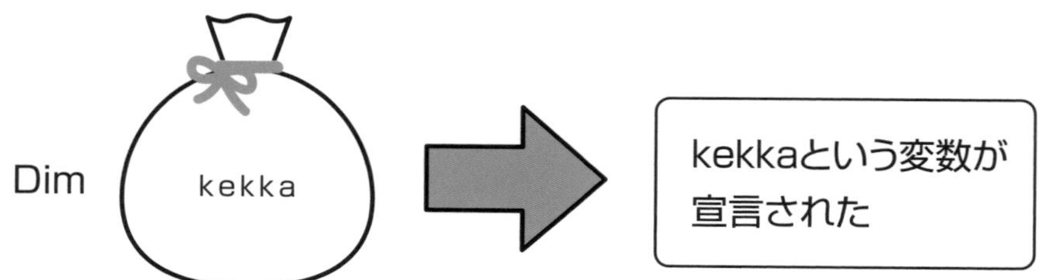

>>> 代入

変数に値をセットするときには、＝を使います。例では、次のようにして演算結果を記憶させました。

```
kekka = 1 + 2
```

＝演算子の意味は、左辺に右辺の値をセットする、ということです。値をセットすることを代入と呼びます。たとえば、

```
kekka = 0
```

のような演算式は、変数kekkaに0を代入する、という意味になります。

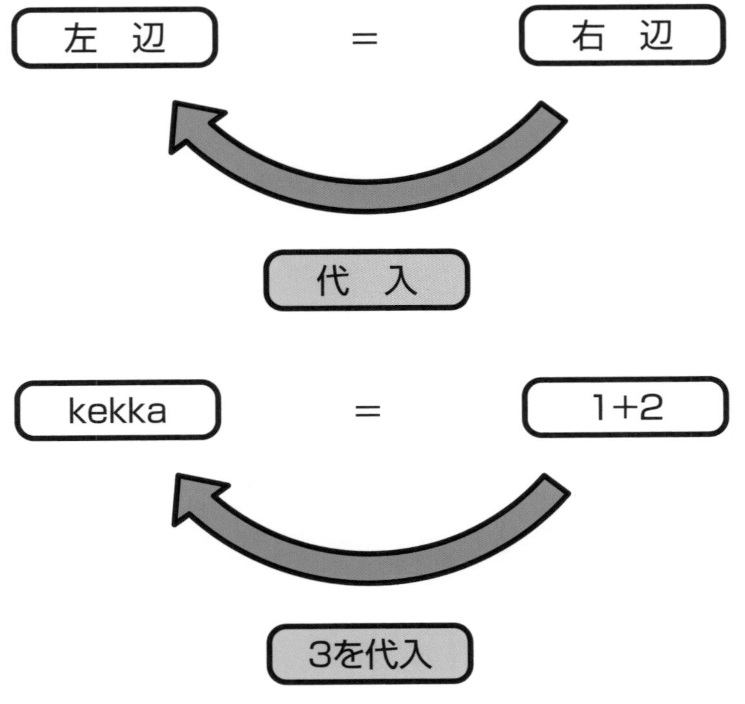

>>> 変数の書き換え

変数の値は何度でも書き換えることができます。たとえば次の例を見てください。

```
kekka = 1   ← 変数に1が代入された
kekka = 2   ← 変数に2が代入された
kekka = 3   ← 変数に3が代入された
```

結果的に、変数には3という値が記憶されることになります。

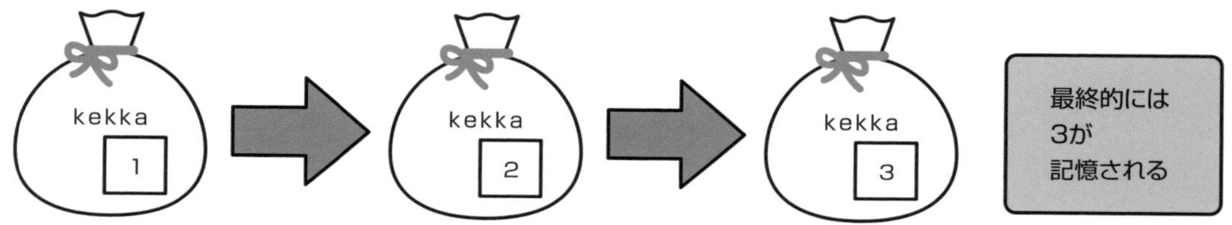

>>> 定数には代入できない

＝演算子の左辺は、「記憶できるもの」にする必要があります。そのため、値が固定されている定数を左辺にすることはできません。たとえば、次のようにすることはできません。

```
1 = 0
```

1が0になってしまったら困りますよね。

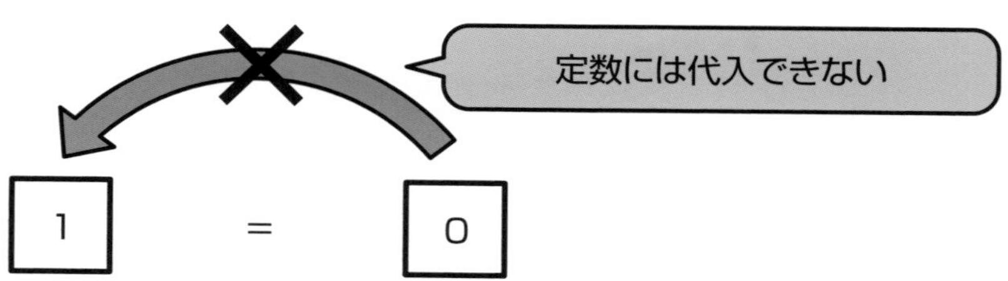

>>> 変数の利用方法

式の中で、＝の左辺以外に変数がきたときには、変数が記憶している値を使って演算が行われます。その例が、次の命令です。

```
Dim kekka                    ← 変数宣言
kekka = 1 + 2                ← 変数への代入
Debug.Print(kekka * 3)       ← 変数を利用した演算
```

123ページの例の場合、変数kekkaには3が記憶されているので、3＊3を演算し、その結果である9が出力ウィンドウに表示されます。

> **COLUMN　Option Explicit**
>
> 変数を使うときには、必ず変数宣言を行わなければならない、と解説しました。Visual Basicでのデフォルト設定における動作はそうなのですが、以前のバージョンのVisual Basicでは、必ずしも変数宣言を行う必要はありませんでした。
> Visual BasicでもOption ExplicitをOffに設定することで、変数宣言を行わなくてもよくなります。しかし、このオプションを使って変数宣言を行わないようにするのは少し危険です。
> 人間はミスを犯すものです。変数名を間違えて入力してしまうかもしれません。そんなとき、変数宣言しなくてよいモードにしておくと、間違いに気付きにくくなってしまいます。

まとめ

- ◉変数を使うときは、宣言をする必要がある
- ◉変数宣言は「Dim 変数名」により行う
- ◉変数は値を記憶することができる
- ◉代入の左辺以外の場所では、変数は記憶されている値になる

4 変数名

完成ファイル | [0504] → [Example2] → [Example2.sln]

予習 名前を付ける方法を知ろう

変数を使う場合は、あらかじめ宣言を行わなければなりませんでした。宣言時には、変数の名前を指定しますが、名前の付け方にはルールがあります。特に、禁止されている名前を付けてしまうと、ビルドエラーとなり、プログラムが実行できなくなってしまうので注意しましょう。
ここでは、変数の名前、つまり**変数名**について学習します。

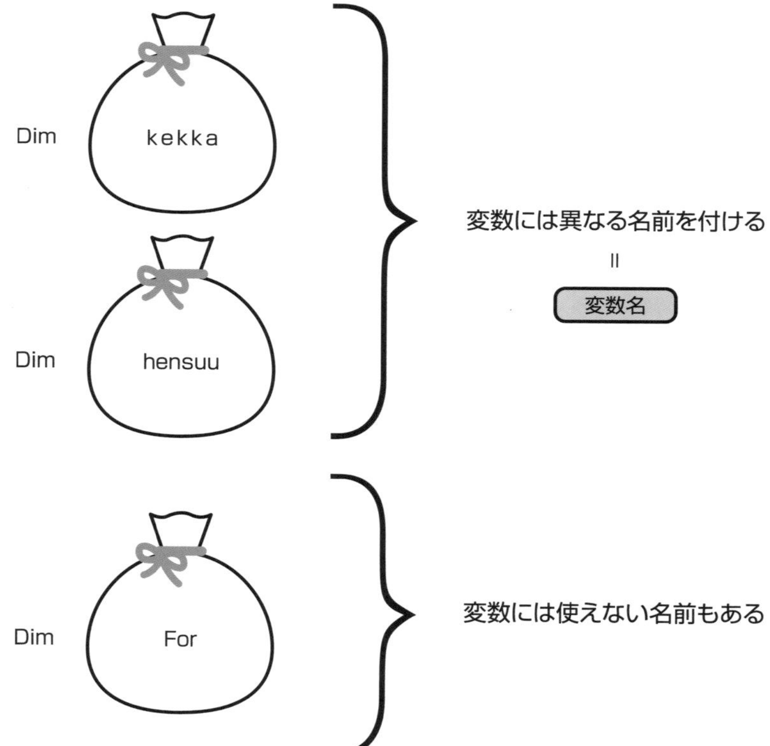

体験 いろいろな変数名にしよう

1 数字を使った変数名

プロジェクト「Example2」のイベントプロシージャを、右のように修正します1。その後、プログラムを実行してください。

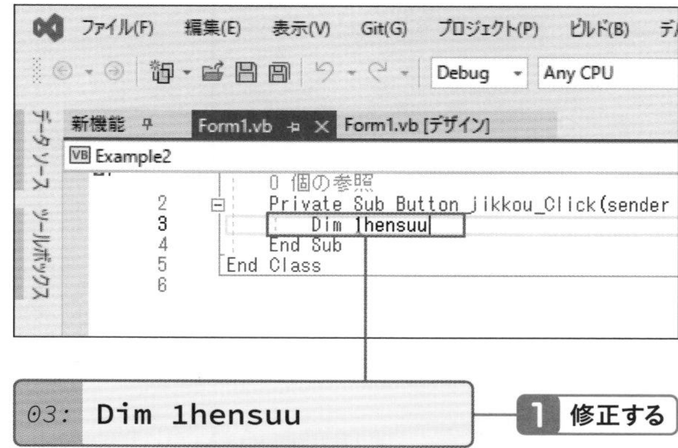

2 数字から始まる変数名は付けられない

すると、次の画面が表示されて、ビルドエラーになります。[いいえ]をクリックします1。変数名は数字で始めることはできません。途中に数字があるのはかまわないので、hensuu1ならOKです。

Tips

間違いのある部分には、波線によるアンダーラインが引かれます。また、エラー一覧にエラーの内容が表示される場合もあります。

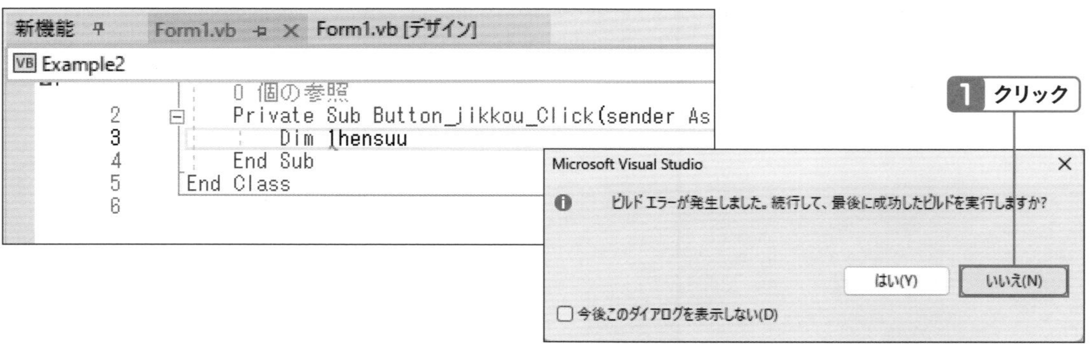

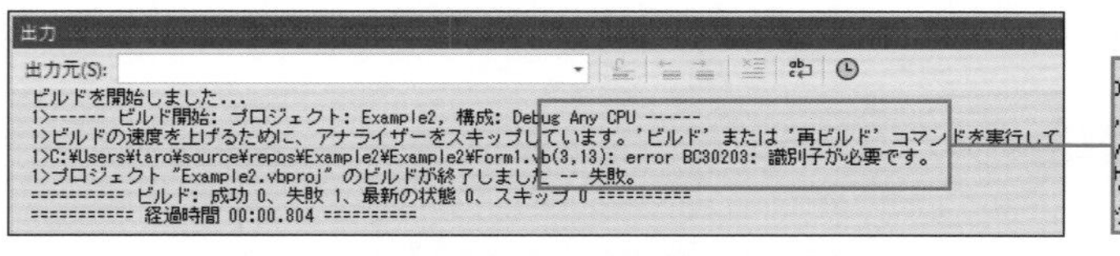

3 記号を使った変数名

今度は、変数名を次のように修正し**1**、実行してみましょう。

4 記号を含む変数名は付けられない

これも、ビルドエラーになります。[いいえ]をクリックします**1**。「_」など、一部の記号を除いて、変数名に記号を使うことはできません。

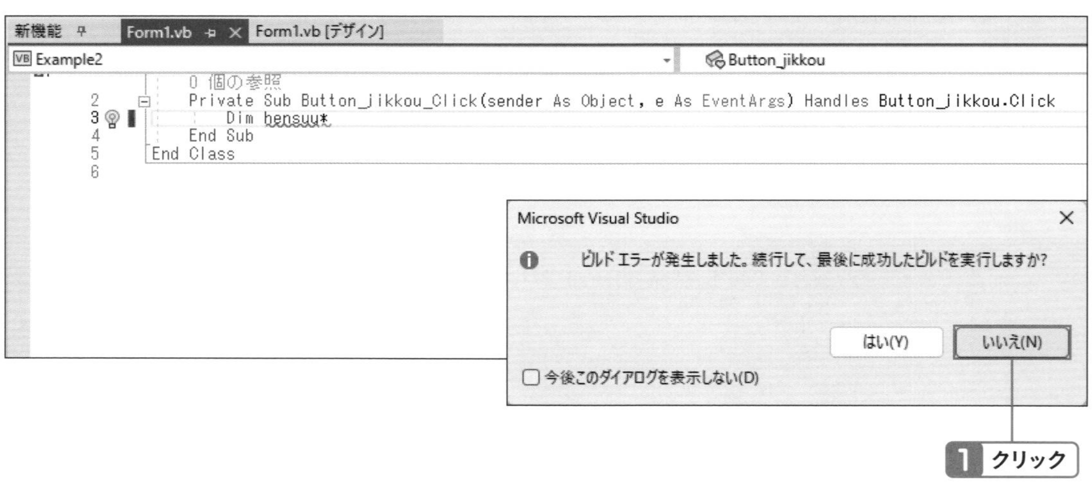

5 予約語を使った変数名

今度は、右のように修正し、実行してみましょう。これも、ビルドエラーです。予約語と同じ変数名は使用できません。予約語については、132ページで説明します。

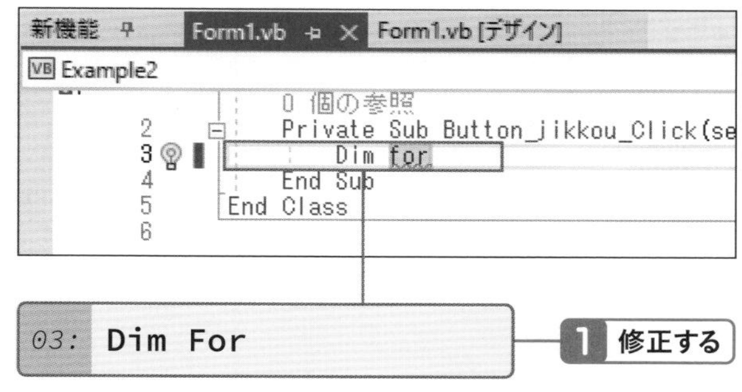

>>> **Tips**
>
> 予約語かどうかは、コードウィンドウを見ればわかります。コードウィンドウで、青く表示されている部分が予約語です。

6 変数宣言の場所

最後に、次の画面のように修正し1、実行してみましょう。これもビルドエラーになります。宣言を行う前に、変数を使うことはできません。メッセージが表示されたら、[いいえ]をクリックします2。

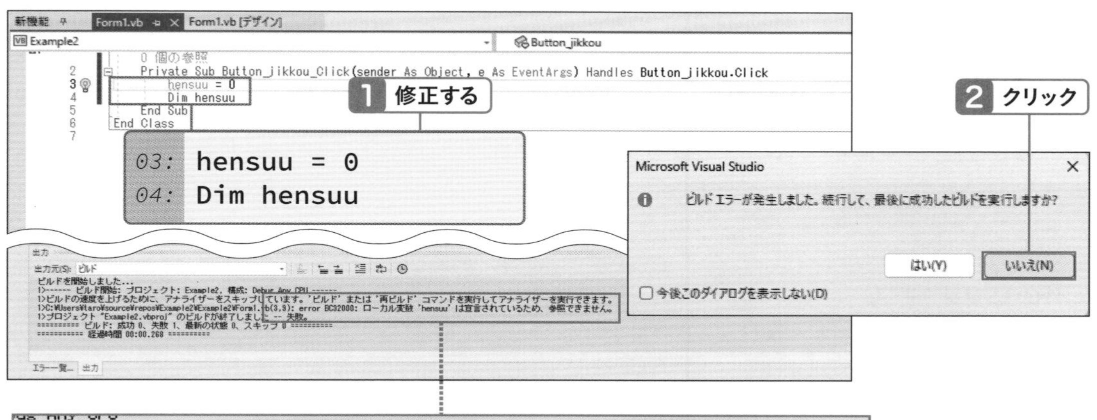

7 Visual Basicを終了する

これでこのプロジェクトは終了です。[ファイル]→[終了]の順にクリックし1、Visual Basicを終了します。

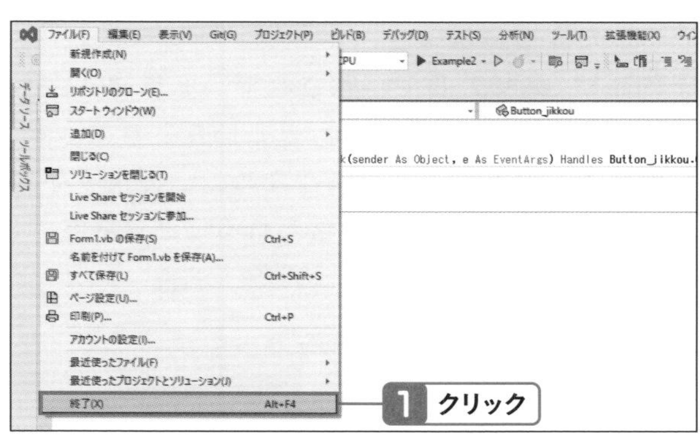

>>> **Tips**
>
> 変更の内容を保存するかたずねられたら、[いいえ]をクリックします。

理解 変数名のルール

やってはいけないルール

変数名の付け方には、いくつかのルールがあります。たとえば次のようなものです。

```
Dim 1hensuu  ← 数字から開始してはいけない
Dim hensuu*  ← 記号が入っていてはいけない
```

変数名は、その変数の使用用途に合わせた名前を付けます。たとえば、合計の計算結果を代入したいときには、「goukei」や、「total」といった変数名がよいでしょう。名前を考えるのがめんどうだからと、「x01」とか、「a1」のように意味のない記号にしてはいけません。
また、同じ変数名で重複して宣言をすることはできません。

変数を宣言してから利用する

変数は、宣言してからそれ以降で使うことができます。宣言していない変数を使うことはできません。

```
hensuu = 0
Dim hensuu  ← 宣言してからでなければ使えない
```

予約語

変数名は予約語と同じにすることはできません。たとえばForは予約語なので、「Dim For」といった変数宣言はできません。
予約語は「命令として予約されている単語」と思ってください。変数名に予約語と同じものを許可してしまうと、「For」と書いたときに、それが命令の「For」なのか、変数名の「For」なのかわからなくなってしまうため、このような制限が設けられています。
予約語が、変数名の一部に含まれることは許されます。たとえば「Dim From_To」ならOKです。

```
Dim For  ← 予約語を使ってはいけない
```

予約語には次のものがあります。

・**予約語一覧**

AddHandler	AddressOf	Alias	And	AndAlso
As	Boolean	ByRef	Byte	ByVal
Call	Case	Catch	CBool	CByte
CChar	CDate	CDec	CDbl	Char
CInt	Class	CLng	CObj	Const
Continue	CSByte	CShort	CSng	CStr
CType	CUInt	CULng	CUShort	Date
Decimal	Declare	Default	Delegate	Dim
DirectCast	Do	Double	Each	Else
ElseIf	End	EndIf	Enum	Erase
Error	Event	Exit	False	Finally
For	Friend	Function	Get	GetType
Global	GoSub	GoTo	Handles	If
Implements	Imports	In	Inherits	Integer
Interface	Is	IsNot	Let	Lib
Like	Long	Loop	Me	Mod
Module	MustInherit	MustOverride	MyBase	MyClass
Namespace	Narrowing	New	Next	Not
Nothing	NotInheritable	NotOverridable	Object	Of
On	Operator	Option	Optional	Or
OrElse	Overloads	Overridable	Overrides	ParamArray
Partial	Private	Property	Protected	Public
RaiseEvent	ReadOnly	ReDim	REM	RemoveHandler
Resume	Return	SByte	Select	Set
Shadows	Shared	Short	Single	Static
Step	Stop	String	Structure	Sub
SyncLock	Then	Throw	To	True
Try	TryCast	TypeOf	UInteger	ULong
UShort	Using	Variant	Wend	When
While	Widening	With	WithEvents	WriteOnly
Xor				

まとめ

◉変数名は、基本的に英字、数字と「_」で構成する
◉変数名は予約語と同じであってはならない
◉変数宣言を行う前に変数を使うことはできない

5 文字列結合

完成ファイル | [0505] → [Example3] → [Example3.sln]

予習 文字列結合を知ろう

テキストボックスに入力された値は、テキストボックスコントロールのTextプロパティに格納されます。ここでは、2つのテキストボックスに入力された値をそのままつなぎ合わせて、3つ目のテキストボックスに表示させるようなプログラムを作ります。
文字列をつなぎ合わせるというイメージがはっきりしないかもしれません。つなぎ合わせるというのは、単純に文字列のあとに文字列を足すことです。このように、文字と文字とをつなぎ合わせることを、**文字列結合**と呼びます。たとえば、abcとxyzを文字列結合すると、abcxyzになります。

体験 計算フォームを作ろう 

1 プロジェクト、フォームを作成する

29ページの方法で、新しくプロジェクトを作成しましょう。プロジェクト名は「Example3」とします。プロジェクトが作成されたら、フォームに次のようにテキストボックスとラベル、ボタンを配置してください。名前と表示内容もこの通りにしてください。

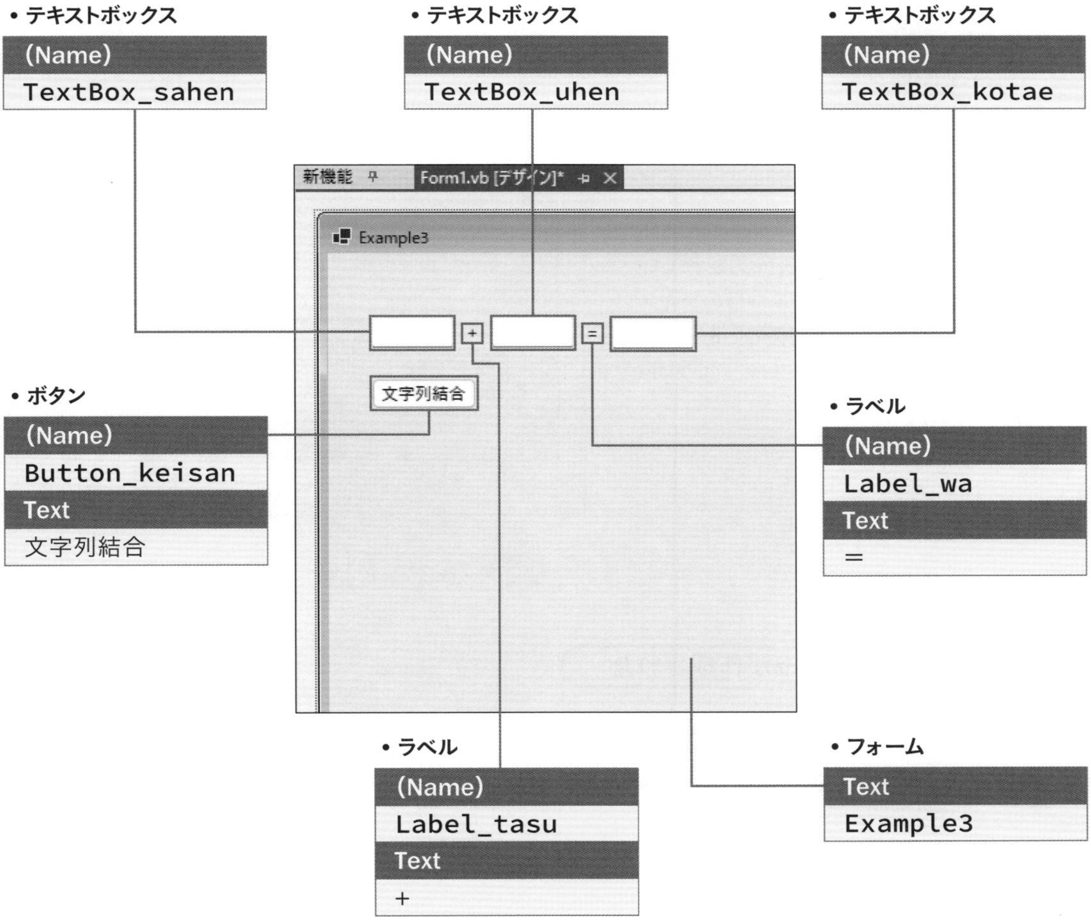

- テキストボックス

(Name)
TextBox_sahen

- テキストボックス

(Name)
TextBox_uhen

- テキストボックス

(Name)
TextBox_kotae

新機能 Form1.vb [デザイン]*

Example3

＋ ＝

文字列結合

- ボタン

(Name)	Button_keisan
Text	文字列結合

- ラベル

(Name)	Label_wa
Text	＝

- ラベル

(Name)	Label_tasu
Text	＋

- フォーム

Text
Example3

2 フォームの大きさを調整する

フォームの大きさも調整する必要があります。フォームをクリックして選択すると、ハンドルが表示されますから、これをドラッグして1、フォームの大きさを変えます。

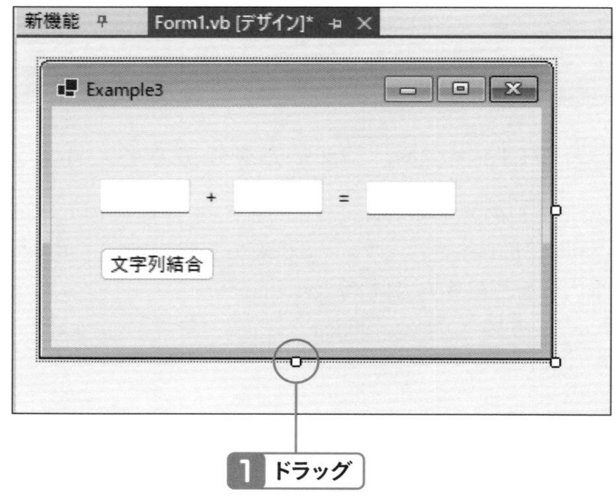

3 イベントプロシージャを作成する

［文字列結合］ボタンがクリックされたときに、2つのテキストボックスに入力されている値を結合して、その結果を3つ目のテキストボックスに表示させようと考えています。そのため、［文字列結合］ボタンをダブルクリックします1。

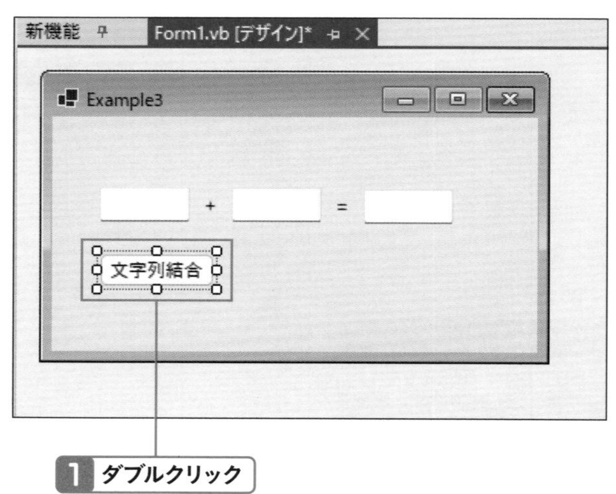

4 イベントプロシージャが作成された

イベントプロシージャのスケルトンが作成されました。

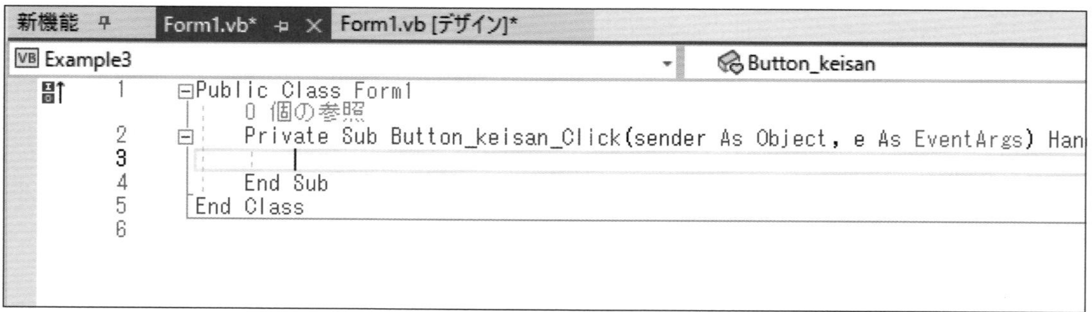

5 コードを書く

Button_keisan_Clickイベントプロシージャ内に、次のようにコードを入力します1。

```
02:    Private Sub Button_keisan_Click(sender As Object, _
            e As EventArgs) Handles Button_keisan.Click
03:        Dim sahen
04:        Dim uhen
05:        sahen = TextBox_sahen.Text
06:        uhen = TextBox_uhen.Text
07:        TextBox_kotae.Text = sahen + uhen
08:    End Sub
```

1 入力する

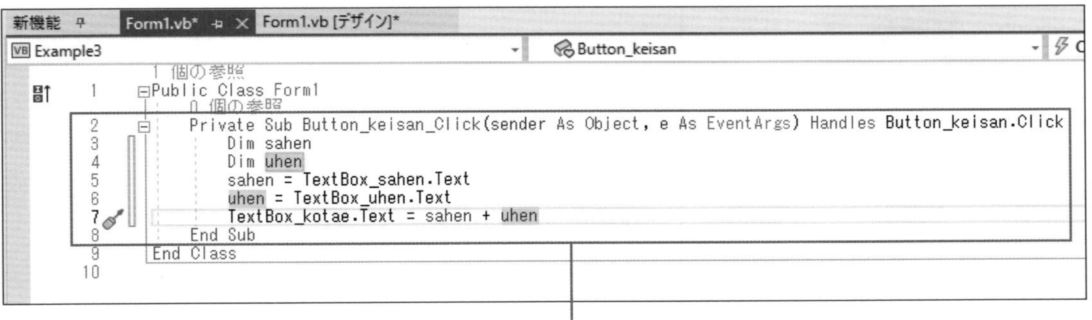

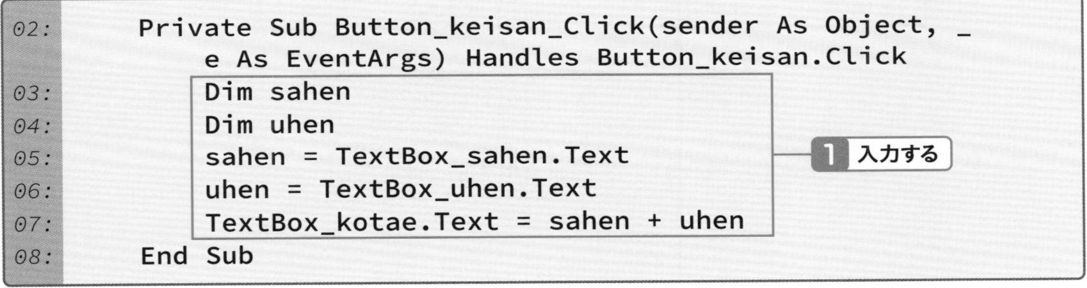

6 文字を入力して計算する

プログラムを実行し、右の画面のように文字を入力します1。[文字列結合]ボタンをクリックします2。結果は、「abcxyz」になりました。

プログラムを終了し、Visual Basicも終了しましょう。プロジェクトを忘れずに保存します。

1 入力する

2 クリック

文字列が結合された

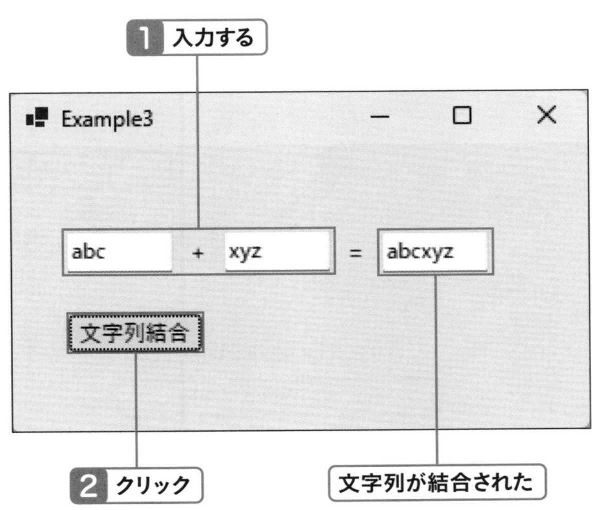

理解 文字列結合について

コード解説

137ページで入力したコードについて、簡単に説明します。ここでは、「sahen」と「uhen」の2つの変数を宣言しています。それぞれの変数に、テキストボックスTextBox_sahenとTextBox_uhenのTextプロパティの値を代入しています。最後の命令で、「sahen＋uhen」の結果をテキストボックスTextBox_kotaeのTextプロパティに代入します。これで、足し算した結果が表示されるはずです。

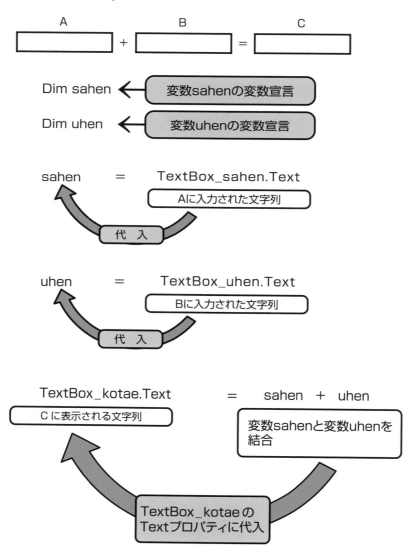

A B C

+ =

Dim sahen ← 変数sahenの変数宣言

Dim uhen ← 変数uhenの変数宣言

sahen = TextBox_sahen.Text

Aに入力された文字列

代　入

uhen = TextBox_uhen.Text

Bに入力された文字列

代　入

TextBox_kotae.Text = sahen ＋ uhen

C に表示される文字列

変数sahenと変数uhenを結合

TextBox_kotaeのTextプロパティに代入

+演算子の2つの役割

+演算子には、2つの意味があります。1つは数値同士の足し算です。たとえば109ページでやったように、1+2の結果は3になります。もう1つは、文字の結合です。abcとxyzを単純につなげます。そのため、abc + xyzの結果がabcxyzになったのです。

どういった場合に足し算になり、どういった場合に文字列結合になるのかについては、次の章で詳しく解説していきます。

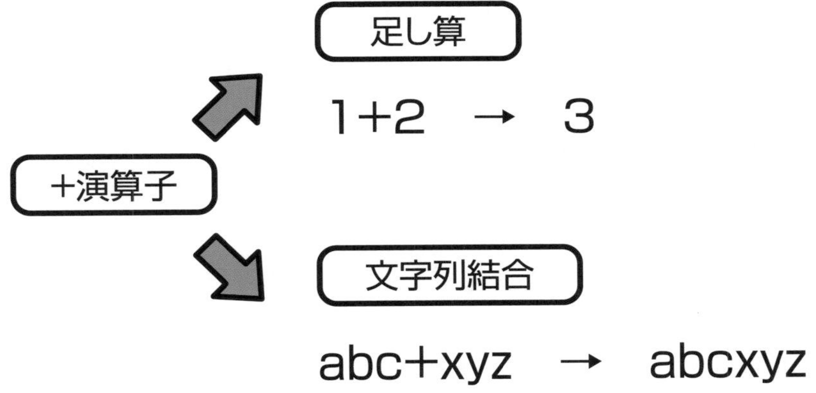

まとめ

- ◉文字と文字をつなぎ合わせることを文字列結合と呼ぶ
- ◉+演算子には、足し算と文字列結合の2つの意味がある

第5章 練習問題

■問題1

次の文章の穴を埋めよ。

プログラミングにおいて、足し算や掛け算などの計算を［ ① ］と呼ぶ。
［ ① ］は、演算子を使った演算式で行う。
演算式は、演算子、［ ② ］、定数から構成される。

ヒント 113、118ページ

■問題2

次のコードを実行したとき、出力ウィンドウにはどう表示されるのか答えなさい。

```
Dim kekka
kekka = 5 - 4 / 2 + 3
Debug.Print(kekka)
```

ヒント 優先順位に注意。

■問題3

次のコードを実行したとき、出力ウィンドウにはどう表示されるのか答えなさい。

```
Dim kekka
Dim chuukan_kekka
chuukan_kekka = 2 ^ 3
kekka = chuukan_kekka * 2
Debug.Print(chuukan_kekka)
Debug.Print(kekka)
```

ヒント ^はべき乗。2^2は4。

型と戻り値

6-1　文字列結合の復習

6-2　数値と文字の違いを理解しよう

6-3　型とは何か

6-4　戻り値と型変換関数

6-5　定数の型

6-6　さまざまな型変換

文字列結合の復習

完成ファイル | [0601]→[Example3]→[Example3.sln]

予習 文字列結合を復習しよう

ここまでのところで、文字列を演算する場合と、数値を演算する場合とで、同じ＋演算子を使っても結果が異なることがわかったと思います。ここでは、135ページで作成したプログラムで、テキストボックスに数値を入力して、数値による演算が正しく行われるかどうかを試してみます。

テストの方法としては、テキストボックスに数値の1と2を入力し、演算を行います。数値として計算されるのなら、1＋2は3と表示されるはずです。それでは試してみましょう。

	[ ]	+	[ ]	=	[ ]
前章では	abc		xyz		abcxyz
今　回	1		2		?

体験 数値として計算されるか試そう

1 プロジェクトを開く

プロジェクト「Example3」を開き、プログラムを実行します1。

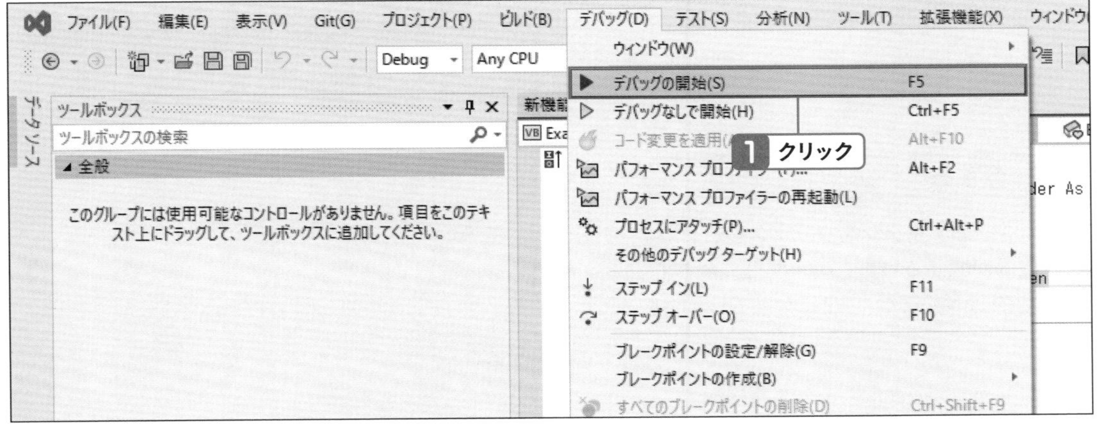

2 漢数字を入力する

右の画面のように、テキストボックスに漢数字を入力します1。

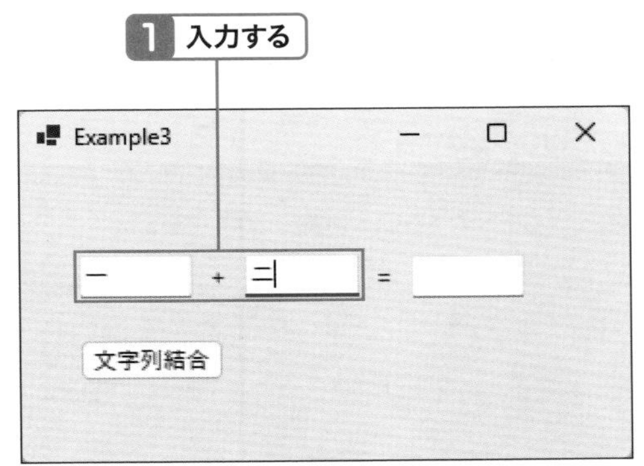

3 計算する

［文字列結合］ボタンをクリックします1。「一二」と表示されます。

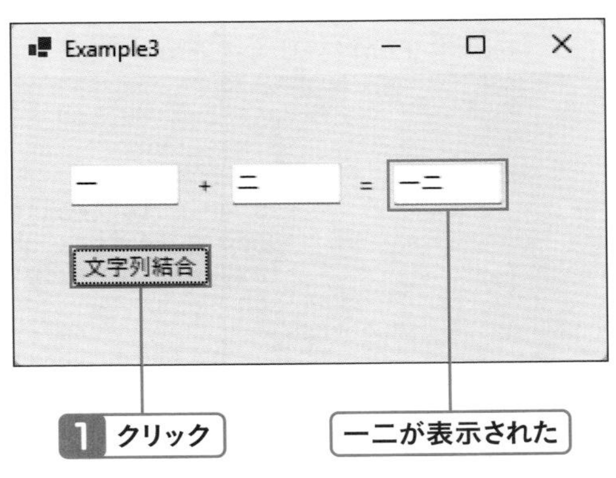

4 数値を入力する

右の画面のように、テキストボックスに数値を入力します1。
半角の数字で入力すればちゃんと計算してくれるはずです。

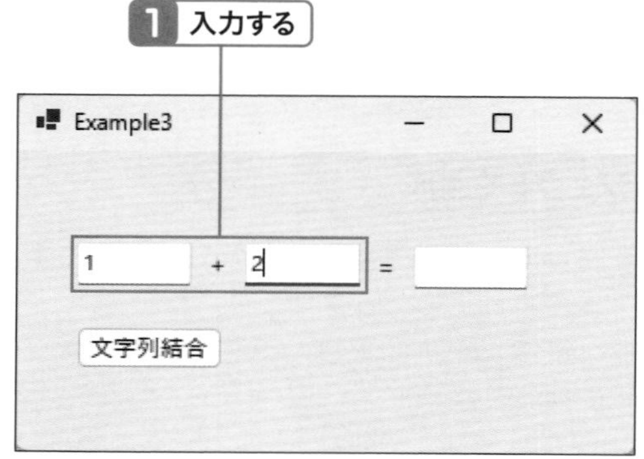

5 計算する

［文字列結合］ボタンをクリックします1。計算結果が表示されますが、期待に反して、計算結果は3ではなく12になってしまいました。

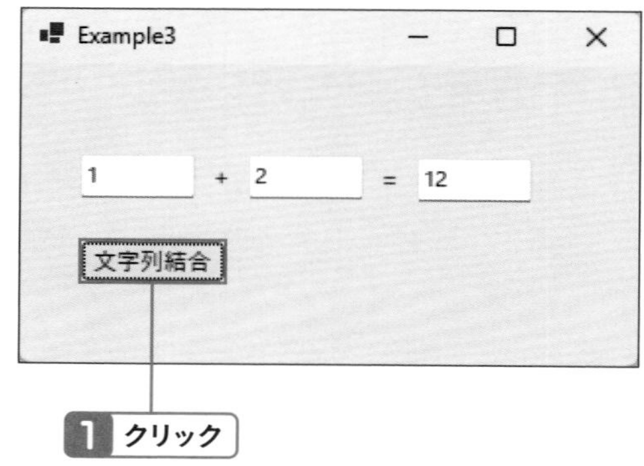

6 プログラムを終了する

プログラムを終了し、コードウィンドウを開きます。

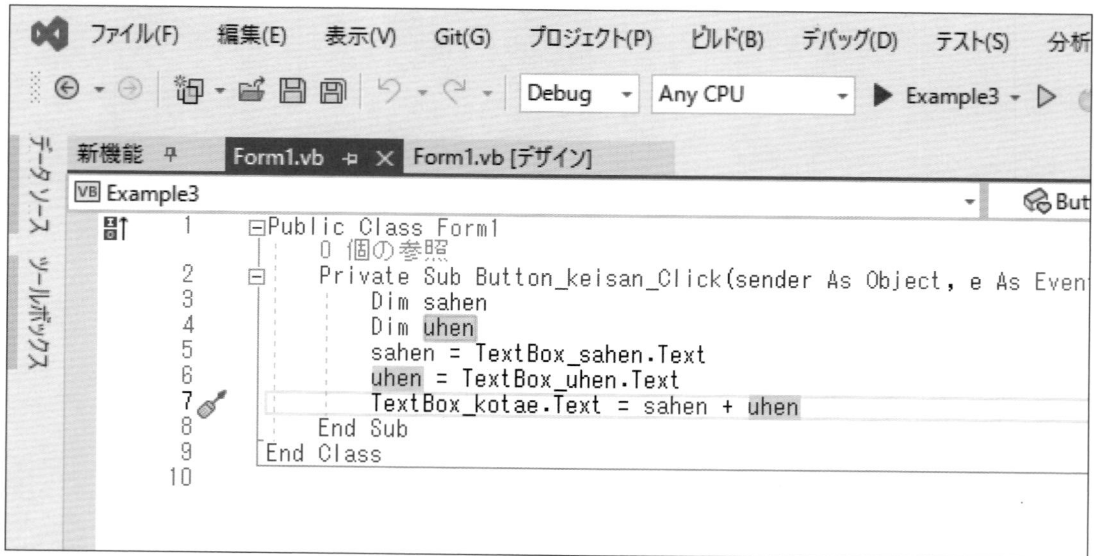

理解 文字列結合について

「一 ＋ 二」の結果は「三」ではなく、「一二」になりました。プログラムの計算上、漢数字では四則演算は行われません（ここでは足し算）。漢数字は数字ではなく、文字として扱われます。そのため、＋演算子によって、足し算ではなく、**文字列結合**が行われたのです。

これで「1 ＋ 2」が「3」ではなく、「12」となってしまった理由がわかるのではないでしょうか？そうです。この＋演算子も足し算ではなく、文字列結合が行われたのです。その結果、文字「1」と文字「2」が結合されて、文字「12」となったのです。
1＋2の結果を3にしたいのであれば、1と2が、文字ではなく、数値としてみなされるように、プログラムの内容を修正しなければなりません。

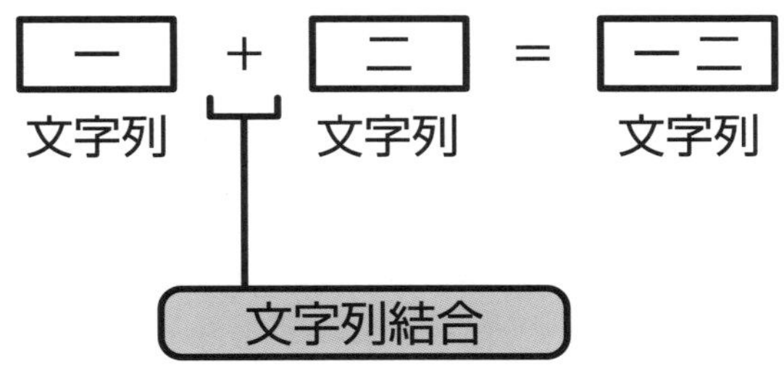

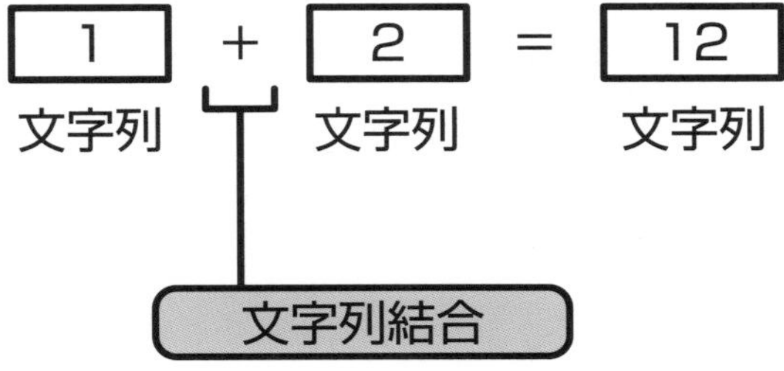

まとめ

- **文字の1と文字の2を結合すると12になる**
- **文字の1と文字の2を足し算するには、数値としてみなされるようにプログラムを修正する必要がある**

2 数値と文字の違いを理解しよう

完成ファイル | [0602] → [Example3] → [Example3.sln]

予習 数値と文字の違いを知ろう

前節で、テキストボックスに1と2を入力して演算を行うと、結果が3ではなく12になりました。正しく3にならなかったのは、1と2が数値ではなく文字列として記憶されていたからです。正しく計算するには、1と2を文字列ではなく、数値として扱われなければなりません。

テキストボックスに入力された値は、たとえば1や2のように数値に見えるものでも、そのままでは文字列として扱われてしまいます。そこで、文字列を数値に変換する処理が必要になります。ここでは、**文字列を数値に変換する方法**を学びましょう。

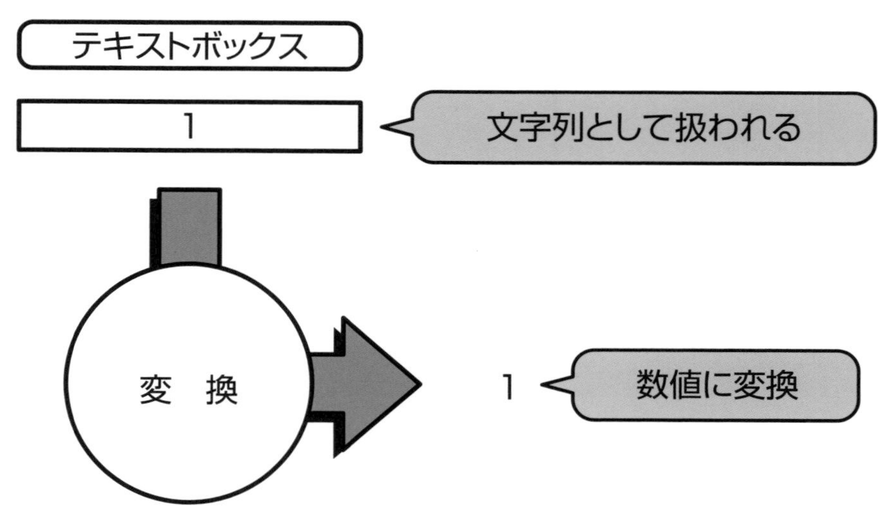

体験 数値による計算にしよう

1 イベントプロシージャを変更する

「Example3」のコードウィンドウで、イベントプロシージャを次のように変更します**1**。

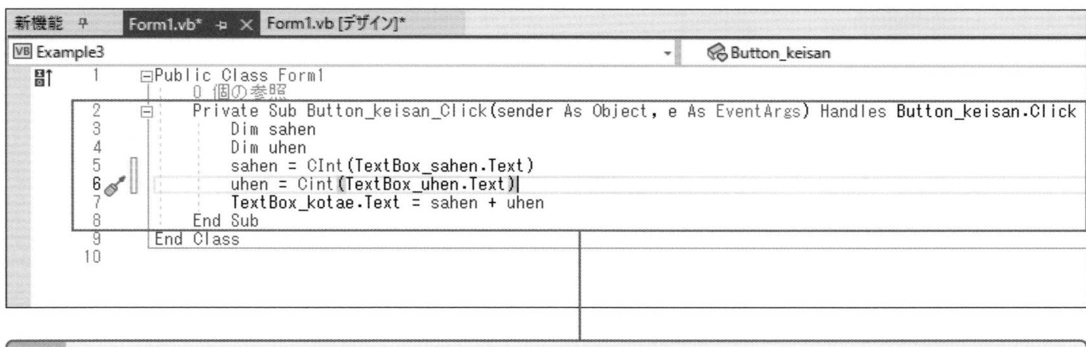


```
    Private Sub Button_keisan_Click(sender As Object, _
            e As EventArgs) Handles Button_keisan.Click
        Dim sahen
        Dim uhen
        sahen = CInt(TextBox_sahen.Text)
        uhen = CInt(TextBox_uhen.Text)
        TextBox_kotae.Text = sahen + uhen
    End Sub
```

1 修正する

2 プログラムを実行する

変更できたら、プログラムを実行します。1と2を入力し**1**、[文字列結合]ボタンをクリックします**2**。計算結果が表示されます。今度は、数値として計算が行われ、結果は3になりました。プログラムを終了します。

> **>>> Tips**
>
> ビルドエラーが発生した場合、CIntの綴りが間違えていないか、括弧が記述されているかを確認します。1と2は半角で入力してください。

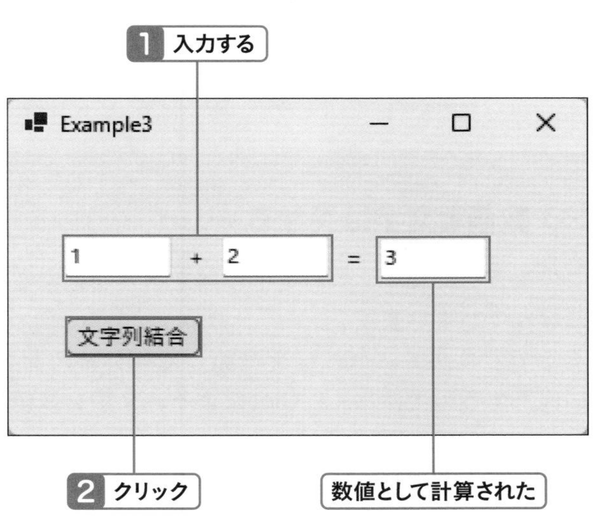

理解 文字列の数値への変換について

+演算子の役割

ここまでのところで、**+演算子**は、足し算にも文字列結合にもなる、ということを説明してきました。たとえば、

1 + 2 を数値として演算すると、3 になる(足し算)
1 + 2 を文字として演算すると、12 になる(文字列結合)

数値の足し算として演算を行わせるには、+演算子の左辺と右辺に**数値**を指定しなければなりません。しかし、テキストボックスのTextプロパティには、その名の通り**文字列**が記憶されることになっています。そのため、単にテキストボックスに1と2を入力しただけでは、1と2は自動的に「文字列」として認識されてしまうのです。足し算で計算するには、この1と2を文字列ではなく数値に変換しておく必要があります。

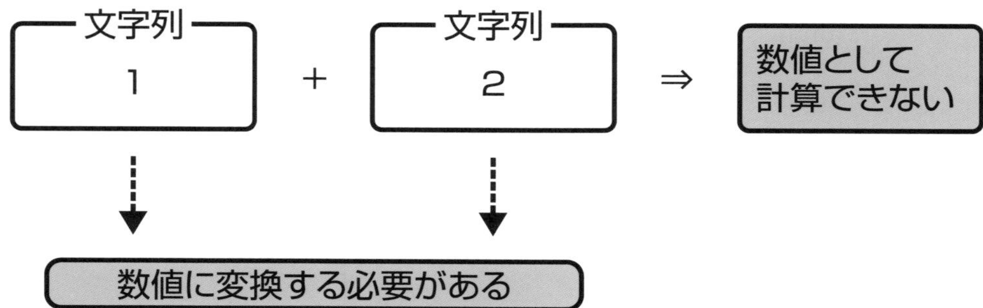

数値と文字は異なる

このように、Textプロパティには文字列が記憶されるため、そのまま演算すると文字列結合になってしまいます。
そこで、コードに「**CInt**」を追加して、テキストボックスのTextプロパティをそのまま変数に代入するのではなく、CIntによる、文字を数値に変換する処理を行った上で代入するようにしました。
CIntに関する詳しい説明は、156ページで行います。ここでは、CIntは、文字を数値に変換するものである、と理解しておいてください。

■CInt(引数)

引数の文字列を数値に変換

例　CInt(TextBox_sahen.Text)

テキストボックス(TextBox_sahen)に入力された文字列を数値に変換

COLUMN　InvalidCastException(インバリッド キャスト エクセプション)

ここで作成したプログラムで、テキストボックスにabcと入力して計算させると、エラーになります。全角文字の1や2を入力した場合もエラーになります。

「ユーザーが処理していない例外」といったウィンドウが表示され、デバッガのステップ実行モードになります。

これは、CIntで文字列abcを数値に変換できないことが原因です。このような状態になると、プログラムを再開させることができないので、[デバッグの停止]ボタンをクリックしてプログラムを強制終了させてください。

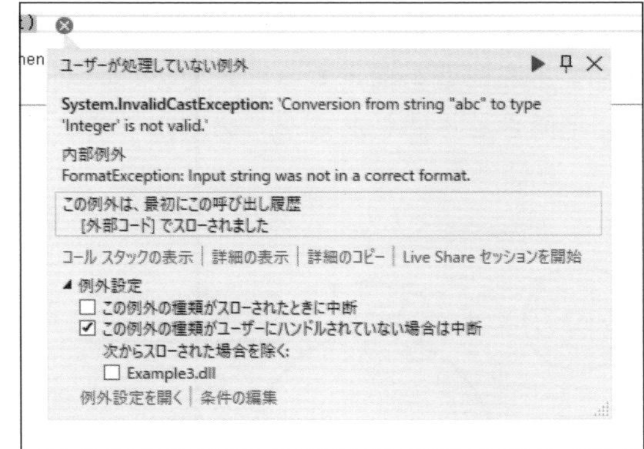

まとめ

- ◎Textプロパティは値を文字列として記憶している
- ◎数値として演算するには、文字列を数値に変換する必要がある

3 型とは何か

完成ファイル | [0603] → [Example3] → [Example3.sln]

予習 型とは何かを知ろう

これまで説明してきたように、同じ1であっても、条件によって数値であったり、文字列であったりしました。変数の中にも、文字列や数値を代入することができます。しかし、変数は、宣言時に「文字列しか記憶しない」「数値しか記憶しない」というように、記憶する形式を限定することもできます。

こうした文字列や数値のように、変数に記憶する形式の違いのことを、型と呼びます。変数を宣言する際に型を指定することで、「この変数には数値しか記憶できません」というように、変数に記憶させる値をあらかじめ限定することができます。

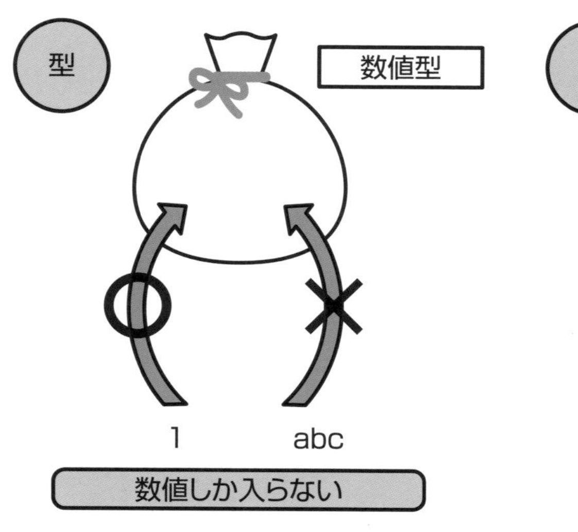

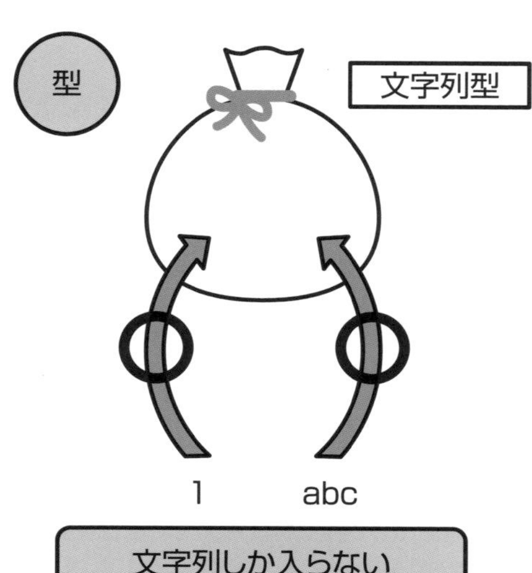

体験 型を指定しよう

1 イベントプロシージャを変更する

「Example3」のコードウィンドウで、イベントプロシージャを次のように変更します1。ここでは、変数sahen、uhenの型を「数値」に限定しています。

>>> Tips

宣言文にAs Integerを追加しています。

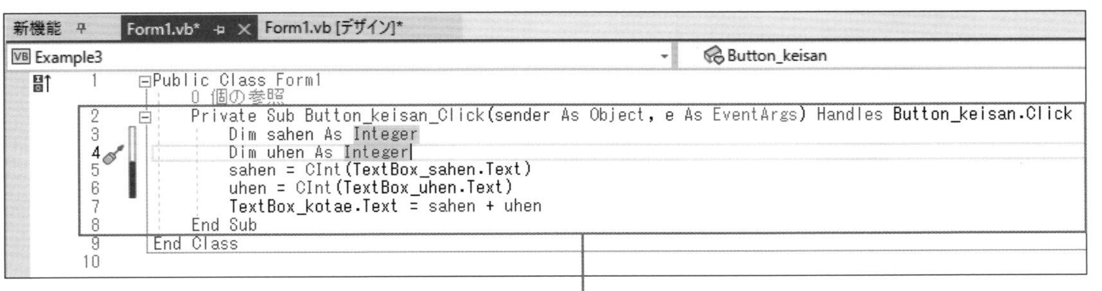

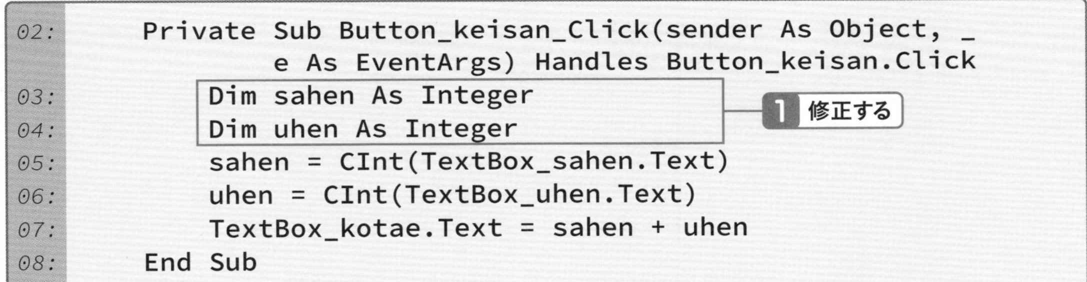

```
    Private Sub Button_keisan_Click(sender As Object, _
            e As EventArgs) Handles Button_keisan.Click
        Dim sahen As Integer
        Dim uhen As Integer
        sahen = CInt(TextBox_sahen.Text)
        uhen = CInt(TextBox_uhen.Text)
        TextBox_kotae.Text = sahen + uhen
    End Sub
```


2 プログラムを実行する

変更できたら、プログラムを実行します。1と2を入力し1、［文字列結合］ボタンをクリックします2。計算結果が表示され、正しく計算できることがわかります。

>>> Tips

数字以外の文字を入力するとエラーになります。ビルドエラーが発生した場合、Integerの綴りが間違えていないか、Asが記述されているかを確認します。

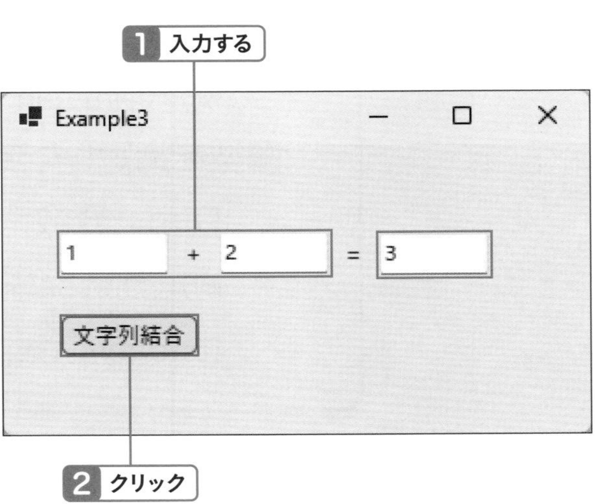

理解 型について

型を指定して変数宣言する

数値や文字列といった、値の形式のことを型と呼びます。型を指定した変数宣言は、次のように行います。

```
Dim 変数名 As 型
```

151ページの変数sahenの例では、次のようになります。

```
Dim sahen As Integer
```

ここでは、Dimによる変数の宣言時に、「As Integer」を加えています。「Integer（インテジャー）」は型の1つで、数値を記憶する型です。その結果、変数sahenは、Integer型の形式、すなわち数値としてのみ値を記憶することになります。

■型を指定しない変数宣言

Dim　変数

例）　Dim sahen

■型を指定した変数宣言

Dim　変数　As　型

例）　Dim sahen As Integer

（Integer型で変数sahenを宣言）

>>> なぜ型は存在するのか

なぜ型は存在するのでしょうか？　変数は、コンピュータ上に値を記憶するために作られた場所だと説明しました（124ページ参照）。たとえば「123454678」と「1」という、2つの数値を記憶させる場合、おのずと前者の方が大きな場所が必要になります。

このとき、変数の型を指定しないと、どんな大きな値が入っても対処できるように、最初から大きな場所を用意しておかなければなりません。つまり、無駄が多いのです。そのため、型を指定して、適切な変数の大きさを指定しておくのです。

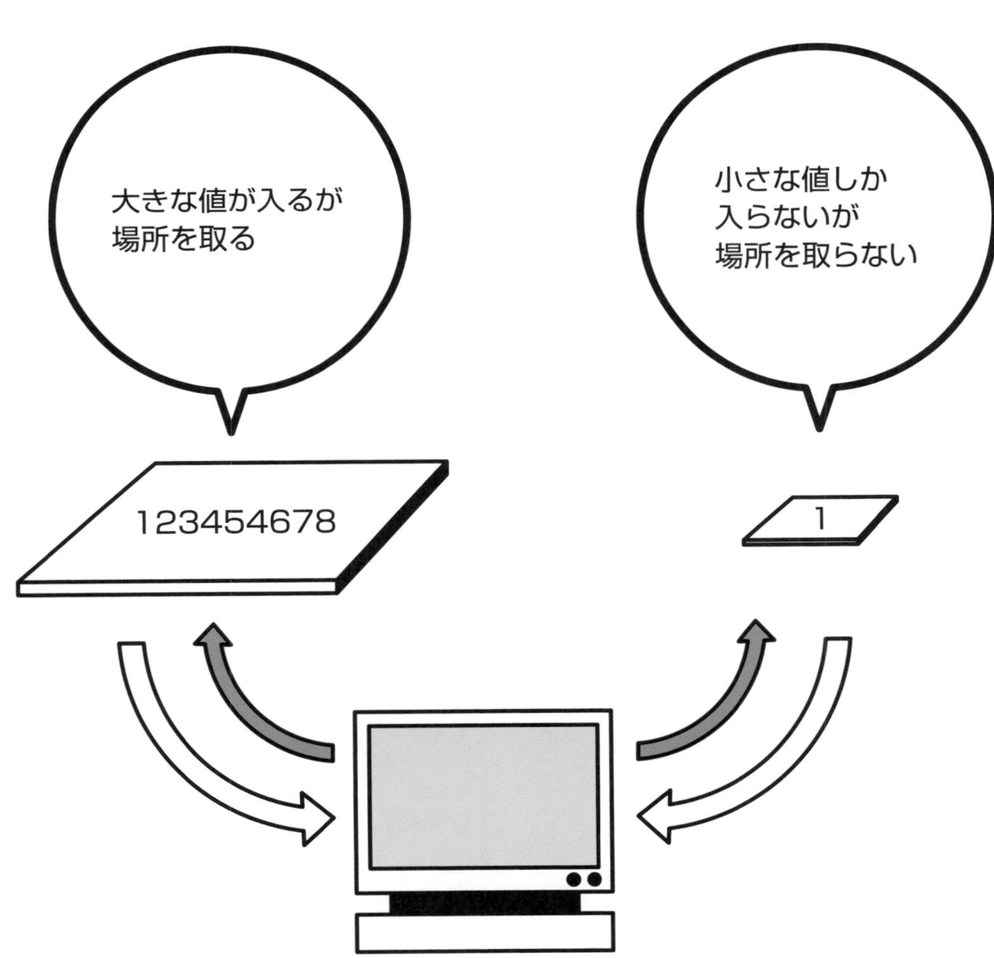

>>> 型の種類

Integer以外にも、いろいろな型があります。変数宣言時に型を限定しないと、どんな形式の値でも記憶することができてしまいます。これは、便利なようですが、プログラムの処理効率が悪くなるので、あまり積極的には行われません。ほとんどの変数は、使用目的がはっきりしているので、As Integerのように型を限定します。
代表的な型を、表にまとめておきます。

型	記憶できる値の範囲	分類
Short（ショート）	−32,768 ～ 32,767	整数型
Integer（インテジャー）	−2,147,483,648 ～ 2,147,483,647	整数型
Long（ロング）	−9,223,372,036,854,775,808 ～ 9,223,372,036,854,775,807	整数型
Single（シングル）	−3.4028235E+38 ～ −1.401298E−45 (負の値) 1.401298E−45 ～ 3.4028235E+38（正の値）	浮動小数点型
Double（ダブル）	−1.79769313486231570E+308 ～ −4.94065645841246544E−324（負の値） 4.94065645841246544E−324 ～ 1.79769313486231570E+308（正の値）	浮動小数点型
Char（チャー）	Unicode文字	文字列型
String（ストリング）	0個 ～ 約20億個のUnicode文字	文字列型
Date（デート）	0001年1月1日 0:00:00 (午前0時) ～ 9999年12月31日 11:59:59 PM	日付型
Boolean（ブーリアン）	True（トゥルー）またはFalse（フォルス）	その他

>>> 型の分類

型を大きく分類すると、**整数型**、**浮動小数点型**、**文字列型**、**日付型**にわかれます。
整数型は、Short、Integer、Longの３つで、記憶できる数値の範囲の違いによって３タイプ用意されています。
浮動小数点型は、SingleとDoubleの２つで、小数点以下の数値を記憶することができます。SingleよりDoubleの方がより精度が高く、広い範囲の数値を記憶することができます。
整数型と浮動小数点型は数値を記憶するための型であるため、あわせて**数値型**と呼ばれます。
文字列型は、StringとCharです。Stringが文字列を記憶するのに対して、Charは１文字しか記憶できません。
日付型はDateのみです。日付型は、日時による日付を記憶することができます。
Boolean型は、「はい」か「いいえ」の２つの値を記憶することができます。肯定の値はTrue、否定の値はFalseになります。

ここで紹介した型は、どれも**基本型**です。この他にもさまざまな型がありますが、当面は、基本型だけを覚えておいてください。

まとめ

- ◉変数宣言を行う際に型を指定することができる
- ◉型を指定することで変数が記憶できる値の範囲、形式が限定される
- ◉通常は、変数の型を指定して宣言する

4 戻り値と型変換関数

完成ファイル | [0604] → [Example3] → [Example3.sln]

予習 戻り値と型変換関数を知ろう

CIntは、文字列型のデータを数値型のデータに**変換**する働きをします。変換元である文字列データは、CIntの引数として与えます。変換後の数値データは、CIntの呼び出し結果として戻ってきます。この戻ってきた値を、**戻り値**と呼びます。CIntのように、引数を持ち、戻り値で結果が返されるものを**関数**と呼びます。

関数は、メソッドと似ています。しかし、メソッドを呼び出すには**オブジェクト**が必要ですが、関数は**単独**で呼び出すことができます。

また、CIntのように型を変換する関数のことを、**型変換関数**と呼びます。ここでは、CIntとは別の型変換関数、**CStr**を使ったプログラムを作成します。

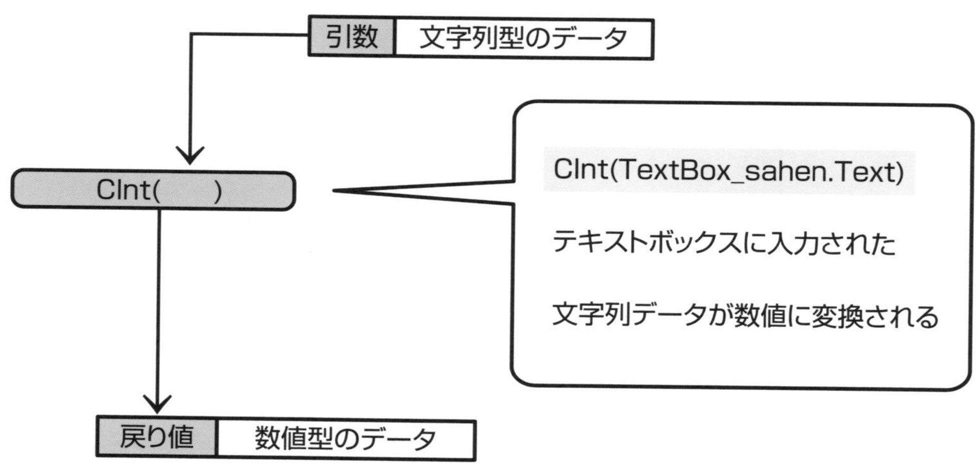

体験 型変換関数を使おう

1 イベントプロシージャを修正する

「Example3」のコードウィンドウを開き、イベントプロシージャのコードを次のように修正します1。

新機能　Form1.vb*　Form1.vb [デザイン]*

Example3　Button_keisan

```
Public Class Form1
    0 個の参照
    Private Sub Button_keisan_Click(sender As Object, e As EventArgs) Handles Button_keisan.Click
        Dim sahen As Integer
        Dim uhen As Integer
        sahen = CInt(TextBox_sahen.Text)
        uhen = CInt(TextBox_uhen.Text)
        TextBox_kotae.Text = CStr(sahen + uhen)
    End Sub
End Class
```

```
07: TextBox_kotae.Text = CStr(sahen + uhen)
```

1 修正する

2 プログラムを実行する

プログラムを実行します。数値を入力し1、[文字列結合]ボタンをクリックします2。変数sahenとuhenに代入される値1と2は数値ですが、CStrによりその合計は文字列となります。つまり、表示された3は文字列として返されているのです。実行結果を確認し、プログラムを閉じます。

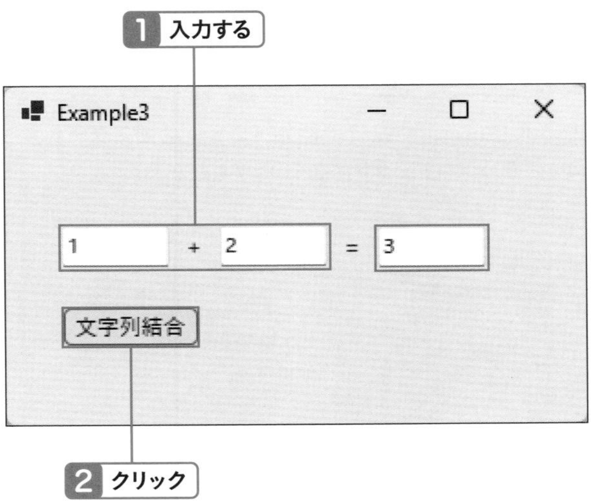

3 プロジェクトを閉じる

次の節では、別のプロジェクトを作成するので、いったん現在のプロジェクトを閉じましょう。Visual Basicを終了させずに、開いているプロジェクトだけを閉じる場合は、[ファイル] メニュー→[ソリューションを閉じる] の順にクリックします1。

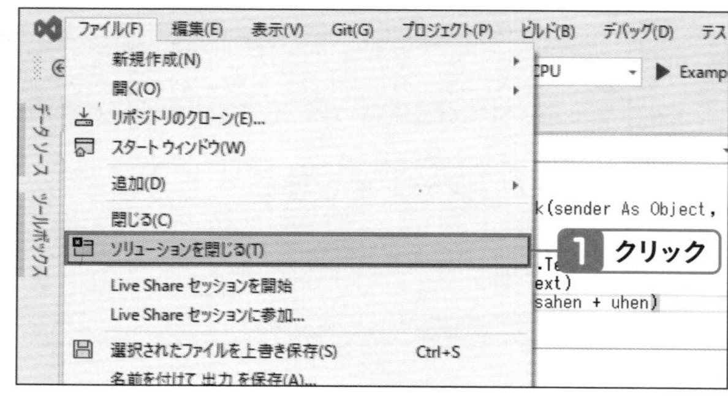

4 メッセージが表示される

右の画面のようなメッセージが表示されたら、[保存] ボタンをクリックします1。

>>>Tips

プログラムを変更していなければ、メッセージは表示されません。

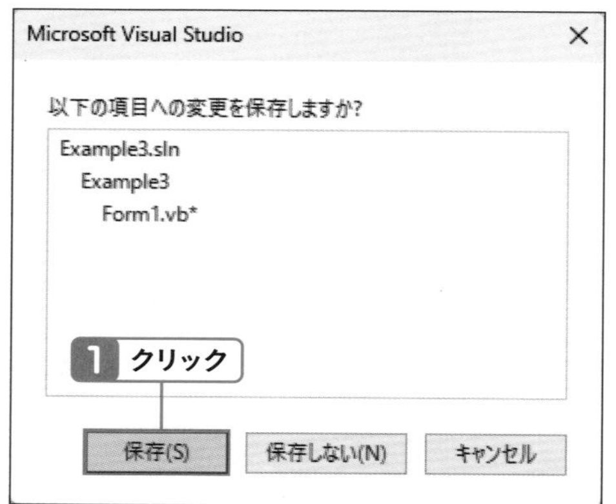

5 プロジェクトが閉じられた

Visual Basic起動直後の開始メニュー画面スタートページが表示され、画面右のソリューションエクスプローラからプロジェクトがなくなりました。

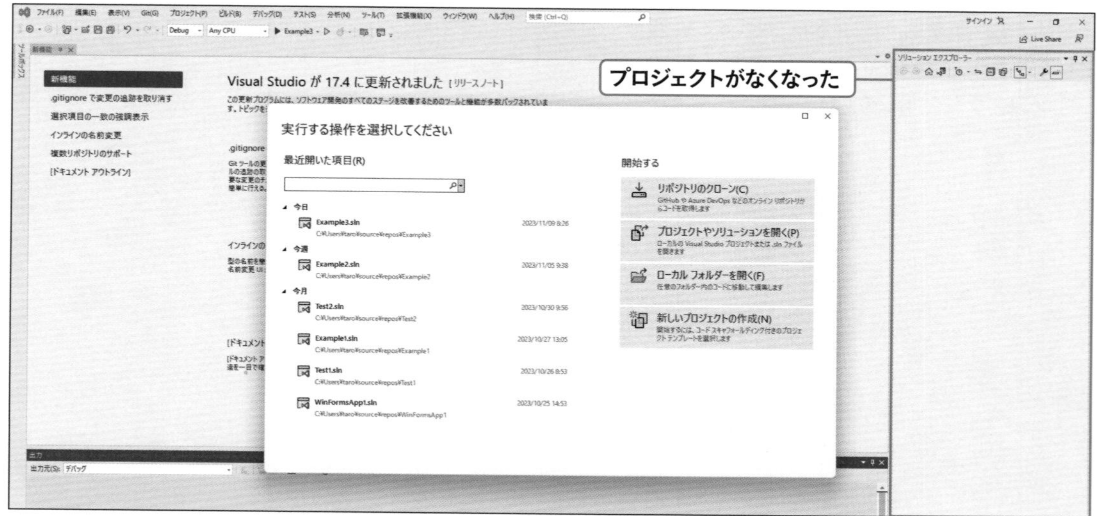

理解 型変換関数について

型変換関数と戻り値

147ページで記述したCIntと、今回記述したCStrは、どちらも**型変換関数**です。
型変換関数を使うと、引数に指定した値の型を、意図的に変換することができます。

```
CInt(文字列型の値)   ← 文字列型の値を数値型に変換する

CStr(数値型の値)     ← 数値型の値を文字列型に変換する
```

CIntは、文字列型の値を数値型の値に変換しました。CStrは、数値型の値を文字列型の値に変換しました。2つの関数とも、関数を実行した結果として、型を変換したあとの値を返してきます。このように、実行結果として返ってくる値のことを、**戻り値**と呼びます。

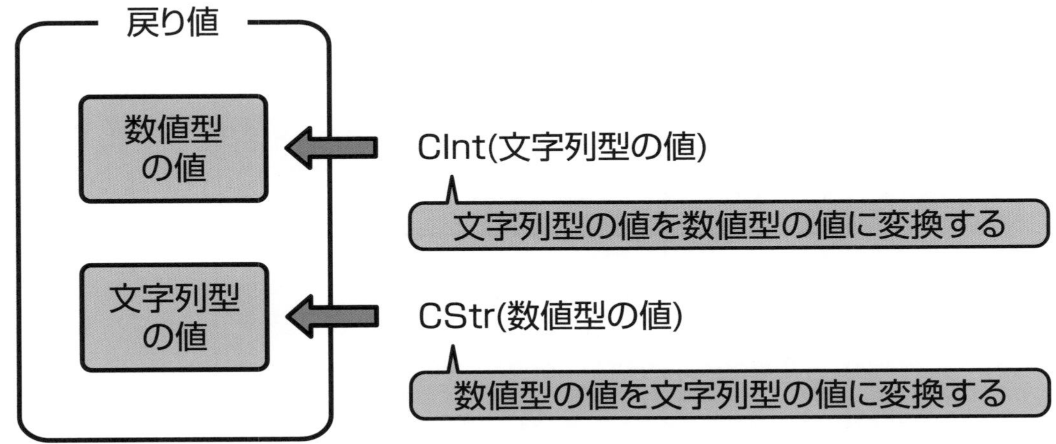

>>> 戻り値の例

たとえば、CIntを実行したステートメントは、このようになっていました。

```
sahen = CInt(TextBox_sahen.Text)
```

このステートメントでは、CIntの戻り値は、数値として変数sahenに代入されています。

CInt(TextBox_sahen.Text)

テキストボックスに入力した文字列を数値に変換

代入

sahen

同様に、CStrを実行したステートメントは次のようになっていました。

```
TextBox_kotae.Text = CStr(sahen+uhen)
```

このステートメントでは、CStrの戻り値は、文字列としてテキストボックスのTextプロパティに代入されています。戻り値は、このように変数やオブジェクトのプロパティに渡されることで、プログラムの中で使用されます。

CStr(sahen+uhen)

変数sahenと変数uhenの合計を文字列に変換

代入

TextBox_kotae.Text

>>> その他の型変換関数

その他の型変換関数には、以下のようなものがあります。

型変換関数	変換後の型（戻り値）	変換元の型（引数）
CChar	Char型	String
CDate	Date型	String
CDbl	Double型	すべての数値型、String
CInt	Integer型	すべての数値型、String
CLng	Long型	すべての数値型、String
CShort	Short型	すべての数値型、String
CSng	Single型	すべての数値型、String
CStr	String型	すべての数値型、Char、Char配列、Date

まとめ

- ◉型変換関数CIntは、文字列型のデータを数値型のデータに変換する
- ◉型変換関数CStrは、数値型のデータを文字列型のデータに変換する
- ◉関数の実行結果として返ってくる値を戻り値と呼ぶ

5 定数の型

完成ファイル | [0605] → [Example4] → [Example4.sln]

予習 定数の型を知ろう

変数は、型を指定して宣言することができました。それに対して、定数にも型があります。これまで、数値を演算させるときには、１＋２のように数字を記述してきました。ここで登場する１や２は、数値型の定数だったのです。定数は、リテラルとも呼ばれます。変数に型があったように、リテラルにも型があります。
ここでは、新しいプロジェクトを作成し、整数型、浮動小数点型、文字列型、日付型の４つについて、変数を宣言し、値を代入してみることにします。代入する際には、それぞれの型のリテラルを使って、代入を行います。

変数に型があるように、定数にも型がある

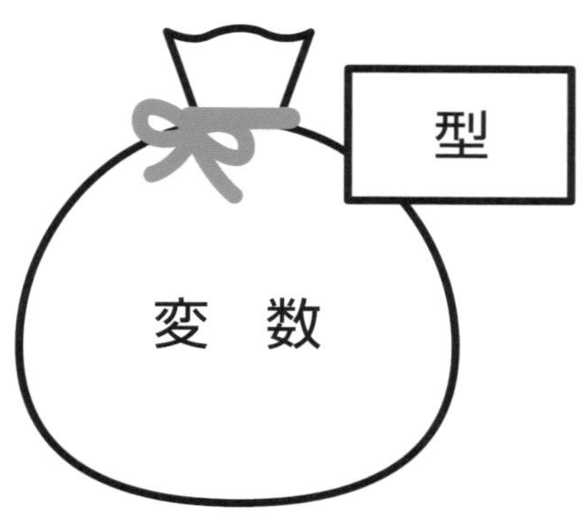

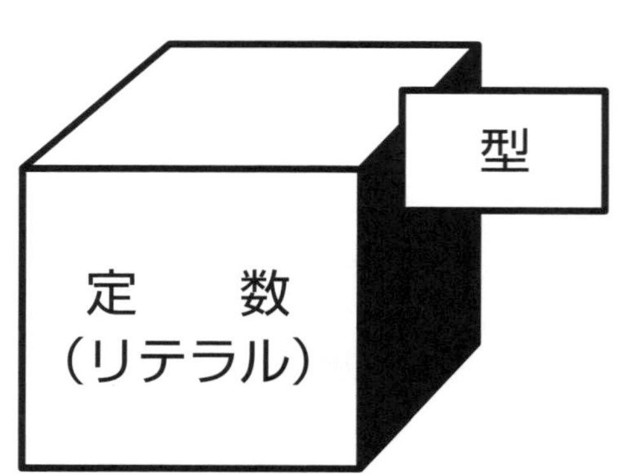

体験 リテラルに型を指定しよう

1 プロジェクトを作成する

次の画面のようなプロジェクト「Example4」を作成します。フォーム上にボタンを１つ配置し、Textプロパティの値を「表示」にします。（Name）はButton1のままでかまいません。

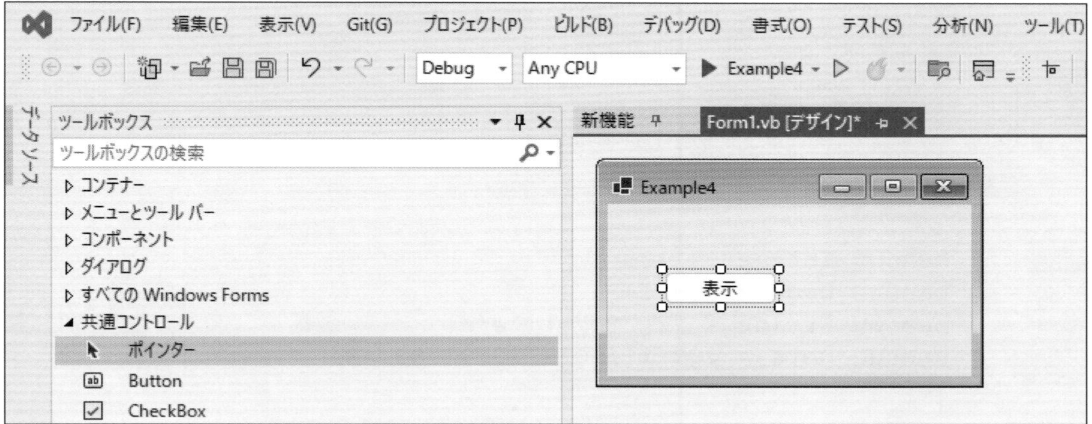

2 イベントプロシージャを記述する

ボタンをダブルクリックして、イベントプロシージャを次のように入力します**1**。

ここでは、Integer、Double、String、Dateの４種類の型で変数を宣言しています。

> **Tips**
>
> 変数宣言のみ行った段階では、変数が未使用であるため、波線が表示されます。

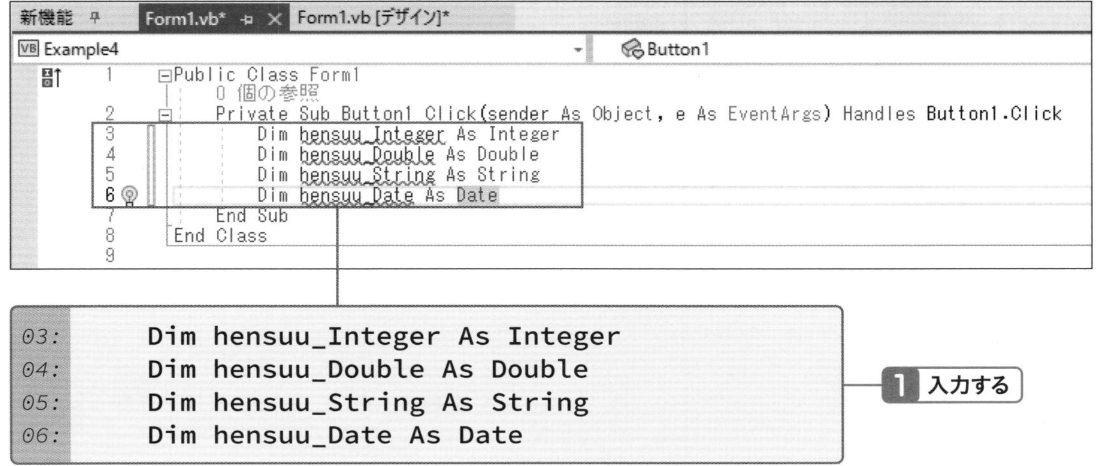


```
Dim hensuu_Integer As Integer
Dim hensuu_Double As Double
Dim hensuu_String As String
Dim hensuu_Date As Date
```

3 リテラルを使う

変数を宣言したら、変数に値を代入するコードを入力しましょう1。
それぞれの変数の型に合ったリテラルを代入するようにします。

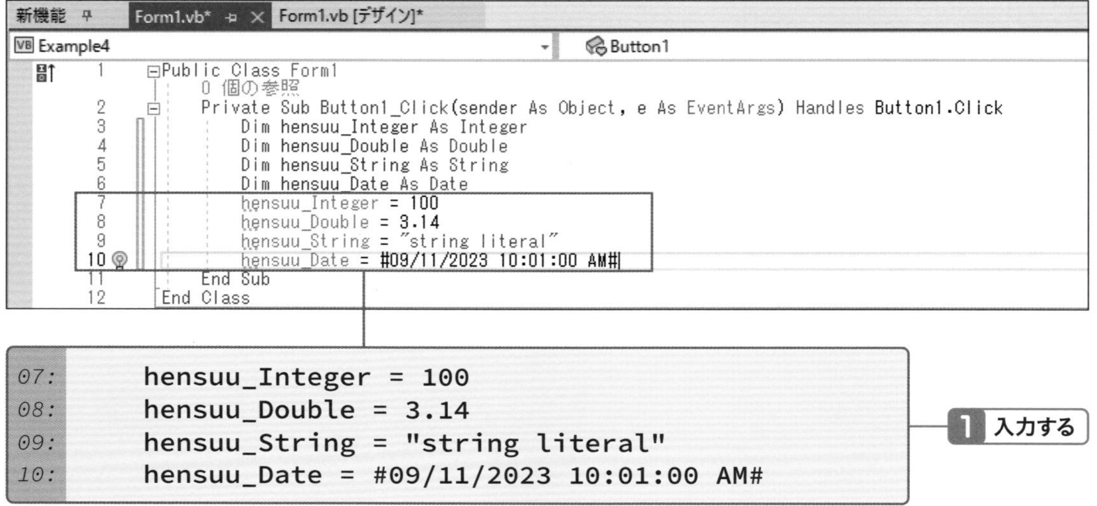


```
hensuu_Integer = 100
hensuu_Double = 3.14
hensuu_String = "string literal"
hensuu_Date = #09/11/2023 10:01:00 AM#
```

1 入力する

4 変数の値を表示する

最後に、Debug.Printで変数の値を表示するコードを入力しましょう1。

>>> Tips

どの変数がどういった値になっているのかがわかるように、変数名を書いた文字列とその変数の値を文字列結合したものを引数として渡しています。&は文字列結合を行う演算子です。

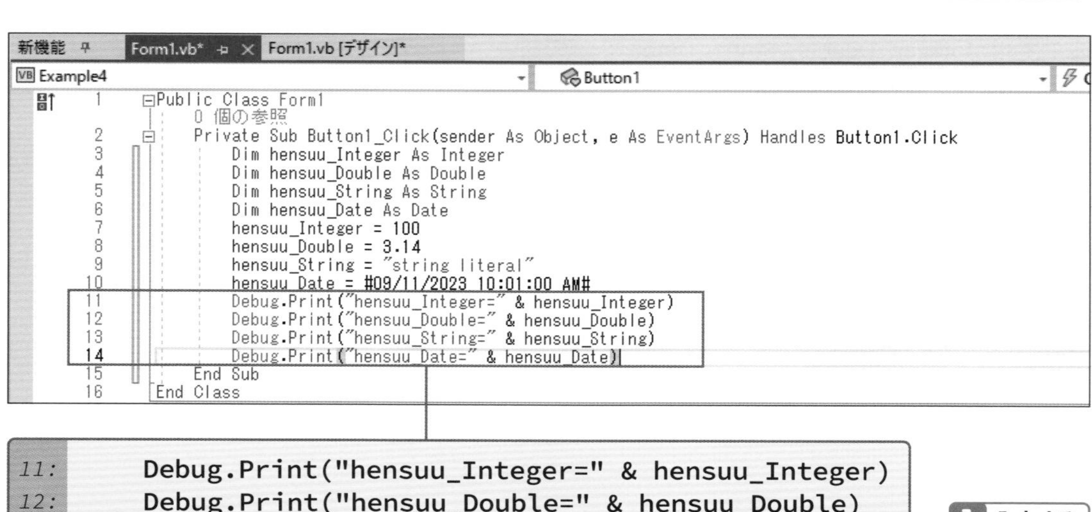


```
Debug.Print("hensuu_Integer=" & hensuu_Integer)
Debug.Print("hensuu_Double=" & hensuu_Double)
Debug.Print("hensuu_String=" & hensuu_String)
Debug.Print("hensuu_Date=" & hensuu_Date)
```

1 入力する

5 プログラムを実行する

プログラムを実行します。[表示] ボタンをクリックすると 1 、
変数が記憶している値が出力ウィンドウに表示されます。代入した値が正しく記憶されていることを確認します。
確認したらプログラムを終了します。

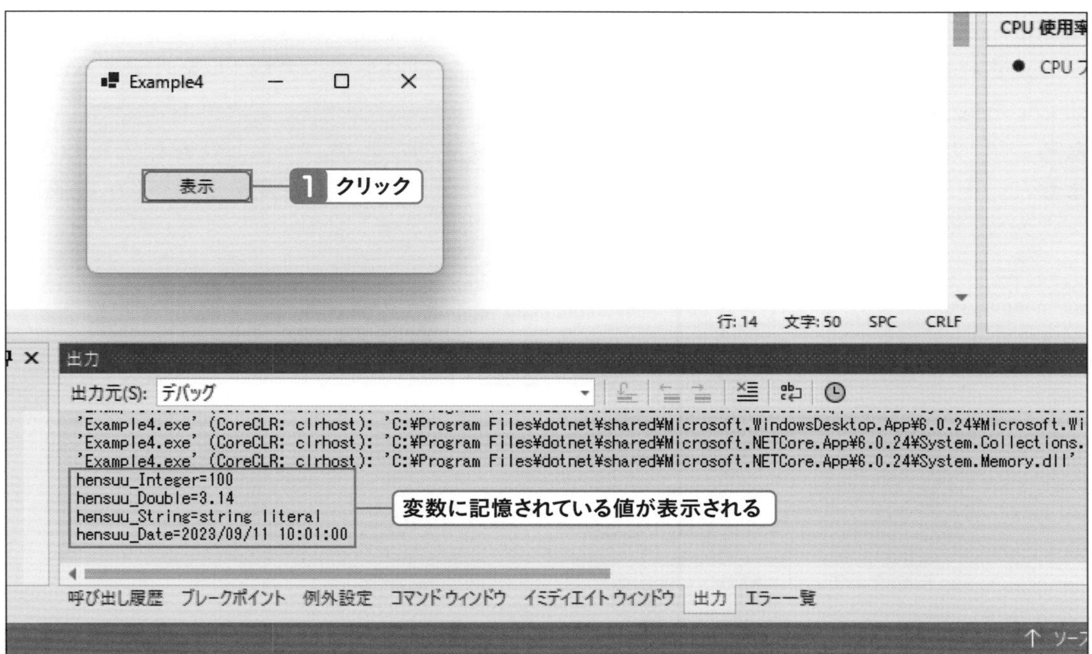

Tips

出力ウィンドウが表示されていない場合は、80ページの方法で表示させてください。

理解 リテラルの型について

>>> リテラルの型

変数は、代入を繰り返すことによって、そのつど値が変化します。それに対して定数は、値が固定されたまま変化しません。定数は**リテラル**とも呼ばれます。リテラルを表現するには、正しい形式で記述する必要があります。

たとえば「100」というリテラルが、数値なのか、文字列なのか、一見しただけではわかりません。そのため、型を指定して区別するのです。リテラルの型は、変数と同様に、数値型、文字列型、日付型、Boolean型に分類できます。

Dim hensuu_Integer As Integer
変　数
数値型で宣言

hensuu_Integer = 100
数値型の変数
数値を代入

100は数値型の定数である

1 数値型

単純に数字を並べて書くと、Integer型になります。たとえば、1はInteger型です。Integer型の記憶範囲（154ページ参照）を超えるような大きな数値は、自動的にLong型になります。数字に小数点が含まれていると、デフォルト（特別な指定のないとき）でDouble型になります。

```
100            ← Integer型
1000000000     ← Long型
3.14           ← Double型
```

2 文字列型

文字と、文字列として扱いたい定数（リテラル）は、「"」（ダブルクォーテーション）で囲んで指定します。1文字の場合は、自動的にChar型に、文字列の場合は自動的にString型になります。「"」は、変数の値としては記憶されません。

```
"string literal" ← String型
"A"              ← Char型
```

3 日付型

定数を日付型として扱いたい場合は、「#」（シャープ）で囲んで指定します。日付が「#」で囲まれていると、Date型になります。「#」は、変数の値としては記憶されません。

```
#09/11/2023 10:01:00 AM# ← Date型
```

日付部分は「月/日/年」の順番にしなければなりません。時刻を指定するならば、「月/日/年」のあとに、「時:分:秒」の順番で記述します。

4 Boolean型

数値でもなく文字でもなく日付でもない、「True」、「False」の2つの値しかない特別な型があります。これらは予約語なので、文字列ではありません。そのため、""で囲む必要はありません。

```
True   ← Boolean型
False  ← Boolean型
```

まとめ

- ◉リテラルにも型がある
- ◉数値型のリテラルはそのまま数字で表記する
- ◉文字列型のリテラルは"で囲んで表記する
- ◉日付型のリテラルは#で囲んで表記する

さまざまな型変換

完成ファイル | [0606] → [Example4] → [Example4.sln]

予習 さまざまな型変換を知ろう

変数とリテラルには、型があることがわかりました。通常、Integer型として宣言した変数には、Integer型のリテラルを使って値を代入します。必要であれば、CIntなどの型変換関数を使って、任意の型のデータに型変換することもできます。
しかし、Integer型として宣言した変数に、文字列型のリテラルの値を代入したらどうなるでしょうか？　エラーになるでしょうか？　それともおかしな値が記憶されることになるのでしょうか？
ここでは、実際に型が異なる値を代入して、その様子を見てみることにします。

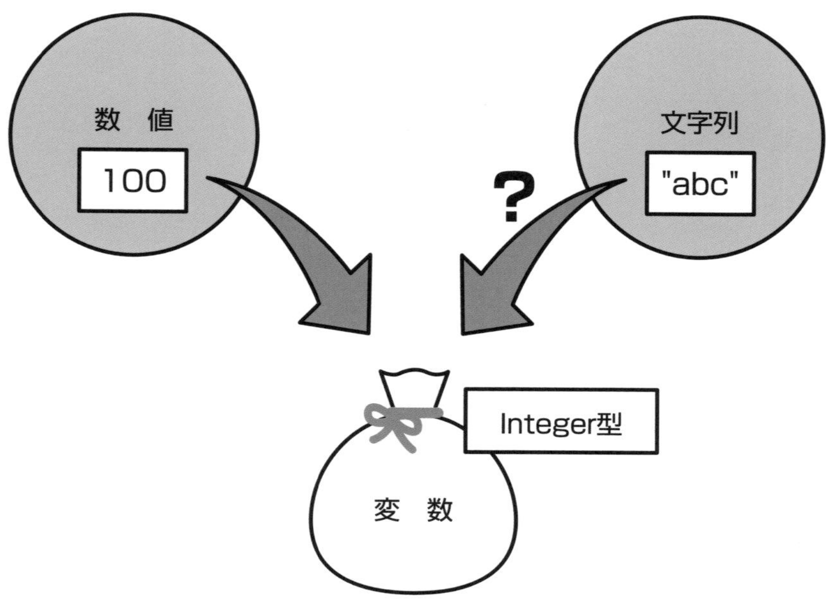

体験 異なる型を代入しよう

1 異なる型の値を代入する

変数に、異なる型のリテラルを代入するとどうなるか、実際にやってみることにします。「Example4」のイベントプロシージャを次のように修正します**1**。

>>> **Tips**
変更箇所は、代入している値の部分だけです。Integer型にDouble型の値を代入するなど、わざと異なる型のリテラルを代入するようにしています。

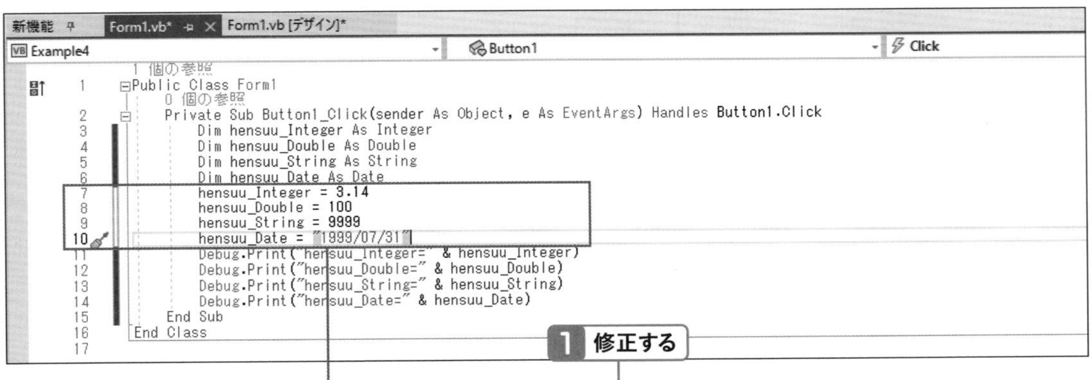


```
hensuu_Integer = 3.14          ← Integer型の変数にDouble型のリテラルを代入
hensuu_Double = 100            ← Double型の変数にInteger型のリテラルを代入
hensuu_String = 9999           ← String型の変数にInteger型のリテラルを代入
hensuu_Date = "1999/07/31"     ← Date型の変数にString型のリテラルを代入
```

2 プログラムを実行する

プログラムを実行し、[表示]ボタンをクリックします**1**。出力ウィンドウに変数が記憶している値が表示されます。Integer型に代入した3.14は小数点以下がなくなり、整数の3になってしまいました。その他はそのままの値で記憶され、特にエラーにはなっていません。

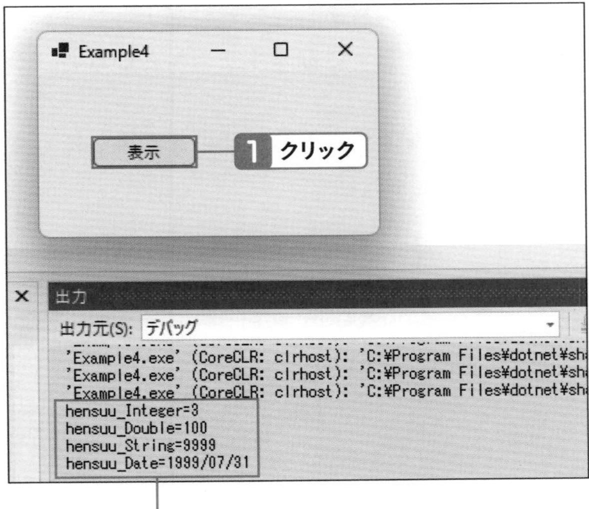

変数が記憶している値が表示される

理解 暗黙の型変換について

Debugオブジェクトのprintメソッド

DebugオブジェクトのPrintメソッドの引数は、String型です。つまり、Debug.Printを呼び出す際の引数は、String型の値を渡さなければなりません。しかし、今まで1＋2など、Integer型の引数を与えてきました。String型しか受け付けないのなら、エラーになりそうですが、ちゃんと動作しています。なぜでしょうか？

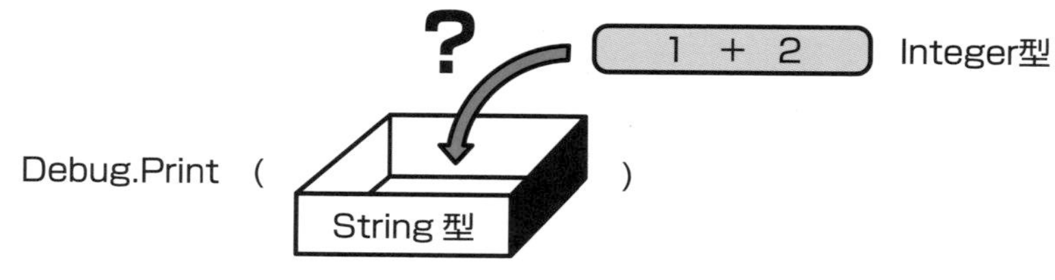

暗黙の型変換

プログラムでは、Integer型の変数にDouble型のリテラル、3.14を代入しましたが、小数点以下がまるめられてしまったものの、エラーにはなりませんでした。

なぜエラーにならずに動作するのかというと、システムが自動的に型を変換してしまうからです。

このように、システムが勝手に型を変換してしまうことを**暗黙の型変換**と呼びます。

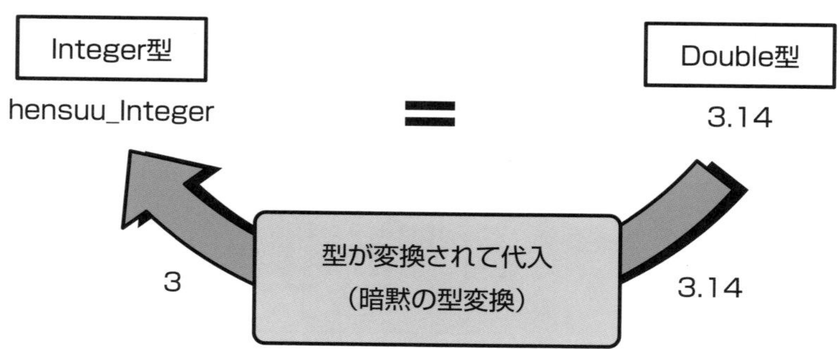

>>> 引数として渡される際の型変換

１＋２の演算結果はInteger型の３です。この３が、引数としてDebugオブジェクトのPrintメソッドに渡される際、暗黙の型変換によって、String型への変換が行われます。つまり、次のようなCStrによる変換が自動的に行われているということなのです。

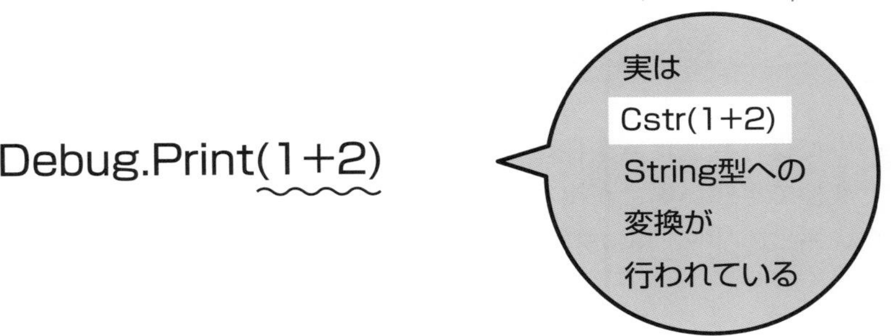

>>> 代入時の型変換

暗黙の型変換は、変数への代入時にも起こります。たとえば、次のようにString型の変数に、Integer型のリテラルを代入しようとすると、String型に型変換が行われます。

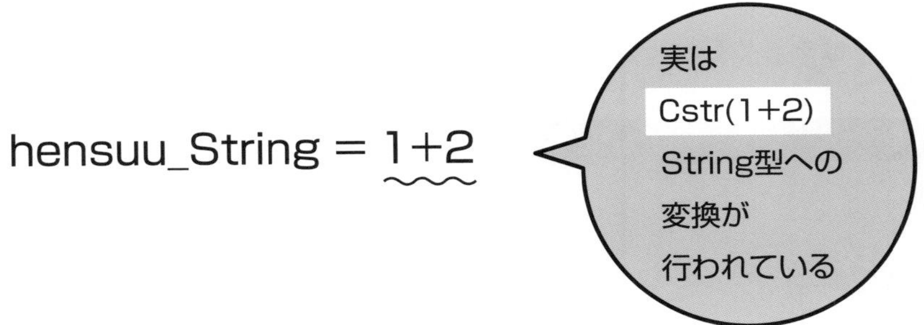

>>> 正しく変換できない場合

ただし、正しく変換できないケースがあることに注意しましょう。数値は、文字列に無条件に変換することができます。

・数値から文字列へ

数値型	文字列型
0 →	"0"
100 →	"100"
99999999 →	"99999999"

しかし文字列の中には、数値に無条件には変換できないものもあります。その結果、文字列を数値に正しく変換できない場合が出てくることになります。
型変換ができない場合、「InvalidCastException」(149ページ参照)が発生します。

・文字列から数値へ

文字列型	数値型
"5963" →	5963
"abc" →	変換できない
"10p" →	変換できない

情報の欠落

また、記憶できる形式に制限があるため、一部の情報が欠落する可能性もあります。たとえば、今回のプログラム作成で行ったDouble型からInteger型への変換のように、浮動小数点型を整数型に変換した場合、整数型は小数点以下の数値を記憶することができません。そのため、小数点以下はまるめられ、最も近い整数に変換されてしまうのです。

Double型	Integer型
3.14 →	3
0.6 →	1
0.4 →	0

COLUMN 型のイメージ

本書では、図において変数を巾着袋で表現しています。変数に値を代入すると、巾着袋の中に記憶すべき値が入ると思ってください。巾着袋には名前が書いてあります。巾着袋の名前が変数名です。

型の説明をするときには、巾着袋の名前とは別に、数値型とか文字列型といった表記を加えています。図のスペースの都合もあるので、どの型の巾着袋も同じ大きさや形にしていますが、正しく書くのなら、型によって巾着袋の大きさや形が異なるでしょう。
たとえば、人間の年齢データなら、0～200までの数値を扱えれば十分です。商品の値段などのデータなら、扱う商品にもよりますが、0～1兆くらいまでの数値を扱えなくては困ります。大きな数値を記憶しておくためには、より大きい場所が必要になります。従って、年齢データを扱う巾着袋より、金額データを扱う巾着袋の方が大きくなります。

年齢を扱う変数

金額を扱う変数

型により巾着袋の格好も変わるとイメージするとよいでしょう。IntegerやLongは整数値しか入れることはできません。小数点付きの実数を入れるには、SingleまたはDoubleの巾着袋に入れなければなりません。
SingleやDoubleには、小数点以下の数値もしまっておくことができるように工夫された形になっているのです。

まとめ

- ◉型変換関数により型を変換できる
- ◉型が異なる場合、暗黙の型変換が行われる

第6章 練習問題

■問題1

次の文章の穴を埋めよ。

変数、リテラルには型が存在する。［①］型は、整数値を記憶することができる型である。整数を記憶できる型には、［①］の他、大きさの異なるShort、Long型が存在する。
小数点を含む実数は、Singleまたは［②］型により記憶することができる。

ヒント 154ページ

■問題2

次のソースコードの穴を埋めなさい。ソースコードは、Example3を改造し、小数点を含む数値を足し算できるようにしたものである。

```
Private Sub Button_keisan_Click(sender As ...
    Dim sahen As [①]
    Dim uhen As Double
    sahen = [②](TextBox_sahen.Text)
    uhen = CDbl(TextBox_uhen.Text)
    TextBox_kotae.Text = CStr(sahen + uhen)
End Sub
```

ヒント 152ページ、160ページ

■問題3

次のような演算を行ったとき、暗黙の型変換が行われるかどうか答えなさい。

```
Dim hensuu_Integer As Integer
Dim hensuu_String As String
hensuu_Integer = 100
hensuu_String = hensuu_Integer + 10
```

ヒント 170ページ

Ifと条件式

Ifで場合わけをしよう

完成ファイル | [0701] → [Example5] → [Example5.sln]

予習 If命令を使った場合わけを知ろう

Ifとは、「もし〜ならば」という意味です。ここではIf命令を使って**場合わけ**を行います。テキストボックスに入力された値をテストの点数とみなし、80点以上なら「合格」と表示するプログラムを作成します。

If命令を使うことで、**条件**によって実行させる命令文をわけることができます。If命令には、必ず、処理をわける際の条件を書きます。条件が成り立っているかどうかにより、その後の振る舞いが変わってきます。

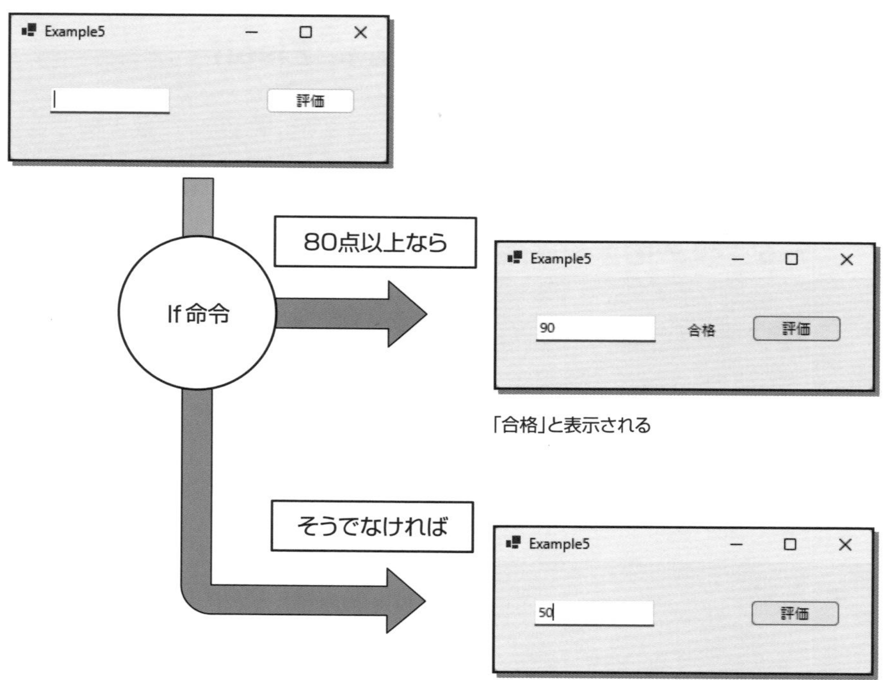

体験　場合わけを行うフォームを作ろう 

1 プロジェクトとフォームの作成

まず、新しいプロジェクトを作成します。プロジェクト名は、「Example5」としてください。続いて、右の画面のようなフォームを作成します。各コントロールの（Name）プロパティやTextプロパティも、右のようにプロパティウィンドウで変更しておきます。

>>>Tips

Label_hyoukaのTextプロパティは内容を削除して、なにも表示されない状態にします。

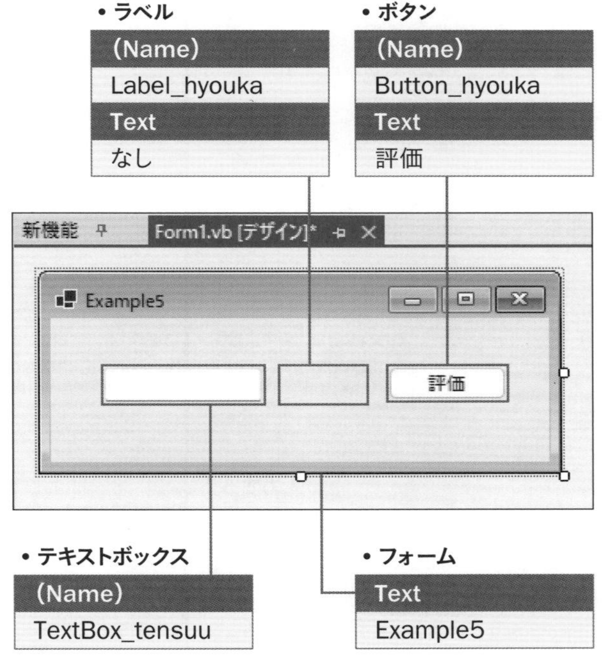

2 イベントプロシージャの作成

次に、[評価] ボタンがクリックされたときのイベントプロシージャを作成します。ここでIf（イフ）命令による条件判断が行われ、処理が場合わけされるようにします。[評価] ボタンをダブルクリックして、イベントプロシージャを作成し、次のようにコードを入力してください1。

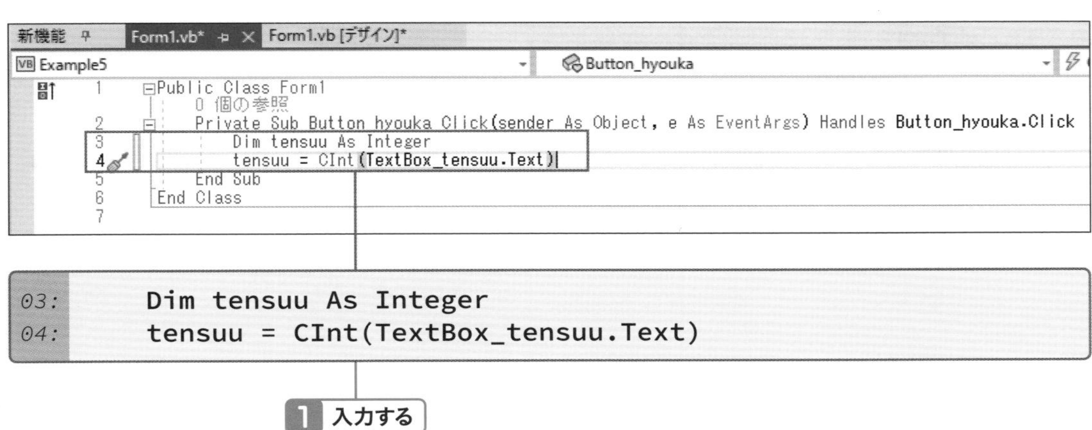


```
    Dim tensuu As Integer
    tensuu = CInt(TextBox_tensuu.Text)
```

3 If文を作成する

続いて、次のコードを入力します1。

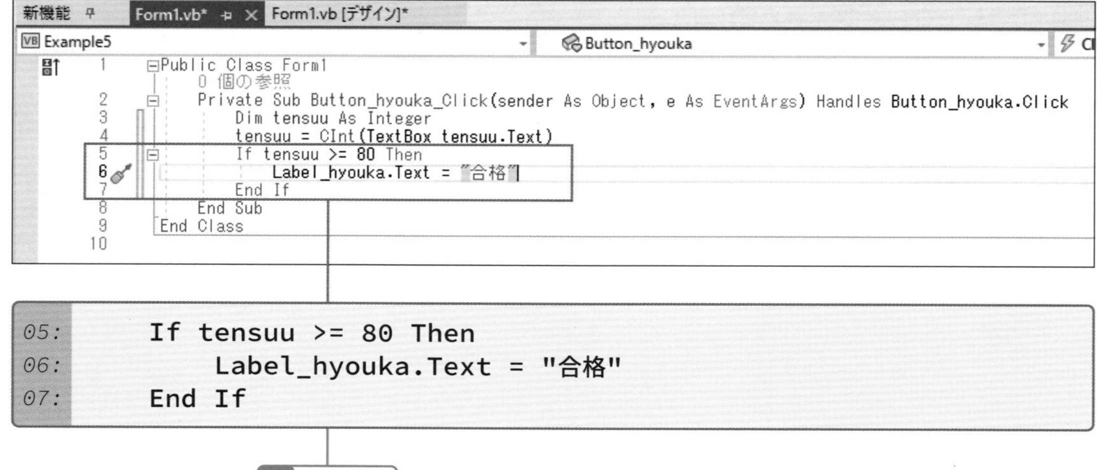
If tensuu >= 80 Then
Label_hyouka.Text = "合格"
End If
1 入力する

>>> **Tips**

If文の最初の1行を入力し、Enterキーを押すと、If文の最後の行「End If」が自動的に入力され、IfとEnd Ifの間がインデント（字下げ）されます。

4 プログラムを実行する

入力できたら実行してみましょう。
ビルドエラーがなければ、下の画面のように表示されるはずです。

>>> **Tips**

ビルドエラーが発生した場合、Ifの綴りが間違えていないかThenの綴りが間違えていないかを確認します。

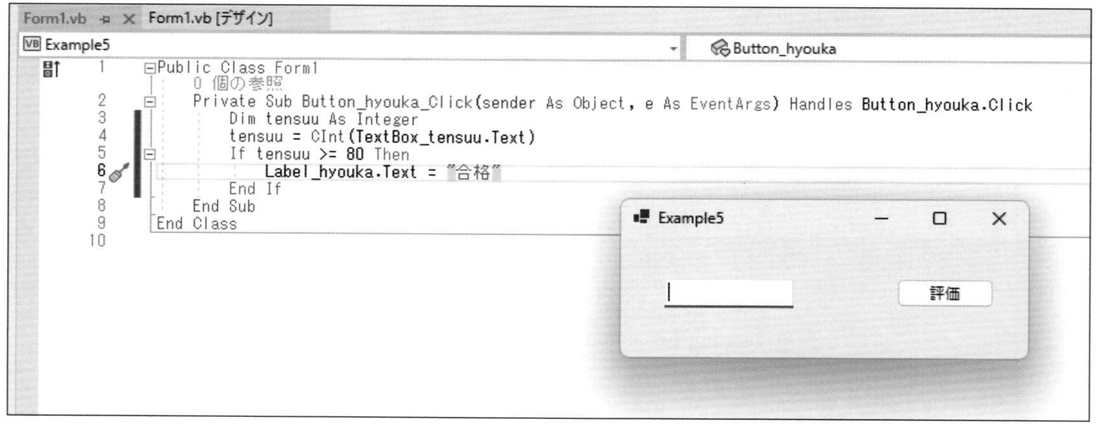

紙面版 **電脳会議** 一切無料

DENNOUKAIGI

今が旬の書籍情報を満載してお送りします!

『電脳会議』は、年6回刊行の無料情報誌です。2023年10月発行のVol.221より**リニューアル**し、**A4判・32頁カラー**と**ボリュームアップ**。弊社発行の新刊・近刊書籍や、注目の書籍を担当編集者自らが紹介しています。今後は図書目録はなくなり、『電脳会議』上で弊社書籍ラインナップや最新情報などをご紹介していきます。新しくなった『電脳会議』にご期待下さい。

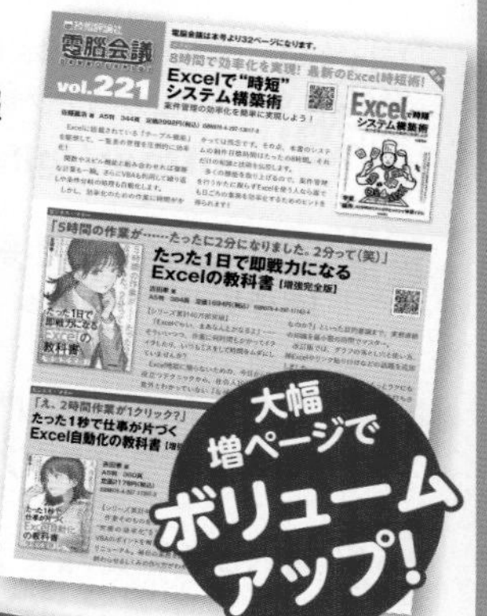

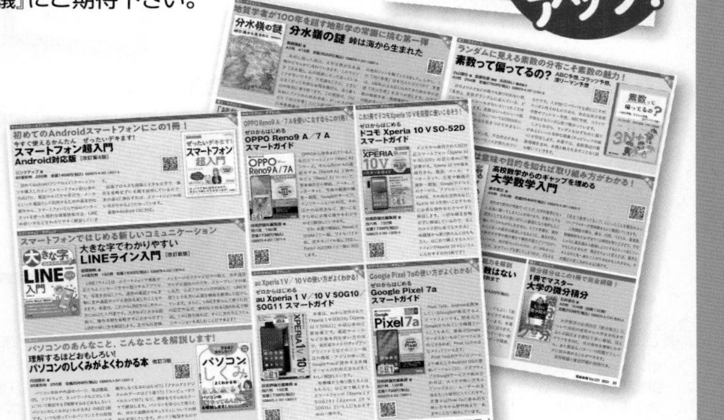

5 判定する　その1

それでは判定してみましょう。点数のテキストボックスに「50」と入力し1、［評価］ボタンをクリックします2。

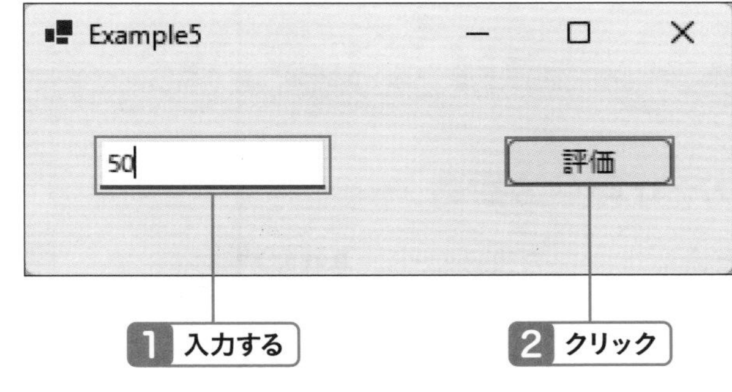

>>>Tips

何も入力しないで［評価］ボタンをクリックすると、InvalidCastExceptionが発生するので注意してください。

6 判定結果

何も表示は変わりません。このプログラムは80点以上の場合に「合格」と表示されます。

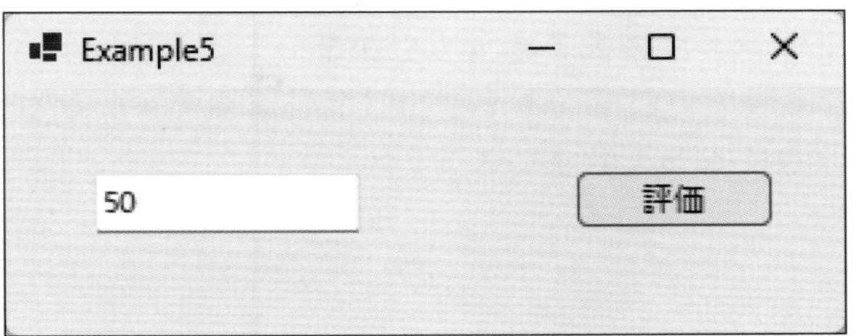

7 判定する　その2

それでは、今度は「90」と入力して、［評価］ボタンをクリックしてみましょう。90と入力し直し1、［評価］ボタンをクリックします2。90点は80点より大きいので、If命令の条件式は成り立ちます。従って、「合格」と表示されます。
確認ができたらプログラムを終了します。

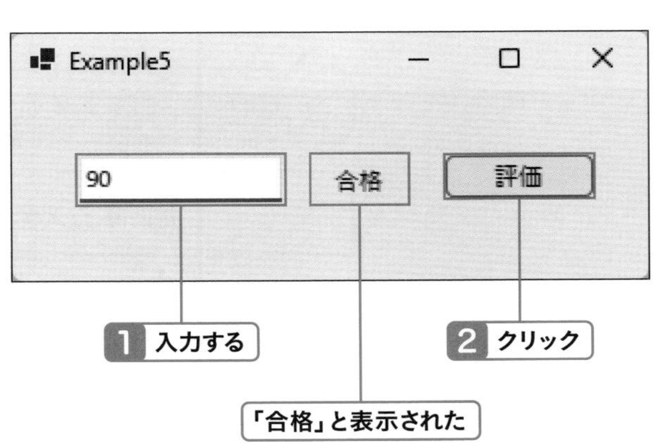

>>>Tips

一度ラベルに「合格」と表示された結果、そのあとで80未満の数字を入力しても、表示は変わりません。再度プログラムを実行し直してください。

理解 If命令について

>>> If命令の構造

If命令は、次のように記述しました。

```
If tensuu >= 80 Then
    Label_hyouka.Text = "合格"
End If
```

If、Then、Endはそれぞれ予約語です。Ifのあとの条件式には、任意の式を書くことができます。条件式が成り立つと、ThenとEnd Ifの間にあるステートメントが実行されます。ステートメントは複数であってもかまいません。
If命令の終わりである、End Ifも重要です。これがないと、どこまでがIf命令なのかがわからなくなってしまいます。

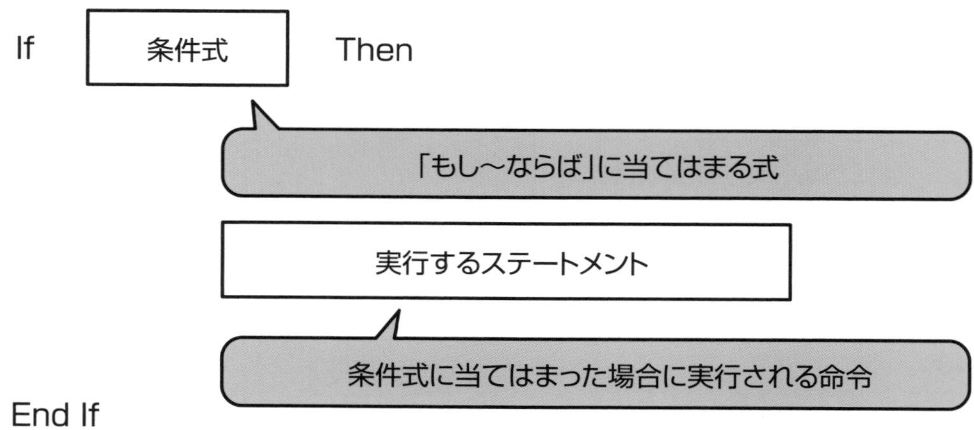

>>> 条件式

条件式が成り立つことを **条件式が真**（しん）といいます。逆に条件式が成り立たないことを **条件式が偽**（ぎ）といいます。

前の例で説明すると、tensuu >= 80 の部分が条件式です。tensuuは変数で、テキストボックスに入力された数値が入っています。tensuuと80を比較して、tensuuの方が大きいか、等しい場合に条件式が真になります。

条件式が真である場合に限り、ThenとEnd If内のステートメントが実行されます。例の場合、Label_hyouka.Text = "合格"というステートメントが実行されますから、ラベルに「合格」と表示されるわけです。

なお、真のことを**True**（**トゥルー**）、偽のことを**False**（**フォルス**）ということもあります。

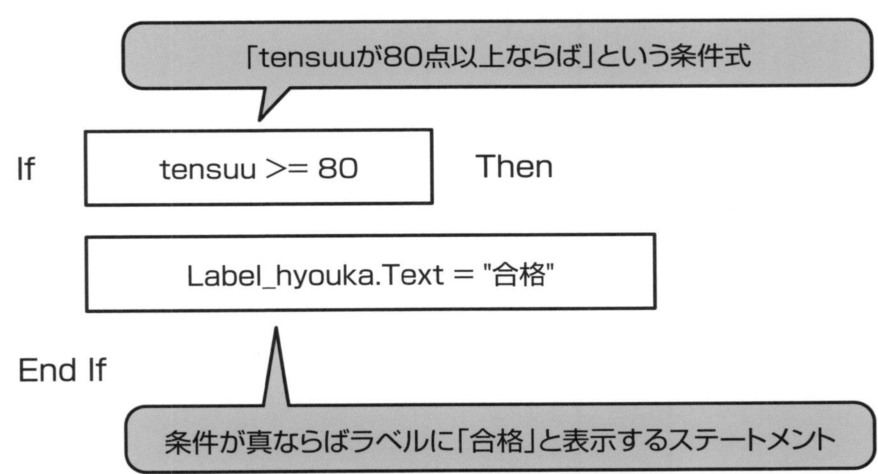

まとめ

- ◉If命令により条件が成り立つときだけ処理を行うことができる
- ◉条件が成り立つことを「条件式が真」という
- ◉条件が成り立たないことを「条件式が偽」という

2 条件式

完成ファイル | [0702] → [Example5] → [Example5.sln]

予習 その他の条件式を知ろう

前節では、Ifの条件文に「tensuu >= 80」という条件、すなわち80点以上という条件式で処理をわけました。ここでは、「tensuu = 100」すなわち100と等しい場合、また、「tensuu <> 0」すなわち0ではない、といった、その他の条件式について学習します。

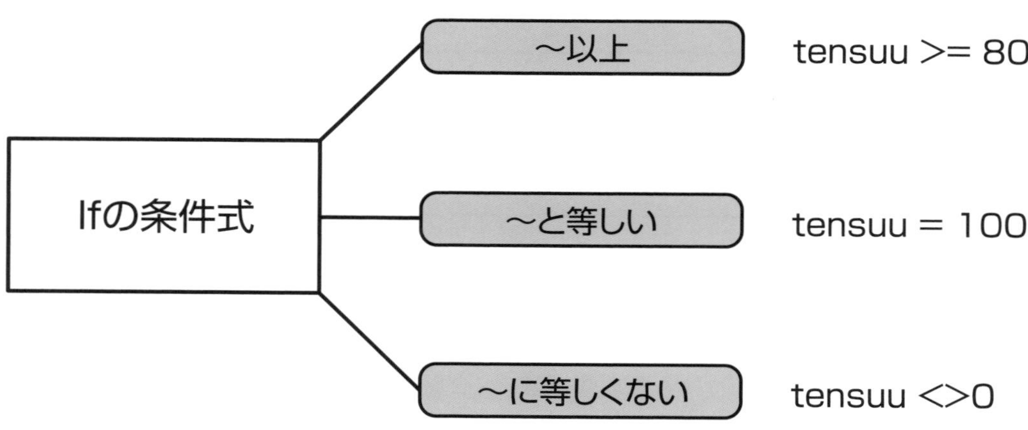

体験 いろいろな条件式を試そう

1 条件式を変更する　その1

前節で記入したIfからEnd Ifまでの3行を削除し、次のように入力します1。

> **Tips**
>
> Label_hyoukaへの表示をDebug.Printに変更しています。

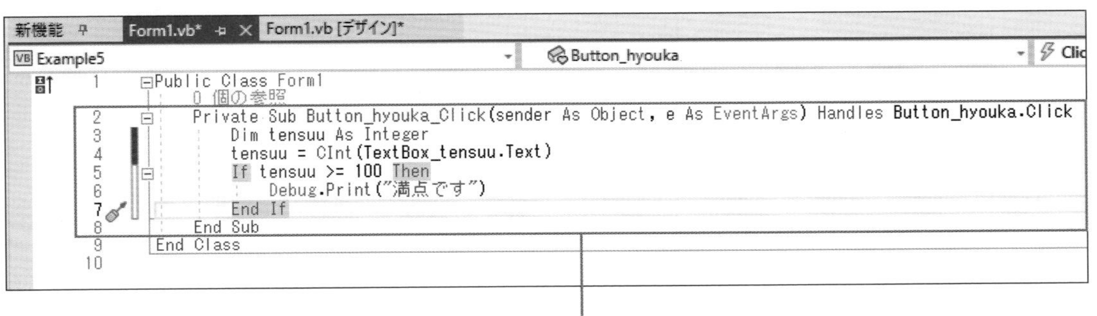


```
    Private Sub Button_hyouka_Click(sender As Object, _
            e As EventArgs) Handles Button_hyouka.Click
        Dim tensuu As Integer
        tensuu = CInt(TextBox_tensuu.Text)
        If tensuu = 100 Then
            Debug.Print("満点です")
        End If
    End Sub
```

1 入力する

2 条件式を変更する　その2

続いて、右のように条件式とDebug.Print命令文を追加します1。

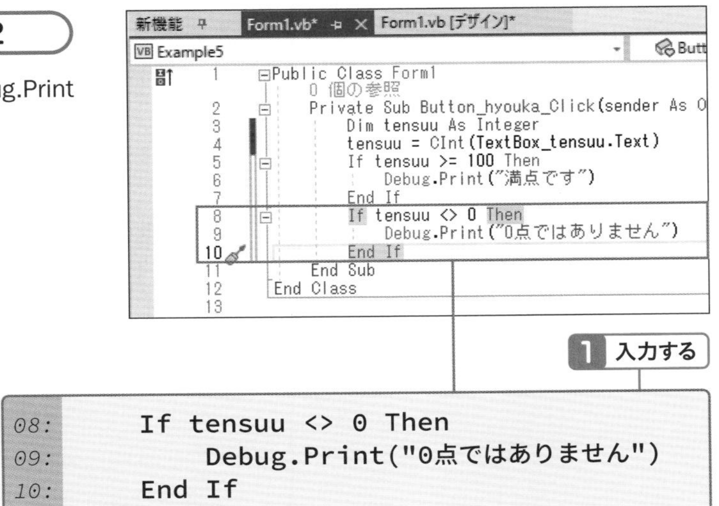

1 入力する

```
        If tensuu <> 0 Then
            Debug.Print("0点ではありません")
        End If
```

3 プログラムを実行する

入力できたら、早速実行してみましょう。今度は、条件により実行されるステートメントをDebug.Printに変更したので、実行結果は出力ウィンドウに表示されます。テキストボックスに「100」と入力し1、［評価］ボタンをクリックします2。

4 実行結果

条件式が真であればDebug.Printが実行されるので、出力ウィンドウに「満点です」と「0点ではありません」の2行が表示されます。

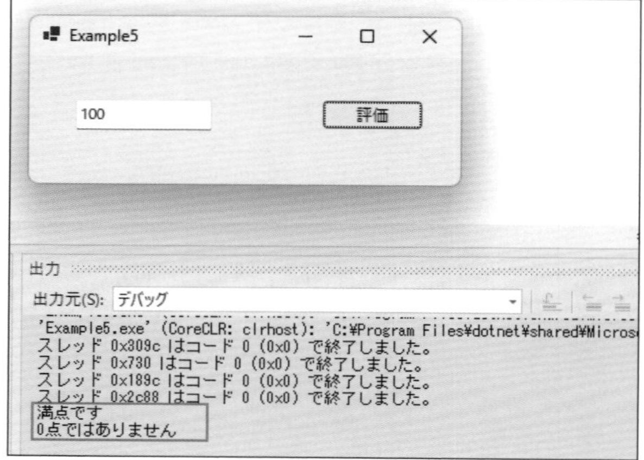

5 点数を変えて判定する

今度は、入力する値を変えて実行してみましょう。あらかじめ、94ページの方法で出力ウィンドウをクリアしておきます。テキストボックスに「50」と入力し1、［評価］ボタンをクリックします2。今度は、「0点ではありません」とのみ表示されます。

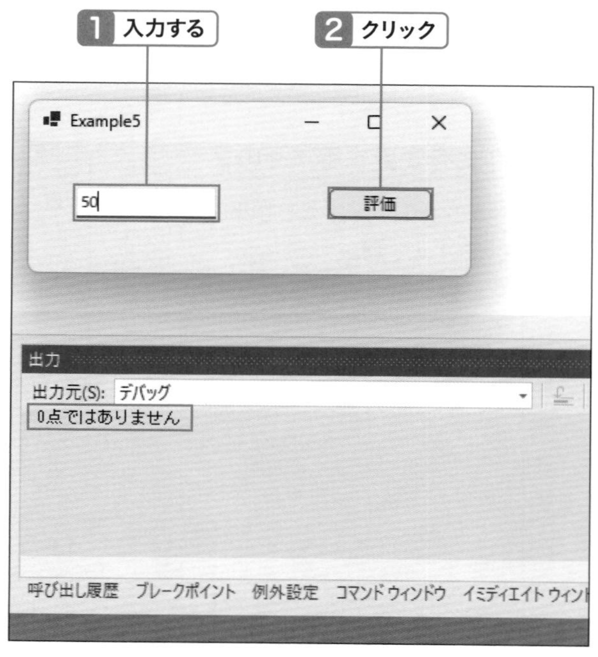

>>> Tips

出力ウィンドウをクリアするとExample5が隠れてしまうので、タスクバーを使ってExample5を表示させてください。

理解 比較を行う演算子について 

>>> 100と入力した場合

前ページの手順3では、100と入力し、出力ウィンドウに「満点です」「0点ではありません」と表示されました。100と入力したので、最初の条件式（tensuu = 100）も、次の条件式（tensuu <> 0）も、どちらも真となったので、両方のDebug.Printが実行されたのです。

もう少し詳しく条件式を見ていきましょう。条件式の中の＝は変数への代入ではなく、**等しいかどうか**の比較を行う演算子です。最初のIf命令の条件式は、tensuu = 100となっています。つまり、変数tensuuに代入された値と100が同じであれば真になります。

最初の実行では、変数tensuuには、入力した100が入っているはずです。そのため、1番目の条件式tensuu = 100は真になります。次の条件式は、tensuu <> 0 です。<> は = の反対で、**等しくないかどうか**を判定する演算子です。等しくなければ真になります。入力した100と0は等しくないので、tensuu <> 0も真になります。

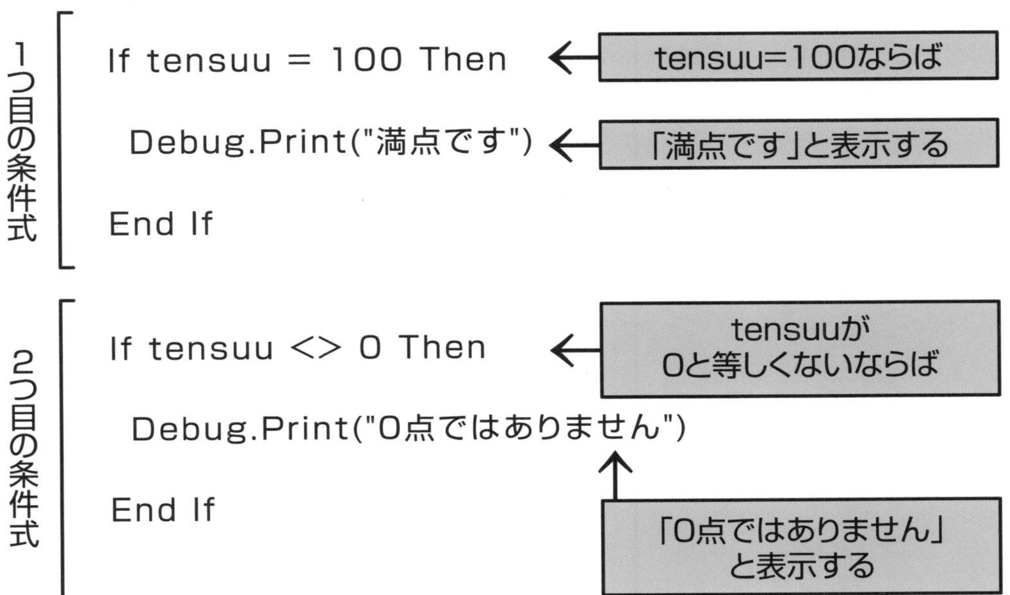

>>> 50と入力した場合

184ページの手順5では、50と入力し、出力ウィンドウに「0点ではありません」とだけ表示されました。
最初の条件式はtensuu = 100 なので、50と100を比較することになります。50と100は等しくないので、条件式は偽となり、Debug.Printは実行されません。次の条件式はtennsu <> 0 です。こちらは、50と0は等しくないので、条件式が真になり、「0点ではありません」を表示します。

>>> 比較を行う演算子

If命令の条件式の中では、＝の意味が通常とは異なる点に注意しましょう。
条件式では、比較のための演算子を変更することで、条件を変えることができます。
例では、＝と＜ ＞を取り上げました。その他に、以下の演算子を使うことができます。これらの演算子は比較を行うための演算子なので、**比較演算子**と呼ばれます。

比較演算子	意味
=	等しい
<>	等しくない
>	大きい
<	小さい
>=	以上
<=	以下

たとえば、「tensuuが100より小さい」という条件式は比較演算子＜を使い、

```
If tensuu < 100 Then
```

となります。

COLUMN インデント

If命令において、条件式が真である場合にだけ実行するステートメントは、If命令より右側にずらして書きます。次のコードを例にします。

```
If tensuu >= 80 Then
    Label_hyouka.Text = "合格"
End If
```

インデント

最初の行より、2行目の Label_hyouka.Text = "合格" の行は右側にずれています。これは、2行目がIf命令の支配下にあるステートメントであることを表現しています。
このように行の左端の位置をずらすことを「インデント」や「字下げ」と呼びます。通常、インデントをするにはTabキーを1回押します。Visual Basicではエディタの機能により自動的にインデントが行われます。

プログラムは、通常上から下へという順にステートメントを実行しますが、If命令のように条件次第で実行したり、しなかったりすることがあります。こうしたプログラムの構造を少しでもわかりやすく書きたい、と考えられたのがインデントなのです。

まとめ

- ◉If命令の条件式を変えることで、さまざまな条件にすることができる
- ◉条件式は、比較演算子を使って記述する

3 そうでないならば～Else、ElseIf

完成ファイル | [0703] → [Example5] → [Example5.sln]

予習 If命令のElse（エルス）について知ろう

ここでは、If命令のElse（エルス）について学習します。If命令には、条件式が真である場合に実行するステートメントと、条件式が偽である場合に実行するステートメントの2つを記述することができます。真である場合には、Thenに続くステートメントが実行されます。偽である場合は、Elseに続くステートメントが実行されます。
また、合格、不合格の2つの判別だけではなく、80点以上ならA、60点以上ならB、それ以外ならCといったように、3つに条件わけをしたいこともあります。このような場合は、ElseIfを使います。

If 条件式 Then （もし～ならば）
　条件式が真の場合に実行されるステートメント
Else （そうでないならば）
　条件式が偽の場合に実行されるステートメント
End If

Elseを作ろう

1 Elseを作る

前節で作成した「Example5」のコードウィンドウを開き、イベントプロシージャを次のように変更します1。80点以上ならば合格、そうでないならば不合格と表示される条件式に変更します。

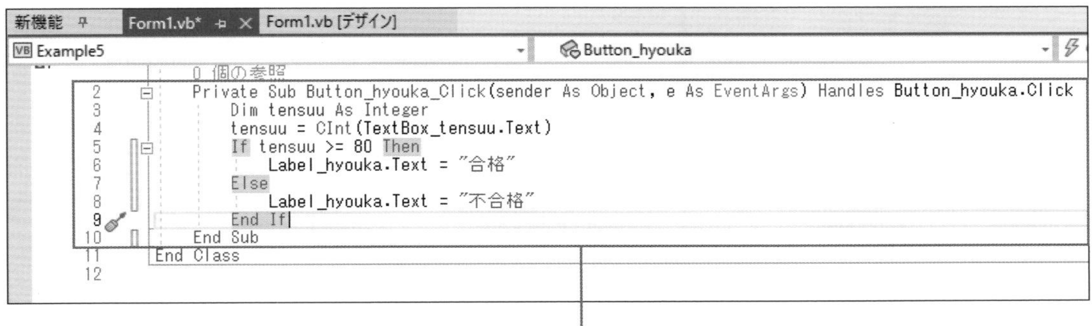


```
    Private Sub Button_hyouka_Click(sender As Object, _
            e As EventArgs) Handles Button_hyouka.Click
        Dim tensuu As Integer
        tensuu = CInt(TextBox_tensuu.Text)
        If tensuu >= 80 Then
            Label_hyouka.Text = "合格"
        Else
            Label_hyouka.Text = "不合格"
        End If
    End Sub
```

1 修正する

2 プログラムを実行する

入力できたら、実行してみましょう。テキストボックスに「60」と入力し1、［評価］ボタンをクリックします2。

条件式が偽であるため、Else以降のステートメントが実行され、「不合格」と表示されます。結果を確認したら、いったんプログラムを終了します。

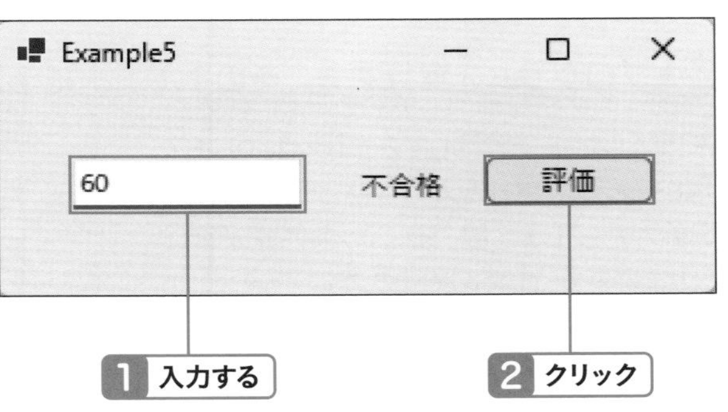

3 ElseIfを作る

今度は合格、不合格だけではなく、80点以上なら「評価A」、60点以上なら「評価B」、60点未満なら「評価C」の３段階で評価するようにしてみましょう。ElseIfを使い、イベントプロシージャを次のように変更します1。

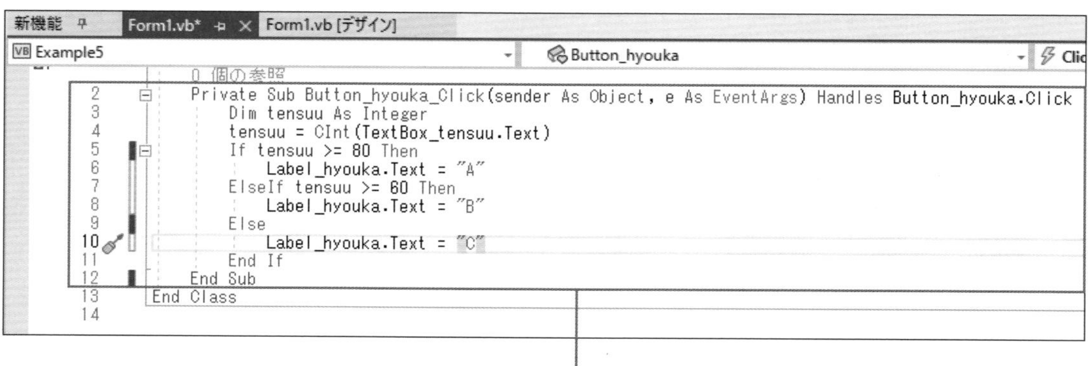


```
    Private Sub Button_hyouka_Click(sender As Object, _
            e As EventArgs) Handles Button_hyouka.Click
        Dim tensuu As Integer
        tensuu = CInt(TextBox_tensuu.Text)
        If tensuu >= 80 Then
            Label_hyouka.Text = "A"
        ElseIf tensuu >= 60 Then
            Label_hyouka.Text = "B"
        Else
            Label_hyouka.Text = "C"
        End If
    End Sub
```

1 修正する

4 プログラムを実行する　その1

入力できたら、実行してみましょう。テキストボックスに「90」と入力し1、［評価］ボタンをクリックします2。最初の条件式が真になりますので、Then以降のステートメントが実行され、Aと表示されます。

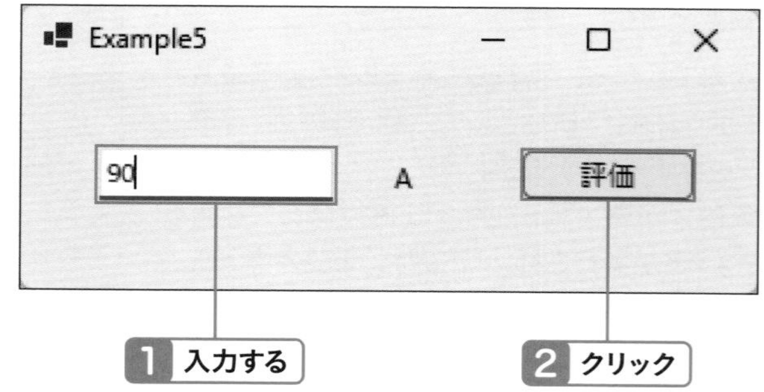

5 プログラムを実行する　その2

続いてテキストボックスに70と入力し1、[評価] ボタンをクリックします2。最初の条件式が偽、次の条件式が真になるので、Bと表示されます。

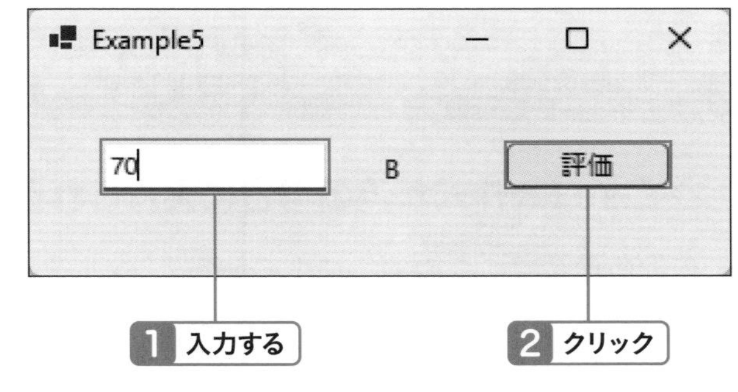

6 プログラムを実行する　その3

続いて60と入力し1、[評価] ボタンをクリックします2。最初の条件式が偽、次の条件式が真になるので、Bと表示されます。

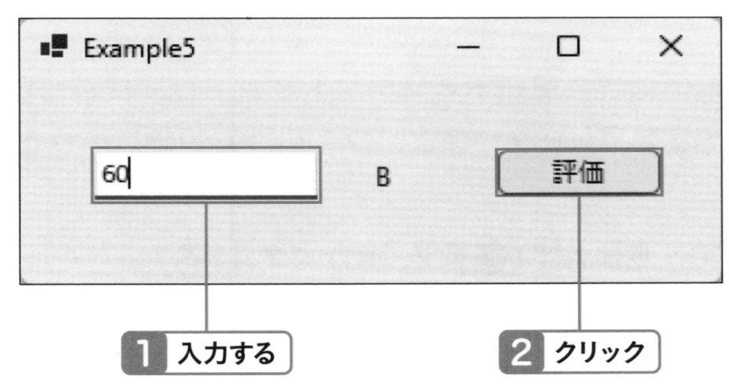

7 プログラムを実行する　その4

最後に40と入力し1、[評価]ボタンをクリックします2。最初の条件式が偽、次の条件式も偽になるので、Cと表示されます。
評価の様子を表にまとめると以下のようになります。

評価	点数
A	80以上
B	60～79
C	59以下

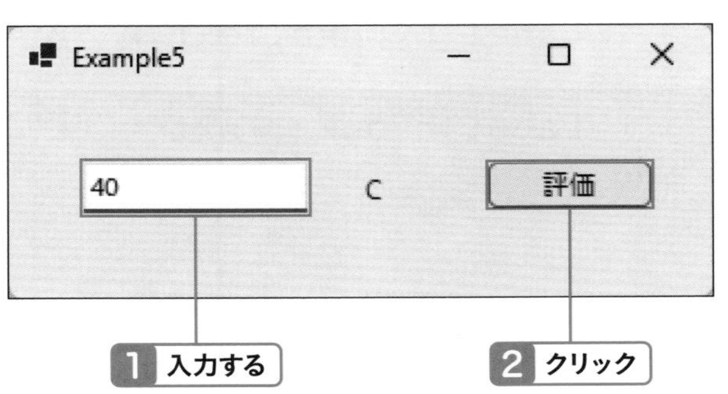

理解 Else、ElseIfについて

>>> Else（条件式が偽の場合に実行される）

この節の最初で、次のようにIf文を作成しました。

```
If tensuu >= 80 Then
    Label_hyouka.Text = "合格"
Else
    Label_hyouka.Text = "不合格"
End If
```

Elseの次に記述するステートメントは、最初に記述したIfの条件式（ここでは、tensuu >= 80）を満たさない場合、つまり「偽」の際に実行されます。

>>> ElseIf（条件を細かくわける）

続いて、「80点以上ならばAと表示」、「60点以上ならばBと表示」、「そうでないならばCと表示」のように、条件をより細かく変更しました。

```
If tensuu >= 80 Then
    Label_hyouka.Text = "A"
ElseIf tensuu >= 60 Then
    Label_hyouka.Text = "B"
Else
    Label_hyouka.Text = "C"
End If
```

3行目のElseIfの部分に注目してください。ElseIfには、最初に記述したIfの条件式（ここでは、tensuu >= 80）とは異なる別の条件式を記述します（ここでは、tensuu >= 60）。これでElseIfの次の命令文は、

80点より小さいが60点以上

の場合、実行されます。
2つの条件とも満たさない場合、最後のElse以降のステートメントが実行されます。

具体的に説明すると、90と入力されれば最初の条件が真となるのでA、70と入力されれば最初の条件が偽となり次の条件が真となるのでB、40と入力されれば最初の条件が偽となり次の条件も偽となるのでCが、それぞれ表示されます。

1つのIf命令中には、1つのElseしか書くことはできません。それに対してElseIfは、いくつでも書くことができます。順番は、If、ElseIf、Elseの順になります。
ElseIfを複数書くことで、複数の条件わけを行うことができます。たとえばA～Dまでの4段階評価にしたい場合は、次のようにします。

```
If tensuu >= 80 Then
    Label_hyouka.Text = "A"
ElseIf tensuu >= 60 Then
    Label_hyouka.Text = "B"
ElseIf tensuu >= 40 Then
    Label_hyouka.Text = "C"
Else
    Label_hyouka.Text = "D"
End If
```

If命令は、ElseIfが付いていると複雑に見えますが、動作はそれほど難しくありません。順番に条件式が真であるかどうかを調べ、真であった条件式のThenに続くステートメントを実行し、End Ifまで処理を進めます。デバッガを使ってステップ実行していくと、処理されていく様子が見えるので一度試してみてください。

まとめ

- If命令は、条件式が偽である場合に実行する、Elseの部分を記述できる
- If命令は、複数の条件式を調べたいときには、ElseIfを記述できる

4 ネスト（入れ子）

完成ファイル | [0704] → [Example5] → [Example5.sln]

予習 If文の入れ子について知ろう

今まで作成したプログラムは、正しい値が入力されることが前提でした。そのため、仮に1000などの100点より大きな値が入力された場合でも、処理が行われてしまいます。
ここでは、If文の中に別のIf文を記述して、100点より小さな値かどうかを最初に判別し、小さい場合にのみ正しい処理を行わせるようにしてみます。これを、**ネスト（入れ子）**と呼びます。

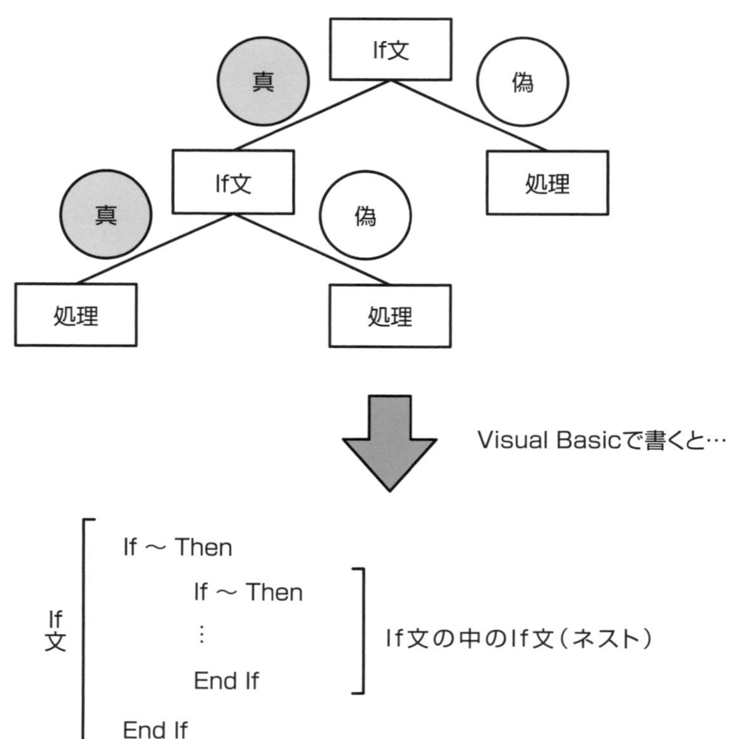

体験 Ifを入れ子にしよう

1 条件式を変更する

前節で入力したコードを削除し、次のように変更します**1**。

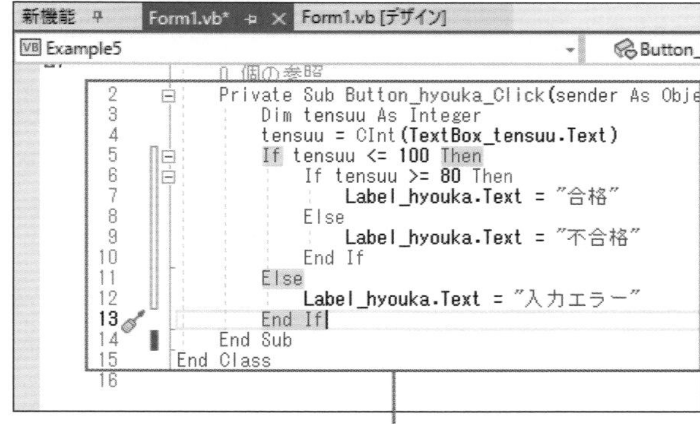


```
    Private Sub Button_hyouka_Click(sender As Object, _
        e As EventArgs) Handles Button_hyouka.Click
        Dim tensuu As Integer
        tensuu = CInt(TextBox_tensuu.Text)
        If tensuu <= 100 Then
            If tensuu >= 80 Then
                Label_hyouka.Text = "合格"
            Else
                Label_hyouka.Text = "不合格"
            End If
        Else
            Label_hyouka.Text = "入力エラー"
        End If
    End Sub
End Class
```

1 修正する

2 プログラムを実行する

入力できたら、実行してみましょう。「120」と入力し**1**、[評価]ボタンをクリックすると**2**、「入力エラー」と表示されます。

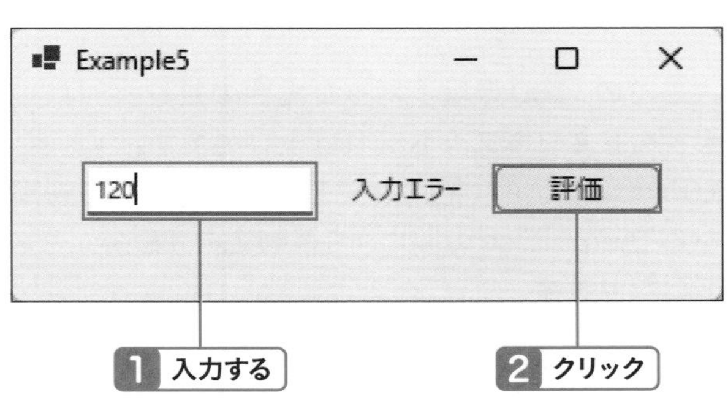

>>> **Tips**

「90」と入力し実行すると、「合格」と表示されます。確認したらプログラムを終了し、コードウィンドウを表示しておきます。

理解 ネスト（入れ子）のしくみ 

ネスト

If文の中にIf文を入れるように、複数の条件式を組み合わせることを、ネスト（入れ子）といいます。ここでは、ネストのしくみをもう一度おさらいしておきましょう。
次のIf文では、80点以上ならば合格、80点未満ならば不合格、という判定を行っています。

1 最初のIf文

```
If tensuu >= 80 Then
    Label_hyouka.Text = "合格"
Else
    Label_hyouka.Text = "不合格"
End If
```

しかし、通常の点数は0点から100点ですが、手が滑って1000点と0を1つ余計に入力してしまうかもしれません。そのため、次の文を追加して、1の判定の前に100より大きい数値をエラーにしてしまう記述を行っておきます。

2 ネストするIf文

```
If tensuu <= 100 Then
    100点以下だった場合の処理を記述            ← 1のIf文が挿入される
Else
    Label_hyouka.Text = "入力エラー"           ← 100点より大きい場合の処理
End If
```

ここでの「100点以下だった場合の処理」とは、最初のIf文1です。すなわち、この部分に最初のIf文をネストさせればよいのです。
100点以下なら、1のIf文を使って、合否の判定を行います。その場合、2のIf文の空いているThenとElseの間に、合否判定のIf命令がそのまま入ってきます。結果、次のようなコードになります。

3 2のIf文の中に1のIf文がネストされた

```
If tensuu <= 100 Then
    If tensuu >= 80 Then
        Label_hyouka.Text = "合格"
    Else
        Label_hyouka.Text = "不合格"
    End If
Else
    Label_hyouka.Text = "入力エラー"
End If
```

（内側のIf tensuu >= 80 Then～End If：1、全体：2）

つまり、100より大きい数字が入力された場合は1の処理にはいかず、2のElse以下の処理が行われます。逆に、100より小さい数値が入力された場合は、1の処理が行われます。

COLUMN ネストの深さ

ネストは、何重に行ってもかまいません。また、ネストさせる命令の組み合わせも自由です。ここではIf命令の中にIf命令をネストさせましたが、If命令の中にDo While命令（208ページ参照）をネストさせることも可能です。

ただし、ネストが深くなると、どんどん右側にインデントさせることになります。コードが見づらくなるため、あまりにも深いネストは嫌われます。

ネストされるIf文は、元のIf文よりも、一段階インデントする必要があります。つまりTabキーを1回押します。また､ネストされるIf文の中のステートメントはさらに一段階インデントするのです。つまり、タブが2回入ることになります。

```
If tensuu >= 0 And tensuu <= 100 Then
[Tab] If tensuu >= 80 Then
[Tab] [Tab] Label_hyouka.Text = "合格"
```

まとめ

- ◉If命令の中にIf命令をネストさせることができる

5 複数の条件を組み合わせよう～And

完成ファイル | [0705] → [Example5] → [Example5.sln]

予習 複数の条件式を組み合わせよう

一般的に、テストの結果は、0点以上、100点以下です。前節ではIf命令をネストさせることにより、100より大きい値を入力した場合の処理を行いました。
ここでは、0から100の場合だけ処理を行うように、プログラムを修正します。
「0点以上100点以下」を式として考えると、次の2つの条件が必要になります。

- 点数が0以上
- 点数が100以下

これらの両方の条件を満たしている場合の処理には、**And演算子**を使います。ここでは、Andによる複数の条件式の組み合わせについて学習してください。

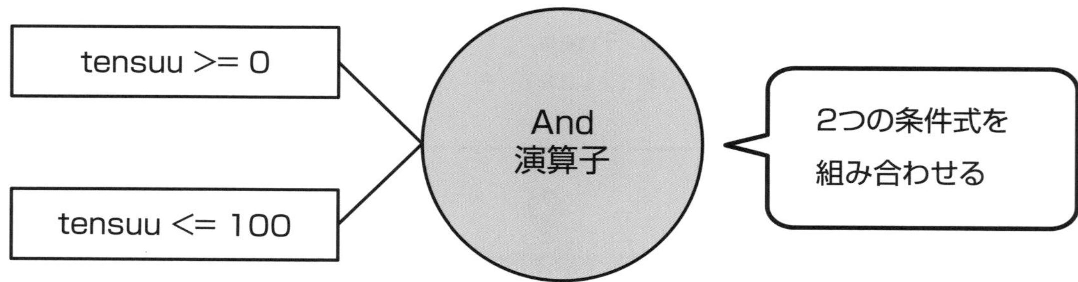

体験 点数の範囲を限定しよう

1 条件式を変更する

イベントプロシージャを次のように変更します**1**。

新機能　Form1.vb*　Form1.vb [デザイン]*

Example5　Button_hyouka　Click

```
0 個の参照
Private Sub Button_hyouka_Click(sender As Object, e As EventArgs) Handles Button_hyouka.Click
    Dim tensuu As Integer
    tensuu = CInt(TextBox_tensuu.Text)
    If tensuu >= 0 And tensuu <= 100 Then
        If tensuu >= 80 Then
            Label_hyouka.Text = "合格"
        Else
            Label_hyouka.Text = "不合格"
        End If
    Else
        Label_hyouka.Text = "入力エラー"
    End If
End Sub
End Class
```

```
Private Sub Button_hyouka_Click(sender As Object, _
        e As EventArgs) Handles Button_hyouka.Click
    Dim tensuu As Integer
    tensuu = CInt(TextBox_tensuu.Text)
    If tensuu >= 0 And tensuu <= 100 Then
        If tensuu >= 80 Then
            Label_hyouka.Text = "合格"
        Else
            Label_hyouka.Text = "不合格"
        End If
    Else
        Label_hyouka.Text = "入力エラー"
    End If
End Sub
```

1 修正する

2 プログラムを実行する

プログラムを実行して、「－20」と入力し**1**、[評価]ボタンをクリックしましょう**2**。すると、「入力エラー」と表示されます。確認したら、プログラムを終了します。

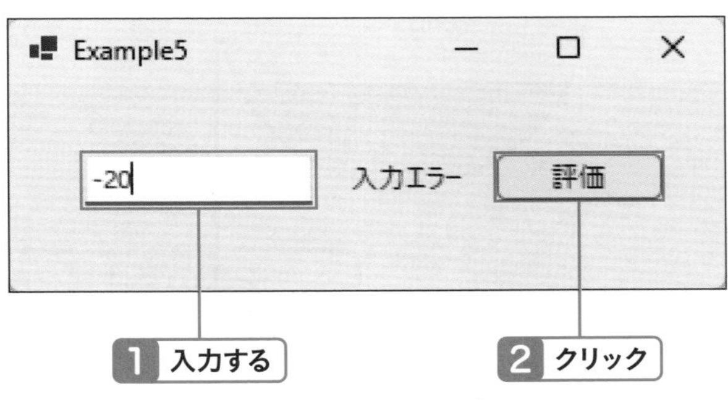

理解 Andによる条件式の結合

修正したIf命令に注目してください。このIf命令で、入力した値が0から100までの範囲にあるかどうかを調べています。

```
If tensuu >= 0 And tensuu <= 100 Then
```

1つ目の条件式（tensuu >= 0）　2つ目の条件式（tensuu <= 100）

今までの条件式と比べて、少し複雑になっています。まず、Andの前後の条件式を分割して見ていきましょう。

```
tensuu >= 0     ← 1つ目の条件式
```

この条件式は、変数tensuuの値が0以上であるとき真になります。

```
tensuu <= 100   ← 2つ目の条件式
```

この条件式は、変数tensuuの値が100以下であるとき真になります。
これらの2つの条件式がAndでつながれています。

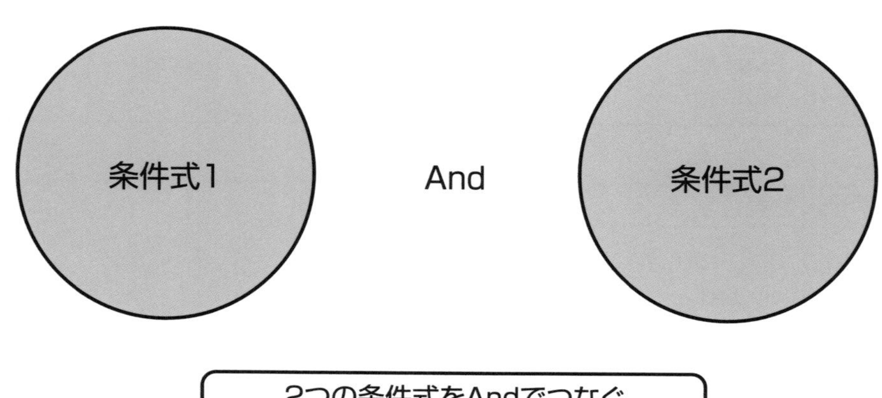

Andは**2つの条件式の両方が真であるとき**、全体で真にします。
つまり、このように考えてください。

「変数tensuuの値が0以上」かつ「変数tensuuの値が100以下」

「かつ」の部分がAndに相当します。
点数が0〜100までの範囲にあるかどうかは、0以上であるという条件と、100以下であるという条件の2つを、ともに満たしている必要があります。

- **And演算子の真偽**

条件式1	条件式2	全体
真	真	真
真	偽	偽
偽	真	偽
偽	偽	偽

たとえばtensuuが50ならば、条件式1が真、条件式2が真になるので、全体の判定も真になります。

まとめ

◉Andにより2つの条件式を「かつ」でつなげることができる
◉Andは2つの条件式の両方が真であるときに全体が真になる

6 複数の条件を組み合わせよう～Or

完成ファイル | [0706] → [Example5] → [Example5.sln]

予習 Orによる条件式の結合を知ろう

Andにより、2つの条件を組み合わせることができました。Andでつなげると、2つの条件が「両方とも」真である場合に、全体で真になります。
2つの条件式をつなげるとき、And演算子ではなく、**Or演算子**でつなげることもできます。Orでつなげた場合には、2つの条件式のうち「どちらか」が真であれば、全体として真になります。ここでは、次の2つの条件式をOrでつないでみましょう。

- 点数が0未満
- 点数が100より大きい

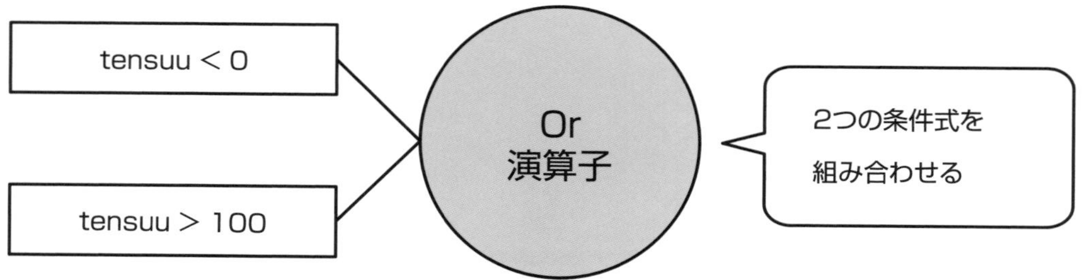

体験 Or演算子を使おう

1 Orに変更する

プログラムを次のように変更します**1**。

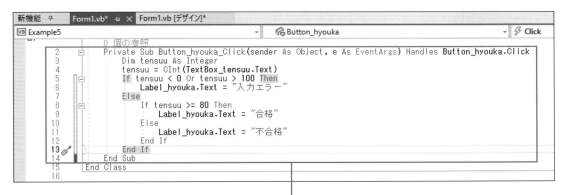

```
新機能  Form1.vb*  Form1.vb [デザイン]*
Example5    Button_hyouka    Click
    0 個の参照
    Private Sub Button_hyouka_Click(sender As Object, e As EventArgs) Handles Button_hyouka.Click
        Dim tensuu As Integer
        tensuu = CInt(TextBox_tensuu.Text)
        If tensuu < 0 Or tensuu > 100 Then
            Label_hyouka.Text = "入力エラー"
        Else
            If tensuu >= 80 Then
                Label_hyouka.Text = "合格"
            Else
                Label_hyouka.Text = "不合格"
            End If
        End If
    End Sub
End Class
```

```
    Private Sub Button_hyouka_Click(sender As Object, _
            e As EventArgs) Handles Button_hyouka.Click
        Dim tensuu As Integer
        tensuu = CInt(TextBox_tensuu.Text)
        If tensuu < 0 Or tensuu > 100 Then
            Label_hyouka.Text = "入力エラー"
        Else
            If tensuu >= 80 Then
                Label_hyouka.Text = "合格"
            Else
                Label_hyouka.Text = "不合格"
            End If
        End If
    End Sub
```

1 修正する

2 プログラムを実行する

実行してみましょう。最初に「200」、次に「60」と入力し**1**、それぞれ［評価］ボタンをクリックします**2**。すると、意図した通り、「入力エラー」「不合格」と表示されるはずです。

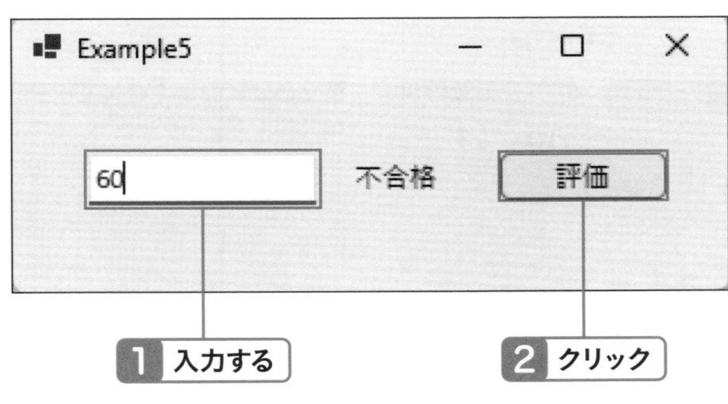

1
2
3
4
5
6
7
8
9
10
11
12
13

理解 Orによる条件式の結合

Or演算子を使って、2つの条件式をつないでいます。

```
If tensuu < 0 Or tensuu > 100 Then
```

1つ目の条件式（tensuu < 0）　2つ目の条件式（tensuu > 100）

Orの前後の条件式を分割して見ていきましょう。

```
tensuu < 0 ← 1つ目の条件式
```

この条件式は、変数tensuuが0より小さいときに真になります。

```
tensuu > 100  ← 2つ目の条件式
```

この条件式は、変数tensuuが100より大きいときに真になります。

Or演算子は、どちらかの条件式が真ならば、全体も真となります。つまり、「0より小さい」か「100よりも大きい」場合、真になります。

```
If tensuu < 0 Or tensuu > 100 Then
    Label_hyouka.Text = "入力エラー"         ← 真の場合
Else
    If tensuu >= 80 Then
        Label_hyouka.Text = "合格"
    Else                                     ← 偽の場合
        Label_hyouka.Text = "不合格"
    End If
End If
```

その結果、「0より小さい」か「100よりも大きい」場合、入力エラーと表示されます。そうでないならば（tensuuが0以上100以下）、ネストしたIf文の処理を行います。

・ **Or演算子の真偽**

条件式1	条件式2	全　体
真	真	真
真	偽	真
偽	真	真
偽	偽	偽

つまりOr演算子は、いずれかの条件が真であれば全体が真になります。

COLUMN その他の論理演算子

論理演算子には、And、Orの他に、Not（ノット）があります。Notは条件式を1つしか必要としません。Notの右辺に条件式を記述します。

```
Not 条件式
```

Notの意味は、「～でない」です。「条件式」が真である場合、「Not 条件式」は偽になります。逆に「条件式」が偽である場合、「Not 条件式」は真です。Notはあまのじゃくなやつだと覚えておくとよいでしょう。

まとめ

- ◉Orにより2つの条件式を「または」でつなげることができる
- ◉Orは2つの条件式のいずれかが真であるときに全体が真になる

第7章 練習問題

■問題1

次の文章の穴を埋めよ。

If命令により条件が成り立つ場合にのみステートメントを実行させることができる。Ifの次に、[①]を記述する。[①]が、真である場合に限り、[②]以降のステートメントが実行される。

ヒント 180ページ

■問題2

次のコードを実行したとき、出力ウィンドウにはどう表示されるか答えなさい。

```
Dim tensuu As Integer
tensuu = 100
If tensuu < 50 Then
    Debug.Print("tensuu < 50")
End If
If 100 >= tensuu Then
    Debug.Print("100 >= tensuu")
End If
```

ヒント 185ページ。条件式が真である場合にDebug.Printが実行される。

■問題3

次のコードを実行したとき、出力ウィンドウにはどう表示されるか答えなさい。

```
Dim tensuu As Integer
tensuu = 80
If 0 <= tensuu And tensuu <= 100 Then
    Debug.Print("条件式は真")
Else
    Debug.Print("条件式は偽")
End If
```

ヒント 200ページ。Andは2つの条件式がともに真であるときに全体が真となる。

第8章 繰り返し

1 Do Whileによる繰り返し

完成ファイル | [0801] → [Example6] → [Example6.sln]

予習 繰り返しのイメージをつかもう

コンピュータは機械なので、同じ作業を何回も間違えずに、繰り返し行うことができます。Visual Basicのプログラムで**繰り返し処理**(**ループ処理**)を行うには、**Do While**命令を使います。Do Whileを使うことで、1行の命令文を、繰り返し処理(ループ処理)することができます。
ここでは、Do While命令がどのような手順で繰り返し処理を実行していくのかを、デバッガを使って確認していきます。まずは、繰り返しのイメージをつかんでください。

Do While

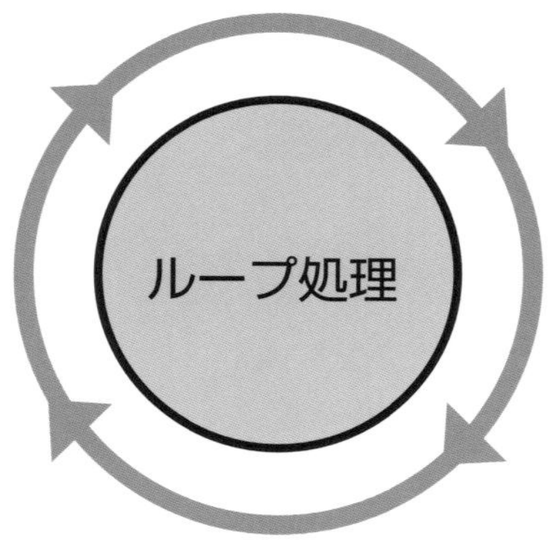

Loop

この間の処理を
繰り返し行うことができる

体験 Do Whileで繰り返し処理をしよう

1 プロジェクトとフォームを作成する

新しいプロジェクト「Example6」を作成してください。フォームにはボタンを1つ作成し、Textプロパティを「繰り返し」、(Name)プロパティを「Button_kurikaeshi」に変更します。

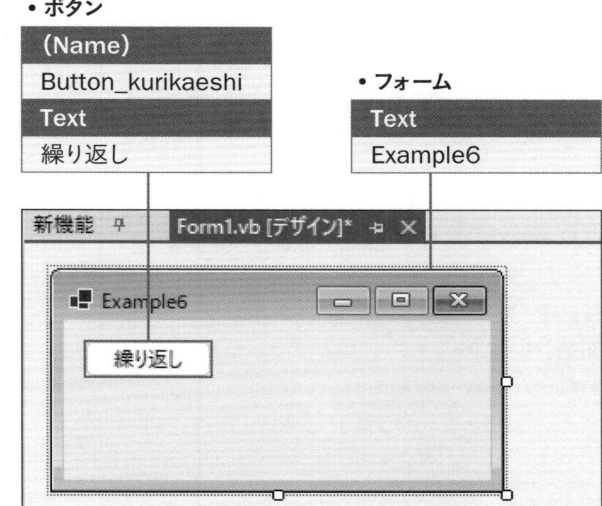

>>> Tips

Do While Trueまで入力してリターンキーで改行すると、Loopの行が自動的に入力されます。

2 Do Whileでループ処理する

Do While命令を使うことで、処理を繰り返すことができます。[繰り返し]ボタンのイベントプロシージャに、次のコードを入力してください 1 。

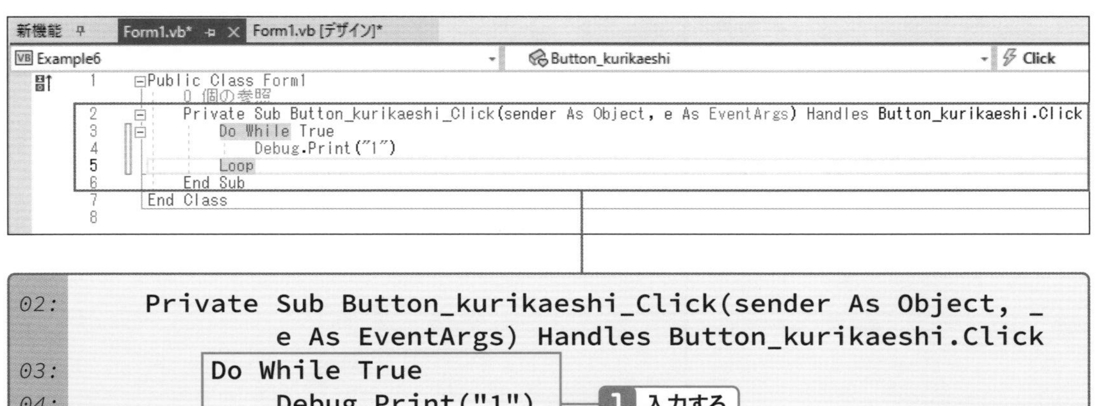


```
    Private Sub Button_kurikaeshi_Click(sender As Object, _
            e As EventArgs) Handles Button_kurikaeshi.Click
        Do While True
            Debug.Print("1")
        Loop
    End Sub
```

1 入力する

>>> Tips

Printメソッドの引数が、文字列になっていることについては、170ページを参照してください。

3 ブレークポイントを設定して実行する

入力できたら、実行しますが、繰り返し処理がどう行われているかを確認したいので、ステップ実行を行います。
ブレークポイントを設定した上でデバッグの開始を行います。
Private Sub Button_kurikaeshi...の行を選択している状態で、[デバッグ]メニュー→[ブレークポイントの設定/解除]の順にクリックします1。
続いて、[デバッグ]メニュー→[デバッグの開始]の順にクリックしてプログラムを実行します。

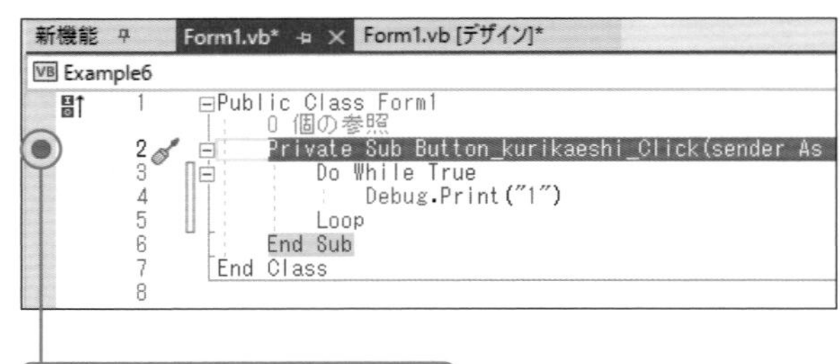

4 [繰り返し]ボタンをクリックする

フォームが表示されたら、[繰り返し]ボタンをクリックします1。

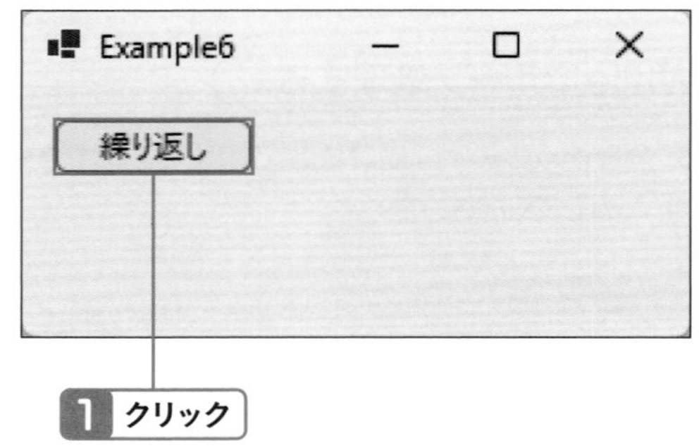

5 ステップ実行する　その1

ブレークポイントが設定されているので、イベントプロシージャの入り口で一時停止します。ツールバーの[ステップ イン]ボタンをクリックします1。

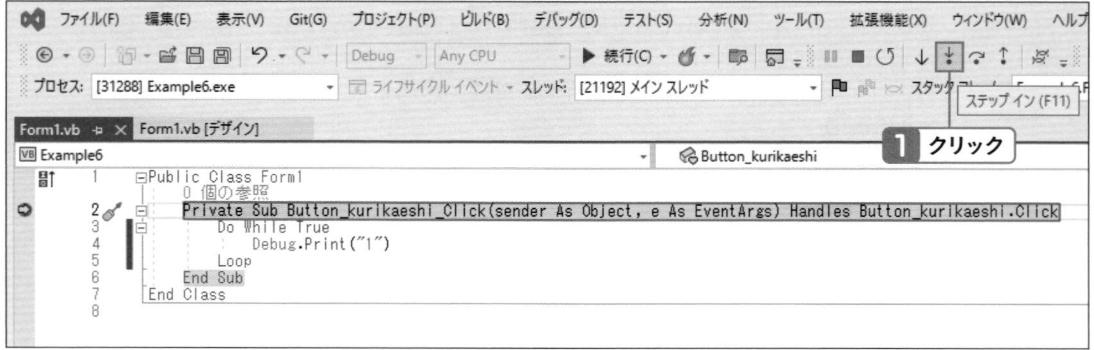

6 ステップ実行する　その2

[ステップ イン] ボタンをクリックし1、Do While Trueの行を実行します。

7 ステップ実行する　その3

[ステップイン] ボタンをクリックし1、Debug.Print("1")の行を実行します。

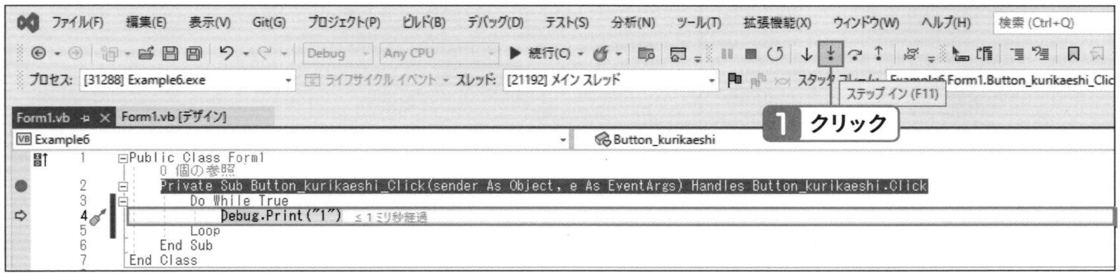

8 ステップ実行する　その4

出力ウィンドウに「1」と表示されます。[ステップ イン] ボタンをクリックし1、Loop（ループ）の行を実行します。

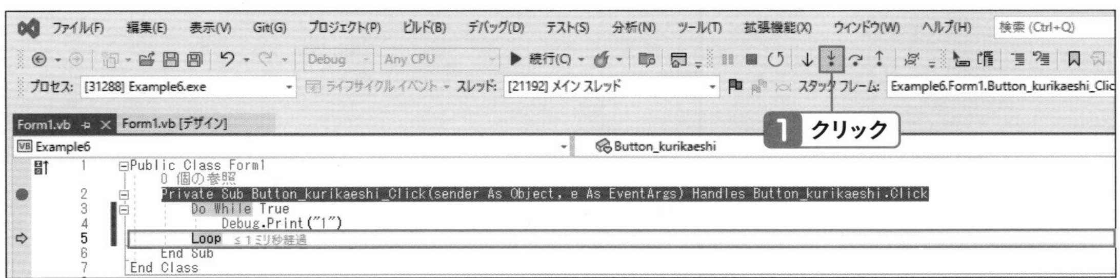

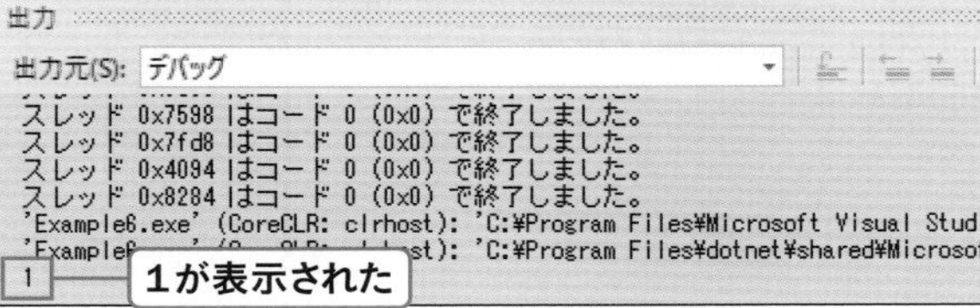

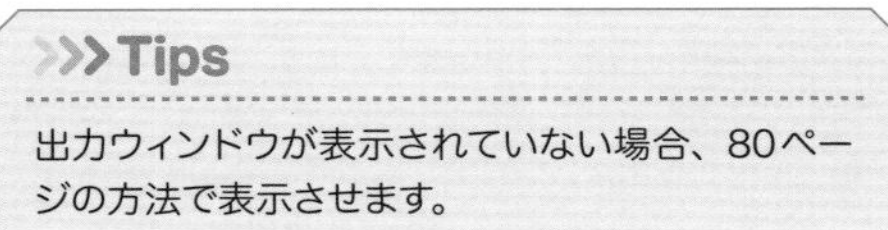

>>> Tips

出力ウィンドウが表示されていない場合、80ページの方法で表示させます。

9 延々と繰り返される

このあと、何度も[ステップ イン]ボタンをクリックします。すると、Do While TrueからLoopまでの行が繰り返し実行されることがわかります。このようにDo While命令では、延々と繰り返し処理が実行されます。

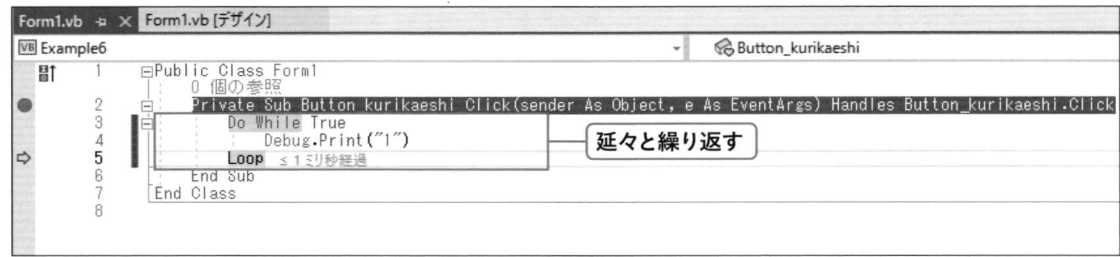

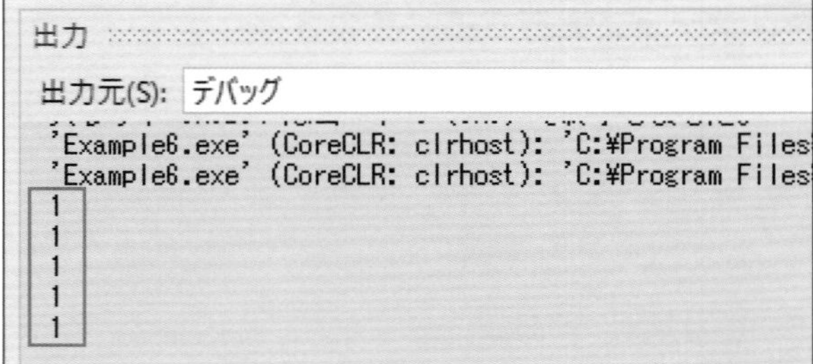

10 プログラムの停止

一度Do Whileの実行に入ると、いくらステップ実行させてもプロシージャの処理は終わりません。そこで、[デバッグ]メニュー→[デバッグの停止]の順にクリックして 1 、プログラムを終了させてください。また、94ページの方法で、出力ウィンドウをクリアしておきます。

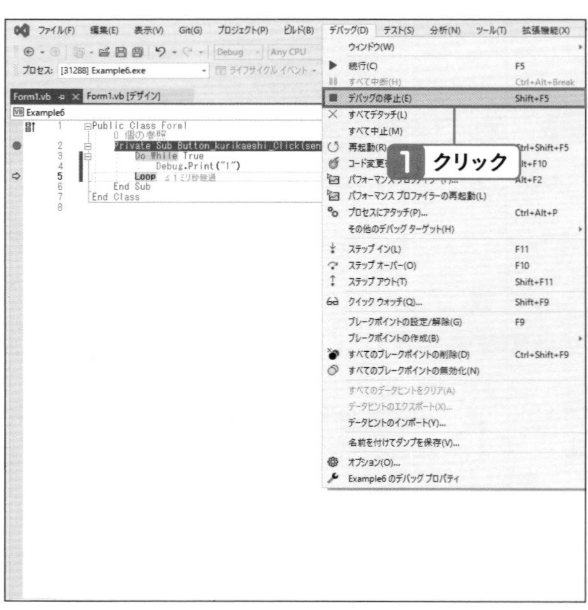

>>> Tips

現在書かれているプログラムは、ループを終了する処理がありません。そのため、ブレークポイントを付けずに実行すると、[閉じる]ボタンによりプログラムを終了させることができなくなるので、注意してください。
[プログラムの停止]によりプログラムを終了させることは可能です。

理解 Do Whileについて

Do While命令の構造

Do Whileは、繰り返し処理を行う命令です。繰り返し処理のことをループと呼びます。また、Do Whileによる繰り返し処理は、「Do While ループ」と呼びます。Do Whileの文法は、次のようになります。

```
Do While 繰り返しの条件式
    繰り返し実行するステートメント
Loop
```

Do Whileに続けて、繰り返し処理を行うための条件式を書きます。本節では、例をわかりやすくするため、繰り返し処理の条件にTrueとだけ書きました。TrueはBoolean型のリテラルで、予約語です（154ページ参照）。条件式がTrueの場合、条件はいつも真になるため、永久に繰り返し処理が行われてしまいます。このように永久に繰り返し処理を行うようなループのことを無限ループと呼びます。

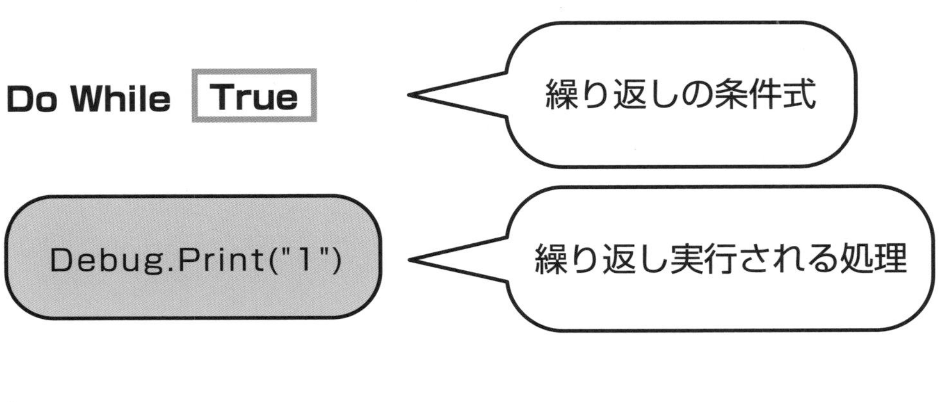
Do While True
繰り返しの条件式
Debug.Print("1")
繰り返し実行される処理
Loop

まとめ

- Do While命令により繰り返し処理を行うことができる

2 繰り返し処理に条件式を付けよう

完成ファイル | [0802] → [Example6] → [Example6.sln]

予習 繰り返し処理の条件式を知ろう

Do Whileの条件式がいつも真であると、**無限ループ**になってしまいます。無限ループになると、プログラムは永遠に止まることなく実行され続けます。無限ループにしないためには、Do Whileに適切な**条件式**を記述することが大切です。

Do Whileでの条件式も、If命令での条件式と同様、答えがyesかnoのどちらかになる式を書きます。Do Whileの場合、処理を繰り返し行うかどうかを判断するための**条件式**を記述します。

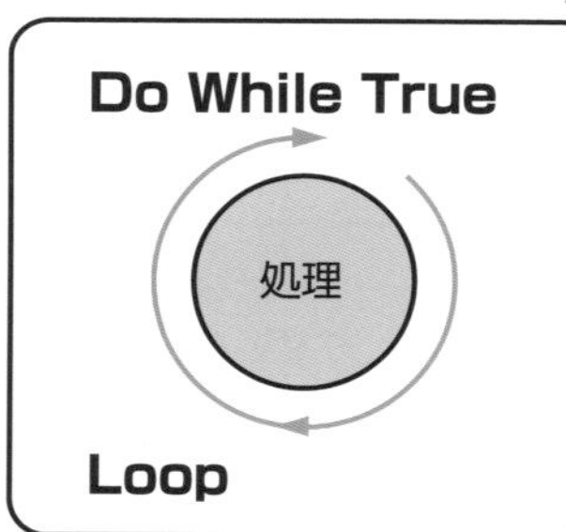

無限ループ

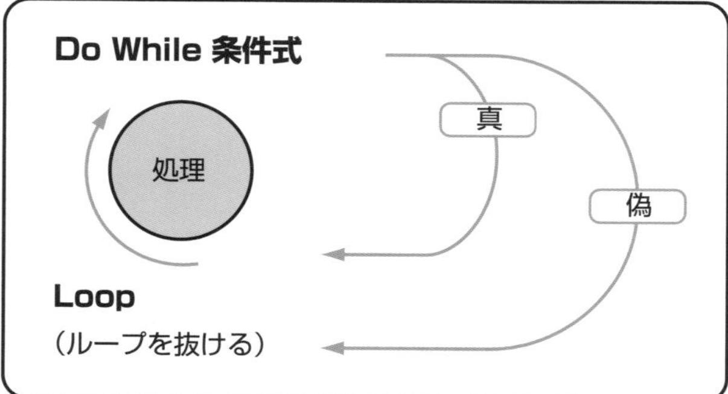

条件式を付ける

体験 条件式を付けよう

1 回数を入力するテキストボックスを追加する

前節で作成したプロジェクト「Example6」のフォームに、テキストボックスを1つ追加します。テキストボックスの(Name)プロパティは「TextBox_kaisuu」にします。

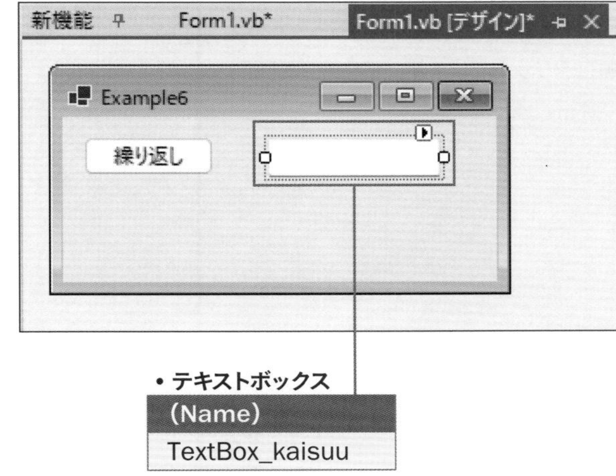

• テキストボックス

(Name)
TextBox_kaisuu

2 条件式を変更する

イベントプロシージャのDo Whileループを次のように変更します**1**。まず、テキストボックスに入力された値を変数kaisuuに記憶しています。Do Whileの条件式を「kaisuu = 5」にしました。さらに、繰り返し処理でDebug.Printによる表示を行うようにしています。

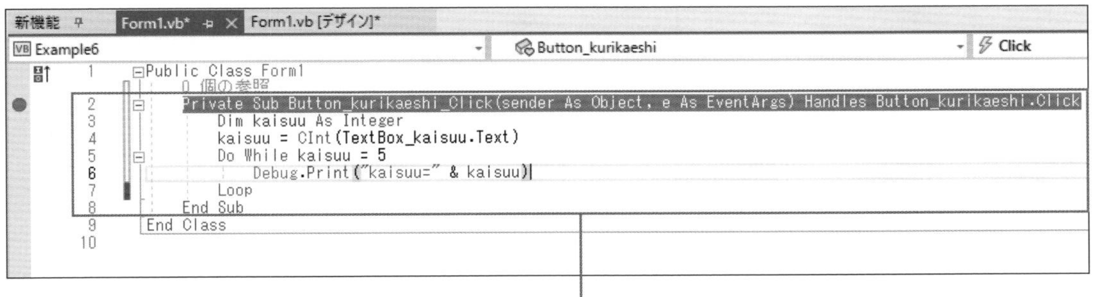

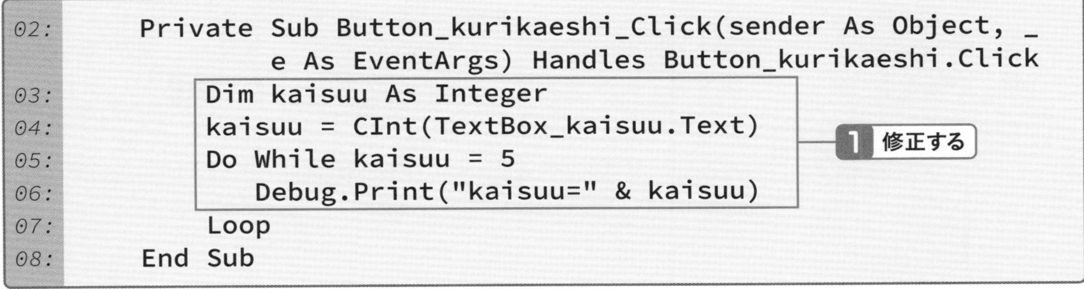

```
    Private Sub Button_kurikaeshi_Click(sender As Object, _
            e As EventArgs) Handles Button_kurikaeshi.Click
        Dim kaisuu As Integer
        kaisuu = CInt(TextBox_kaisuu.Text)
        Do While kaisuu = 5
            Debug.Print("kaisuu=" & kaisuu)
        Loop
    End Sub
```


ブレークポイントの設定はそのままでかまいません。

3 ステップ実行を開始する

入力できたら、前節と同様、ブレークポイントを設定したまま、ステップ実行を行います。[デバッグ] メニュー→ [デバッグの開始] の順にクリックします1。

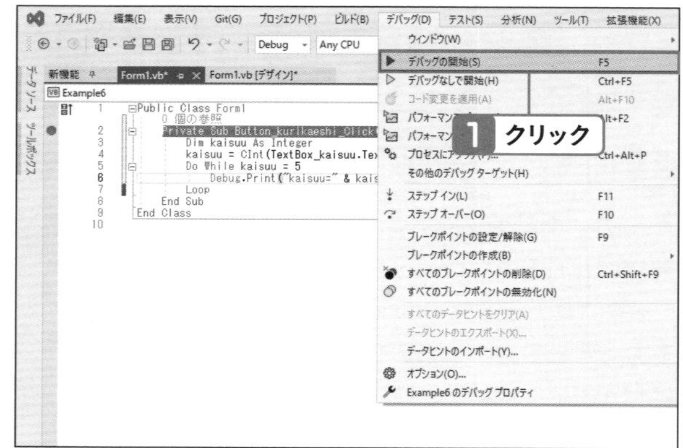

4 1を入力する

フォームが表示されたら、テキストボックスに「1」と入力します1。[繰り返し] ボタンをクリックし2、イベントプロシージャを実行します。

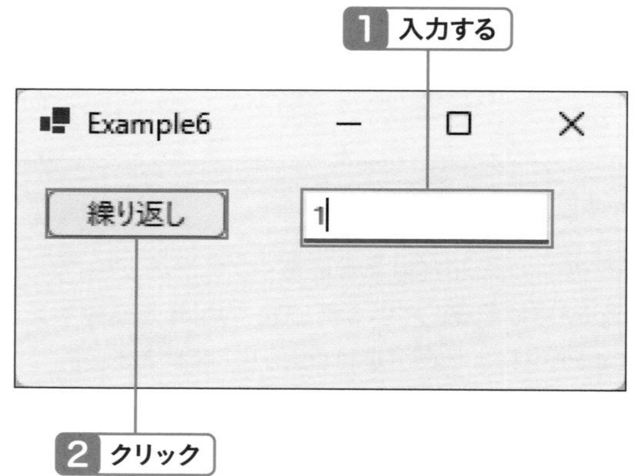

5 ステップ実行する　その1

ステップ実行しているので、イベントプロシージャの入り口で一時停止します。[ステップ イン] ボタンをクリックし1、プログラムを進めます。

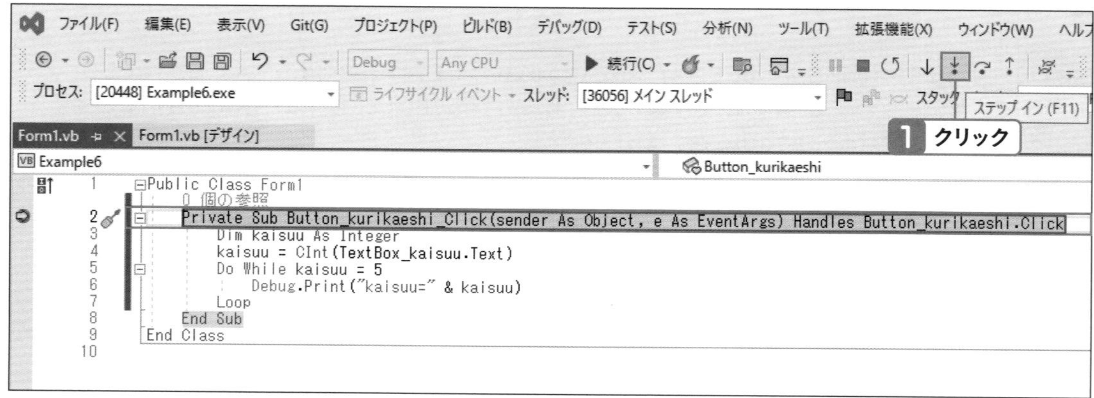

6 ステップ実行する　その2

変数宣言は、宣言なので実行されず、kaisuuにテキストボックスの値を代入する行まで飛ばされます。[ステップ イン] ボタンをクリックし1、kaisuu =の行を実行します。kaisuuには、テキストボックスに入力した1が記憶されます。

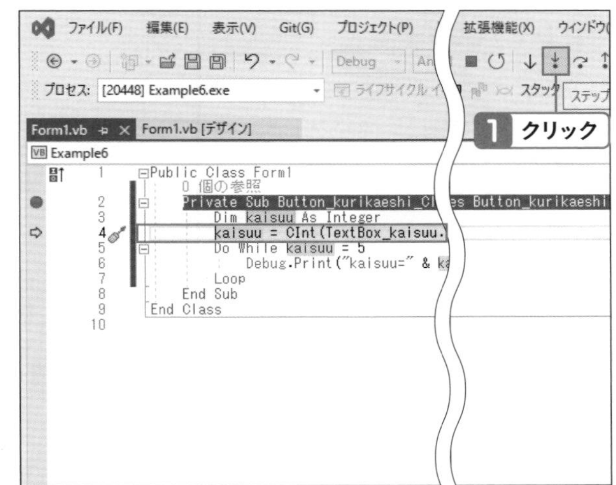

> **Tips**
>
> ここで、kaisuuの上にマウスカーソルを持っていくと、変数が記憶している値を見ることができます。自動変数のウインドウにも変数の値が表示されます。

7 ステップ実行する　その3

[ステップ イン] ボタンをクリックし1、Do Whileの行を実行します。条件式はkaisuu = 5となっています。今、kaisuuは1ですから、条件式は偽になります。
以下のようなダイアログが表示されたら[いいえ] ボタンをクリックします。

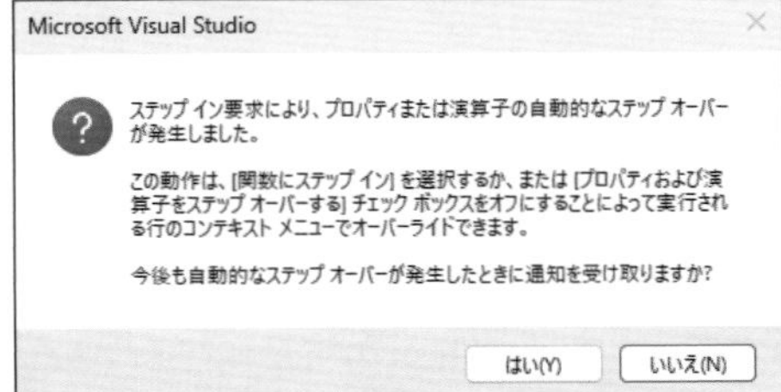

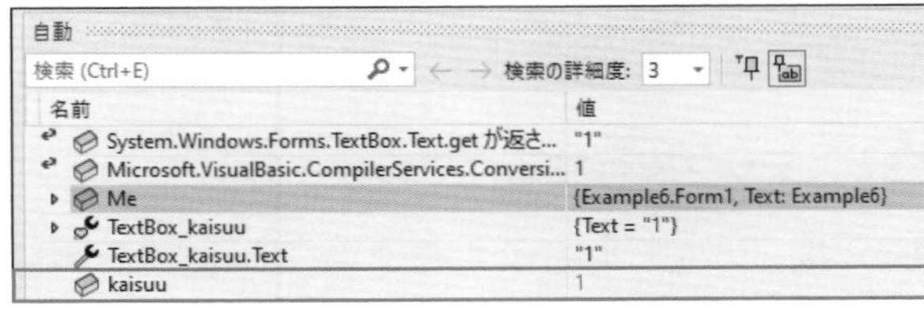

8 ステップ実行する　その4

Do Whileは条件式が偽であると繰り返し処理を行いませんから、繰り返し処理から外れ、Loopの次の行まで処理が飛ばされます。[ステップ イン] ボタンをクリックし1、End Subの行を実行します。プロシージャを抜けるとExample6のフォームが表示されます。

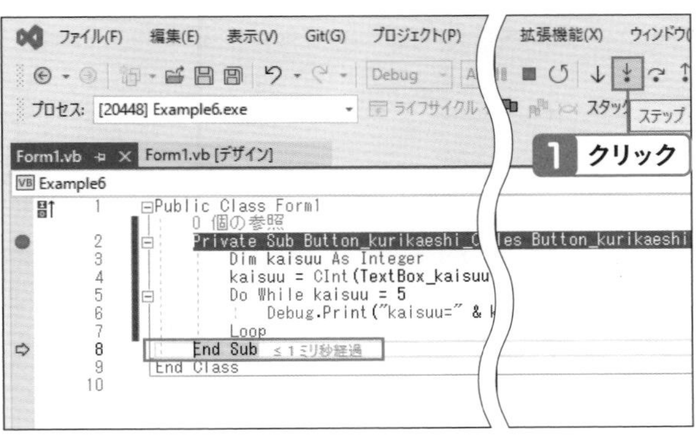

9 5を入力する

今度は、条件式が成立して真になるように、テキストボックスに「5」を入力します1。[繰り返し]ボタンをクリックし2、イベントプロシージャを実行します。

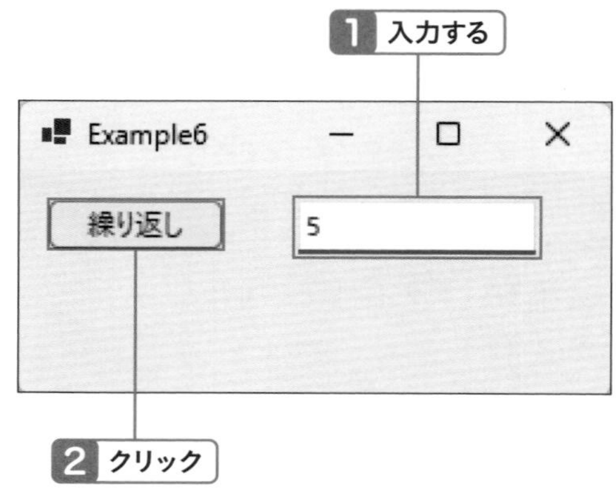

10 ステップ実行する　その5

イベントプロシージャにブレークポイントが設定されているため、ここで一時停止されます。[ステップ イン]ボタンをクリックします1。

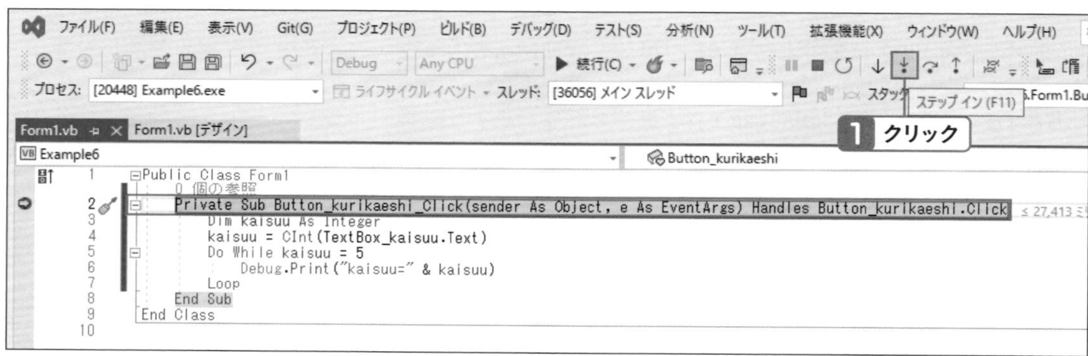

11 ステップ実行する　その6

もう一度[ステップ イン]ボタンをクリックし1、kaisuu=の行を実行します。kaisuu=の行が実行されると、入力した5が変数kaisuuに代入されます。

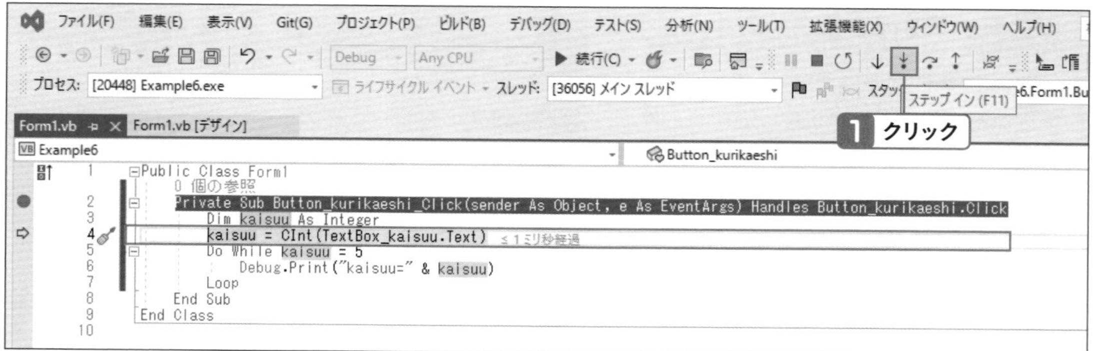

12 ステップ実行する　その7

続けて［ステップ イン］ボタンをクリックし1、Do Whileの行を実行します。

13 条件式が真となる

kaisuuが5なので、条件式が真となります。そのため、Do Whileの中のステートメントに処理が移ります。［ステップ イン］ボタンをクリックします1。

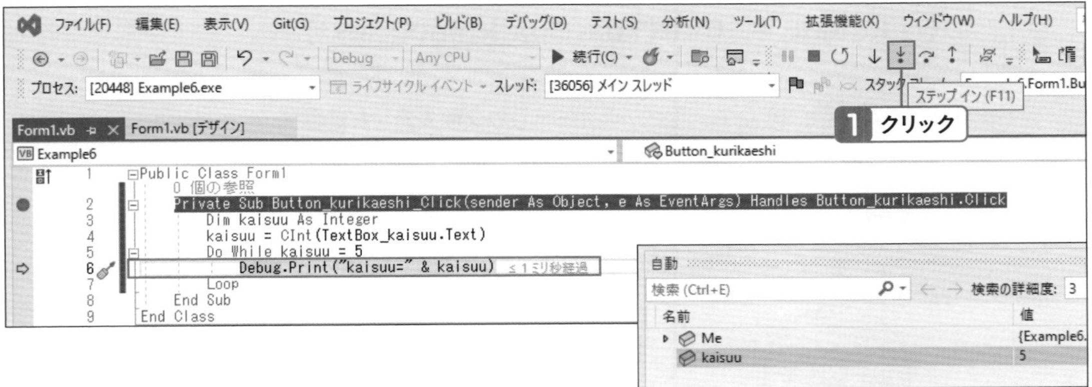

14 出力ウィンドウに値が表示される

すると、Debug.Printが実行され、出力ウィンドウに「kaisuu=5」と表示されます。このあと、［ステップ イン］ボタンをクリックし続けると、変数kaisuuの記憶している値はいつまで経っても5のまま変化しないので、永遠にループし続けます。［デバッグ］メニュー→［デバッグの停止］の順にクリックし1、プログラムを終了させてください。

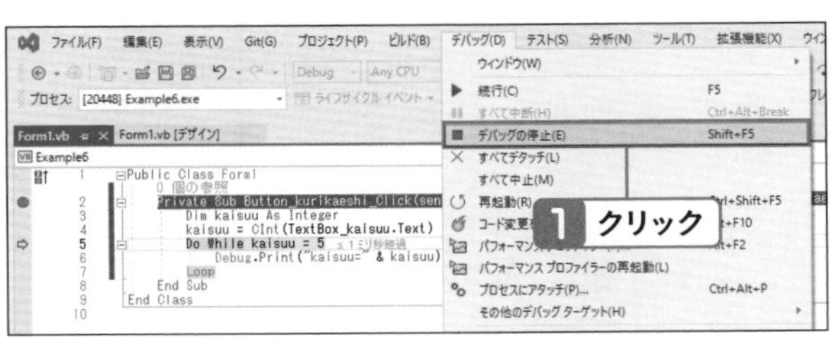

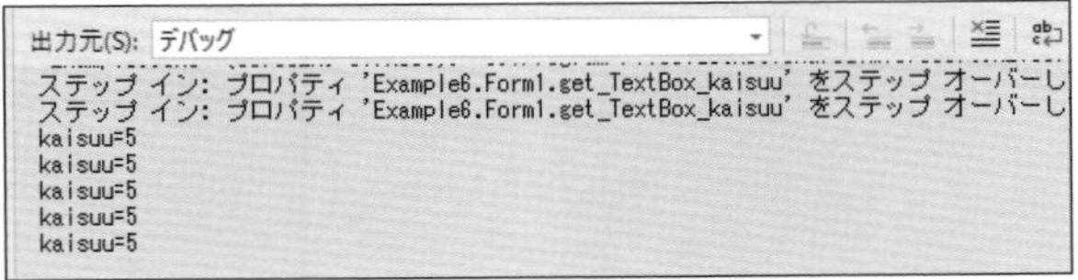

Do Whileの条件式について

条件式とループの関係

Do Whileでは、条件式が真にならない場合、繰り返し処理は1回も行われません。また、Do Whileに戻ってくるたびに、条件式が真であるかどうかが判定されます。ただし、条件式を構成する変数の記憶している値がいつも同じなら、条件式の結果も変わりませんから、繰り返し処理が永遠に行われてしまいます。

```
kaisuu = CInt(TextBox_kaisuu.text)          ← ①
Do While kaisuu = 5                         ← ②
   Debug.Print("kaisuu=" & kaisuu)          ← ③
Loop                                        ← ④
```

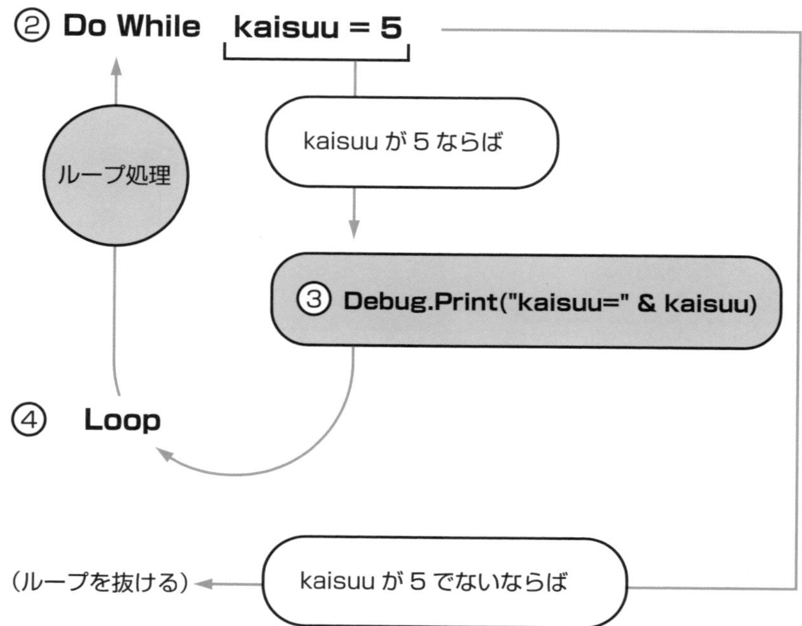

COLUMN ショートカットキー

Visual Basicでは、よく行われるメニュー項目については、ショートカットキーが割り当てられています。たとえば、デバッグの実行には F5 が割り当てられています。どのキーが割り当てられているのかは、メニューを表示させてみればわかります。メニュー項目の右側に書かれているのが、ショートカットキーです。

デバッグを実行するには F5 キー（キーボードの上に並んでいるファンクションキーの F5 ）で行うことができます。ステップインを実行するには F11 です。好みの違いもありますが、マウスでクリックするよりも、 F11 をたたいた方がやりやすい、という方はショートカットキーを使ってみてください。

ブレークポイントの設定、解除にも F9 といったショートカットキーが割り当てられています。メニュー項目の中には、 Ctrl + A といったショートカットキーが割り当てられていることもあります。この場合、 Ctrl と A を両方押すことで、ショートカットになります。

- メニュー項目にショートカットキーが表示される

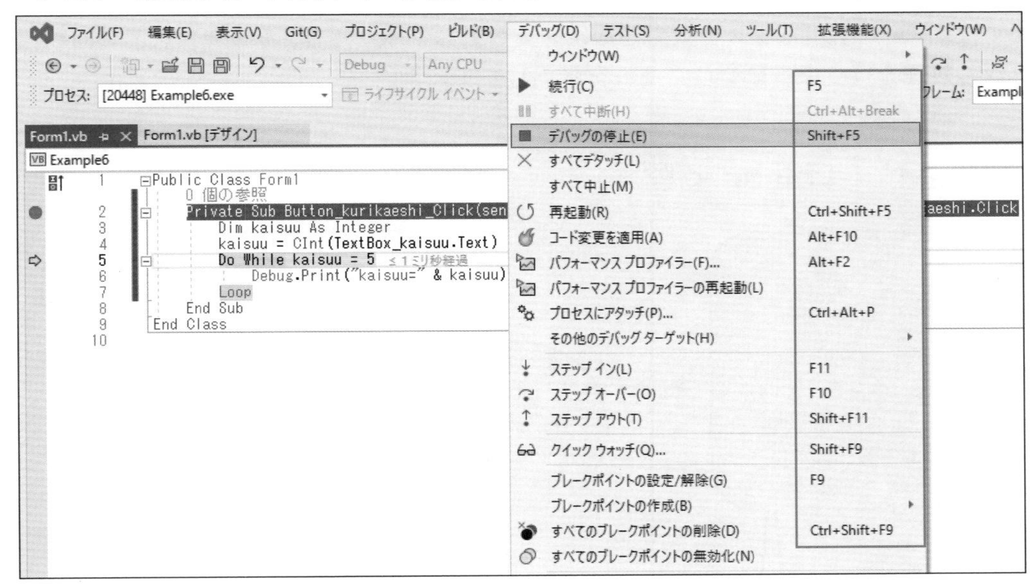

まとめ

- ◉Do While命令では、繰り返し処理をする条件を指定できる
- ◉条件式が真である間、繰り返し処理が行われる

3 5回だけ繰り返そう

完成ファイル | [0803] → [Example6] → [Example6.sln]

予習 正しい繰り返しについて知ろう

前節のように、入力された値と比較を行うだけの条件式ではなく、変数を使って**条件を変化**させてみましょう。繰り返し処理を行っていく過程で、変数の値が変化し、条件を満たさなくなった時点でループが終了するようにします。

ここでは、テキストボックスに入力した値を変数として取り込み、その変数以下の回数だけ、繰り返し処理を行うようにプログラムを修正します。

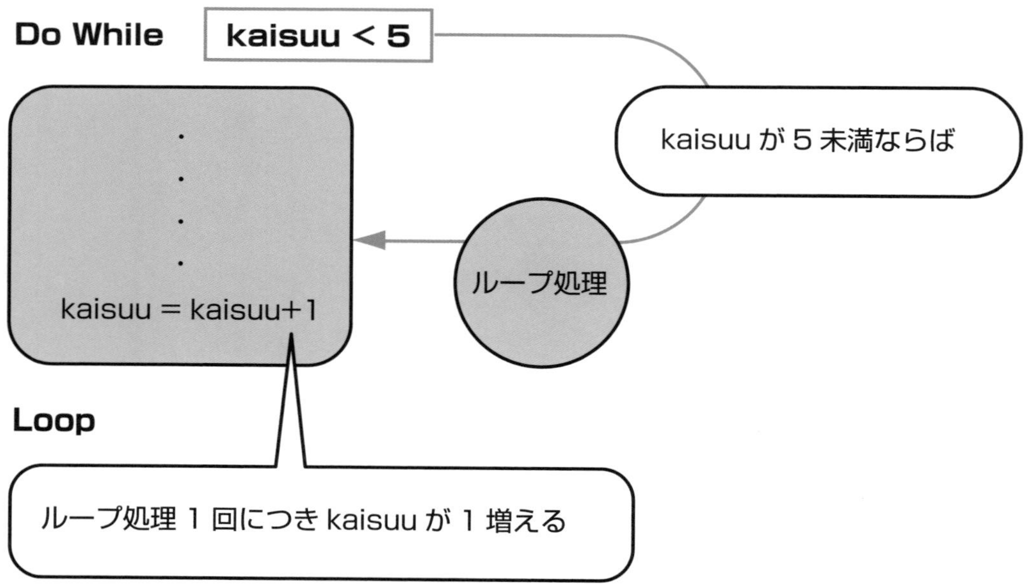

体験 指定回数だけ繰り返そう

1 Do Whileループを変更する

プロジェクト「Example6」のイベントプロシージャを次のように変更します1。
ブレークポイントの設定はそのままでかまいません。

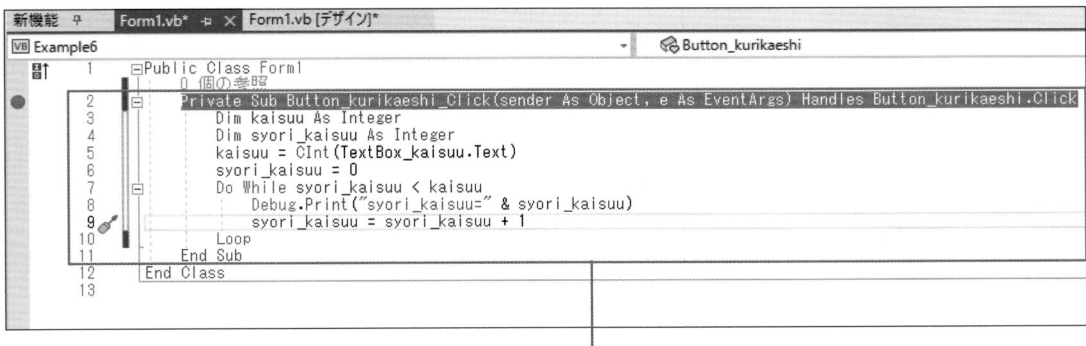

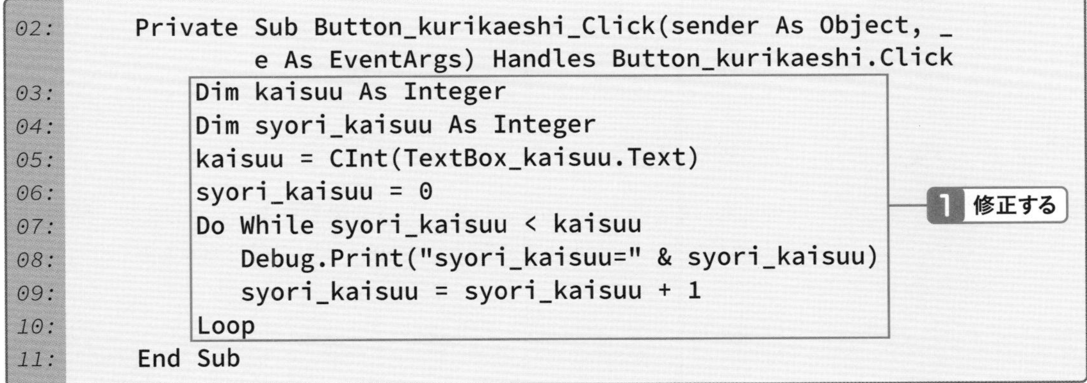

```
    Private Sub Button_kurikaeshi_Click(sender As Object, _
          e As EventArgs) Handles Button_kurikaeshi.Click
        Dim kaisuu As Integer
        Dim syori_kaisuu As Integer
        kaisuu = CInt(TextBox_kaisuu.Text)
        syori_kaisuu = 0
        Do While syori_kaisuu < kaisuu
            Debug.Print("syori_kaisuu=" & syori_kaisuu)
            syori_kaisuu = syori_kaisuu + 1
        Loop
    End Sub
```


2 プログラムを実行する

入力できたら、実行します。ブレークポイントを設定したまま、[デバッグ] メニュー→ [デバッグの開始] の順にクリックし1、ステップ実行を行います。

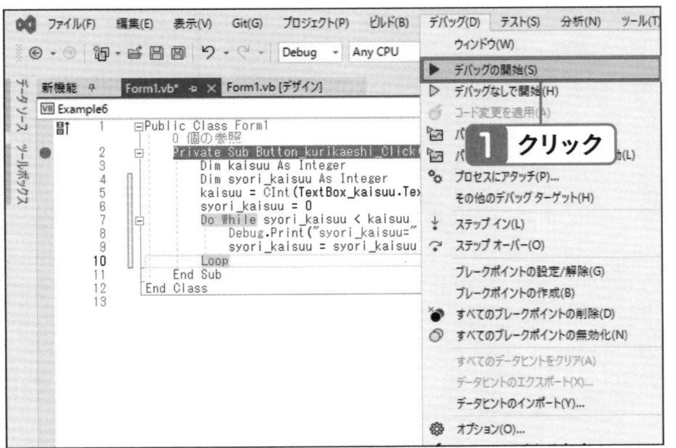

3 5を入力する

フォームが表示されたら、テキストボックスに「5」と入力します1。[繰り返し]ボタンをクリックし2、イベントプロシージャを実行します。

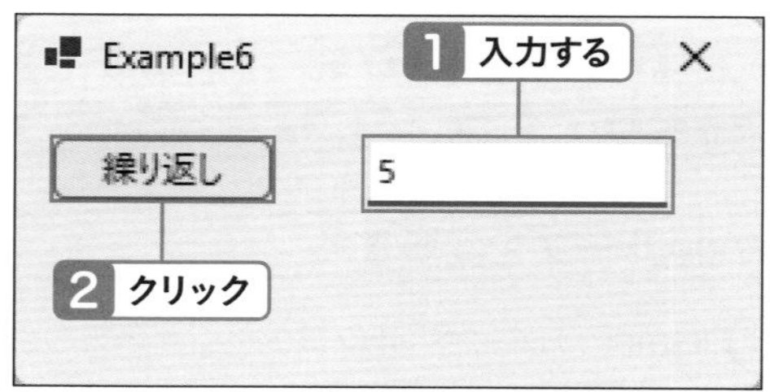

4 ステップ実行する

イベントプロシージャにブレークポイントが設定されているため、ここで一時停止されます。
続いて、[ステップ イン] ボタンをクリックします1。

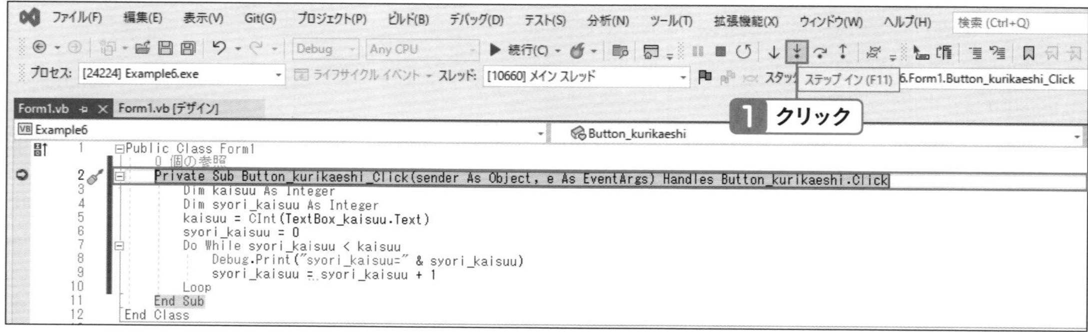

5 ステップ実行でループ処理を行う

[ステップ イン] ボタンをクリックし続けると1、Do WhileからLoopまでの間を実行し続けます。繰り返し回数を5にしたので、5回の繰り返しが行われ、ループを抜けてLoop行の次の行に進みます。出力ウィンドウに5回表示が行われます。

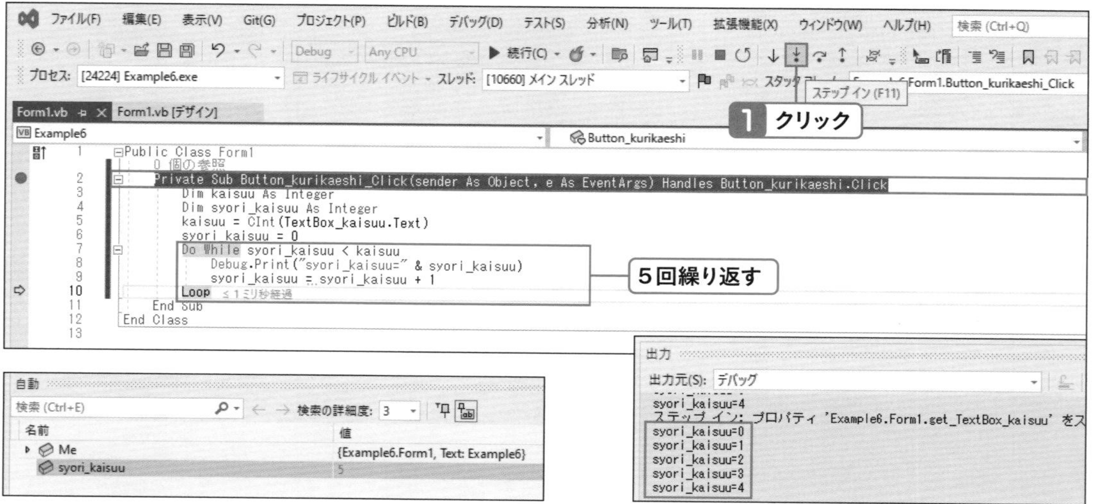

理解 典型的なDo Whileループについて

>>> コードの概要

コードを順番に追いかけていきながら説明します。

```
Dim kaisuu As Integer                             ┐
Dim syori_kaisuu As Integer                       ┘─ 1
kaisuu = CInt(TextBox_kaisuu.Text)                ┐
syori_kaisuu = 0                                  ┘─ 2
Do While syori_kaisuu < kaisuu ── 3
    Debug.Print("syori_kaisuu=" & syori_kaisuu)   ┐
    syori_kaisuu = syori_kaisuu + 1               ┘─ 4
Loop ── 5
```

1 変数宣言

```
Dim kaisuu As Integer        ← 繰り返し処理を行う回数
Dim syori_kaisuu As Integer  ← 繰り返し処理を行った回数（ループ回数）
```

最初の2行は、変数の宣言です。kaisuuとsyori_kaisuuの、2つのInteger型の変数を使います。

2 変数の初期化

```
kaisuu = CInt(TextBox_kaisuu.Text) ← テキストボックスの値を代入
syori_kaisuu = 0                   ← 0に初期化
```

kaisuuには、テキストボックスに入力した数値が代入されます。先の例では「5」と入力したので、5が代入されることになります。
syori_kaisuuは、繰り返し処理を行った回数を記憶しておく変数です。このように繰り返し処理の回数を記憶する変数のことを**ループ変数**といいます。最初は1回も実行していないので、0を代入しておきます。変数宣言を行ったあと、最初に値を代入することを**初期化**と呼びます。

3 ループ

```
Do While syori_kaisuu < kaisuu
```

Do Whileループの開始命令です。syori_kaisuuが、テキストボックスに入力した数であるkaisuuより小さい間、繰り返し処理が行われます。実行開始直後、2のコードにより、syori_kaisuuには0が代入されています。kaisuuはテキストボックスに入力した値の5です。0は5より小さいので、条件式は真となり、繰り返し処理に入ります。

4 繰り返し処理

```
Debug.Print("syori_kaisuu=" & syori_kaisuu)
syori_kaisuu = syori_kaisuu + 1
```

Debug.Printは、処理内容がわかるように、syori_kaisuuの値を出力ウィンドウに表示する命令です。これで、syori_kaisuuの値が変化する様子を確認することができます。
次の行では、syori_kaisuuの更新が行われます。syori_kaisuuは最初0でしたが、1回処理を終えるごとに1が足されます。次回は2、その次は3と、繰り返し処理が行われるたびに、1ずつ増えていきます。

代入演算の左辺と右辺に同じsyori_kaisuuが使われているので、少し混乱してしまうかもしれません。左辺は、値が代入される場所の指定であり、右辺は代入する値になることを思い出してください。

syori_kaisuu = syori_kaisuu + 1

計算の順番

① 最初は syori_kaisuu が 0 なので「0 + 1」で 1 となる

syori_kaisuu = 0 + 1

② ① が行われたので、「syori_kaisuu = 1」となり、syori_kaisuu に 1 が代入される

syori_kaisuu = 1

処理前の syori_kaisuu	syori_kaisuu + 1	処理後の syori_kaisuu
0	0+1 ①	1 ②

この場合、右辺が式になっていて、その中にsyori_kaisuuがあります。式中に変数がある場合は、その時点で変数が記憶している値で演算が行われます。1回目の処理では、syori_kaisuuは0を記憶していますから、syori_kaisuu＋1の結果は、0＋1で、1になります。そして右辺の演算結果である1が、左辺のsyori_kaisuuに代入されます。
2回目の処理では、syori_kaisuuは1を記憶しているので、syori_kaisuu ＝syori_kaisuu＋1の結果、左辺のsyori_kaisuuには2が代入されます。

5 Do Whileに戻る

```
Loop
```

次の命令は、Loopです。Loopまできたら、3のDo Whileに戻ります。Do Whileの条件式が真である間は、3～5の間で繰り返し処理が行われます。
4回目の処理が終わると、syori_kaisuuの値が5になります。syori_kaisuuが5になると、2の命令でkaisuuの値5と比較した結果、5は5より小さくないので、繰り返し処理はこの時点で終了します。

COLUMN 代入と方程式

syori_kaisuu ＝ syori_kaisuu＋1の式に違和感を覚える方は、「式＝方程式」と考えているからでしょう。確かに方程式としてみると、この式はおかしな式です。方程式での＝は、左辺と右辺が等しいことを意味しているからです。syori_kaisuuに1を加えたものと、syori_kaisuuは同じであるわけがありません。
プログラミング言語での＝は、「代入」という意味があります。変数に値を記憶するための演算が代入です。＝の意味が全く違うのです。

まとめ

- **Do While命令では、条件式で使われている変数を繰り返し処理の中で変化させる**
- **kaisuu = kaisuu + 1を実行することで、kaisuuの値を1つ増やすことができる**

Forによる繰り返し

完成ファイル | [0804] → [Example6] → [Example6.sln]

予習 Forによる繰り返しについて知ろう

繰り返しは、Do Whileだけではなく、**For**で行うこともできます。前節で、ループ処理を行う際に、何回ループが行われたかを記憶する変数（syori_kaisuu）が使われましたが、これを**ループ変数**と呼びます。

Forループでは、ループ変数を使って繰り返し処理を行うことが前提となります。ループ変数を順番に、1、2、3と増やしていくような繰り返し処理を行うには、Do WhileよりもForが適しています。

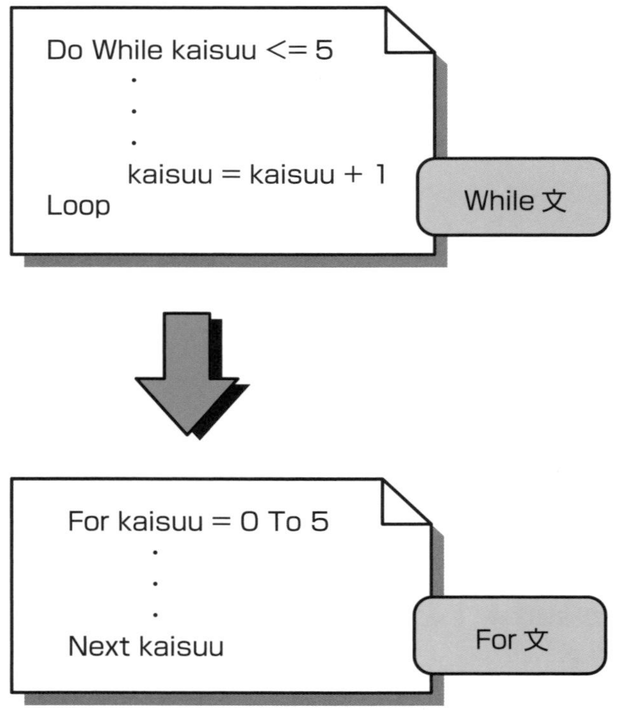

体験 Forを使おう

1 Do WhileループをForループに変更する

前節のDo Whileループを、For命令を使ったForループに変更します。イベントプロシージャ内のコードを次のように変更します1。まず、Do Whileの行が、Forになっています。繰り返しの終わりであるLoopは、Next（ネクスト）に変わっています。syori_kaisuuを0に初期化する行と、繰り返し処理の中で1増やす行は削除されています。ブレークポイントは解除して下さい。

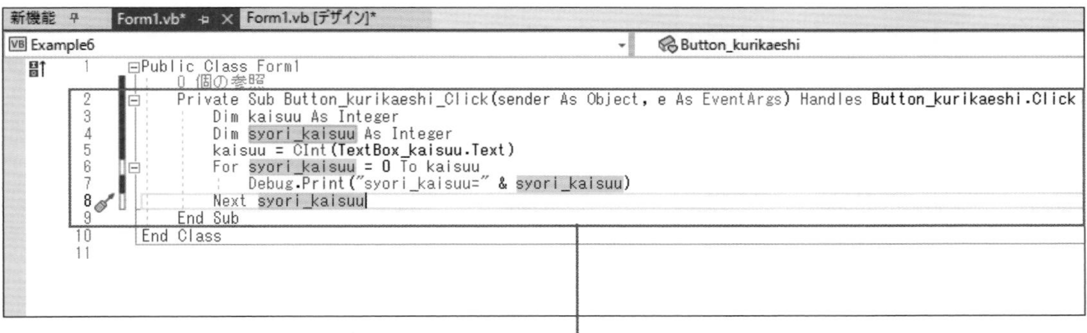


```
    Private Sub Button_kurikaeshi_Click(sender As Object, _
            e As EventArgs) Handles Button_kurikaeshi.Click
        Dim kaisuu As Integer
        Dim syori_kaisuu As Integer
        kaisuu = CInt(TextBox_kaisuu.Text)
        For syori_kaisuu = 0 To kaisuu
            Debug.Print("syori_kaisuu=" & syori_kaisuu)
        Next syori_kaisuu
    End Sub
```

1 修正する

2 プログラムを実行する

入力できたら、実行します。設定されていたブレークポイントを解除してから、[デバッグ]メニュー→[デバッグの開始]の順にクリックし1、プログラムを起動させます。

3 5を入力する

フォームが表示されたら、テキストボックスに「5」と入力します 1。

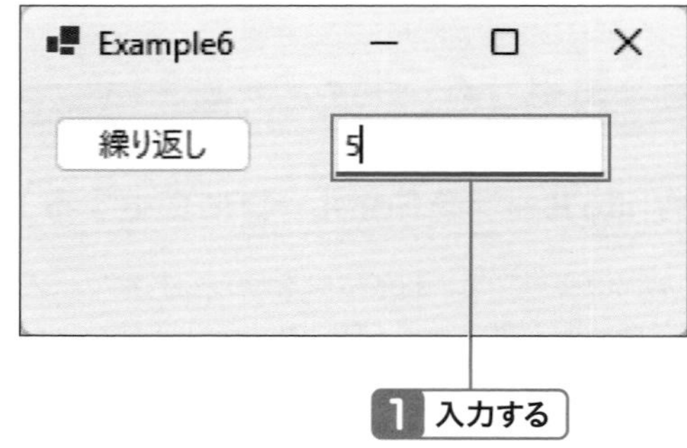

4 [繰り返し] ボタンをクリックする

[繰り返し] ボタンをクリックし 1、イベントプロシージャを実行します。

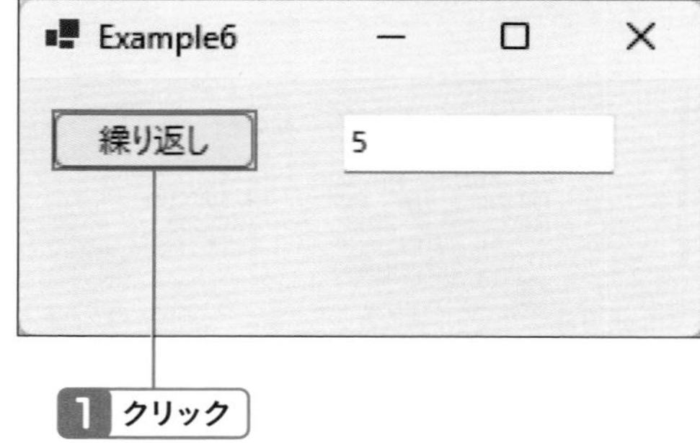

5 Forループで6回処理される

繰り返し回数を5にしたので、0〜5まで、出力ウィンドウの表示が全部で6回行われました。

>>> **Tips**
>
> 前節のDo Whileとはループの終了条件が異なるため、6回の繰り返し処理になります。

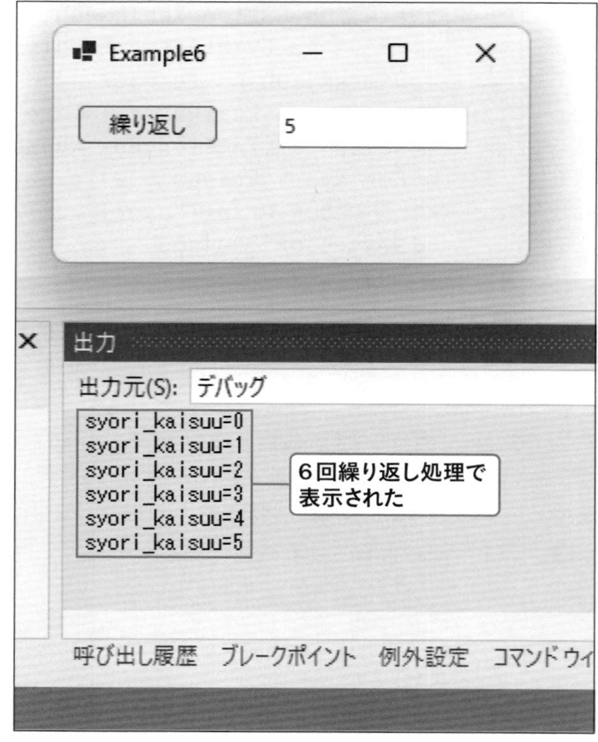

理解 Forについて

>>> コードの概要

コードを順番に追いかけていきながら説明します。
最初の3行はDo Whileと同じなので、225ページを参照してください。

```
Dim kaisuu As Integer
Dim syori_kaisuu As Integer
kaisuu = CInt(TextBox_kaisuu.Text)
For syori_kaisuu = 0 To kaisuu ——1
   Debug.Print("syori_kaisuu=" & syori_kaisuu) ——2
Next syori_kaisuu ——3
```

1 ループ

```
For syori_kaisuu = 0 To kaisuu
```

Forループの開始命令です。Forループを使った繰り返し処理では、まず最初に、繰り返し処理に使用する変数を指定します。例では、変数syori_kaisuuを指定しています。
続いて、繰り返しの**初期値**を＝に続けて指定します。ここでは、0を指定しています。
さらに、Toに続けて繰り返しの**終了値**を指定します。ここでは、kaisuuが指定されています。
kaisuuには、テキストボックスに入力した5が代入されるので、終了値は5となります。
例の場合、初期値が0で終了値が5です。そのためForループは、syori_kaisuuを0～5まで順に変化させながら繰り返し処理が行われます。Forループでは、ループ変数は、自動的に1ずつ増加していきます。

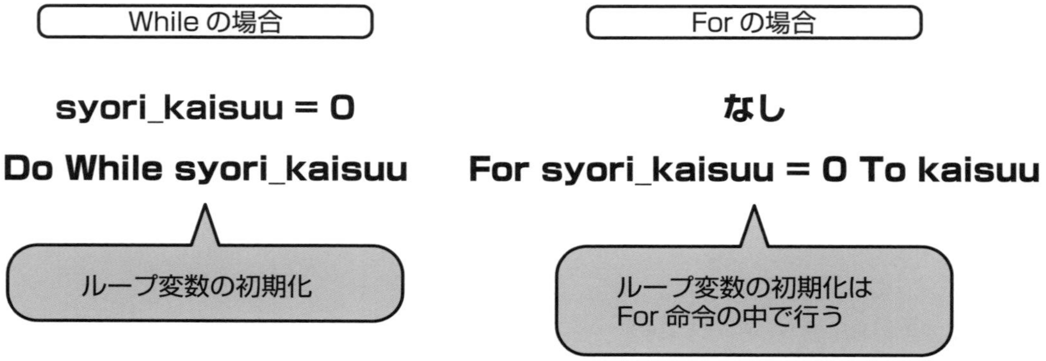

Whileの場合	Forの場合
syori_kaisuu = 0	**なし**
Do While syori_kaisuu	**For syori_kaisuu = 0 To kaisuu**
ループ変数の初期化	ループ変数の初期化は For命令の中で行う

2 繰り返し処理

```
Debug.Print("syori_kaisuu=" & syori_kaisuu)
```

Debug.Printで、処理内容がわかるように、変数syori_kaisuuに記憶されている値を出力ウィンドウに表示します。

3 Forに戻る

```
Next syori_kaisuu
```

次の命令は、Nextです。Nextの次には、ループ変数（ここではsyori_kaisuu）を指定します。Nextまできたら、Forに戻ります。
ループ変数が終了値に達していなければ、1〜3の間を繰り返し処理します。この例では、6回目の処理で、syori_kaisuuが終了値であるkaisuu（5）と等しくなります。終了値と等しくなった時点で、繰り返し処理は終了します。

>>> Forのまとめ

最後にForの文法をまとめておきます。Forの文法は、次のようになります。

```
For ループ変数 = 初期値 To 終了値
    繰り返し実行するステートメント
Next ループ変数
```

まずFor命令には、繰り返し処理で使用する変数(**ループ変数**)、**初期値**、**終了値**を指定します。初期値、終了値は式であってもかまいません。
またForは、For～Nextの間のステートメントを繰り返し実行します。ステートメントは複数あってもかまいません。
Nextには、ループ変数を記述します。省略してもかまいませんが、どのFor命令に対応するNextであるのかをはっきりさせるためには、省略しない方がよいでしょう。

まとめ

◉**For命令では、繰り返しに使う変数と初期値、終了値によりループ処理を行うことができる**

Forの増減値を変更しよう

完成ファイル | [0805] → [Example6] → [Example6.sln]

予習 ForのStepについて知ろう

For命令では、Stepを記述することで、ループ変数を増加させる値を指定することが可能です。たとえば、Step 2のように記述すると、1回の繰り返し処理で、ループ変数が2増えます。前節のようにStepを記述しなかった場合は、1になります。
こうすることで、ループ変数を0、2、4と2つ飛びに増やしていくようなループ処理を行うことができます。ここでは、ForのStep（ステップ）について学習します。

通常のForループ	0→1→2→3→4→5
2つ飛びのForループ	0→2→4
3つ飛びのForループ	0→3

・2つ飛びの例

```
For syori_kaisuu = 0 To kaisuu Step 2
   Debug.Print("syori_kaisuu=" & syori_kaisuu)
Next syori_kaisuu
```

体験 Stepを使おう

1 ForループにStepを追加する

前節のFor命令を使ったForループに、Stepを追加します。イベントプロシージャ内のコードを次のように変更します。変更した部分はForの行だけです。行の最後に「Step 2」と追加しました1。

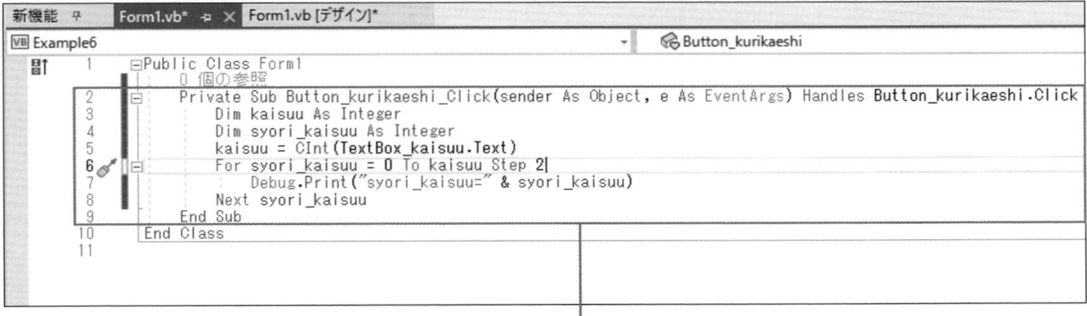

```
Private Sub Button_kurikaeshi_Click(sender As Object, _
        e As EventArgs) Handles Button_kurikaeshi.Click
    Dim kaisuu As Integer
    Dim syori_kaisuu As Integer
    kaisuu = CInt(TextBox_kaisuu.Text)
    For syori_kaisuu = 0 To kaisuu Step 2
        Debug.Print("syori_kaisuu=" & syori_kaisuu)
    Next syori_kaisuu
End Sub
```

1 入力する

2 プログラムを実行する

入力できたら、実行します。[デバッグ] メニュー→[デバッグの開始] の順にクリックし1、プログラムを起動させます。

③ 5を入力する

フォームが表示されたら、テキストボックスに「5」と入力します❶。［繰り返し］ボタンをクリックし❷、イベントプロシージャを実行します。

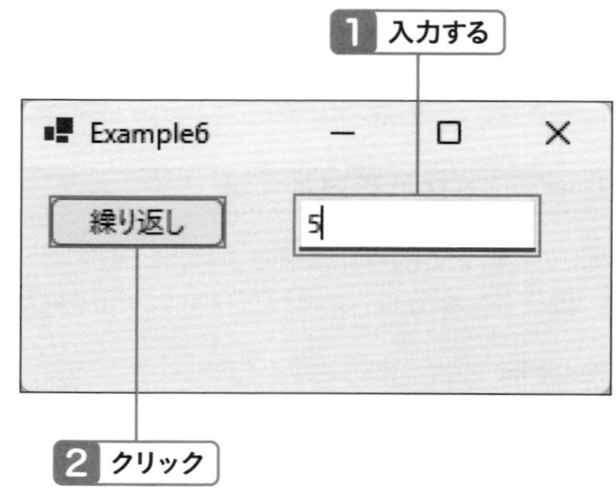

④ Forループで3回処理される

繰り返しを5までにしたので、通常であれば0〜5までの繰り返しが行われるはずです。しかし、Stepがあることで、0、2、4と全部で3回の繰り返ししか行われませんでした。

>>> **Tips**

94ページの方法で出力ウィンドウをクリアしておきます。

理解 ForのStepについて

For命令によるForループでは、繰り返すたびにループ変数が自動的に増加されます。１回のループでいくつ増加させるのかは、Stepで指定することができます。Stepは省略可能で、省略時には１であるとみなされます。初期値が０、終了値が５で、Stepを１、２、３と変化させたときの繰り返しの様子は、次のようになります。

	1回目	2回目	3回目	4回目	5回目	6回目
Step 1（省略時）	0	1	2	3	4	5
Step 2	0	2	4			
Step 3	0	3				

Stepには、負の数を指定することもできます。負の数を指定すると、ループ変数は増加するのではなく、減少していきます。従って、初期値より終了値が小さい数になっている必要があります。

```
For syori_kaisuu = 5 To 0 Step -1  ← 初期値5から減らしていく
```

このようなForループでは、syori_kaisuuの値は、５、４、３、２、１、０と変化することになります。初期値と終了値の関係に注意する必要があり、次のようなループでは、いつまで経ってもループが終了しません。

```
For syori_kaisuu = 0 To 5 Step -1  ← ループが終了しない
```

syori_kaisuuの値は、０、－１、－２、－３、－４、－５と変化することになり、いつまで経っても５にはならないからです。

まとめ

- ◉For命令では、ループ変数の増減値をStepで指定できる
- ◉初期値と終了値の関係に注意する必要がある

第8章 練習問題

■問題1

次の文章の穴を埋めよ。

Visual Basicでは、[①]命令、またはFor命令により繰り返し処理を行うことができる。[①]命令では、繰り返し処理するかどうかの条件式を記述する。For命令では、繰り返し処理に使用する変数を決定し、[②]と終了値を指定して繰り返し処理を行う。

ヒント 213ページ、231ページ

■問題2

Debug.Printで出力ウィンドウに表示を行うと、必ず改行が付加されるが、Debug.Writeを使うと改行が付け加えられない。次のコードは、出力ウィンドウに◎を連続して20個表示するプログラムである。ソースコードの穴を埋め、プロジェクト「Test3」を作成しなさい。

```
Private Sub Button_test_Click(sender As ...
    Dim kosuu As Integer
    kosuu = 0
    Do While [ ① ]
        Debug.Write("◎")
        kosuu = kosuu [ ② ] 1
    Loop
End Sub
```

ヒント kosuuを0から19まで変化させるループ処理とする。

配列

1 一度に複数の変数を宣言しよう

完成ファイル | [0901] → [Example7] → [Example7.sln]

予習 合計を計算するフォームを作成しよう

ここでは、3つのテキストボックスに入力された数値の合計を計算するプログラムを作成します。[合計]ボタンをクリックしたときに、上から3つまでのテキストボックスに入力された数値を合計して、一番下のテキストボックスに結果を表示させるようにします。
テキストボックスに入力された値をCIntで型変換し、それぞれ専用の変数で記憶しておくようにします。変数は、必要ならいくつでも宣言することができます。ここでは、複数の変数を同時に宣言する方法についても解説します。

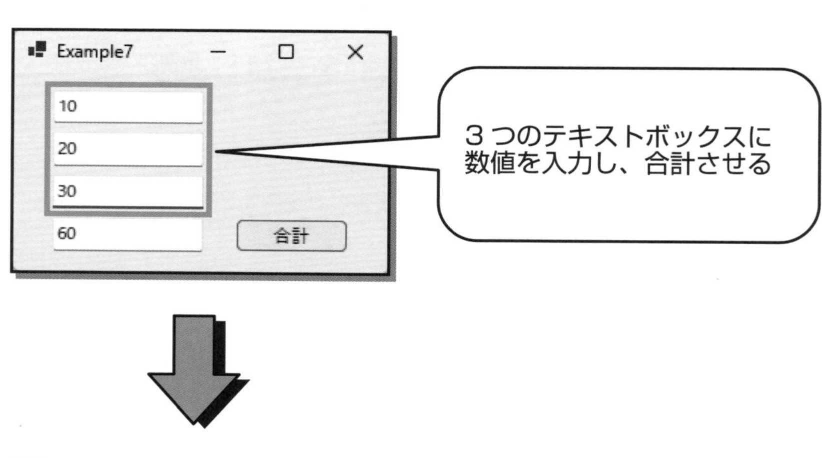

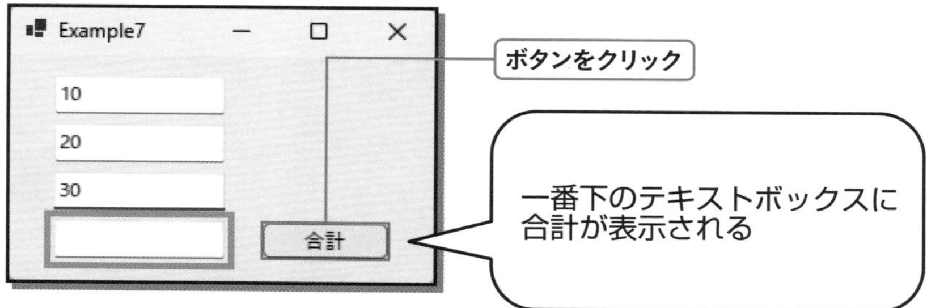

体験　合計を計算しよう

1 プロジェクトとフォームを作成する

新しいプロジェクト「Example7」を作成してください。フォームにテキストボックスを4つ、ボタン1つを次の画面のように配置します。ここでは、コントロールを作成する順番も重要になってきますので、**図の番号の順**に作成してください。［合計］ボタンから作成し、テキストボックスは下から順に作成するようにします。

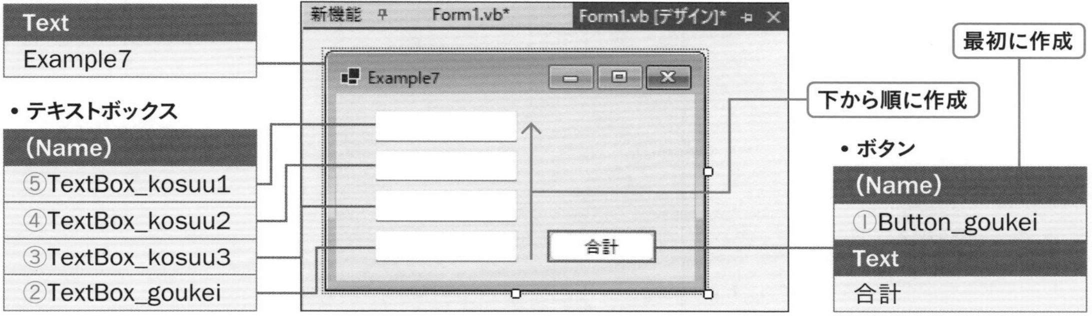

2 合計を計算する

まず、［合計］ボタンをダブルクリックして、イベントプロシージャを作成します。
イベントプロシージャに次のコードを入力します1。

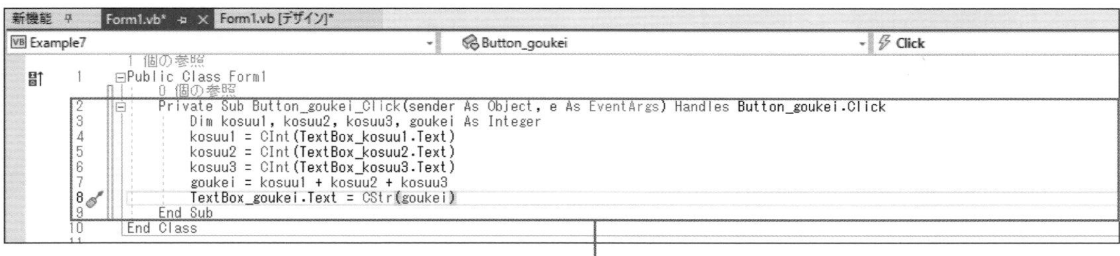


```
    Private Sub Button_goukei_Click(sender As Object, _
            e As EventArgs) Handles Button_goukei.Click
        Dim kosuu1, kosuu2, kosuu3, goukei As Integer
        kosuu1 = CInt(TextBox_kosuu1.Text)
        kosuu2 = CInt(TextBox_kosuu2.Text)
        kosuu3 = CInt(TextBox_kosuu3.Text)
        goukei = kosuu1 + kosuu2 + kosuu3
        TextBox_goukei.Text = CStr(goukei)
    End Sub
```

1 入力する

3 プログラムを実行する

プログラムを実行して、動作確認をしましょう。[デバッグ] メニュー→ [デバッグの開始] の順にクリックし❶、プログラムを実行します。

4 合計を計算する

テキストボックスに数値を入力します。ここでは、上から10、20、30と入力します❶。[合計] ボタンをクリックし❷、合計を演算させてみましょう。10＋20＋30で、60が計算されます。

>>> **Tips**

何も入力しないで [合計] ボタンをクリックすると、InvalidCastExceptionが発生するので注意してください。

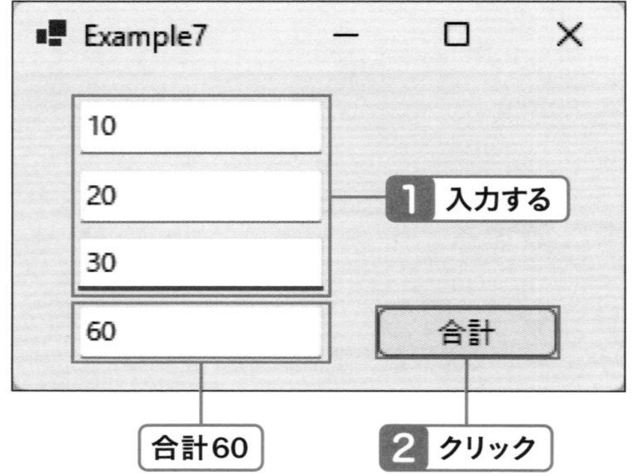

理解 合計の計算方法と問題点について

>>> コードの概要

この節で行ったことは今までの応用なので、それほど難しくなかったと思います。Dimによる宣言時に、一度に複数の変数を宣言している部分が目新しい部分なので、ここを少し詳しく説明します。今までは、必要な変数の数分だけ、Dimを使って変数宣言を行っていました。今回は変数の数が多いので、1回のDimで**複数の変数を宣言**しています。
コードを一行ずつ解説します。

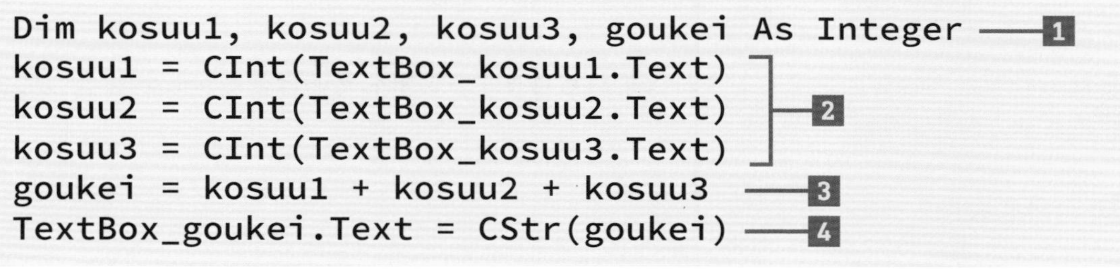

```
Dim kosuu1, kosuu2, kosuu3, goukei As Integer ── 1
kosuu1 = CInt(TextBox_kosuu1.Text) ┐
kosuu2 = CInt(TextBox_kosuu2.Text) ├─ 2
kosuu3 = CInt(TextBox_kosuu3.Text) ┘
goukei = kosuu1 + kosuu2 + kosuu3 ── 3
TextBox_goukei.Text = CStr(goukei) ── 4
```

1 複数の変数宣言

```
Dim kosuu1, kosuu2, kosuu3, goukei As Integer
```

このように ,(カンマ)を使うことで、複数の変数を一度に宣言することができます。型の指定がAs Integerになっているので、ここで宣言した変数はどれもInteger型になります。つまり、同一の型の変数であれば、1行で複数の変数を宣言することができるのです。

2 入力値を変数に記憶

```
kosuu1 = CInt(TextBox_kosuu1.Text)
kosuu2 = CInt(TextBox_kosuu2.Text)
kosuu3 = CInt(TextBox_kosuu3.Text)
```

テキストボックスで入力された文字列を、数値に変換して変数に代入します。テキストボックスは3つありますから、それぞれ型の変換と代入を行っています。

3 合計を計算

```
goukei = kosuu1 + kosuu2 + kosuu3
```

合計の計算は、各変数を足し算すれば求められます。合計した値は変数goukeiに代入して記憶させておきます。

4 合計を表示

```
TextBox_goukei.Text = CStr(goukei)
```

最後に、合計した値を表示用のテキストボックスのTextプロパティに、CStrで文字列型に変換して代入します。

COLUMN タブインデックス

フォーム上に配置したコントロールは、Tabキーにより順にフォーカスを移動させることができます。Example7では、逆の順番でコントロールを作成しているため、Tabキーでの移動が逆に行われてしまいます。
Tabキーでの移動は、TabIndexプロパティの値により行われます。気になる方はTabIndexを設定するとよいでしょう。

>>> 仕様の変更

さて、せっかく作った合計計算プログラムですが、仕様の変更により、最低10個の数値の合計を計算しなければならなくなったとします。
テキストボックスは足りない分を追加するとしても、変数もkosuu4、kosuu5と全部で10個にする必要があります。合計を計算するときも、次のように全部並べて書かなければなりません。

```
goukei = kosuu1 + kosuu2 + kosuu3 + kosuu4 + _
         kosuu5 + kosuu6 + kosuu7 + kosuu8 + _
         kosuu9 + kosuu10
```

このような場合、繰り返し処理にしておくと、のちの変更が楽になります。繰り返し処理なら、ループの回数を変えればすむかもしれません。
しかし、単純にループを回すだけではうまくいきません。繰り返し処理では、次節以降で解説する**配列**を使って演算を行うようにします。

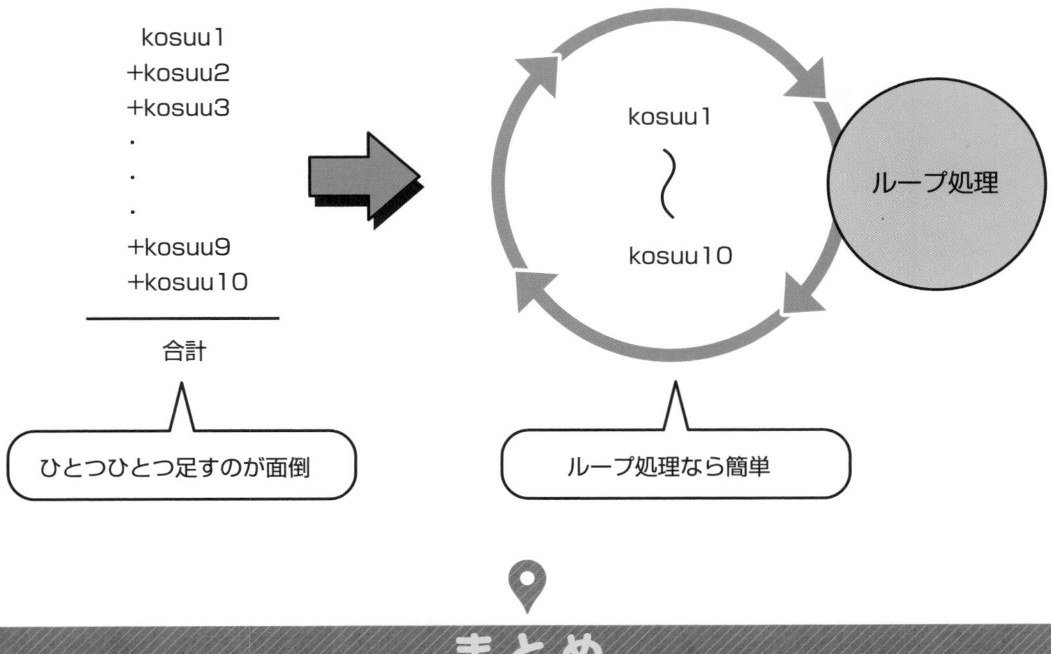

まとめ

◉**個数が変わるときは配列を使った繰り返し処理を行うとよい**

Me.Controls

完成ファイル | [0902] → [Example7] → [Example7.sln]

予習 Me.Controlsでコントロールを参照しよう

ここでは、繰り返し処理で合計を計算するための前準備として、Me.Controlsを解説します。Me.Controlsを使うと、フォーム上に配置されたすべてのコントロールを、コントロール名を使わずに参照することができます。
まず、Me.Controlsと繰り返し処理を利用してフォーム上のコントロール名を、コントロール名を使わずに表示してみましょう。ここではMe.Controlsと繰り返し処理の関係をよく理解してください。また、配列についての概念も学習します。

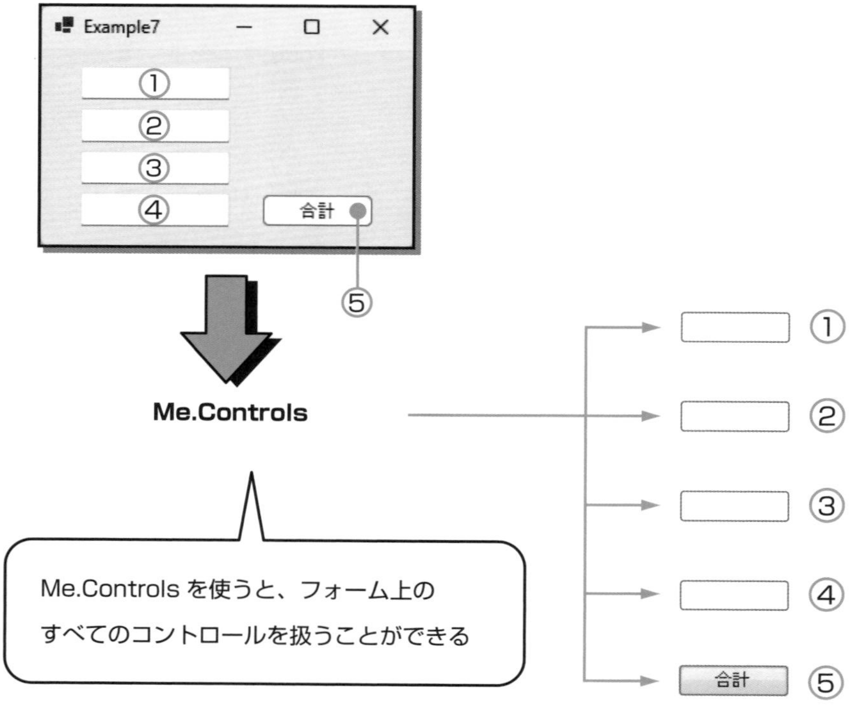

体験 Me.Controlsを使おう

1 イベントプロシージャを変更する

[合計] ボタンのイベントプロシージャを次のように変更します1。

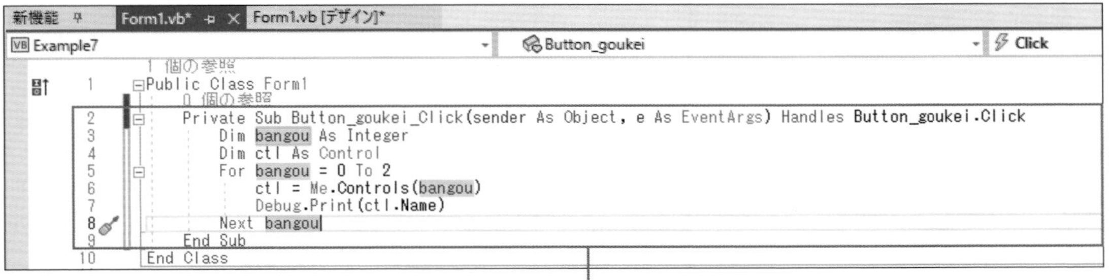


```
Private Sub Button_goukei_Click(sender As Object, _
        e As EventArgs) Handles Button_goukei.Click
    Dim bangou As Integer
    Dim ctl As Control
    For bangou = 0 To 2
        ctl = Me.Controls(bangou)
        Debug.Print(ctl.Name)
    Next bangou
End Sub
```

1 修正する

2 プログラムを実行する

[デバッグ] メニュー→[デバッグの開始] の順にクリックし1、プログラムを実行します。

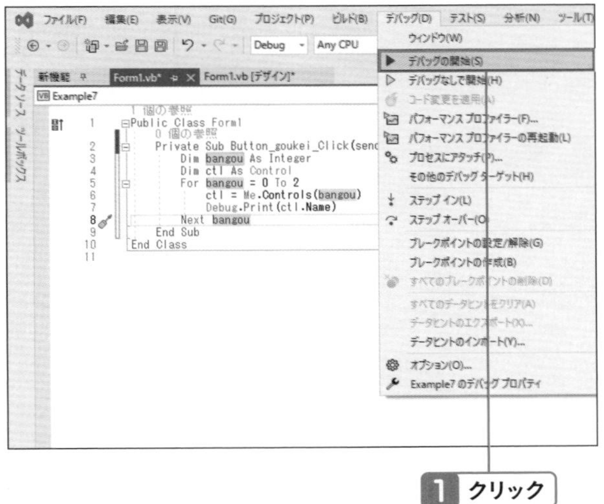

1 クリック

3 合計を計算する

テキストボックスには何も入力せずに、[合計]ボタンをクリックし1、プログラムを実行します。

>>> Tips

ここでは、入力なしでもInvalidCastExceptionは発生しません。

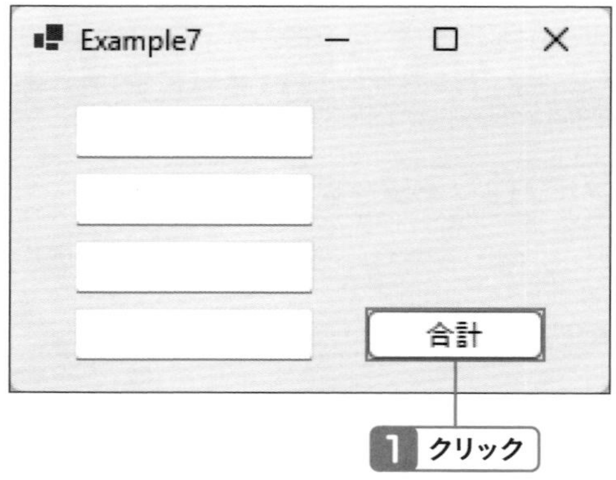

4 実行結果

出力ウィンドウに上から3つ目までのテキストボックスの名前が表示されます。
Me.Controlsにより、フォーム上のコントロールの名前が順番に表示されました。

>>> Tips

ここで、出力ウィンドウに表示されるコントロール名が図と異なっている場合、コントロールの作成順序が正しくありません。241ページの図の順番でコントロールを作成し直す必要があります。

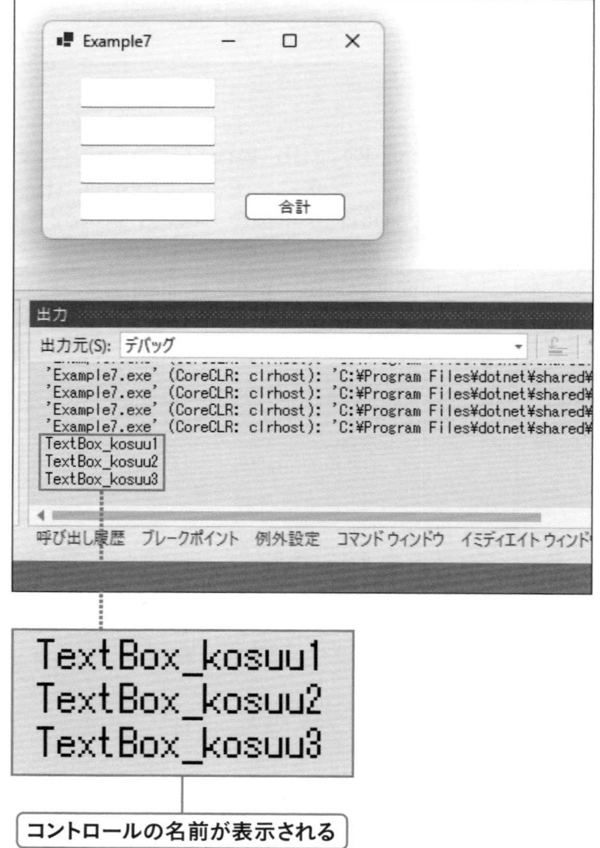

理解 Me.Controlsについて

Control型変数

2つ目の変数宣言では、変数ctlをControl型で宣言しています。Control型は文字通り、コントロールです。コントロールはフォーム上に配置されたパーツのことでした。今回のプログラムでは、フォームに配置したテキストボックスとボタンを代入するための変数になります。

```
Dim ctl As Control
```

Me.Controls

これまで、フォームに配置したテキストボックスやボタンなどのコントロールには、(Name)プロパティによって名前を付けてきました。コード上は、この名前を使ってコントロールを操作します。しかし、名前以外で、コントロールを操作する方法もあります。それが、Me.Controlsです。

Meは、フォームそのものを意味するオブジェクトです。オブジェクトということは、プロパティやメソッドを持っています。Controlsは、オブジェクトMe、すなわちフォームそのもののプロパティです。このControlsプロパティは、Textなどのプロパティとは異なり、複数の値を持つことができます。

Controlsプロパティは、フォームに配置されているすべてのコントロールへの参照を持っています。参照というのは、そのもの、ではなく、行き先だけを持つもの、と考えてください。デスクトップに作成される、ショートカットのようなものと考えるとわかりやすいかもしれません。この参照が、Controlsプロパティの値になっています。

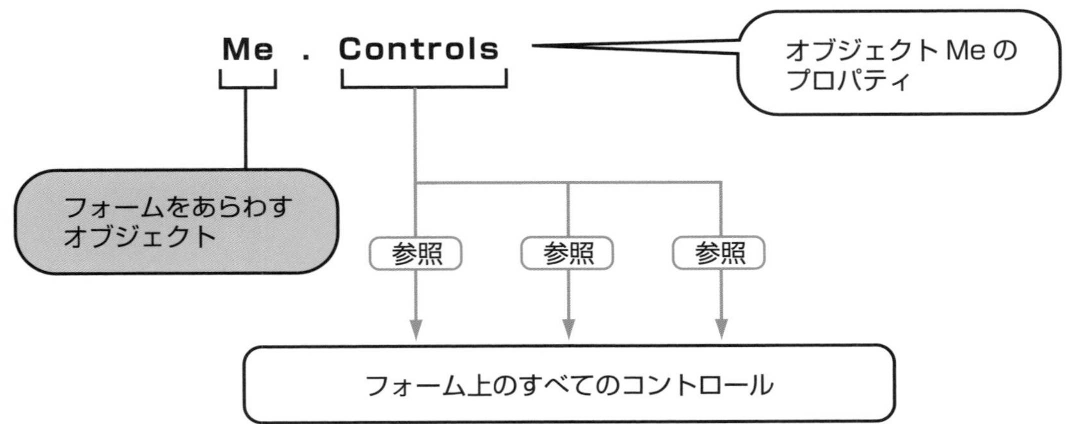

>>> 配列

Controlsプロパティのように、1つの名前で複数の値を持つことを、**配列**と呼びます。配列の中の1つの値のことを**要素**と呼びます。Controlsの場合、ひとつひとつの要素とはフォーム上のそれぞれのコントロールです。配列の要素はすべて同じ型になります。

配列の要素を取り出すには、**添え字**というしくみを使います。Controlsのみでは全体を意味してしまうので、( )の中に添え字を指定することで、何番目の要素であるかを指示します。添え字に記述する番号は、0からはじまります。つまり配列において添え字が0のものが、1番目の要素です。ここでの、「Me.Controls (0)」はフォームに最後に配置したコントロールになります。つまり、①のテキストボックスを示します。

For ループの結果

Me.Controls(0) → ① のテキストボックス

Me.Controls(1) → ② のテキストボックス

Me.Controls(2) → ③ のテキストボックス

添え字

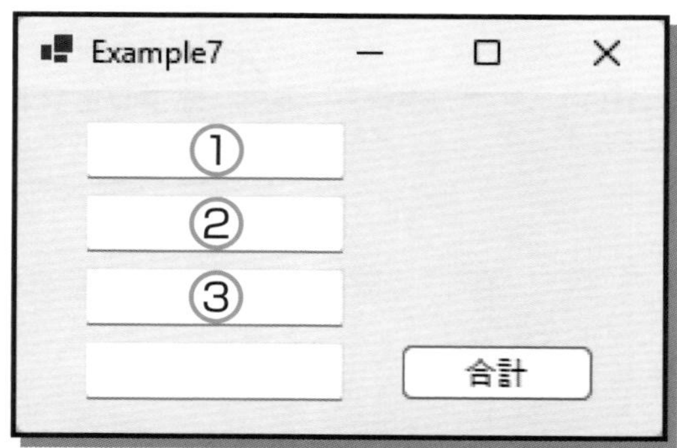

>>> コードの概要

コードの説明をしましょう。

```
Dim bangou As Integer  ← 配列の添え字となる変数を宣言
Dim ctl As Control     ← フォーム上のコントロールを代入する変数
For bangou = 0 To 2    ← Forループ
    ctl = Me.Controls(bangou) ← フォーム上のコントロールをctl変数に代入
    Debug.Print(ctl.Name)
Next bangou
```

まず、Forループが１つあり、変数bangouを０～２まで変化させながら繰り返し処理が行われます。この変数bangouが配列の添え字になります。繰り返し処理の中では、Controlsのbangou番目のコントロールを変数ctlに代入しています。変数ctlはControl型の変数です。Debug.Printで、ctlの（Name）プロパティを表示します。

このコードで、フォームに配置したコントロールのうち、最初の３つの（作成する順番ならば最後の３つ）コントロールの名前が出力ウィンドウに表示されます。

COLUMN 配列とコレクション

Me.Controlsは正確にいうと配列ではなく、コレクションと呼ばれるものです。配列もコレクションも、複数のデータを記憶することができる点においては同じです。括弧と添え字を使って各データにアクセスすることも同じです。

配列とコレクションが異なる点は、コレクションにはプロパティ、メソッドがある点です。配列は、複数の要素を集めたもの、というイメージですが、コレクションはプロパティ、メソッドを持つオブジェクトなのです。

Me.Controlsの詳しい説明については、Visual Basicのヘルプを参照してください。

まとめ

- ◉Me.Controlsでフォーム上のすべてのコントロールを参照することができる
- ◉配列には複数の値を記憶することができる
- ◉配列は、複数の要素から構成されており、要素は添え字により指定できる

3 Controlsを使って合計を計算しよう

完成ファイル | [0903] → [Example7] → [Example7.sln]

予習 Me.Controlsから合計を計算しよう

ここでは、前節で作成したプログラムを、Me.Controlsを使って、合計値を計算するように書き換えます。Me.Controlsでは、繰り返し処理によりコントロールを参照することができました。これを利用して、繰り返し処理で合計を計算するようにします。
コントロールの名前は、コントロールの(Name)プロパティで参照できました。入力されている値は、Textプロパティにより参照することができます。Textプロパティの内容を順に合計していけば、繰り返し処理により合計を計算させることが可能です。

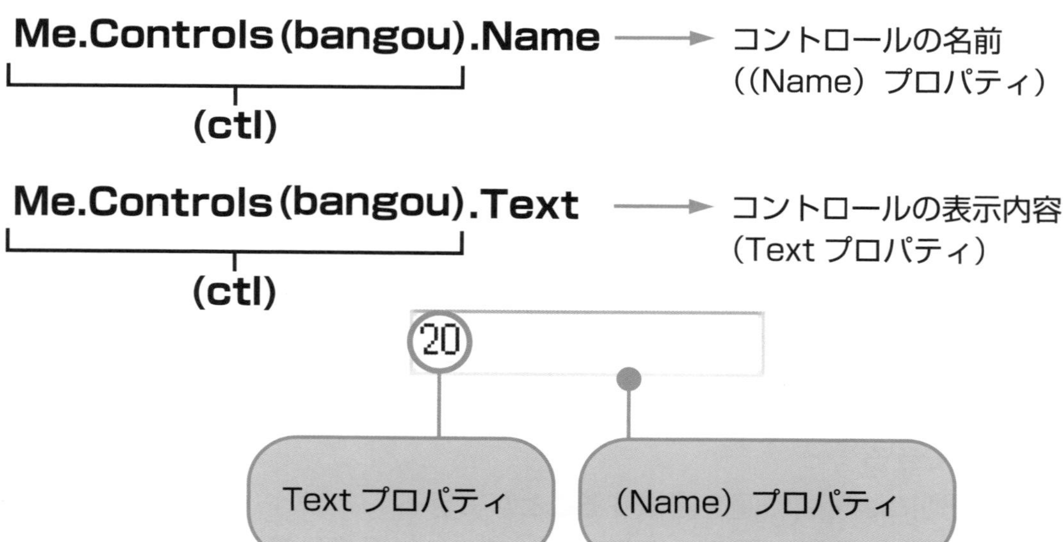

体験 Controlsを使って合計を計算しよう

1 イベントプロシージャを変更する

[合計] ボタンのイベントプロシージャを次のように変更します1。

```
新機能  Form1.vb*  Form1.vb [デザイン]*
Example7                Button_goukei
    1 個の参照
Public Class Form1
        0 個の参照
        Private Sub Button_goukei_Click(sender As Object, e As EventArgs) Handles Button_goukei.Click
            Dim bangou, kosuu, goukei As Integer
            Dim ctl As Control
            goukei = 0
            For bangou = 0 To 2
                ctl = Me.Controls(bangou)
                kosuu = CInt(ctl.Text)
                goukei = goukei + kosuu
            Next bangou
            TextBox_goukei.Text = CStr(goukei)
        End Sub
End Class
```

```
    Private Sub Button_goukei_Click(sender As Object, _
            e As EventArgs) Handles Button_goukei.Click
        Dim bangou, kosuu, goukei As Integer
        Dim ctl As Control
        goukei = 0
        For bangou = 0 To 2
            ctl = Me.Controls(bangou)
            kosuu = CInt(ctl.Text)
            goukei = goukei + kosuu
        Next bangou
        TextBox_goukei.Text = CStr(goukei)
    End Sub
```

1 修正する

2 プログラムを実行する

プログラムを実行して、動作確認をしましょう。[デバッグ] メニュー→ [デバッグの開始] の順にクリックし1、プログラムを実行します。

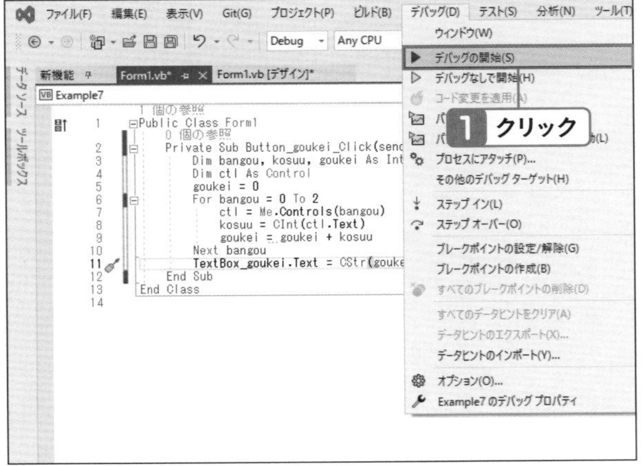

3 合計を計算する

テキストボックスに数値を入力します。ここでは、上から10、20、40と入力しています❶。[合計] ボタンをクリックして❷、合計を演算させてみましょう。

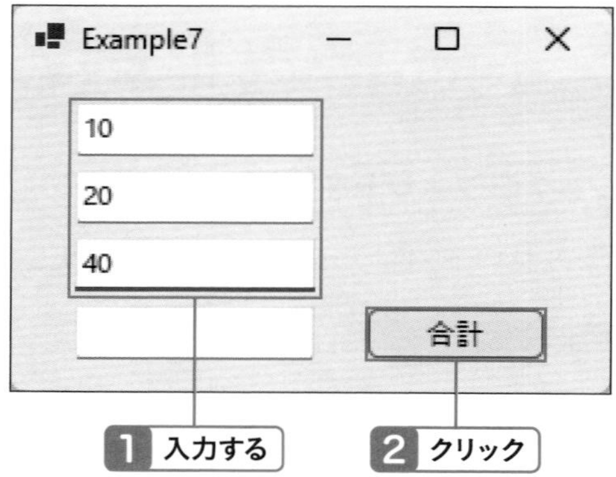

4 実行結果

10＋20＋40で、70が計算されます。

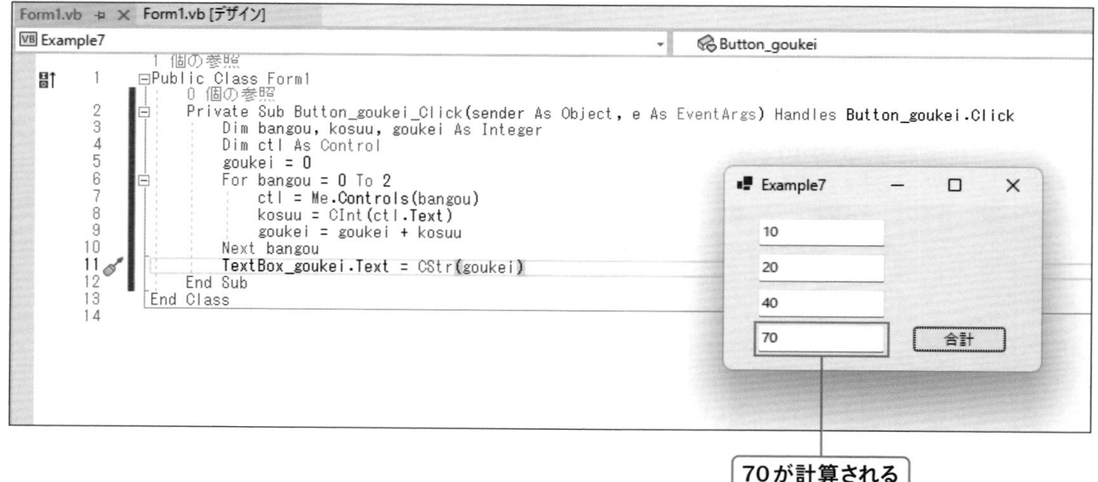

理解 配列から合計値を計算する方法

コードの概要

コードを順に追いながら動きを理解しましょう。

```
Dim bangou, kosuu, goukei As Integer   ┐
Dim ctl As Control                     ┘ 1
goukei = 0 ―― 2
For bangou = 0 To 2 ―― 3
    ctl = Me.Controls(bangou)   ┐
    kosuu = CInt(ctl.Text)      │ 4
    goukei = goukei + kosuu     ┘
Next bangou ―― 5
TextBox_goukei.Text = CStr(goukei) ―― 6
```

1 変数宣言

```
Dim bangou, kosuu, goukei As Integer
Dim ctl As Control
```

最初の2行は、変数宣言です。変数bangouは、配列Me.Controlsの添え字とループ変数を兼ねます。変数kosuuはテキストボックスに入力された値を記憶します。変数goukeiは3つのテキストボックスに入力された値の合計を記憶します。変数ctlは、コントロールを代入するための変数です。

2 変数goukeiの初期化

```
goukei = 0
```

変数goukeiを使って合計値を計算していきます。最初は0に初期化しておきます。

3 Forループ

```
For bangou = 0 To 2
```

Forにより、変数bangouをループ変数として0、1、2と変化させながら繰り返し処理を行います。

4 繰り返し処理

```
ctl = Me.Controls(bangou)
kosuu = CInt(ctl.Text)
goukei = goukei + kosuu
```

Forループの1回ごとの処理で、1つずつ順番にコントロールが参照されます。最初に、フォームのbangou番目のコントロールを変数ctlに記憶させます。次に、そのコントロールに入力されている値ctl.TextをInteger型に変換してkosuuに代入させます。最後にkosuuに代入した値をgoukeiに足して更新します。繰り返し処理の間、kosuuを次々に足し合わせていけば、最終的に合計が計算できます。

ここでは、テキストボックスに10、20、40と入力しましたから、変数kosuuはループ処理の過程で10、20、40と変化します。変数goukeiは、これらを順に足し合わせていきますので、10、30、70と変化します。

	ctl	kosuu	goukei+kosuu
1回目	10	10	0+10
2回目	20	20	10+20
3回目	40	40	30+40

5 Next

```
Next bangou
```

次の命令はNextです。3 に戻って繰り返し処理します。bangouが終了値になった場合は、6 に進みます。

6 goukeiを表示

```
TextBox_goukei.Text = CStr(goukei)
```

計算結果をテキストボックスに表示します。

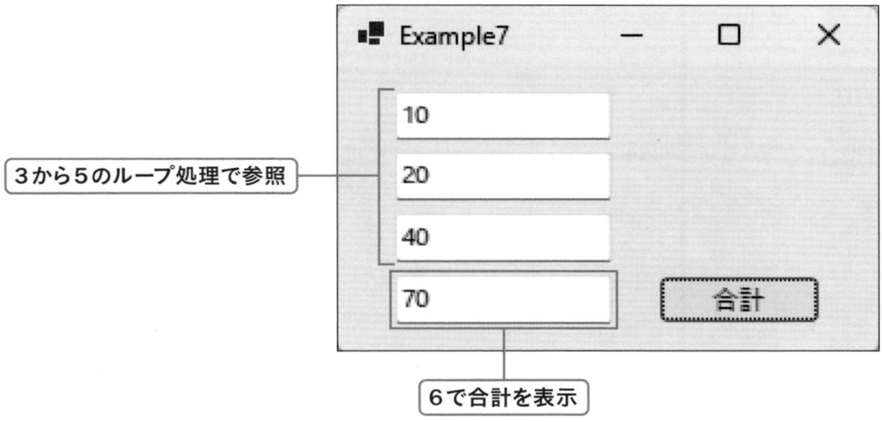

このように、繰り返し処理にしておけば、テキストボックスの数が増えても、Forループの終了値を変更するだけでコードの修正がすみます。

まとめ

- ◉配列と繰り返し処理を使うことで、個数を可変にすることができる
- ◉繰り返し処理は、配列と組み合わせて使われることが多い

配列を宣言して使おう

完成ファイル | [0904] → [Example7] → [Example7.sln]

予習 配列を知ろう

通常の変数は、Me.Controlsのように複数の値を代入することはできません。Me.Controlsのように、1つの変数で複数の値を代入できるようにするには、変数を**配列**として宣言します。配列を宣言する際には、配列の**要素数**を指定します。要素数は0から数えはじめます。たとえば要素数が3個の配列を宣言する場合は、次のように宣言します。

```
Dim hairetsu(2) As Integer
```
← Integer型で要素数が3の配列変数hairetsuを宣言

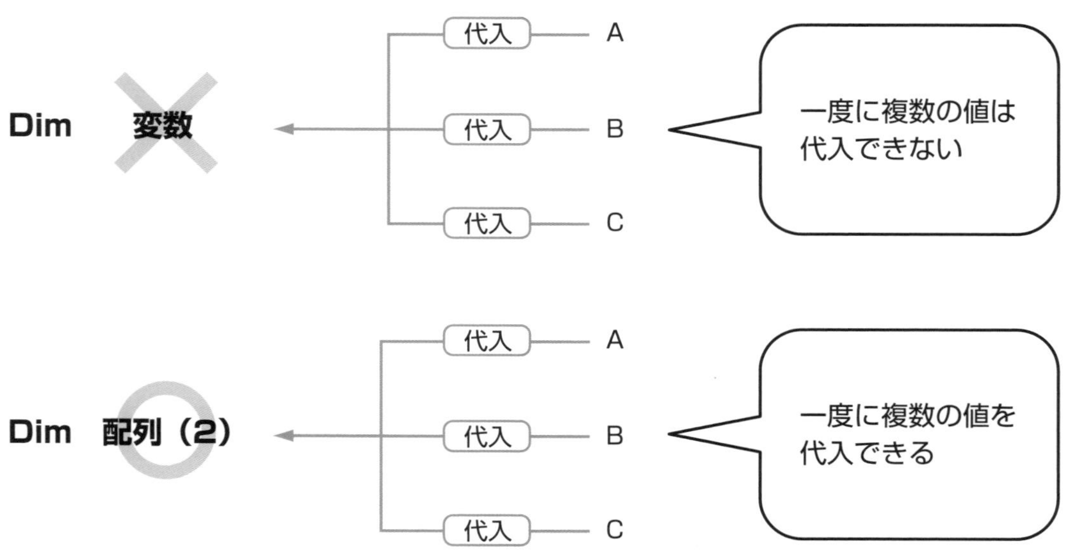

体験 配列を宣言しよう

1 イベントプロシージャを変更する

[合計] ボタンのイベントプロシージャを次のように変更します1。

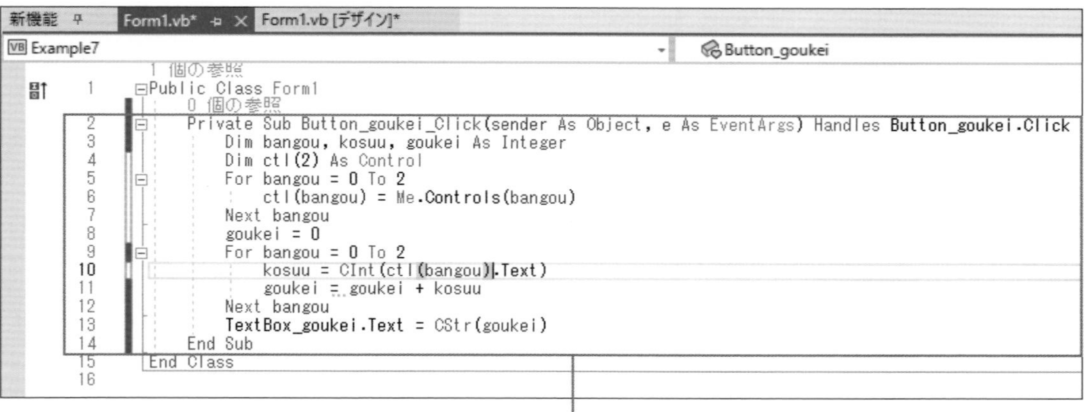


```
    Private Sub Button_goukei_Click(sender As Object, _
            e As EventArgs) Handles Button_goukei.Click
        Dim bangou, kosuu, goukei As Integer
        Dim ctl(2) As Control
        For bangou = 0 To 2
            ctl(bangou) = Me.Controls(bangou)
        Next bangou
        goukei = 0
        For bangou = 0 To 2
            kosuu = CInt(ctl(bangou).Text)
            goukei = goukei + kosuu
        Next bangou
        TextBox_goukei.Text = CStr(goukei)
    End Sub
```

1 修正する

2 プログラムを実行する

プログラムを実行して、動作確認をしましょう。［デバッグ］メニュー→［デバッグの開始］の順にクリックし**1**、プログラムを実行します。

3 数値を入力する

テキストボックスに、数値を入力します**1**。ここでは、上から10、20、50と入力しています。

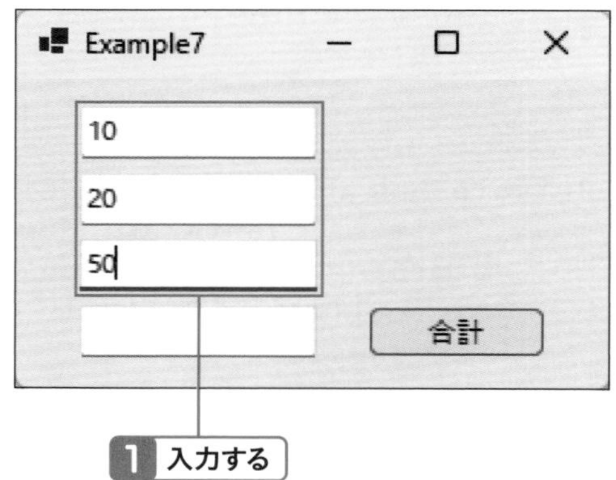

4 合計を計算する

［合計］ボタンをクリックします**1**。合計が計算され、80と表示されます。

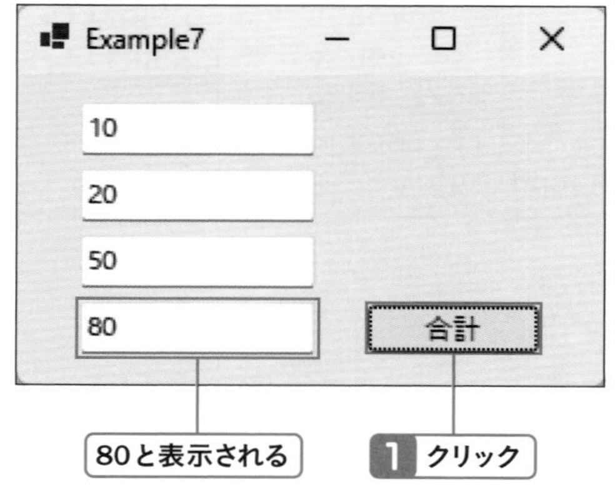

理解 配列の使用について

>>> コードの概要

コードの内容を前節との違いを中心に説明します。

```
Dim bangou, kosuu, goukei As Integer
Dim ctl(2) As Control ←配列変数ctlの宣言
For bangou = 0 To 2                                1
    ctl(bangou) = Me.Controls(bangou)   ← 配列変数ctlにフォームの
Next bangou                                          コントロールを代入
goukei = 0
For bangou = 0 To 2                                2
    kosuu = CInt(ctl(bangou).Text)  ← 配列変数ctl（テキストボックス）
    goukei = goukei + kosuu            のTextプロパティを代入
Next bangou
TextBox_goukei.Text = CStr(goukei)
```

2行目で変数ctlを配列変数に変更します。ctlは配列変数となり、複数の値を記憶させることができます。

また、For命令を2つに分割しました。前節での処理では変数ctlは配列ではなかったため、一度に1つのコントロールしか代入できませんでした。今回はctlが配列変数になり、最初のForループでは、Me.Controlsを配列変数ctlに代入する処理だけが行われます。つまり、1つ目のループ処理 1 で配列変数ctlに3つコントロールが代入されています。2番目のForループ 2 で、配列変数ctlから順番に値を取り出し合計処理を行っています。

>>> 配列の宣言と添え字

配列変数も、Dimを使って宣言します。配列として変数を宣言する場合は、変数名のあとに()を付け、括弧の中に、大きさを指定します。

```
Dim 変数名(大きさ) As 型
```

配列を式の中で使うときには、()の中には要素を指定するための添え字を書きます。しかし宣言のときは特別で、()の中に配列の添え字の最大値を書きます。
添え字は0から始まりますので、宣言時の数＋1が配列の要素数になります。
例では、Dim ctl (2) As Controlとしています。添え字の有効範囲は、0～2までとなり、要素数は3個です。

添え字	
宣言時	宣言後
大きさ	要素の番号
例） ctl(2) 0、1、2と3つの 大きさからなる配列変数	例） ctl(2) 3番目の配列の要素

変数が1つの値を記憶するのに対して、配列は1つの変数で複数の値を記憶することができます。
配列は、変数宣言の際に記述した数だけ、同じ型の変数がつながっています。同じ型の変数のため、同じ型の値しか記憶できませんが、値はそれぞれ別々のものが記憶できます。たとえば、

```
Dim ctl(2) As Control
```

と宣言した場合、変数ctlはControl型であり、3個の変数がつながっており、3個のControl型の値を記憶することができます。3個の変数にはそれぞれ、ctl(0)、ctl(1)、ctl(2)とすることでアクセスできます。

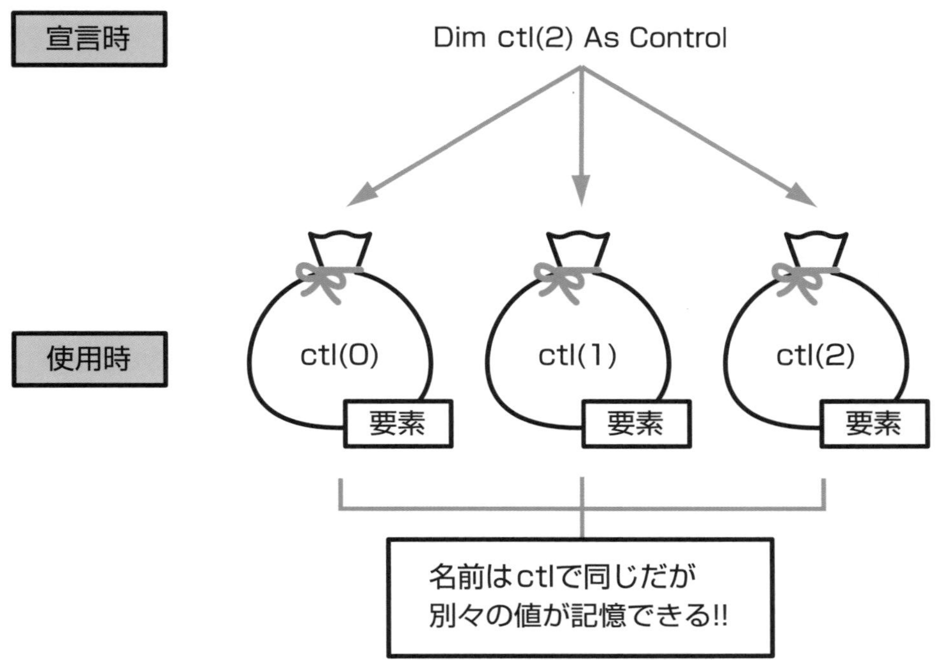

配列を宣言したら、あとは普通の変数と同じように使うことができます。ただし、配列変数の名前だけだと、配列全体を意味するようになるので、代入したり参照したりすることはできません。必ず**配列変数名（添え字）**の形で使うようにします。

また、負の数や配列の大きさを超える数の添え字は指定できません。もし、ctl（3）のように不正な添え字が指定された場合、実行時エラーになります。

まとめ

- 変数宣言において、変数名に( )を付けることで、配列変数を宣言することができる

第9章 練習問題

■問題1

次の文章の穴を埋めよ。

配列は、複数の［①］から構成される。配列の［①］を特定するため、括弧と添え字が使用される。
配列変数は、通常の変数と同様に、宣言を行ってから使用する。配列変数の宣言時には、配列の［②］を括弧内に指定する。

ヒント 250ページ、258ページ

■問題2

次のソースコードの穴を埋め、プロジェクト「Test4」を作成しなさい。
ソースコードは、出力ウィンドウに10個の◎を表示するものである。Char型の配列は、CStrによりString型に変換することができる。これを利用して、表示を行うにあたり、10個の文字"◎"が入る配列を宣言し、Forループにより配列の全要素に"◎"を代入し、配列を文字列に型変換して表示を行っている。

```
Private Sub Button_test_Click(sender As ...
    Dim hairetsu(［①］) As Char
    Dim kaisuu As Integer
    For kaisuu = 0 To ［①］
        hairetsu(［②］) = "◎"
    Next kaisuu
    Debug.Print(CStr(hairetsu))
End Sub
```

ヒント 要素数が10個の配列の最大の添え字は9。

プロシージャとファンクション

10-1　プロシージャを作成してみよう

10-2　プロシージャを呼び出してみよう

10-3　ファンクションを作成してみよう

10-4　ファンクションに引数を加えてみよう

プロシージャを作成してみよう

完成ファイル ｜ [1001] → [Example8] → [Example8.sln]

予習 プロシージャの作成方法を知ろう

ここでは、プロシージャを作成する方法について学習します。
プロシージャは複数の命令文を集めて名前を付けたものであり、モジュールに作成します。プロシージャを作成するにはまず、モジュールを作成する必要があります。
今まではフォームにイベントプロシージャを作成し、イベントプロシージャ内で処理を具体的に記述しましたが、Visual Basicのプログラミングには、フォームにはフォームに関する処理だけを記述し、各フォームで共通の処理に関しては、モジュールを作成しその中に記述するという考え方があります。ここでは、モジュールとプロシージャの作成方法について解説します。

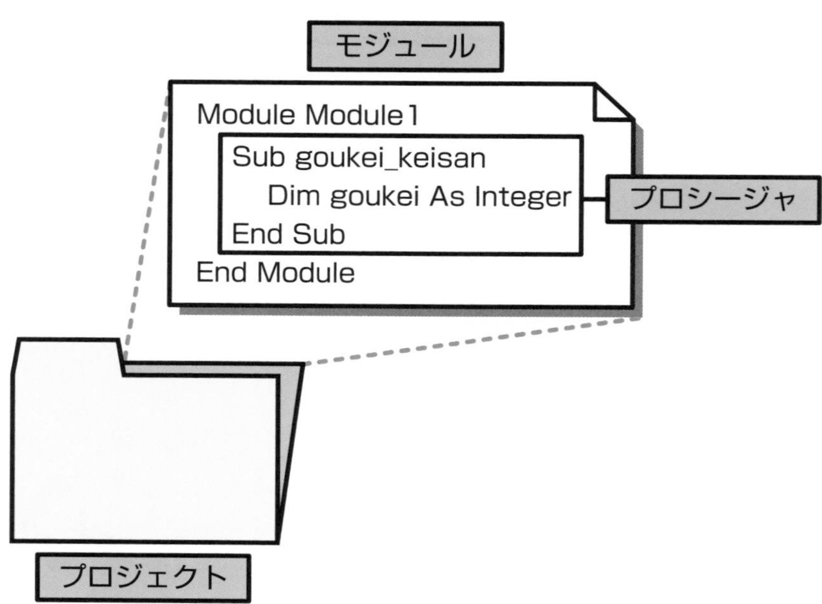

体験 モジュールとプロシージャを作成しよう

1 プロジェクトを作成する

新しくプロジェクト「Example8」を作成します。フォームのTextプロパティを「Example8」に変更しておきましょう。

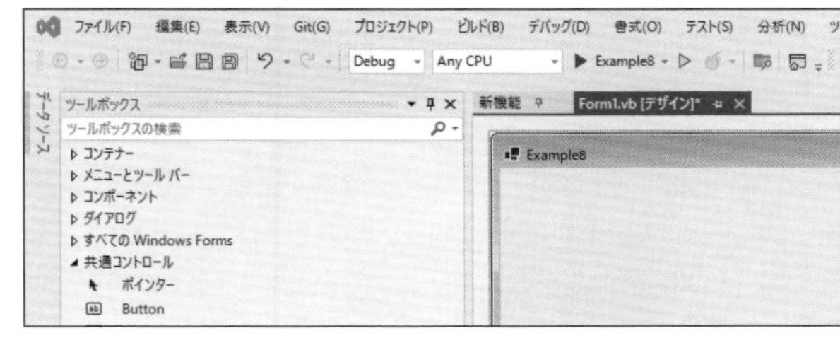

2 プロジェクトにモジュールを作成する

［プロジェクト］メニュー→［モジュールの追加］の順にクリックして**1**、［新しい項目の追加］ダイアログを表示させます。

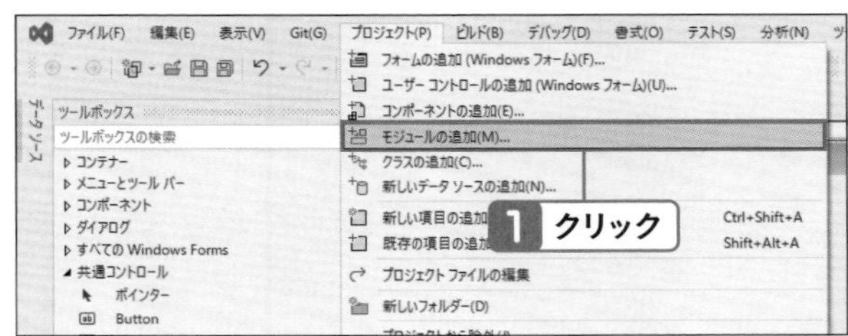

3 ［追加］ボタンをクリックしてモジュールを作成する

［新しい項目の追加］ダイアログで、モジュールが選択されていること、［名前］に「Module1.vb」と入力されていることを確認して、［追加］ボタンをクリックします**1**。

4 モジュールが追加される

「Module1.vb」という名前のウィンドウが表示され、モジュールが作成されます。
ここにプロシージャを記述します。ソリューションエクスプローラにもModule1.vbが追加されます。

5 プロシージャを作成する

Module1.vbウィンドウの「Module Module1」と「End Module」の間にプロシージャのコードを次のように記述します1。

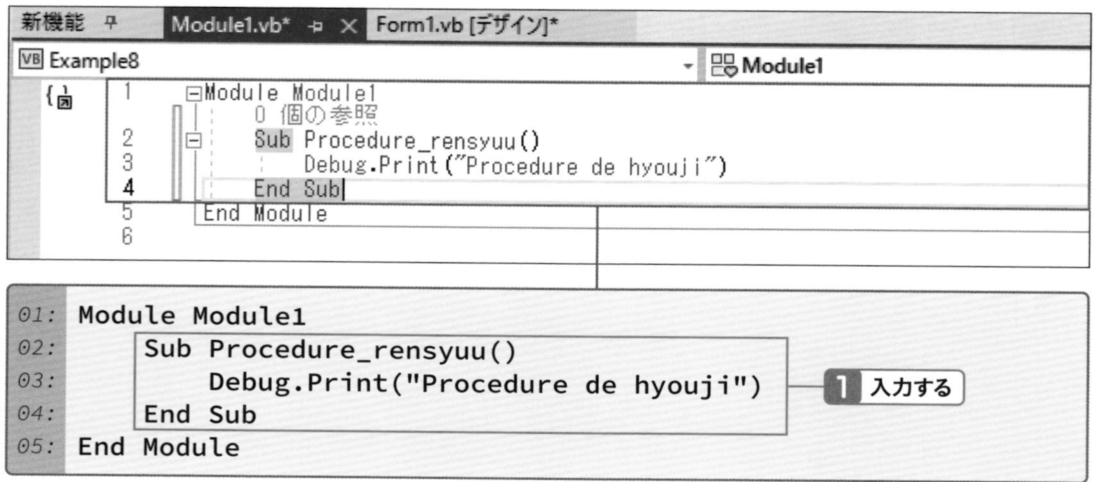


```
Module Module1
    Sub Procedure_rensyuu()
        Debug.Print("Procedure de hyouji")
    End Sub
End Module
```

理解 モジュールとプロシージャについて

モジュール

今までは、プロジェクトを作成した際に自動的に生成されるForm1.vbに対してコントロールやコードを作成してきました。プロシージャは、Form1.vbに作成することもできますが、プロシージャを記述するための専用の**モジュール**に作成することもできます。
モジュールは、プロジェクトメニューの［モジュールの追加］をクリックすることで表示される、［新しい項目の追加］ダイアログで追加することができます。
モジュールはフォームのように画面に表示されるウィンドウを持っていません。そのため、モジュールに対して、ボタンやラベルなどのコントロールを配置することはできません。モジュールにはコードだけを作成することができます。

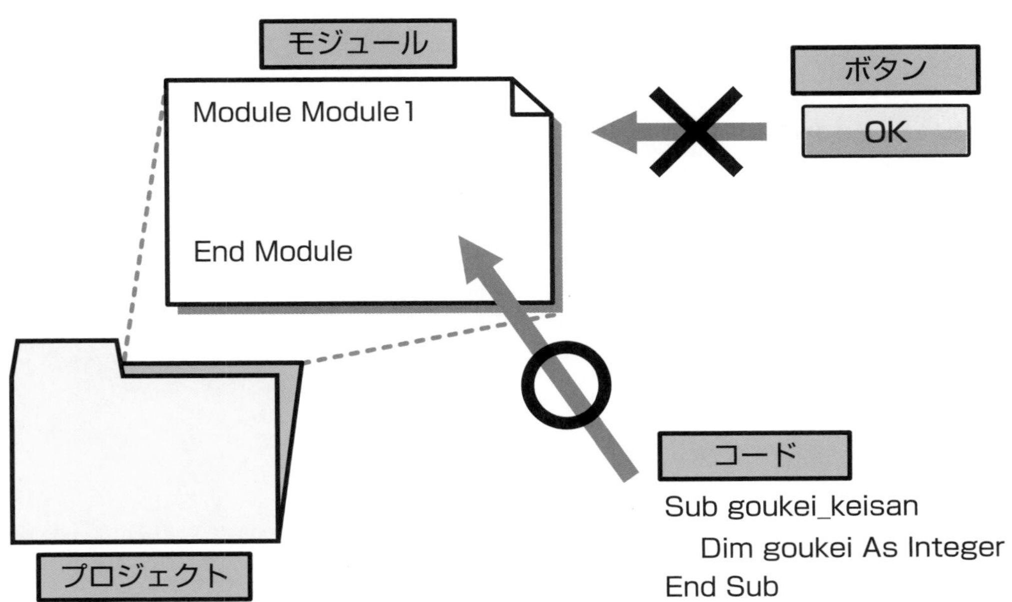

>>> プロシージャ

プロシージャは、以下の文法で定義することができます。

```
Sub プロシージャ名()

End Sub
```

プロシージャ名には、プロシージャの名前を入れます。268ページでは、「Procedure_rensyuu」という名前を付けました。

プロシージャは「**Sub プロシージャ名()**」から始まり、「**End Sub**」で終了します。この間にプロシージャの処理内容を記述していきます。例では、Debug.Printによる表示のみが行われています。

定義したプロシージャは、任意の場所から呼び出すことができます。

呼び出しを行う際にはプロシージャ名を使います。プロシージャは、「Module」と「End Module」の間で定義しますが、同じモジュールの中で重複して同じプロシージャ名を使用することはできません。たとえば、次のようにプロシージャを定義することはできません。

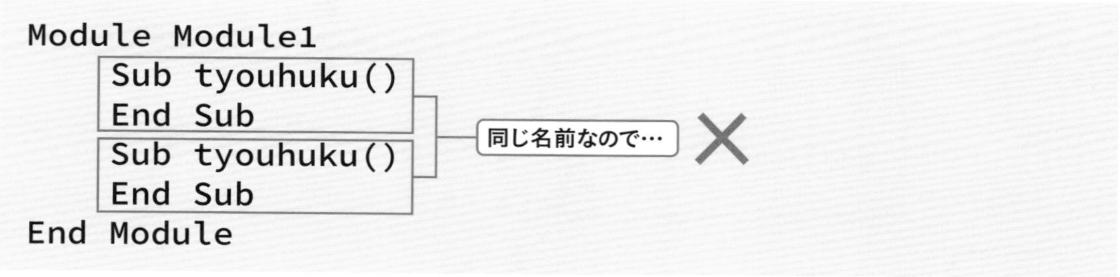
Module Module1
Sub tyouhuku()
End Sub
Sub tyouhuku()
End Sub
End Module
同じ名前なので…
×

モジュールが異なっていれば、同じ名前であっても定義することができます。次のように定義することは可能です。

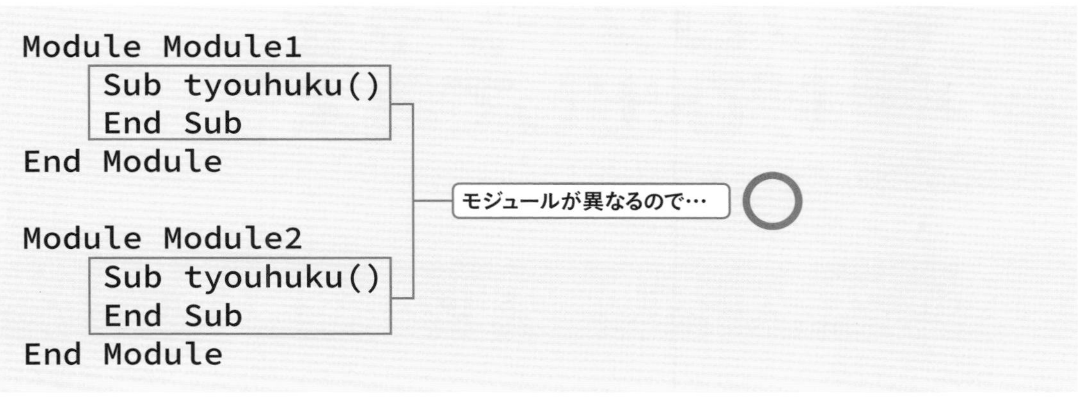
Module Module1
Sub tyouhuku()
End Sub
End Module
モジュールが異なるので…
Module Module2
Sub tyouhuku()
End Sub
End Module

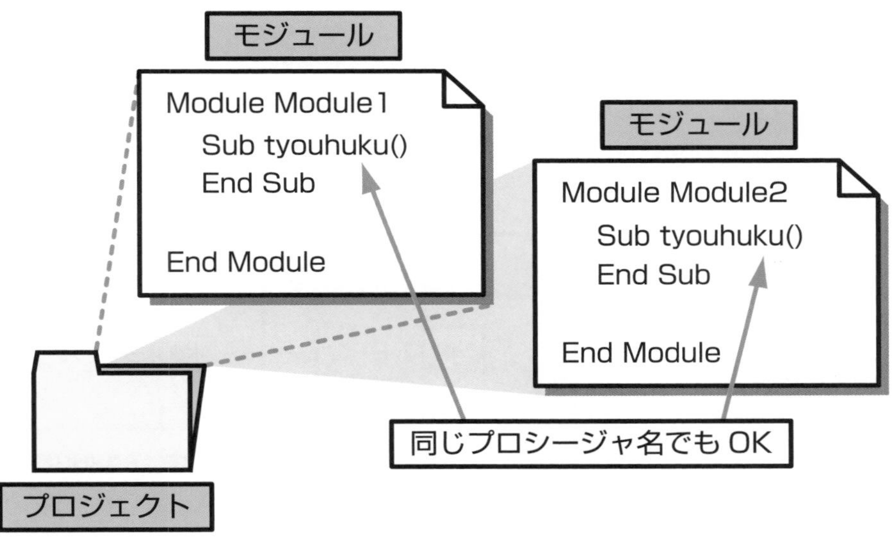
モジュール
Module Module1
Sub tyouhuku()
End Sub
End Module
モジュール
Module Module2
Sub tyouhuku()
End Sub
End Module
同じプロシージャ名でもOK
プロジェクト

まとめ

◉プロシージャはモジュールに作成する

◉プロシージャは、「Sub プロシージャ名()」で始まり、「End Sub」で終了する

◉プロシージャ名は同じモジュール内で重複してはいけない

2 プロシージャを呼び出してみよう

完成ファイル | [1002] → [Example8] → [Example8.sln]

予習 プロシージャの呼び出し方法を知ろう

前節でモジュールにプロシージャを作成しましたが、プロシージャを作成しただけでは実行されることはありません。モジュールにプロシージャを作成したならば、呼び出しという処理を行わないといけません。
ここでは、前節でモジュールに定義した**プロシージャを呼び出す**方法について学習します。プロシージャはコードに名前を付けたものであり、モジュールに作成します。プロシージャを呼び出すことにより、プロシージャ内に記述したコードが実行されます。

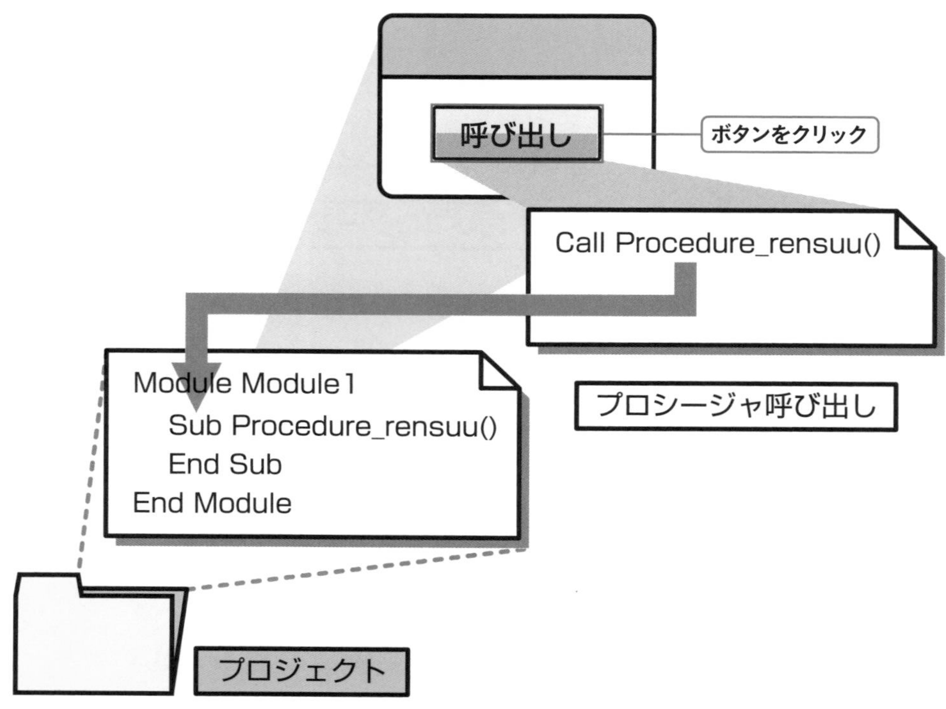

体験 プロシージャを呼び出そう

1 フォームを表示する

プロジェクト「Example8」を開き、[Form1.vb [デザイン]] タブをクリックし表示させます**1**。

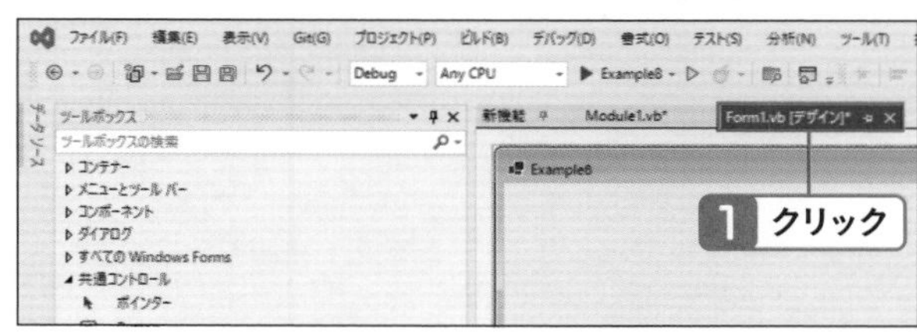

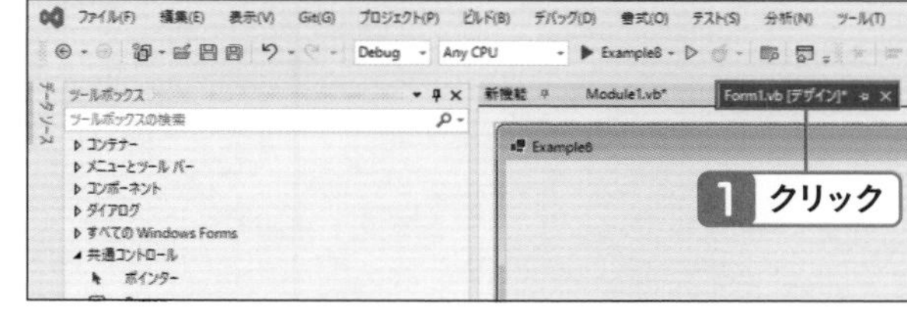

2 フォームにボタンを作成する

ツールボックスの [Button] をクリックして、フォームにボタンを配置します。ボタンの (Name) プロパティは、「Button_yobidasi」に、Textプロパティは、「呼び出し」に変更します。また、フォームの大きさも変更します。

• ボタン

(Name)
Button_yobidasi
Text
呼び出し

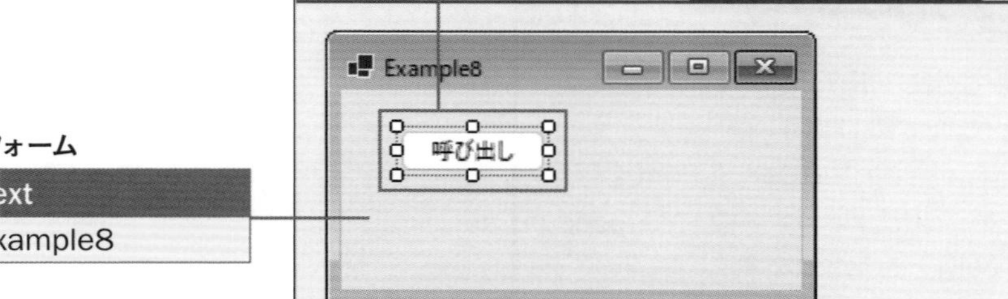

• フォーム

Text
Example8

3 プロシージャ呼び出しのコードを作成する

[呼び出し] ボタンをダブルクリックしてイベントプロシージャのスケルトンを作成します。イベントプロシージャに次のコードを入力します**1**。

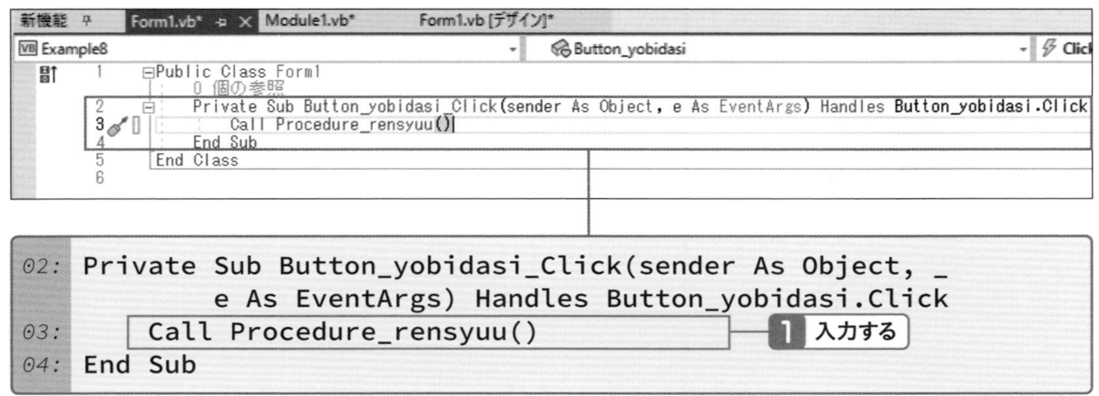


```
Private Sub Button_yobidasi_Click(sender As Object, _
        e As EventArgs) Handles Button_yobidasi.Click
    Call Procedure_rensyuu()
End Sub
```

4 プログラムを実行する

[デバッグ] メニュー → [デバッグの開始] の順にクリックしてプログラムを実行します1。

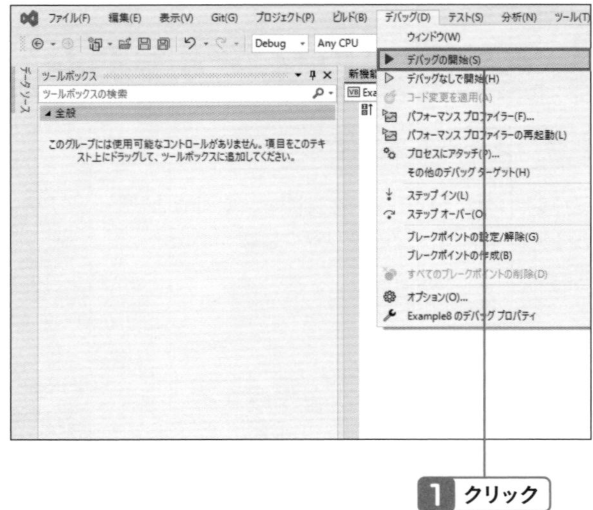

5 プロシージャが呼び出される

[呼び出し] ボタンをクリックすると1、プロシージャが呼び出されます。
プロシージャ内でDebug.Printを行っているため、出力ウィンドウに「Procedure de hyouji」と表示されます。

>>> **Tips**

出力ウィンドウが表示されない場合は、80ページを参照してください。

理解 プロシージャの呼び出しについて

>>> プロシージャの呼び出し

プロシージャにモジュールを定義しただけでは実行されません。実行したいときにプロシージャを呼び出す必要があります。プロシージャの呼び出しはステートメント（命令文）の一種であり、任意の場所で行うことができます。
プロシージャの呼び出しは、以下の文法で行うことができます。

```
Call プロシージャ名()
```

プロシージャ名には、呼び出したいプロシージャの名前を入れます。273ページでは、Procedure_rensyuuを呼び出したかったので、Procedure_rensyuuを指定しています。
括弧も付けてください。あとで説明しますが、括弧の中には引数を指定することができます。Procedure_rensyuuには引数がありませんので、括弧の中には何も書きません。

同じプロシージャ名のプロシージャが別のモジュールで定義されている場合、プロシージャ名だけではどちらのプロシージャを呼び出してよいのかわかりません。たとえば、次のようにプロシージャtyouhukuが、2つのモジュールに定義されていたとします。

```
Module Module1
    Sub tyouhuku()
    End Sub
End Module

Module Module2
    Sub tyouhuku()
    End Sub
End Module
```

呼び出す際に、Call tyouhuku()とだけすると、Module1、Module2のどちらのプロシージャを呼び出せばよいのかわかりません。実際に呼び出しを行うと、ビルドエラーになります。

こういった場合、モジュール名も指定すればエラーなく呼び出すことができます。Module1のプロシージャtyouhukuを呼び出したい場合、以下のようにします。

```
Call Module1.tyouhuku()  ← モジュール名を指定したプロシージャの呼び出し
```

「**モジュール名.プロシージャ名**」といった記述により、曖昧さをなくし正確にプロシージャを指定することができます。

≫ プロシージャの利用目的

プロシージャの利用目的の1つとして、「**コードをまとめる**」ということが挙げられます。コードのあちこちに同じ処理を行う部分が多くあるよりも、1つのプロシージャにまとめられていた方が無駄がありません。実際には、単にまとめたプロシージャを作成するだけではなく、プロシージャを呼び出すコードも必要になります。

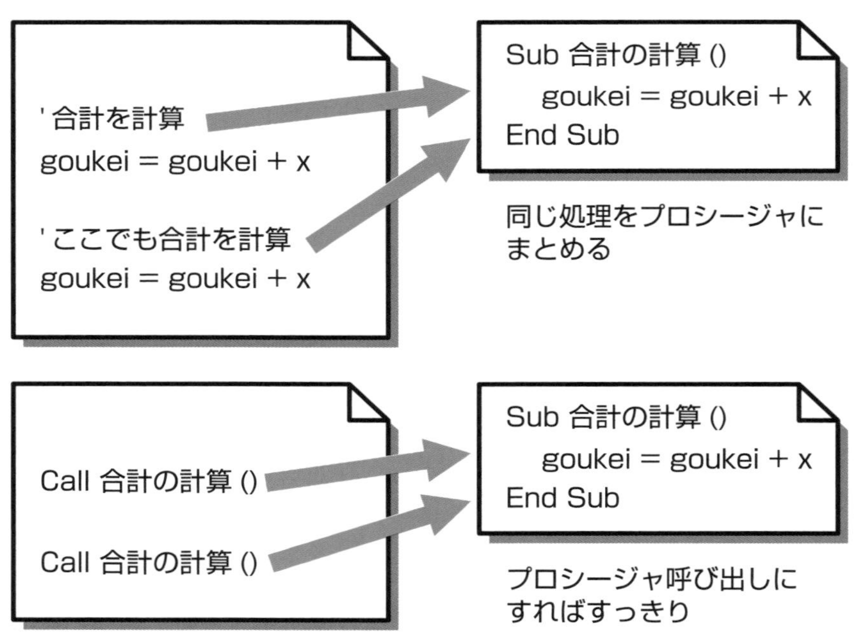

たとえば、ボタンをクリックした際に合計の計算を行うとします。また別のボタンのクリックでも同様に合計を計算するとします。
この場合、2つのボタンのイベントプロシージャに同じ「合計を計算するコード」を記述するよりも、「合計を計算するプロシージャ」を1つ作成して、そのプロシージャをそれぞれのボタンのイベントプロシージャで呼び出す方が効率的です。プログラムの修正の際にも、1つのプロシージャを直せばよいので便利です。

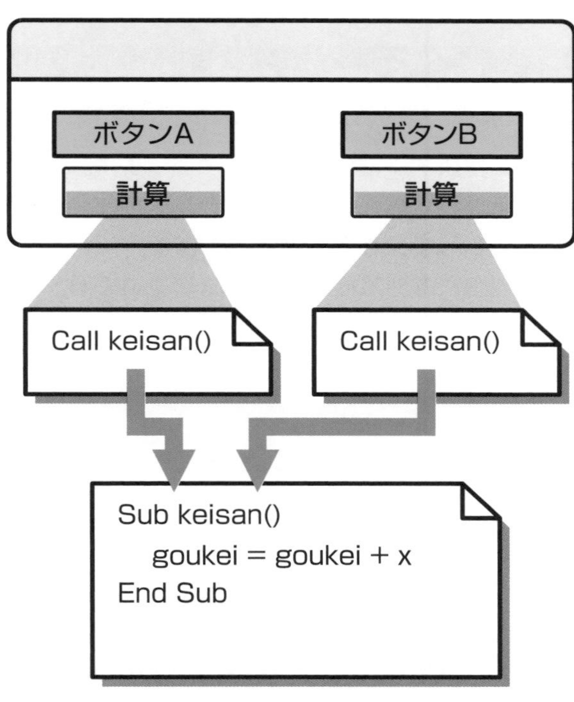

まとめ

- プロシージャを呼び出すことでプロシージャが実行される
- プロシージャの呼び出しは、Callによって行われる
- 「モジュール名.プロシージャ名」とすれば正確にプロシージャを指定することができる

3 ファンクションを作成してみよう

完成ファイル │ [1003] → [Example8] → [Example8.sln]

予習 ファンクションの作成方法を知ろう

ここでは、**ファンクション**を作成する方法について学習します。ファンクションはプロシージャと同様にコードに名前を付けたものであり、モジュールに作成します。プロシージャと異なるのは、呼び出した結果として**戻り値**を返すことができる点です。
ここでは、ファンクションの定義方法と呼び出し方法について解説します。

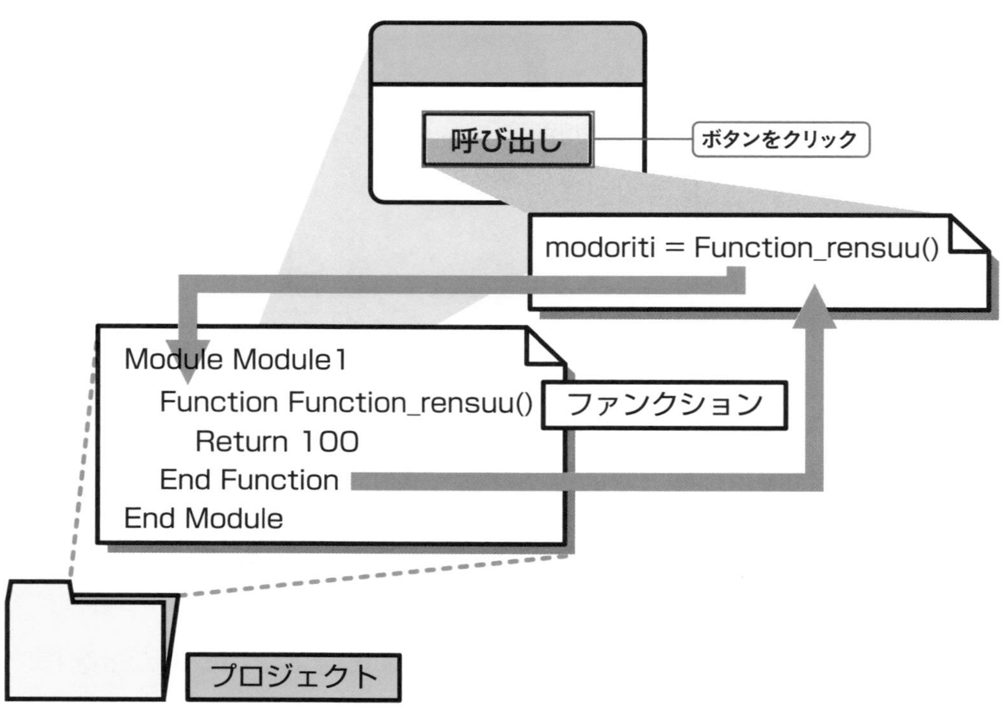
呼び出し
ボタンをクリック
modoriti = Function_rensuu()
Module Module1
Function Function_rensuu()
Return 100
End Function
End Module
ファンクション
プロジェクト

体験 ファンクションを作成しよう

1 Module1.vbを表示する

プロジェクト「Example8」を開き、[Module1.vb] タブをクリックしコードウィンドウを表示させます 1 。

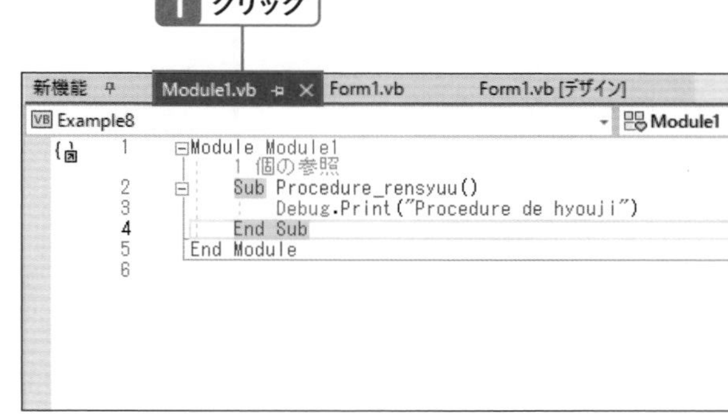

>>> Tips

Module1.vbタブが存在しない場合は、ソリューションエクスプローラのModule1.vbをダブルクリックします。

2 ファンクションを作成する

Module1.vbウィンドウの「Module Module1」と「End Module」の間にファンクションのコードを次のように記述します 1 。

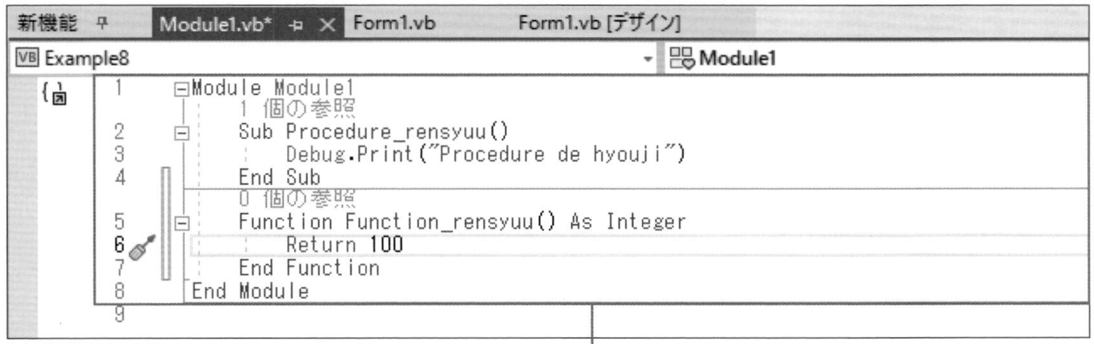


```
Module Module1
    Sub Procedure_rensyuu()
        Debug.Print("Procedure de hyouji")
    End Sub
    Function Function_rensyuu() As Integer
        Return 100
    End Function
End Module
```

1 入力する

3 イベントプロシージャを修正する

Form1.vbタブをクリックしイベントプロシージャのコードウィンドウを表示させます1。
イベントプロシージャに次のコードを入力します2。

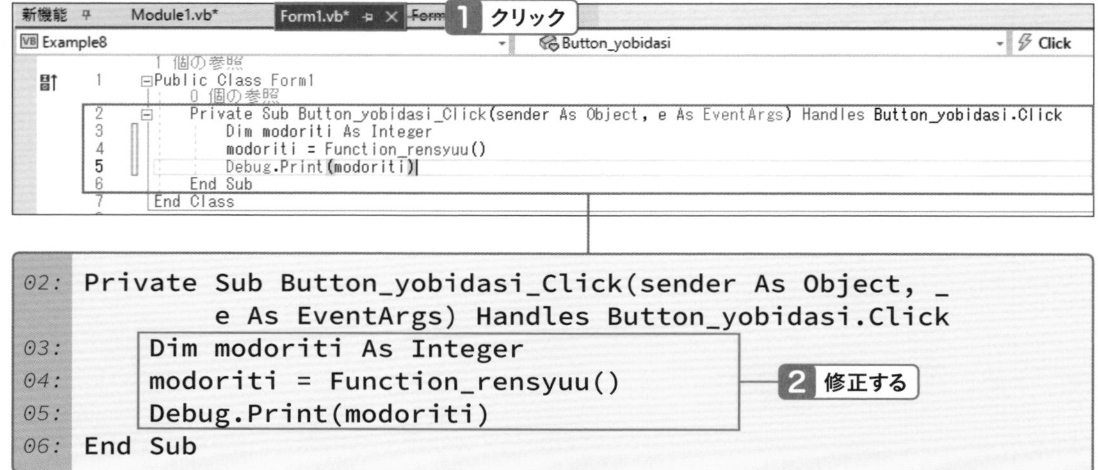

1 クリック
Private Sub Button_yobidasi_Click(sender As Object, _
e As EventArgs) Handles Button_yobidasi.Click
Dim modoriti As Integer
modoriti = Function_rensyuu()
Debug.Print(modoriti)
End Sub
2 修正する

4 プログラムを実行する

[デバッグ] メニュー → [デバッグの開始] の順にクリックしてプログラムを実行します1。

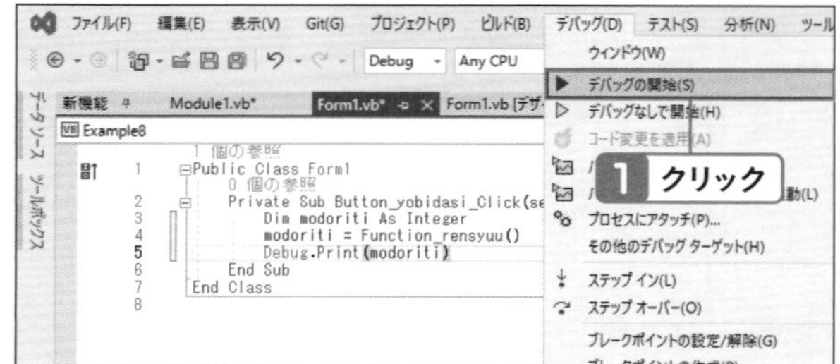

5 ファンクションが呼び出される

[呼び出し] ボタンをクリックすると1、ファンクションが呼び出されます。
イベントプロシージャ内でDebug.Printを行っているため、出力ウィンドウにはファンクションが返してきた戻り値である100が表示されます。

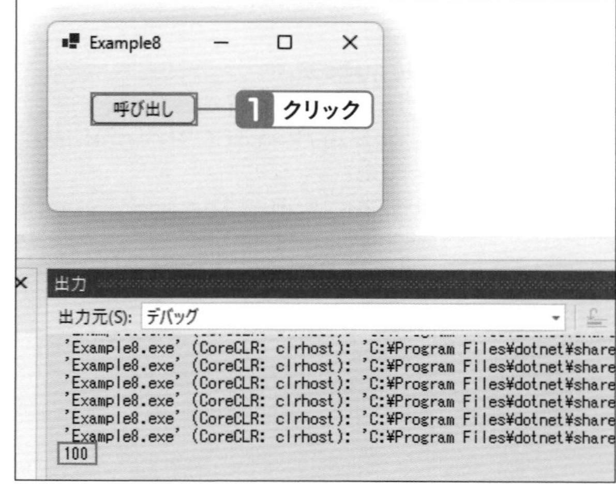

1
2
3
4
5
6
7
8
9
10
11
12
13

理解 ファンクションについて

ファンクションの定義

ファンクションは、以下の文法で定義することができます。

```
Function ファンクション名() As 戻り値の型

End Function
```

ファンクション名には、ファンクションの名前を入れます。279ページでは、Function_rensyuuという名前を付けました。
ファンクションは、「Function ファンクション名() As 戻り値の型」から始まり、「End Function」で終わります。この間にファンクションの処理内容を記述します。

定義したファンクションは、任意の場所から呼び出すことができます。呼び出しを行う際にはファンクション名を使います。ファンクションは、プロシージャと同様に「Module」と「End Module」の間で定義しますが、同じモジュールの中で重複して同じファンクション名を使用することはできません。
また、プロシージャとは異なり、ファンクションの場合、戻り値の型をAsにより指定する必要があります。

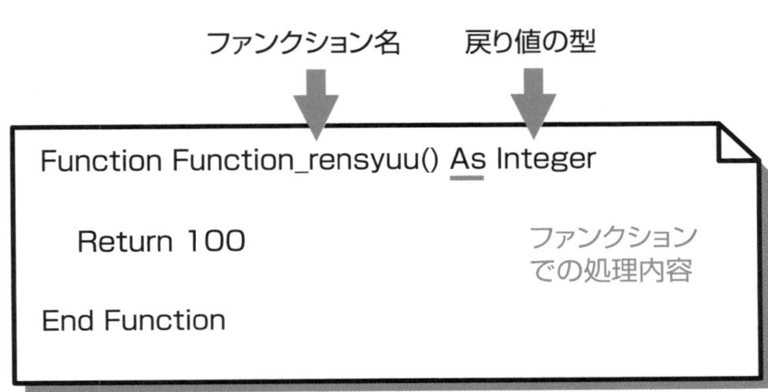

ファンクションの呼び出し

定義したファンクションは、任意の式の中から呼び出すことができます。プロシージャはCall命令を使用して呼び出すことに対して、ファンクションは特別な命令を必要としません。ファンクション名に括弧を付けることで演算式の中から呼び出すことができます。

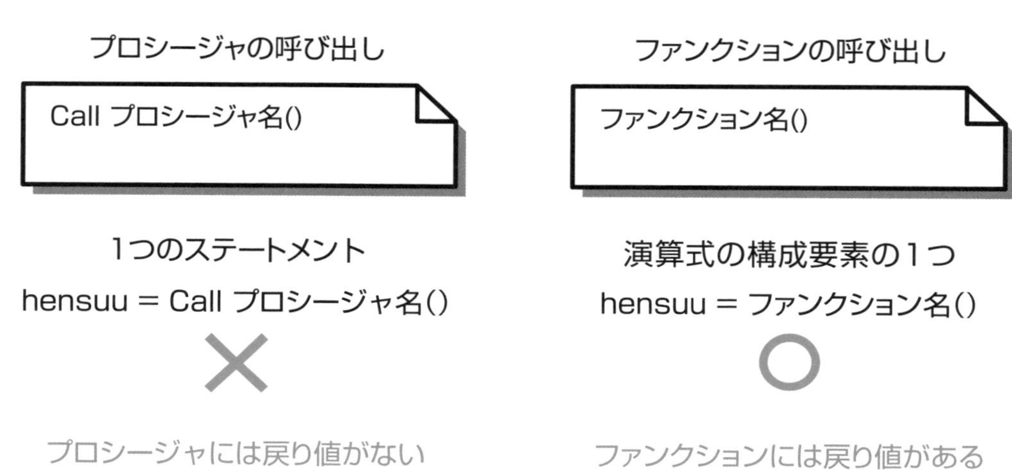

118ページにおいて演算式を構成する要素として、「演算子、定数(リテラル)、変数」があると説明しましたが、**ファンクションの呼び出し**も要素の1つになります。

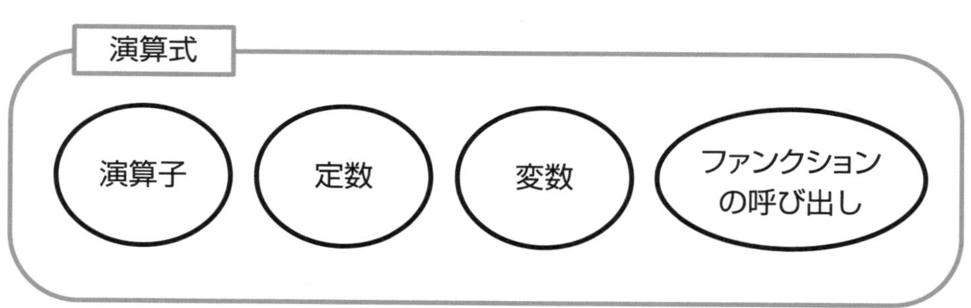

ファンクションの戻り値

ファンクションが呼び出されるとファンクション内のコードが順に実行されていきます。ファンクション内のコードを実行し終わると呼び出し元に戻ります。その際、ファンクションは**戻り値**を1つだけともない戻ってきます。
ファンクションの戻り値は、Return命令で呼び出し元に返すことができます。戻り値のための変数の型は、Functionを定義した際に決定します。
例の場合、Return命令を使って、値「100」を呼び出し元に戻しています。279ページでは、Return 100としていますから、戻り値も100となり、呼び出し元である、イベントプロシージャに戻ってきます。
Function_rensyuuの型は、Function定義時にAs Integerとしているので、Integer型になります。

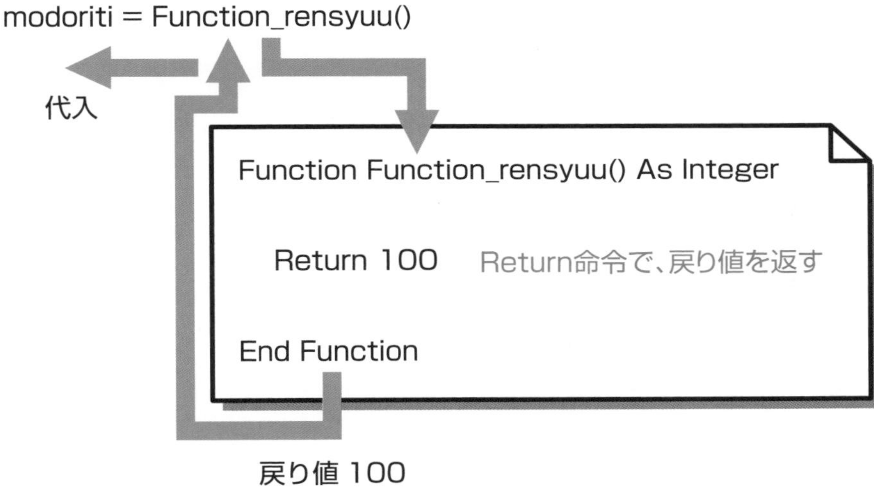
modoriti = Function_rensyuu()
代入
Function Function_rensyuu() As Integer
Return 100
Return命令で、戻り値を返す
End Function
戻り値 100

まとめ

- ◉ファンクションはモジュールに作成する
- ◉ファンクションは、「Function ファンクション名 () As 戻り値」の型で始まり、「End Function」で終了する
- ◉ファンクションは戻り値を返すことができる
- ◉ファンクションは演算式の中で呼び出すことができる

4 ファンクションに引数を加えてみよう

完成ファイル ｜ [1004] → [Example8] → [Example8.sln]

予習 ファンクションの中で引数を利用しよう

プロシージャ、ファンクションを作成することができました。プロシージャやファンクションを作成することで、プログラム中で何度も使用するようなコードを１つにまとめることができます。

4章で、メソッドに値を渡す際に、引数を利用することを学習しました。

同様に、プロシージャ、ファンクションには、呼び出す際に渡す**引数**を定義することができます。引数によりプロシージャ、ファンクション内での処理の内容や方法を変更することが可能になります。

ここでは、引数について学習します。

具体的には、前節で作成したFunction_rensyuuに引数を１つ定義し、数値を渡すように変更します。Function_rensyuuでは引数の2倍の数値を計算して戻り値として返すようにします。

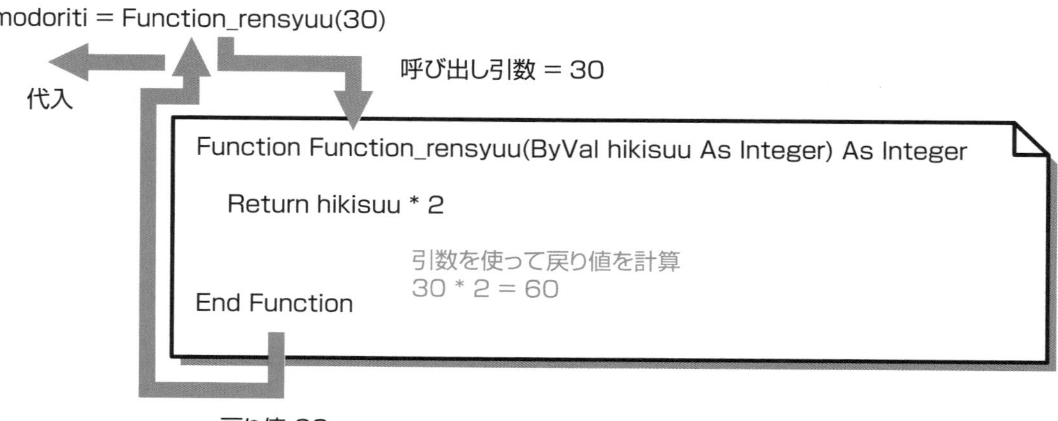
modoriti = Function_rensyuu(30)
代入
呼び出し引数 = 30
Function Function_rensyuu(ByVal hikisuu As Integer) As Integer
Return hikisuu * 2
引数を使って戻り値を計算
30 * 2 = 60
End Function
戻り値 60

体験 ファンクションに引数を加えよう

1 Module1.vbを表示する

プロジェクト「Example8」を開き、[Module1.vb]タブをクリックしコードウィンドウを表示させます1。

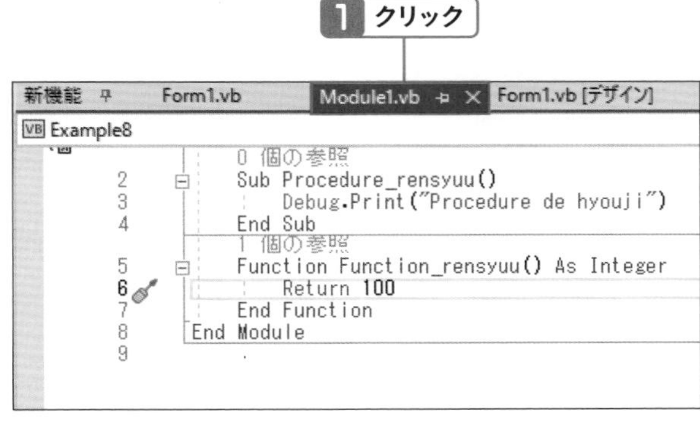

2 ファンクションに引数を定義する

Function_rensyuuファンクションのコードを次のように変更します1。

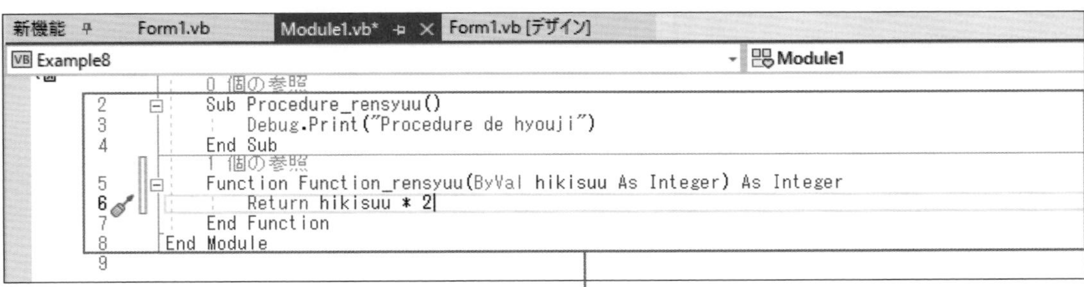

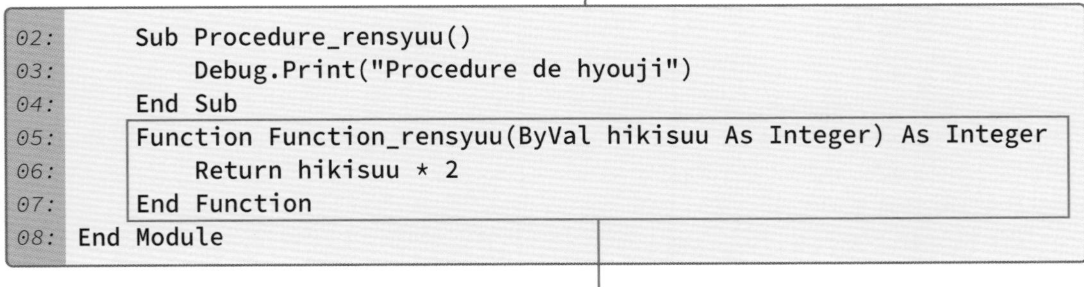

```
    Sub Procedure_rensyuu()
        Debug.Print("Procedure de hyouji")
    End Sub
    Function Function_rensyuu(ByVal hikisuu As Integer) As Integer
        Return hikisuu * 2
    End Function
End Module
```

1 修正する

3 イベントプロシージャを修正する

[Form1.vb] タブをクリックしコードウィンドウを表示させます**1**。イベントプロシージャに次のコードを入力します**2**。

>>>Tips
修正する前は赤い波線が表示されます。

1 クリック

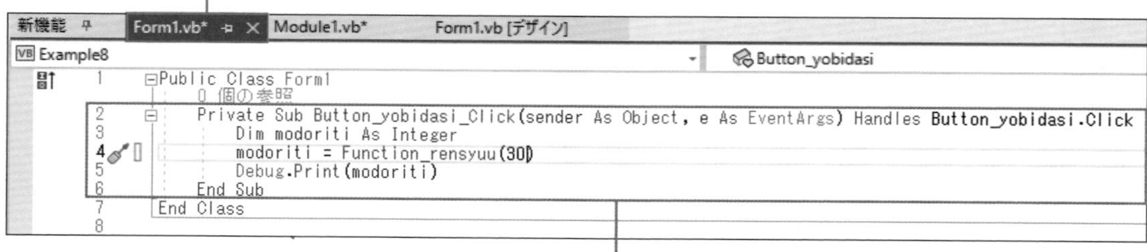


```
Private Sub Button_yobidasi_Click(sender As Object, _
            e As EventArgs) Handles Button_yobidasi.Click
    Dim modoriti As Integer
    modoriti = Function_rensyuu(30)
    Debug.Print(modoriti)
End Sub
```

2 修正する

4 プログラムを実行する

[デバッグ] メニュー → [デバッグの開始] の順にクリックしてプログラムを実行します**1**。

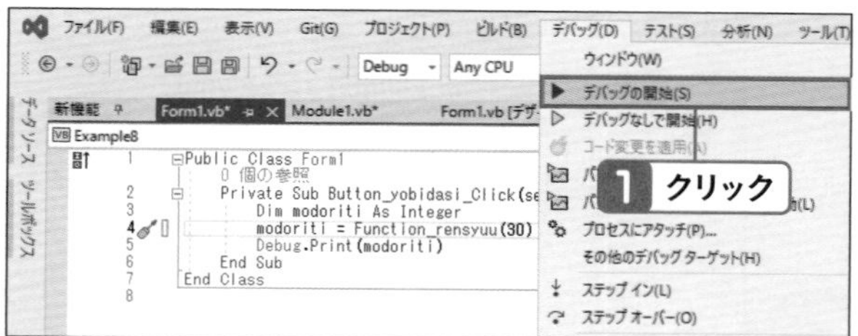

5 ファンクションが呼び出される

[呼び出し] ボタンをクリックすると、ファンクションが呼び出されます。

イベントプロシージャ内でDebug.Printを行っているため、出力ウィンドウにはファンクションが返してきた戻り値である30*2の計算結果60が表示されます。

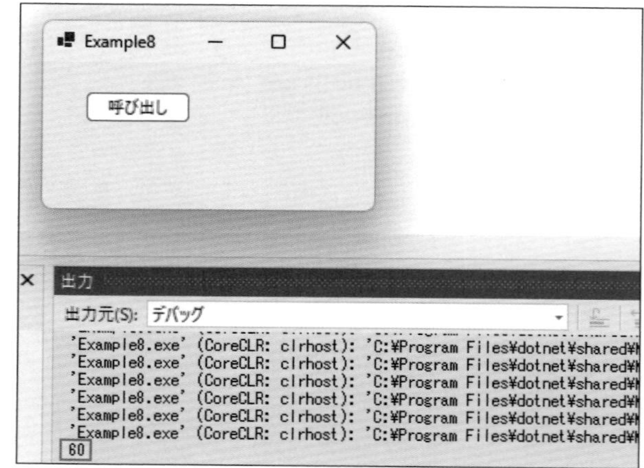

理解 引数について

引数

引数は、ファンクションの定義、またはプロシージャの定義において、ファンクション名のあとに続く括弧の中で定義することができます。引数定義の部分だけの文法は以下のようになります。

```
ByVal 引数名 As 引数の型
```

ByValは、引数の渡し方の指定方法の1つです。指定方法にはByValとByRefの2種類があります。通常はByValを使います。ByValとByRefの違いは後述します。
引数名は、引数の名前です。ファンクション内のコードで、引数は変数と同じように扱うことができます。最後に引数の型を指定します。

Function_rensyuuでは、1つの引数(hikisuu)を作成しました。引数は必要なら複数定義することができます。,(カンマ)で区切ることで、複数の引数を定義することができます。
具体的には、次のようにすることで、2つの引数(hikisuu1とhikisuu2)を定義できます。

```
Function Function_rensyuu(ByVal hikisuu1 As Integer, _
ByVal hikisuu2 As Integer) As Integer
```

ファンクションを呼び出す際には、括弧の中に渡したい値を指定しなければなりません。286ページでは、Function_rensyuuの引数として30を渡しています。

```
modoriti = Function_rensyuu(30)
```

呼び出されたファンクションの中では、渡された値が引数として利用されます。
呼び出し時に渡された30という値が、hikisuuという名前の変数に記憶されていて、ファンクション内では30が格納された変数hikisuuが利用できるのです。

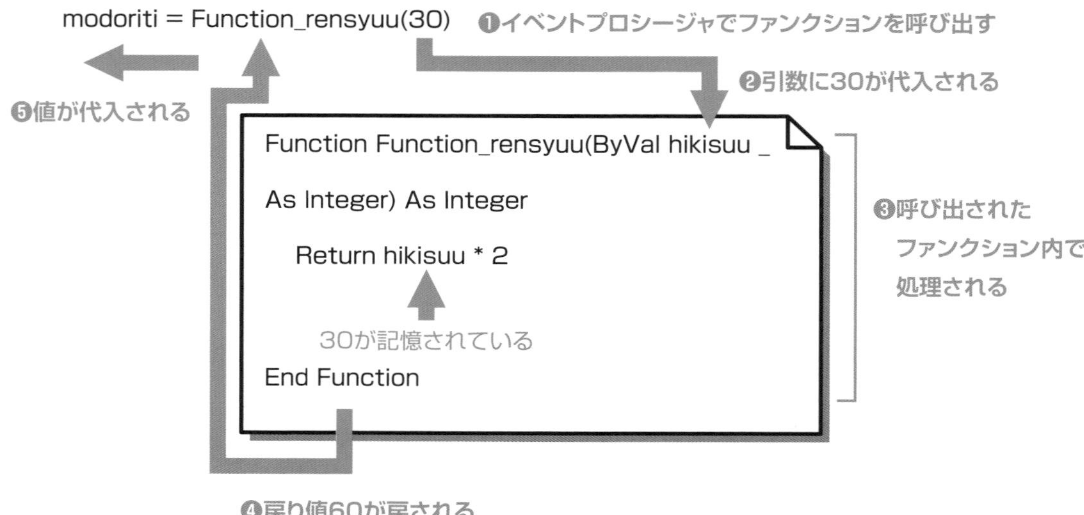
modoriti = Function_rensyuu(30)
❶イベントプロシージャでファンクションを呼び出す
❷引数に30が代入される
❺値が代入される
Function Function_rensyuu(ByVal hikisuu _
As Integer) As Integer
Return hikisuu * 2
30が記憶されている
End Function
❸呼び出された
ファンクション内で
処理される
❹戻り値60が戻される

呼び出し時に与える引数を変えることで、ファンクションでの処理を変化させることができます。Function_rensyuuを例にするのなら、引数で30を渡した時と、40を渡したときでは、戻り値である計算結果がそれぞれ60、80になります。

```
Function_rensyuu(30) -> 戻り値 60 (30*2)
Function_rensyuu(40) -> 戻り値 80 (40*2)
```

COLUMN イベントプロシージャとの比較

今まで、イベントプロシージャにコードを記述してきました。イベントプロシージャは自動的にスケルトンが作成されるため、詳しい説明はしませんでしたが、よく見るとプロシージャと同じように引数があります。イベントプロシージャもプロシージャの一種であると理解してください。

>>> ByValとByRef

ByValは引数の渡し方の指定方法と解説しました。指定方法にはByValとByRefの２種類があります。この違いを説明します。
ByValは、引数を値で渡します。例では、30という値を渡しました。
一方、ByRefは、引数を変数そのもので渡します。ByRefでは変数を渡しますので、ファンクションを呼び出す際には引数に変数を指定しなければなりません。

```
引数がByVal                            引数がByRef
Function_byval(1)        ○           Function_byref(1)        ×
Function_byval(hensuu)   ○           Function_byref(hensuu)   ○
```

上記の例で、「引数がByValでFunction_byval(hensuu)」が○になっていることに疑問を持ちましたか？ 事実、○で正しいのですが、引数がByValで変数（この場合、hensuu）が渡された場合、変数そのものが渡されるのではありません。変数に格納されている「値」が渡されるのです。

ちなみにByValのValは「Value（バリュー）」の省略であり、ByRefのRefは「Reference（リファレンス）」の省略です。Valueは「値」と訳すことができ、Referenceは「参照」と訳すことができます。

まとめ

- ◉ファンクション、プロシージャには引数を作成することができる
- ◉ファンクション、プロシージャを呼び出す際に引数で値を渡すことができる
- ◉引数はファンクション、プロシージャ内では変数として利用することができる

第10章 練習問題

■問題1

次の文章の穴を埋めよ。

プロシージャおよびファンクションは、[①]で定義することができる。[①]は、プロジェクトメニューの[[①]の追加]により、プロジェクトに追加することができる。プロシージャ、ファンクションには[②]を付けることができる。プロシージャはCallにより、ファンクションはファンクション名に括弧を付けることで呼び出すことができる。呼び出し時には、[②]の値を渡す必要がある。

ヒント 269ページ、282ページ、287ページ

■問題2

次の文章は、プロシージャ、ファンクションのどちらに関する記述であるのか答えなさい。

- **戻り値を返すことができる**
- **Functionから始まり、End Functionで終了する**

ヒント 281ページ

■問題3

以下のファンクションは、引数で与えられた金額に対する消費税(10%)を計算して返すものである。コード中の穴を埋めてファンクションを完成させなさい。

```
Function syouhizei(ByVal kingaku As Integer) As Integer
    [ ① ] kingaku * 0.1
End [ ② ]
```

ヒント 288ページ

クラス

11-1　クラスを作成してみよう

11-2　クラスにメソッドを作成してみよう

11-3　コンストラクタを作成してみよう

11-4　クラスにプロパティを作成してみよう

第11章 クラス

1 クラスを作成してみよう

完成ファイル | [1101]→[Example9]→[Example9.sln]

予習 クラスの作成方法を知ろう

ここでは、クラスを作成する方法について学習します。フォームやボタン、ラベルといったオブジェクトの設計図となるものがクラスです。

Visual Basicでは、事前に用意されたもの以外に、クラスをプログラマが作成することができます。フォームやボタンなど、画面に表示可能なクラスを作成することもできますが、通常は画面には表示されないコードだけのクラスを作成します。ここでは、コードだけのクラスを作成してみましょう。

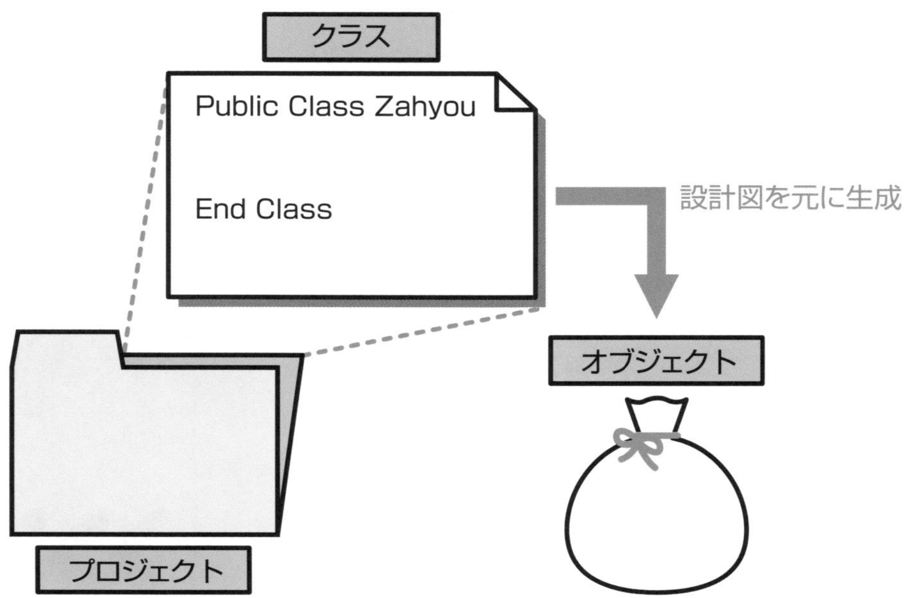

体験 クラスを作成しよう

1 プロジェクトを作成する

新しくプロジェクト「Example9」を作成します。

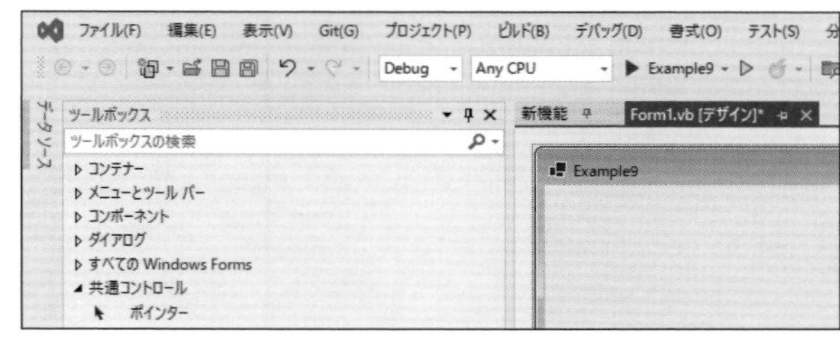

2 プロジェクトにクラスを作成する

[プロジェクト] メニュー → [クラスの追加] の順にクリックして1、[新しい項目の追加] ダイアログを表示させます。

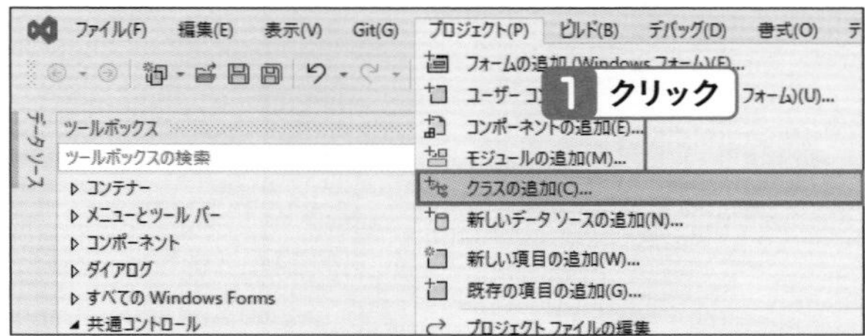

3 [追加] ボタンをクリックしてクラスを作成する

[新しい項目の追加] ダイアログで、クラスが選択されていることを確認します。
[名前] に「Zahyou.vb」と入力します1。[追加] ボタンをクリックします2。

4 クラスが追加される

「Zahyou.vb」という名前のウィンドウが表示され、クラスが作成されます。ここにクラス内のコードを記述していきます。ソリューションエクスプローラにもZahyou.vbが追加されます。

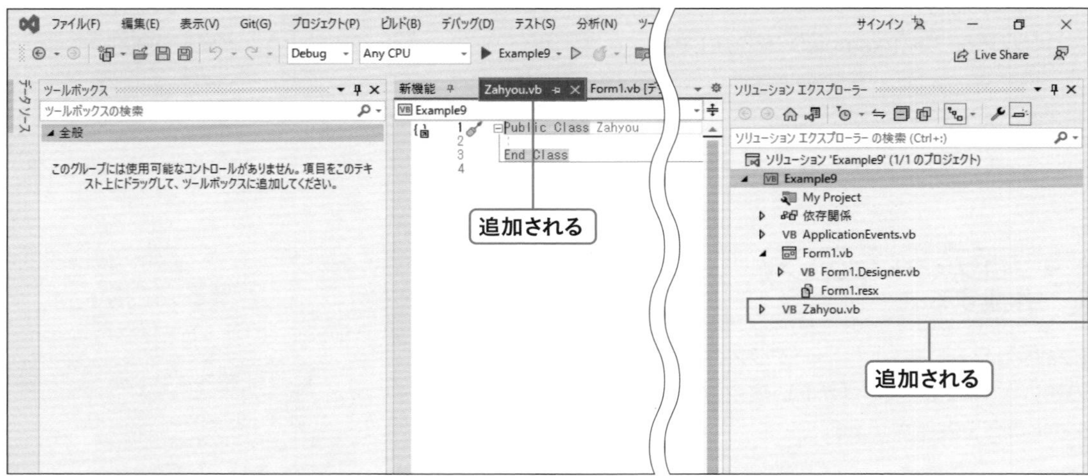
追加される
追加される

5 フィールドを作成する

「Public Class Zahyou」と「End Class」の間に次のように入力します❶。

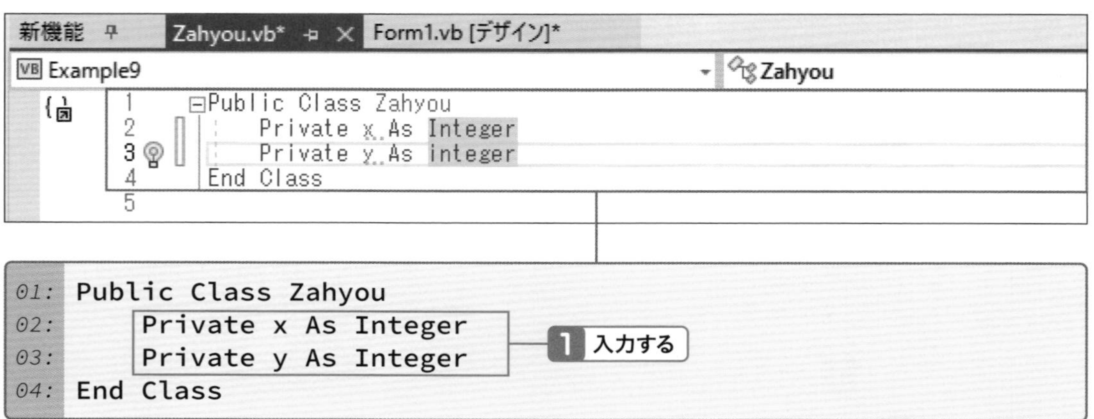
Public Class Zahyou
    Private x As Integer
    Private y As Integer
End Class
1 入力する

理解 クラスについて

クラス

クラスはオブジェクトの設計図です。クラスは設計図にすぎず、クラスで設計した機能を利用するには、設計図であるクラスからオブジェクトを作成する必要があります。

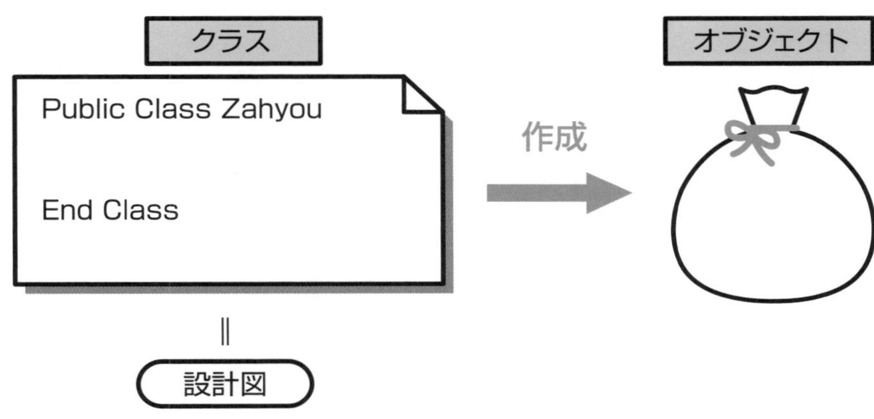

クラスを追加すると、プロジェクトにクラスのソースファイルが追加されるとともに、クラスのスケルトン(処理内容が記述されていない外枠)が作成されます。クラスを追加する際に、ファイル名を指定しました。クラス名はファイル名の拡張子を除いたものになります。例では、Zahyou.vbといったファイル名を指定してクラスのファイルを追加しました。作成されるクラスはZahyouという名前になります。

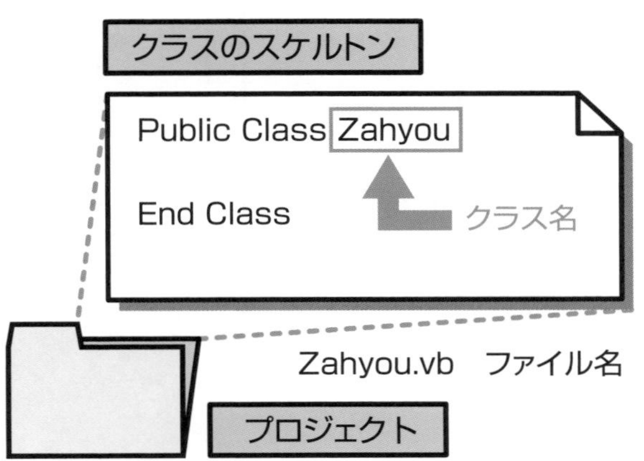

»» クラスのフィールド

クラスのコードは「Class」と「End Class」の間に記述していきます。この間で変数を宣言するとフィールドになります。フィールドは変数のように使うことができます。
これまでイベントプロシージャに変数を宣言し利用してきました。イベントプロシージャに宣言した変数は、そのイベントプロシージャ内でしか利用できません。対して、クラスに宣言したフィールドは他の場所（クラスの外）からでもアクセスし利用ができます。これが変数とフィールドの違いです。
変数は「Dim 変数名 As 型」といった文法で宣言しましたが、フィールドは、以下の文法で宣言できます。

```
Private フィールド名 As 型
```

Private（プライベート）はフィールドのアクセスレベルです。アクセスレベルにはPrivateの他にはPublic（パブリック）があります。Publicとするとクラス外からアクセスし、参照したり代入することができます。アクセスレベルをPrivateとした場合は、クラスの中からしかアクセスできなくなります。通常、フィールドはクラス内でのみアクセスできるようにPrivateで宣言します。

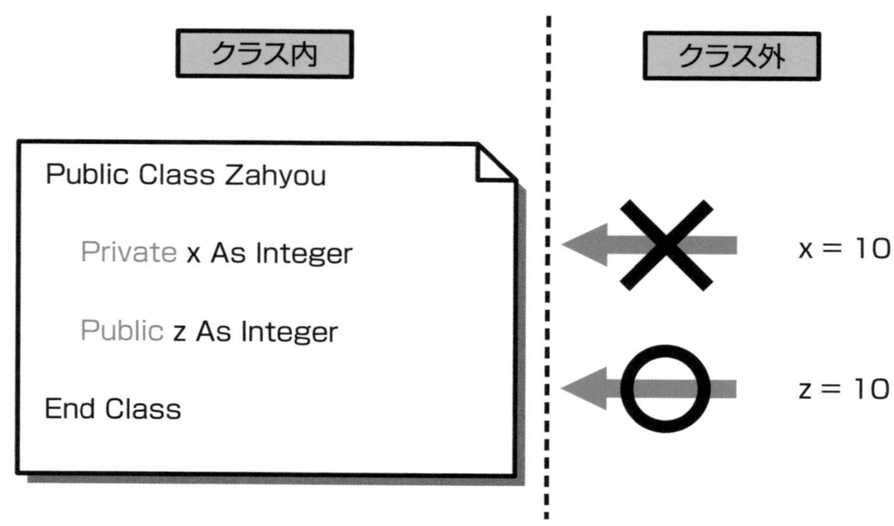
クラス内
クラス外
Public Class Zahyou
Private x As Integer
Public z As Integer
End Class
x = 10
z = 10

>>> フィールド名

フィールド名は変数名と同じルールで付けます。数字から始めることはできません。
フィールド名は、クラスの中で重複してはいけません。同じ名前のフィールド名は宣言できません。
また、変数宣言と同様に、Asに続けて型を指定します。

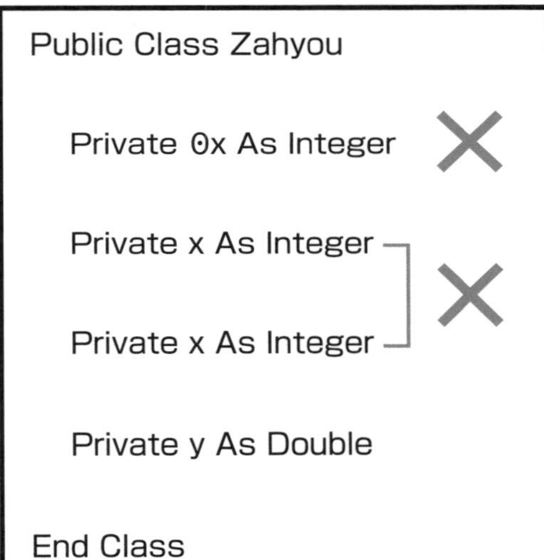

Public Class Zahyou
Private 0x As Integer
Private x As Integer
Private x As Integer
Private y As Double
End Class
数字から始めることはできない
重複することはできない
型を指定できる

まとめ

- フォームやボタン、ラベルなどのオブジェクトの設計図となるものがクラスである
- クラスにはフィールドを作成することができる
- フィールドにはPrivateまたはPublicのアクセスレベルを付けることができる

2 クラスにメソッドを作成してみよう

完成ファイル　[1102] → [Example9] → [Example9.sln]

予習 メソッドの作成方法を知ろう

ここでは、前節で作成したクラスにメソッドを追加してみます。
オブジェクトにはプロパティとメソッドがありました。クラスの中にファンクションを作成すると、メソッドが作成されます。
クラスにおけるメソッドはモジュールにおけるファンクションとは異なります。呼び出す際にはオブジェクトを生成する必要があります。クラスメソッドの呼び出し方法についてもここで学習します。

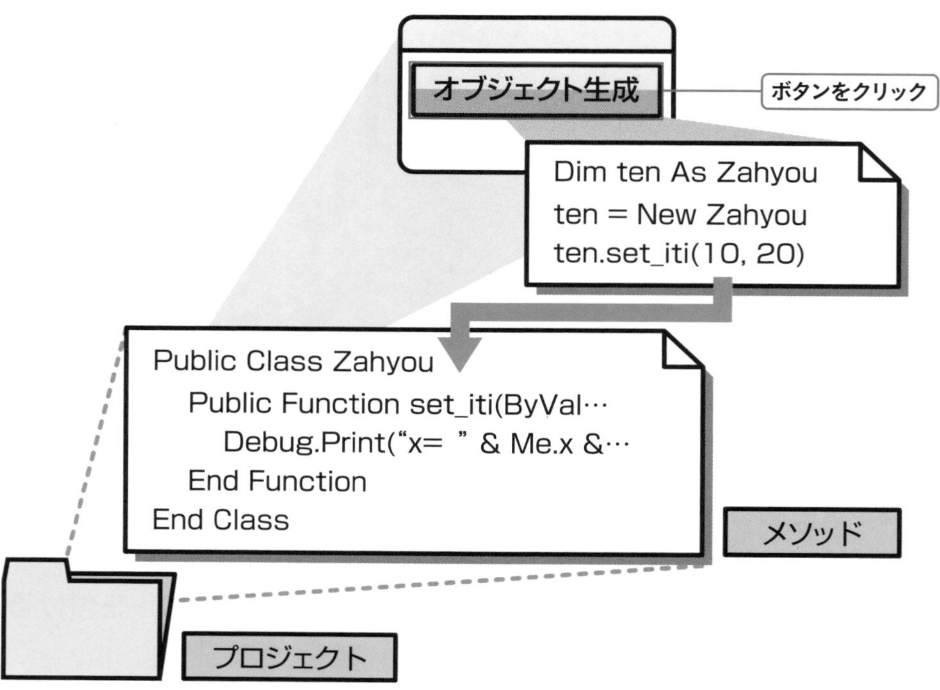
オブジェクト生成
ボタンをクリック
Dim ten As Zahyou
ten = New Zahyou
ten.set_iti(10, 20)
Public Class Zahyou
Public Function set_iti(ByVal…
Debug.Print("x= " & Me.x &…
End Function
End Class
メソッド
プロジェクト

体験 クラスにメソッドを作成しよう

1 Zahyou.vbを表示する

プロジェクト「Example9」を開いてください。[Zahyou.vb]タブをクリックしてコードウィンドウを表示させます**1**。

2 クラスにメソッドを作成する

Zahyouクラス内に次のように入力します**1**。

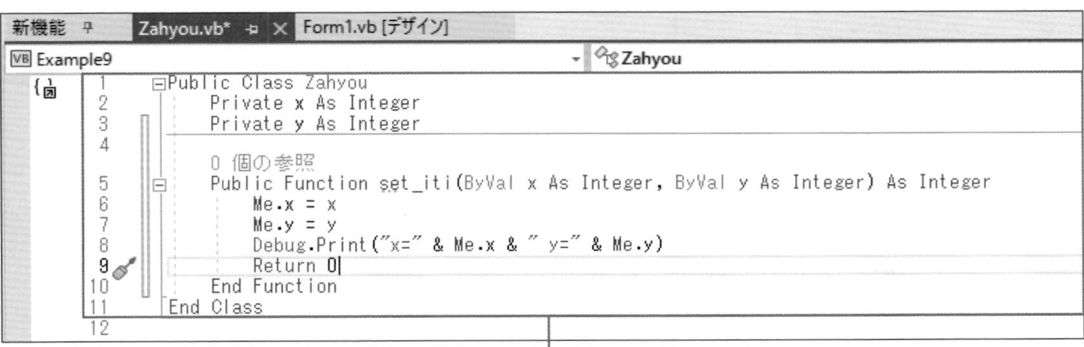


```
Public Class Zahyou
    Private x As Integer
    Private y As Integer

    Public Function set_iti(ByVal x As Integer, ByVal y As Integer) As Integer
        Me.x = x
        Me.y = y
        Debug.Print("x=" & Me.x & " y=" & Me.y)
        Return 0
    End Function
End Class
```

1 入力する

3 フォームにボタンを作成する

[Form1.vb [デザイン]] タブをクリックして表示させます。フォームにボタンを作成してください。

(Name) プロパティは、「Button_object」に変更します。Textプロパティは「オブジェクト生成」とします。

プロパティが変更できたら、ボタンをダブルクリックしてイベントプロシージャを作成します。

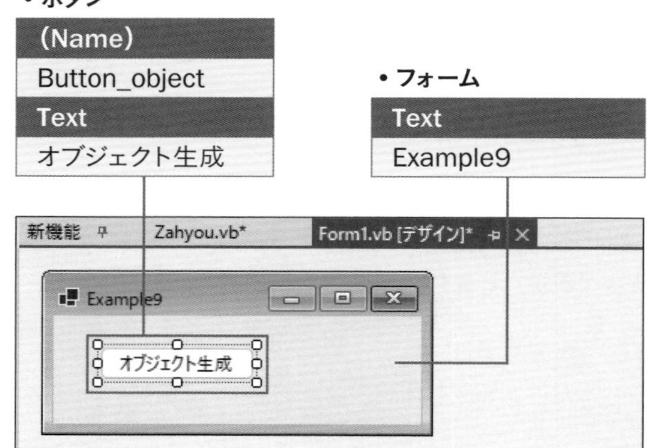

4 メソッドを呼び出すコードを作成する

Button_objectのイベントプロシージャに次のコードを入力します 1 。

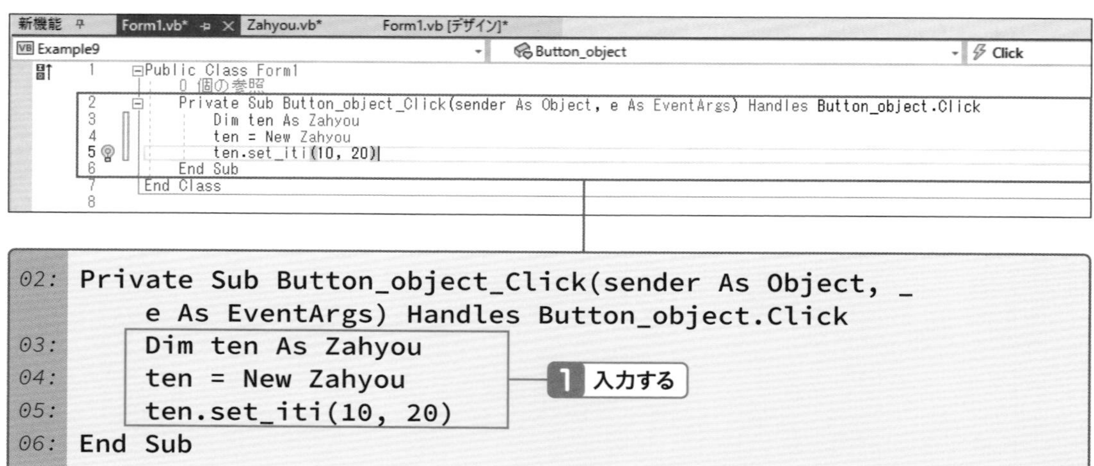


```
Private Sub Button_object_Click(sender As Object, _
    e As EventArgs) Handles Button_object.Click
    Dim ten As Zahyou
    ten = New Zahyou
    ten.set_iti(10, 20)
End Sub
```

5 プログラムを実行する

[デバッグ] メニュー → [デバッグの開始] の順にクリックしてプログラムを実行します。[オブジェクト生成] ボタンをクリックすると、メソッドが呼び出されます 1 。メソッド内でDebug.Printを行っているため、出力ウィンドウにはxとyの値が表示されます。

>>> メソッド

```
Public Function set_iti(ByVal x As Integer, ByVal y As _
Integer) As Integer
```

クラス内にファンクションを定義すると**メソッド**になります。定義の方法はモジュール内のファンクションとほとんど同じですが、先頭にPublicが追加されています。
このPublicはフィールドと同じように、アクセスレベルを示すものです。Privateとするとクラス内からのみ呼び出すことができるメソッドになります。通常、メソッドはクラス外から呼び出すため、Publicを指定します。

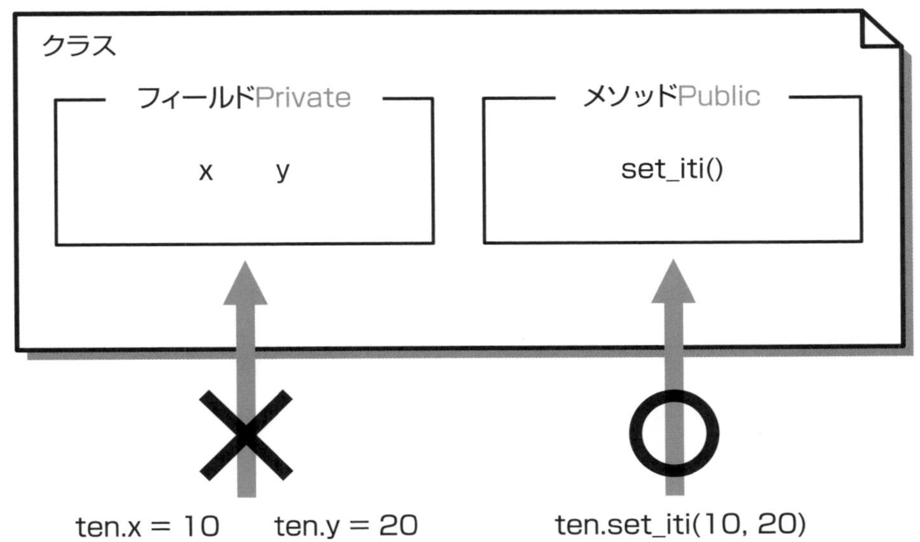

>>> Me

```
Me.x = x
Me.y = y
```

メソッドset_itiは300ページで追加したイベントプロシージャ内で引数(10と20)を与えられ、呼び出されています。呼び出されたあと、渡された2つの引数はそれぞれ、上記の2行のコードでフィールドに代入されています。

メソッドset_itiでは、座標値を引数でもらいます。そのとき、引数名を単純にxとyという名前にしました。フィールド名もxとyであるため、単にxと記述しても引数のxであるのか、フィールドのxであるのかわかりません。そのため、クラス自身を意味する「Me」を使って自身の中にあるフィールドであるxと引数のxを区別しています。

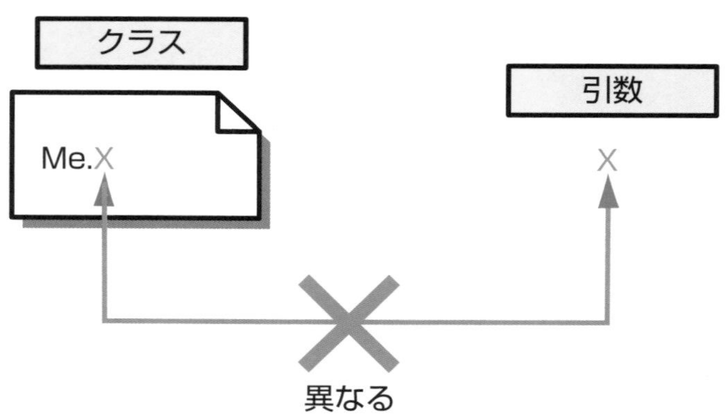

クラスとオブジェクト

モジュールのファンクションは、「ファンクション名()」と記述することでモジュールの外から呼び出すことができました。クラスのメソッドは、「メソッド名()」としてもクラスの外から呼び出すことはできません。
メソッドをクラスの外から呼び出すにはオブジェクトが必要になります。
メソッドを呼び出す際には「オブジェクト名.メソッド名()」のように行う必要があります。

クラスは設計図で、その設計図を元に作成されたものがオブジェクトです。繰り返しますが、メソッドはクラスではなくオブジェクトを使って、呼び出します。

>>> オブジェクトの生成 New

```
Dim ten As Zahyou
```

オブジェクトもコード上では変数のように扱います。そのため、オブジェクトを利用するには、最初に変数宣言と同様、オブジェクト変数宣言を行います。オブジェクト変数宣言は次のように行います。

```
Dim オブジェクト名 As クラス名
```

変数とオブジェクトが異なるのは、Newが必要かどうかです。宣言しただけではオブジェクトは生成されず、Newを実行することで実体化され、コード上で利用可能となります。

```
ten = New Zahyou
```

「New Zahyou」でオブジェクトを生成し、それを「ten」に代入しています。こうすることで、クラスZahyouのオブジェクトtenがコード上で利用可能となりました。Zahyouクラスの設計図から、Newにより実体のあるオブジェクトを生成し、tenに代入したと考えてください。

```
ten.set_iti(10, 20)
```

オブジェクトからメソッドを呼び出し、オブジェクトtenのメソッドsei_itiを実行することができました。
Zahyouクラスのメソッドset_itiは、2つの引数を受け取りx座標y座標として、自らのフィールドxとyに格納します。例では、x＝10、y＝20を受け取り、それぞれ格納しています。

まとめ

- ◉クラスに定義したファンクションはメソッドになる
- ◉クラスからオブジェクトを作成するにはNewを使用する
- ◉「As クラス名」として宣言した変数はオブジェクト変数になる

3 コンストラクタを作成してみよう

完成ファイル │ [1103] → [Example9] → [Example9.sln]

予習 コンストラクタの作成方法を知ろう

ここでは、作成したクラスに**コンストラクタ**を追加します。Zahyouクラスにはxとyの2つのフィールドを作成しました。メソッドset_itiでこれらのフィールドに値を記憶させることができるのですが、こういったフィールドの初期化にはコンストラクタを使うことが普通です。

コンストラクタはNewでオブジェクトを生成した際に自動的に呼び出すことができるからです。ここでは、コンストラクタの作成方法を解説します。

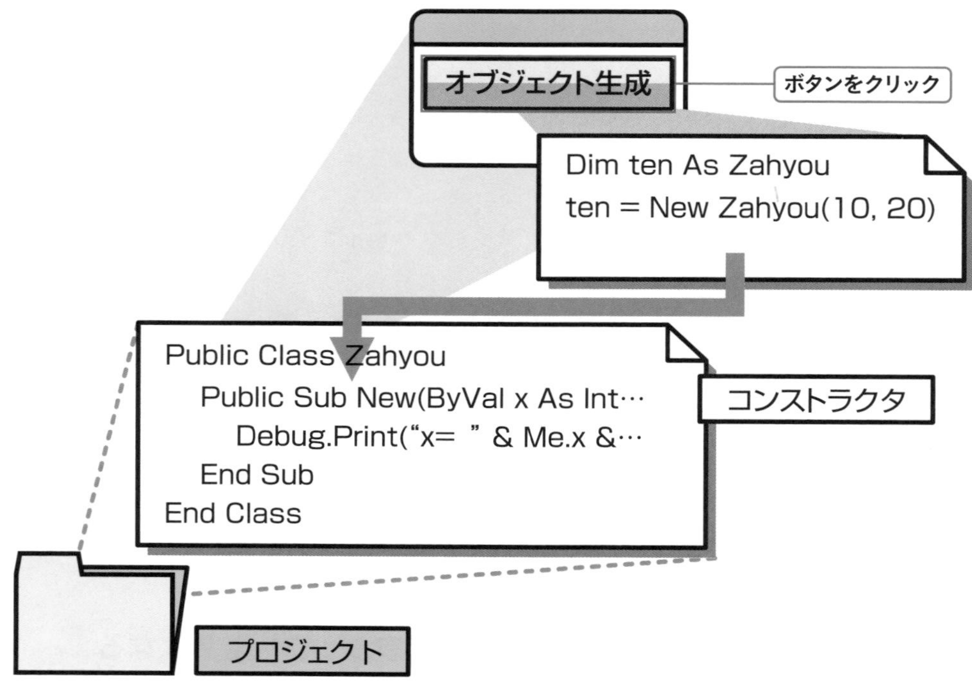
オブジェクト生成
ボタンをクリック
Dim ten As Zahyou
ten = New Zahyou(10, 20)
Public Class Zahyou
Public Sub New(ByVal x As Int…
Debug.Print("x= " & Me.x &…
End Sub
End Class
コンストラクタ
プロジェクト

体験 コンストラクタを作成しよう

1 Zahyou.vbを表示する

プロジェクト「Example9」を開いてください。[Zahyou.vb] タブをクリックしてコードウィンドウを表示させます1。

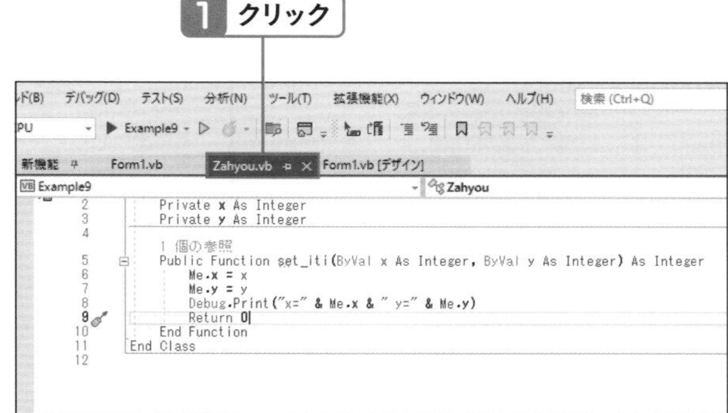

2 コンストラクタを作成する

Zahyouクラス内に次のように入力します1。

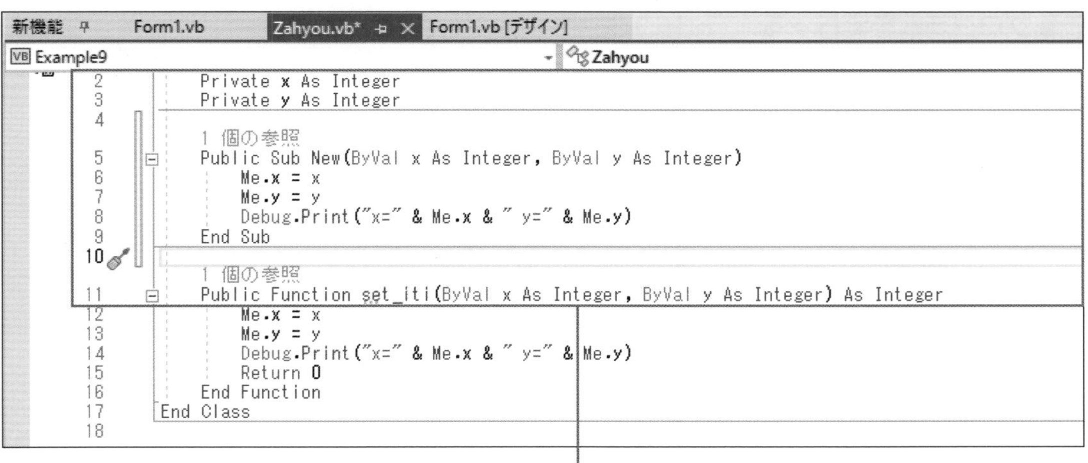


```
    Private x As Integer
    Private y As Integer

    Public Sub New(ByVal x As Integer, ByVal y As Integer)
        Me.x = x
        Me.y = y
        Debug.Print("x=" & Me.x & " y=" & Me.y)
    End Sub

    Public Function set_iti(ByVal x As Integer, ByVal y As Integer) As Integer
```

1 入力する

3 イベントプロシージャを変更する

Form1.vbをクリックしてフォームのコードウィンドウを表示します**1**。
Button_objectのイベントプロシージャのコードを次のように変更します**2**。

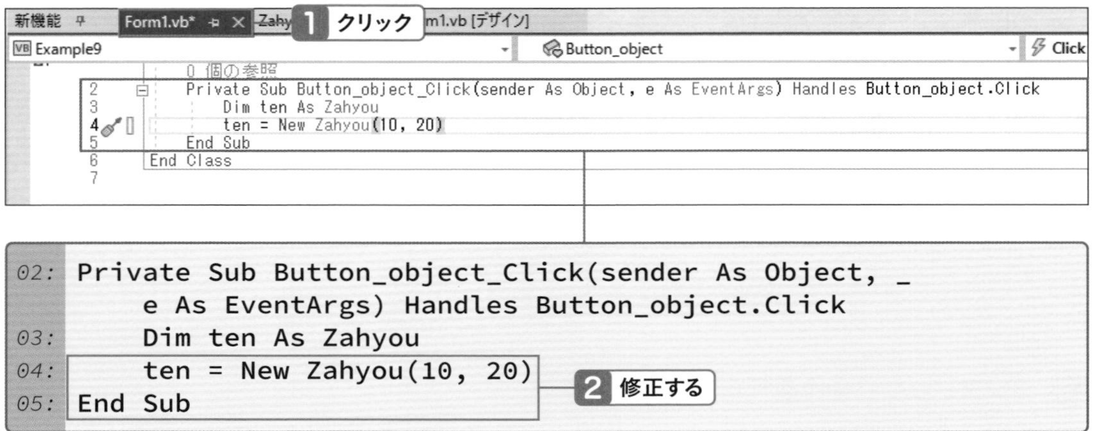


```
Private Sub Button_object_Click(sender As Object, _
    e As EventArgs) Handles Button_object.Click
    Dim ten As Zahyou
    ten = New Zahyou(10, 20)
End Sub
```

4 プログラムを実行する

[デバッグ] メニュー → [デバッグの開始] の順にクリックしてプログラムを実行します**1**。

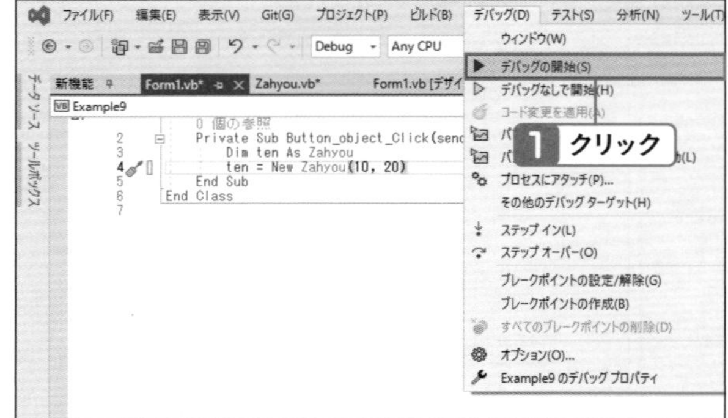

5 コンストラクタが呼び出される

[オブジェクト生成] ボタンをクリックすると、コンストラクタが呼び出されます**1**。
コンストラクタ内でDebug.Printを行っているため、出力ウィンドウにはxとyの値が表示されます。

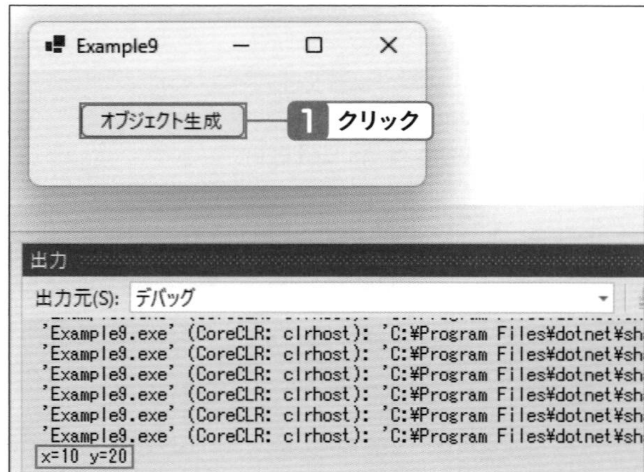

理解 コンストラクタについて

>>> コンストラクタ

クラス内にNewという名前のプロシージャを定義すると、**コンストラクタ**になります。
メソッドのときと同様に、先頭にPublicといった命令が追加されています。
例でのコンストラクタの処理内容は、前節で記述したset_itiと同じです。引数で渡されたx、y座標値をフィールドに代入して記憶します。

```
Public Sub New(ByVal x As Integer, ByVal y As Integer)
    Me.x = x
    Me.y = y
    Debug.Print("x= " & Me.x &" y= " & Me.y)
End Sub
```

>>> コンストラクタの呼び出し

Newによってクラスからオブジェクトが生成されます。このことを**オブジェクト化**と呼びます。オブジェクト化する際に、コンストラクタが呼び出されます。
300ページでは、イベントプロシージャから次のコードを実行しましたね。

```
ten = New Zahyou
```

Newを実行してZahyouクラスのtenオブジェクトを生成しました。この時、Zahyouクラスにコンストラクタがあれば、自動的にコンストラクタが呼び出されます。

これまで、クラスにコンストラクタを定義していませんでした。クラスにコンストラクタが存在しない場合、システムが勝手に作成したコンストラクタが呼び出され、単にオブジェクトを生成するだけの処理になります。
今回のようにNewを自ら定義しコンストラクタを作成すると、Newを実行してオブジェクトを生成する際に、引数も渡して初期化処理を行うことが可能です。

```
ten = New Zahyou(10, 20)
```

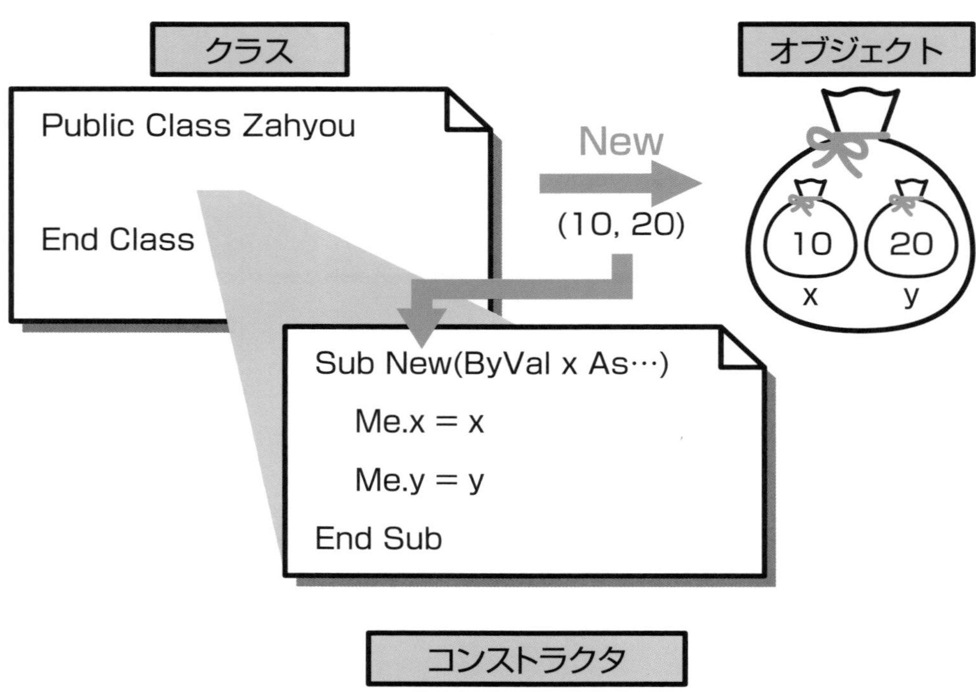
クラス
Public Class Zahyou
End Class
New
(10, 20)
オブジェクト
10
20
x
y
Sub New(ByVal x As…)
Me.x = x
Me.y = y
End Sub
コンストラクタ

COLUMN メソッドの引数

コンストラクタやメソッドは同じ名前でクラス内に複数を定義することができます。
ただし、引数が異なるという条件が付けられます。
コンストラクタの例で具体的に説明します。クラスに以下のように3つのコンストラクタを定義することができます。

```
Public Class Zahyou
    Public Sub New()  ← ①
    End Sub
    Public Sub New(ByVal x As Integer)  ← ②
    End Sub
    Public Sub New(ByVal x As Integer, ByVal y As Integer)  ← ③
    End Sub
End Class
```

各コンストラクタは、引数の数が異なります。この他、引数の型が異なっている場合でも定義することができます。引数名を変えるだけではだめです。
オブジェクト化する際、指定されている引数により、どのコンストラクタが呼び出されるのかが決定します。

```
ten = New Zahyou()            ← ①
ten = New Zahyou(10)          ← ②
ten = New Zahyou(10, 20)      ← ③
ten = New Zahyou(10, 20, 0) ← 一致するコンストラクタがないのでエラー
```

コンストラクタで説明しましたが、このようなことはメソッドにも当てはまります。引数が異なれば同じ名前のコンストラクタ、メソッドを定義できることを「**オーバーロード**」と呼びます。

まとめ

- **クラスに定義したNewプロシージャはコンストラクタになる**
- **コンストラクタは引数が異なればクラスに複数を定義できる**
- **Newによりオブジェクトが生成される際にコンストラクタが呼び出される**

第 11 章 クラス

4 クラスにプロパティを作成してみよう

完成ファイル │ [1104] → [Example9] → [Example9.sln]

予習 プロパティの作成方法を知ろう

クラスにファンクションやプロシージャを定義することで、メソッドを作成することができました。ここでは、クラスにプロパティを作成します。

クラスのフィールドとプロパティは異なるものです。フィールドをPublicで宣言すればプロパティのようにみえますが、正確にいうとプロパティではありません。

プロパティは、プロパティ専用のメソッドを定義することで作成することができます。

ここでは、クラスZahyouにx座標とy座標の2つのプロパティを作成します。

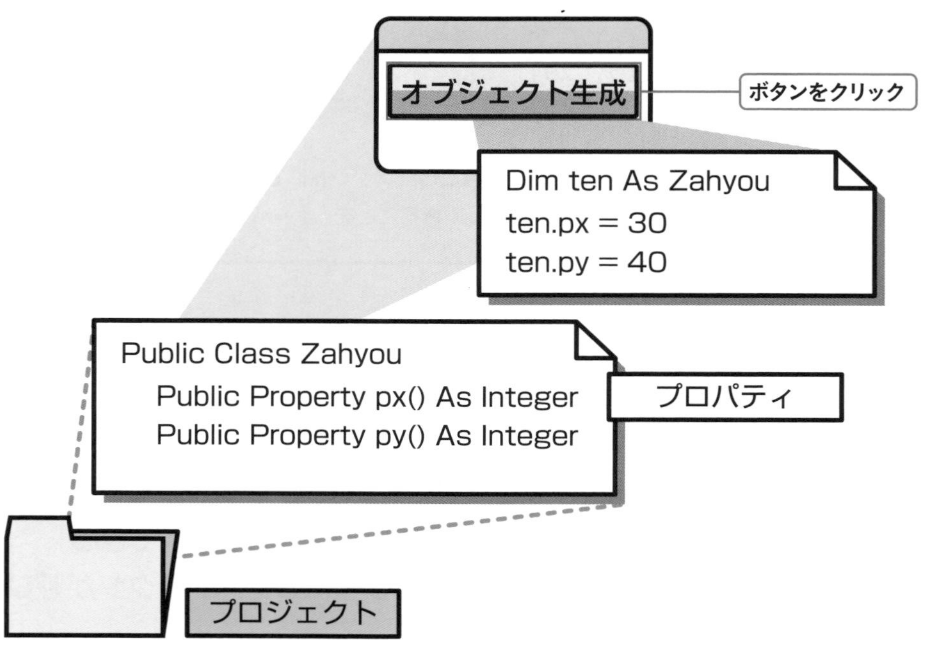
オブジェクト生成
ボタンをクリック
Dim ten As Zahyou
ten.px = 30
ten.py = 40
Public Class Zahyou
Public Property px() As Integer
Public Property py() As Integer
プロパティ
プロジェクト

体験 プロパティを作成しよう

1 Zahyou.vbを表示する

プロジェクト「Example9」を開いてください。[Zahyou.vb]タブをクリックしてコードウィンドウを表示させます1。

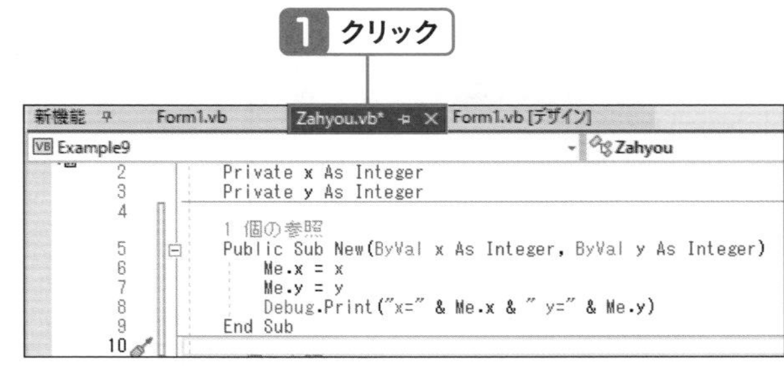
1 クリック
新機能
Form1.vb
Zahyou.vb*
Form1.vb [デザイン]
Example9
Zahyou
Private x As Integer
Private y As Integer
1 個の参照
Public Sub New(ByVal x As Integer, ByVal y As Integer)
Me.x = x
Me.y = y
Debug.Print("x=" & Me.x & " y=" & Me.y)
End Sub

2 プロパティを作成する

Zahyouクラス内に次のように入力します1。

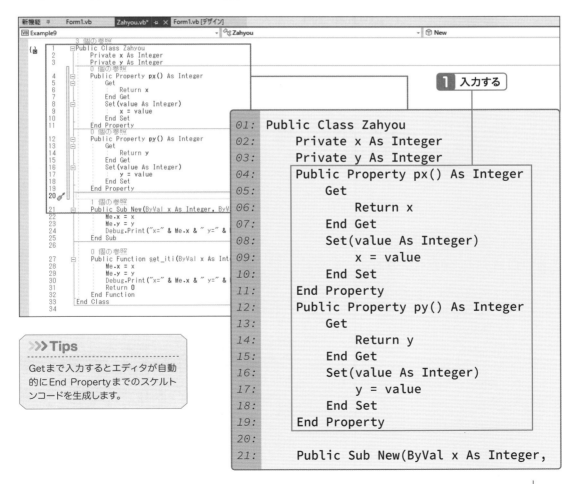

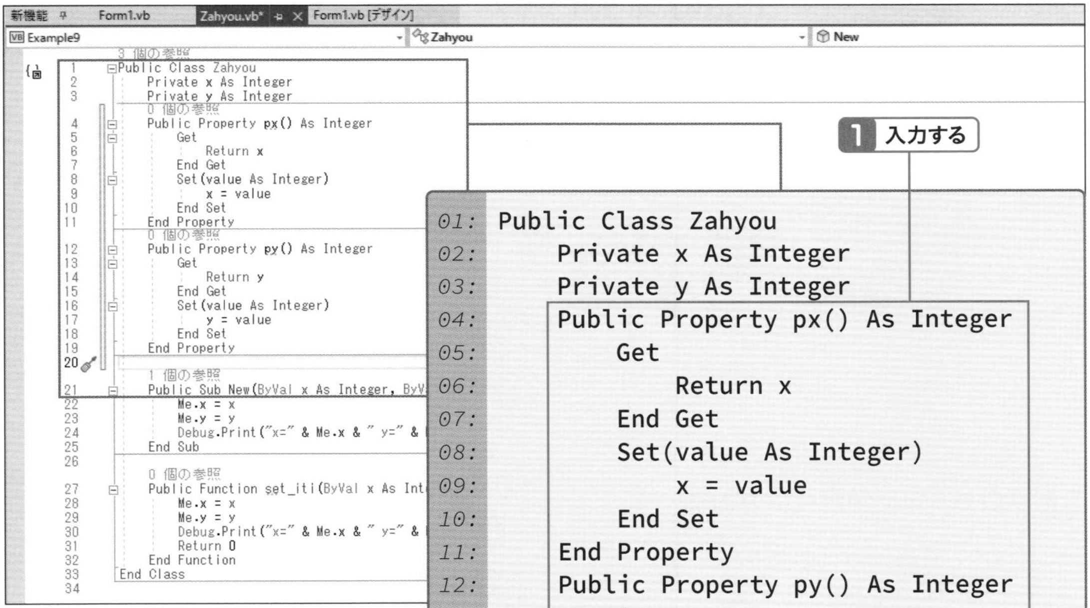

1 入力する

```
Public Class Zahyou
    Private x As Integer
    Private y As Integer
    Public Property px() As Integer
        Get
            Return x
        End Get
        Set(value As Integer)
            x = value
        End Set
    End Property
    Public Property py() As Integer
        Get
            Return y
        End Get
        Set(value As Integer)
            y = value
        End Set
    End Property

    Public Sub New(ByVal x As Integer,
```

>>> Tips

Getまで入力するとエディタが自動的にEnd Propertyまでのスケルトンコードを生成します。

3 イベントプロシージャを変更する

[Form1.vb] をクリックしてフォームのコードウィンドウを表示します1。Button_objectのイベントプロシージャのコードを次のように変更します2。

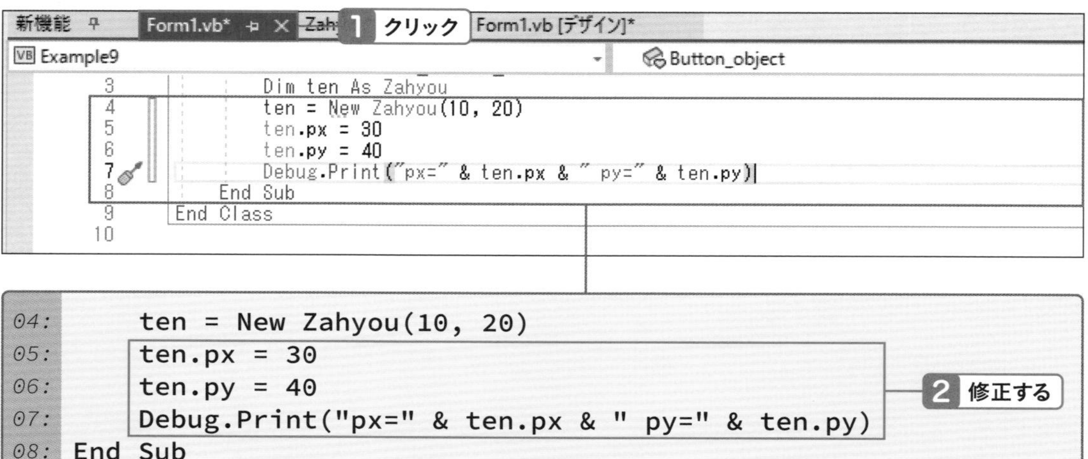


```
    ten = New Zahyou(10, 20)
    ten.px = 30
    ten.py = 40
    Debug.Print("px=" & ten.px & " py=" & ten.py)
End Sub
```

4 プログラムを実行する

[デバッグ] メニュー → [デバッグの開始] の順にクリックしてプログラムを実行します1。

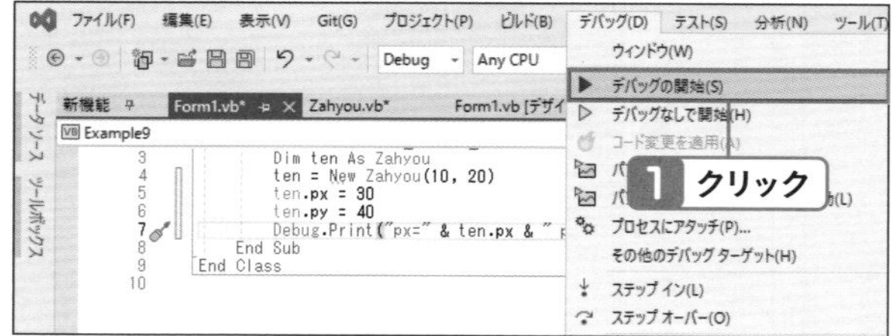

5 プロパティに値が代入される

[オブジェクト生成] ボタンをクリックすると、コンストラクタが呼び出されます1。コンストラクタ内でDebug.Printを行っているため、出力ウィンドウにはxとyの値が表示されます。イベントプロシージャでプロパティpxとpyの値を変え、Debug.Printを行っているので変更後の値も表示されます。

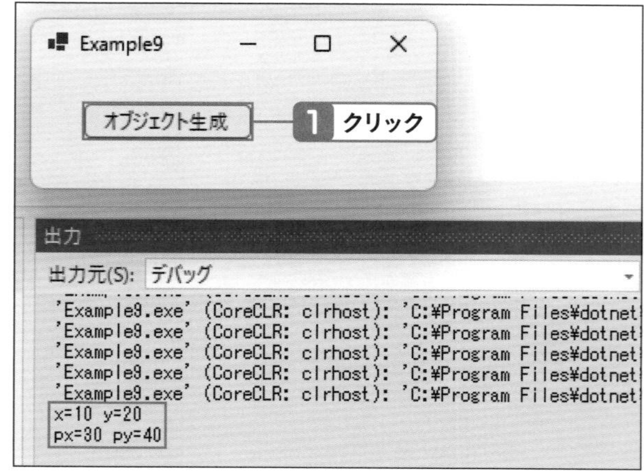

理解 プロパティについて

プロパティ

クラスにフィールドを定義してもそれがプロパティとなることはありません。プロパティを作成するならば、プロパティ専用の文法でSetとGetの２つのメソッドを作成する必要があります。

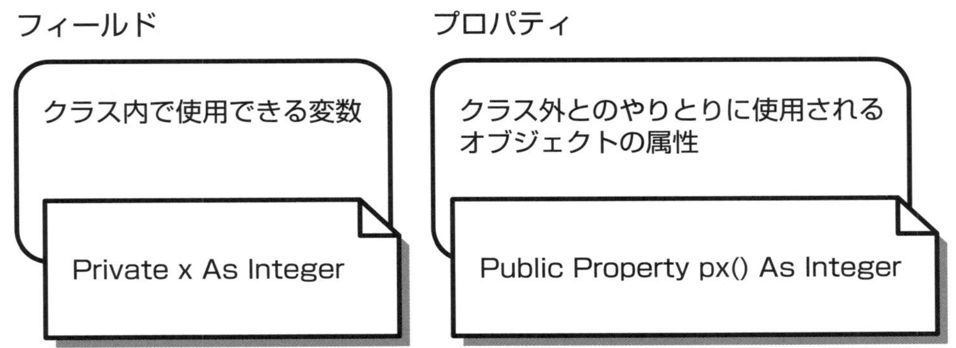

オブジェクト指向には「**カプセル化**」といった概念があります。クラス内で使われる変数は、クラス内でしか使うことができなくしておき､外部から使うことができるメソッドを介して、変数にアクセスするようにする手法がカプセル化です。
カプセル化ではフィールドは常にPrivateになります。Privateなので、クラス外でフィールドに対して直接代入したり、値を見ることはできません。そのためクラスのプロパティとなるようなデータについては、プロパティのSet、Getメソッドを作成して外部に公開するのです。
Set、Getメソッドという特殊なメソッドを使ってフィールドを直接見せずに、クラス内でフィールドを変更することが気軽にできるようになります。

フィールドを変更しても外部からアクセスできないので影響が少ない

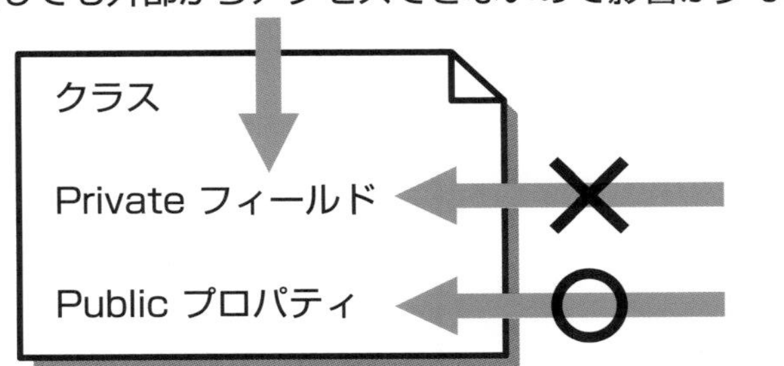

>>> プロパティを定義する文法

プロパティは、以下の文法で定義することができます。

```
Public Property プロパティ名() As プロパティの型
    Get
        Return プロパティの値
    End Get

    Set(value As Integer)
        プロパティ用のフィールド = value
    End Set
End Property
```

「Property プロパティ名」から「End Property」までがプロパティの定義になります。プロパティの定義内には、Get、Setを記述します。**Get**はプロパティの値を外部に知らせるための仕組みです。
Setは、プロパティに値を代入するときに使用されます。
Getのみ、Setのみを記述することもできます。Getのみを記述して、プロパティに代入することができない、読み込み専用のプロパティを作成することもできます。

>>> プロパティの使用方法

クラスのプロパティは、メソッドと同様に、「**オブジェクト名.プロパティ名**」として値を代入したり、参照したりすることができます。

```
オブジェクト名.プロパティ名 = 100 ← プロパティに100 を代入
Debug.Print(オブジェクト名.プロパティ名) ← プロパティの値を出力ウィ
                                          ンドウに表示
```

>>> コードの内容

```
Public Property px() As Integer
    Get
        Return x
    End Get

    Set(value As Integer)
        x = value
    End Set
End Property
```

以上がプロパティpxを定義しているクラス内のコードです。前ページで説明した通りにGet、Setが記述されています。プロパティpyも同様の定義になっています。
このようにプロパティpxとpyが定義されたされたことで、フィールドxとyに対して自由に値を代入したり、内容を参照することが可能となりました。

実際にイベントプロシージャからpx、py両プロパティが利用されている個所を見てみます。

```
ten.px = 30
ten.py = 40
Debug.Print("px=" & ten.px & "py=" & ten.py)
```

最初の2行では、オブジェクト名.プロパティ(ten.pxとten.py)でプロパティに直接、値を代入しています。3行目ではDebug.Printの引数にプロパティを利用して、値を参照しています。Debug.Print命令が実行されると、直前の2行でpx、pyプロパティに30と40が代入されているので、「px=30 py=40」と出力ウィンドウに表示されます。

まとめ

- ◉クラスのフィールドとプロパティは異なる
- ◉クラスにプロパティを作成するにはPropertyを使用し、GetとSetを記述する

第11章 練習問題

■問題1

次の文章の穴を埋めよ。

クラスは、[①]の設計図となるものである。クラスから[①]を生成する際にはNewを使用する。クラスからメソッドを呼び出すことはできないが、[①]からはメソッドを呼び出すことができる。
Newにより[①]を生成する際に、自動的に[②]が呼び出される。[②]では主にフィールドの初期化が行われる。

ヒント 302ページ、308ページ

■問題2

次の文章は、アクセスレベルであるPublic、Privateのどちらに関する記述であるのか答えなさい。

- **このアクセスレベルに指定されたメソッドは、クラス外から呼び出すことができる**
- **コンストラクタであるSub Newは、通常このアクセスレベルで定義する**

ヒント 301ページ

■問題3

クラスに以下のような2つのメソッドが定義できるかどうか（ビルドエラーにならないかどうか）答えなさい。

```
Class Zahyou
    Sub set_iro(ByVal iro As Integer)
    End Sub
    Sub set_iro(ByVal r As Integer, ByVal g As Integer, _
        ByVal b As Integer)
    End Sub
End Class
```

ヒント 309ページ。オーバーロード。

お絵かきプログラムの作成

12-1　フォームに円を表示してみよう

12-2　マウスの移動で線を表示してみよう

12-3　Paintイベントプロシージャで線を表示してみよう

1 フォームに円を表示してみよう

完成ファイル | [1201] → [Example9] → [Example9.sln]

予習 円の表示方法を知ろう

ここでは、フォームに円を表示する方法について学習します。Visual BasicはGUIプログラムを作成できるプログラミングツールです。フォームなどに簡単に図形を表示することができます。

図形の表示には、どこに何を表示させるかを指定する必要があります。図形の位置については、前で作成したZahyouクラスを使用することにします。

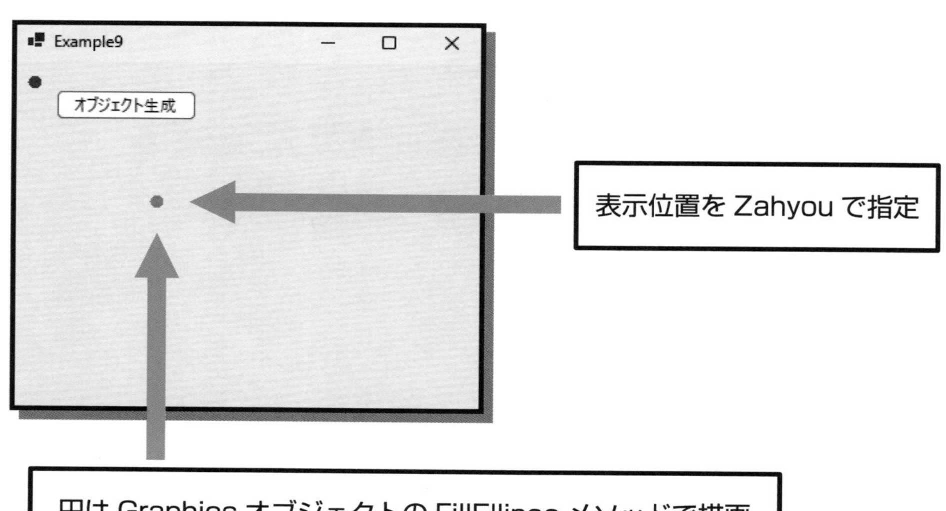
Example9
オブジェクト生成
表示位置を Zahyou で指定
円は Graphics オブジェクトの FillEllipse メソッドで描画

体験 円を表示しよう

1 フォームのデザインウィンドウを表示する

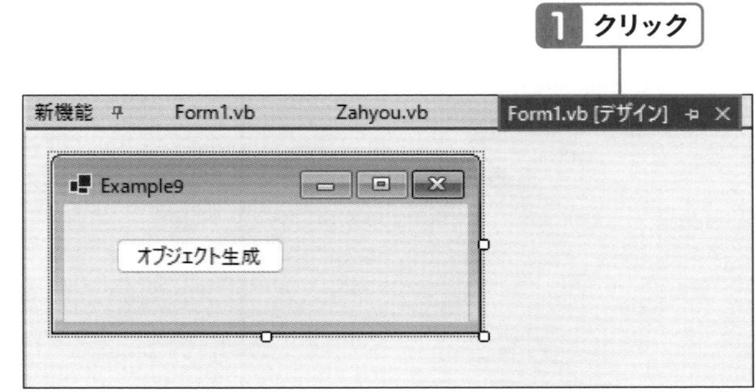

プロジェクト「Example9」を開いてください。Example9を改修してプログラムを作成していきます。
[Form1.vb [デザイン]] タブをクリックしてデザインウィンドウを表示させます1。

2 フォームの大きさを調整する

フォームの大きさを少し大きくしましょう。
フォームをクリックし1、Sizeプロパティに、「360,300」と入力します2。

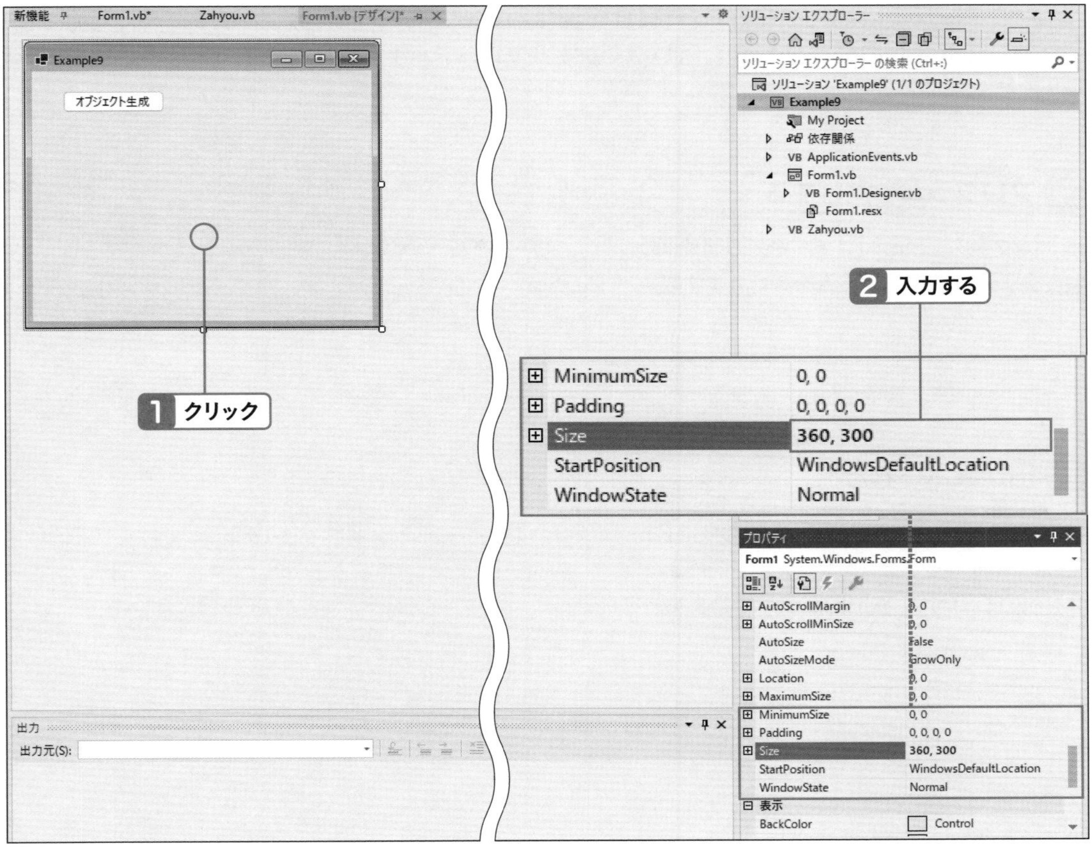

3 イベントプロシージャを変更する

[Form1.vb] タブをクリックしてコードウィンドウを表示させます1。
Button_objectのイベントプロシージャのコードを次のように変更します2。

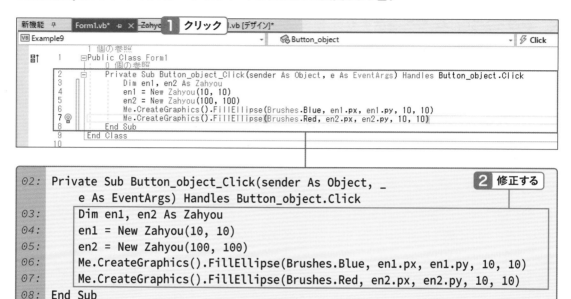

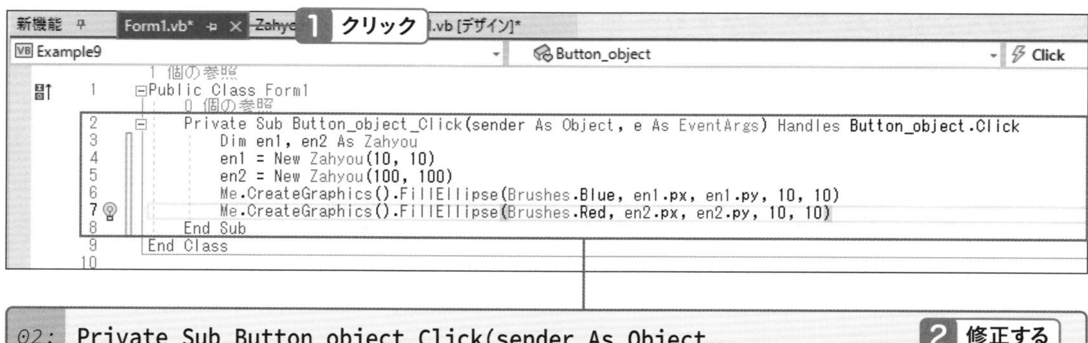

2 修正する

```
Private Sub Button_object_Click(sender As Object, _
    e As EventArgs) Handles Button_object.Click
    Dim en1, en2 As Zahyou
    en1 = New Zahyou(10, 10)
    en2 = New Zahyou(100, 100)
    Me.CreateGraphics().FillEllipse(Brushes.Blue, en1.px, en1.py, 10, 10)
    Me.CreateGraphics().FillEllipse(Brushes.Red, en2.px, en2.py, 10, 10)
End Sub
```

4 プログラムを実行する

[デバッグ] メニュー → [デバッグの開始] の順にクリックしてプログラムを実行します1。

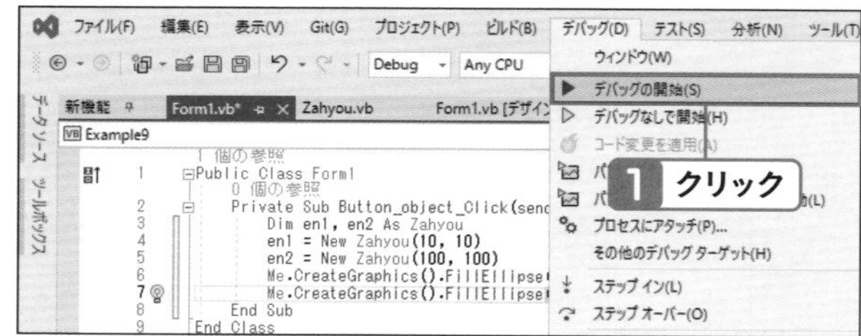

5 円が表示された

Example9のフォームが表示されたら、[オブジェクト生成] ボタンをクリックします1。フォームに青い円と赤い円が表示されます。

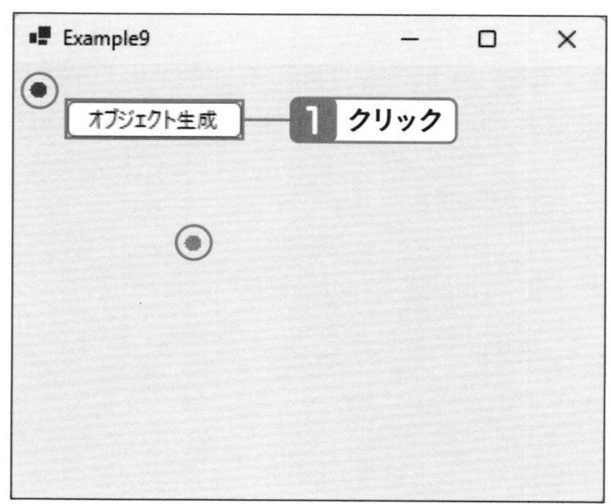

理解 円の表示方法について

円の表示方法

円を表示するには、Graphicsオブジェクトの**FillEllipse**メソッドを呼び出すことで行うことができます。FillEllipseは塗りつぶされた円が表示されます。FillEllipseの引数には、塗りつぶす色とx、yでの表示位置、円の大きさを幅と高さで指定します。引数は全部で5つ必要になります。

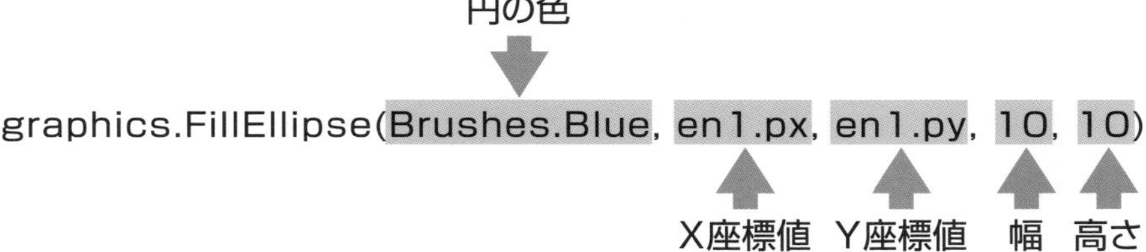

Graphicsオブジェクトを利用するには、最初に、Formオブジェクトの**CreateGraphics**メソッドを呼び出してGraphicオブジェクトを生成する必要があります。

```
Me.CreateGraphics().FillEllipse(Brushes.Blue, en1.px, en1.py, 10, 10)
Me.CreateGraphics().FillEllipse(Brushes.Red, en2.px, en2.py, 10, 10)
```

上記のコードでは、CreateGraphicsメソッドで作成されたオブジェクトをオブジェクト変数に記憶せずに直接FillEllipseメソッドを呼び出すようにしています。
FillEllipseに渡す座標値は変数に記憶しているZahyouオブジェクトのプロパティpxとpyを使って表示する位置を指定しています。
これで、x=10,y=10の位置に青い円が、x=100,y=100の位置に赤い円が表示されます。

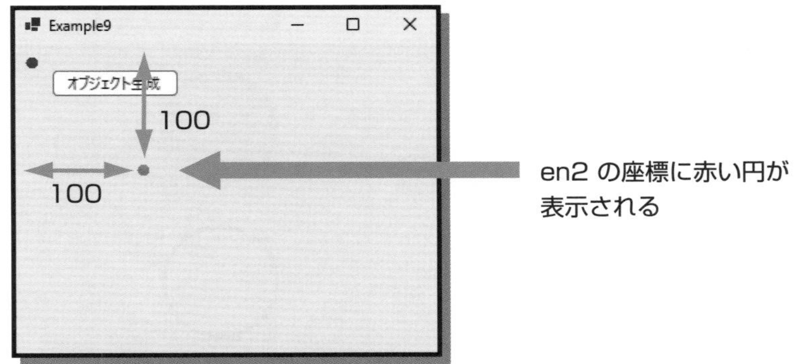

円はフォームに表示されます。フォームの左上が原点（x=0,y=0）になります。x軸は右方向に増えていきます。y軸は下方向に増えていきます。
例では、幅と高さはどちらも10にしています。幅を20、高さを10とすれば横長の楕円が表示されます。

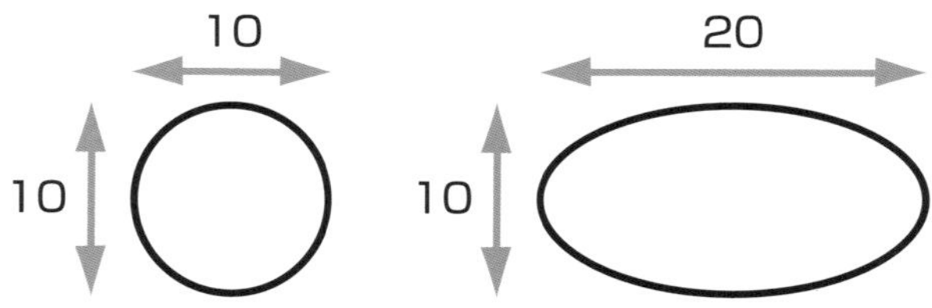

Graphicsオブジェクト

Graphicsオブジェクトには、FillEllipseメソッドの他、いろいろな図形を表示するメソッドがあります。
FillRectangleメソッドなら四角形を表示することができます。
FillEllipseでは塗りつぶされた図形が表示されます。DrawEllipseメソッドとすると、塗りつぶされない、線だけの円を表示します。

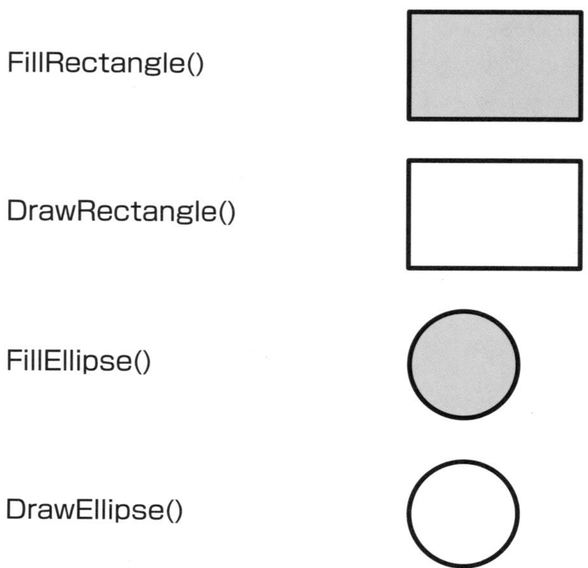

Me.CreateGraphics ( ) で作成されるGraphicsオブジェクトは、フォームに描画するためのものになります。フォーム上にボタンが配置されていますが、ボタンには円が表示されません。試しに、青い円の大きさを200,200に変更してみると次のように円が表示されます。ボタンの部分には描画されないことがわかります。

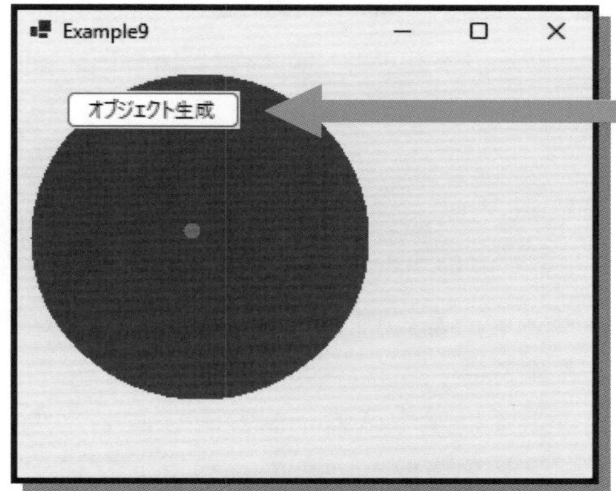

まとめ

- Graphicsオブジェクトの FillEllipse メソッドによりフォームに円を表示させることができる
- 円の表示位置、大きさは FillEllipse メソッドの引数で決定する

2 マウスの移動で線を表示してみよう

完成ファイル │ [1202] → [Example9] → [Example9.sln]

予習 マウス移動で線を描こう

ここでは、マウスを移動するとそれに追従してフォームに円を表示させることで、自由に線を描くことができるプログラムに改修していきます。
円の表示方法は、前節で解説しましたので、ここではマウスカーソルを移動した際に発生するMouseMoveイベント用のイベントプロシージャを作成し、このイベントプロシージャを利用して円を表示するように変更します。
少しずつ位置をずらしながら連続して円を描くと、線に見えます。点をつなげて破線を描くのと同じ要領です。
ここでは前節で作成した小さい円を描くプログラムを応用して、線を描いてみましょう。

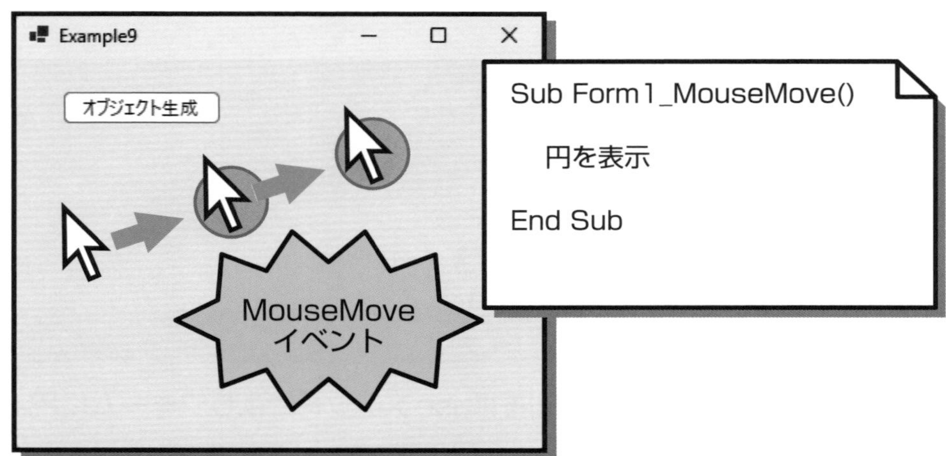

マウス移動で線を表示しよう

1 Form1.vbを表示する

プロジェクト「Example9」を開いてください。引き続き、Example9を改修してプログラムを作成していきます。
[Form1.vb] タブをクリックしてコードウィンドウを表示させます❶。

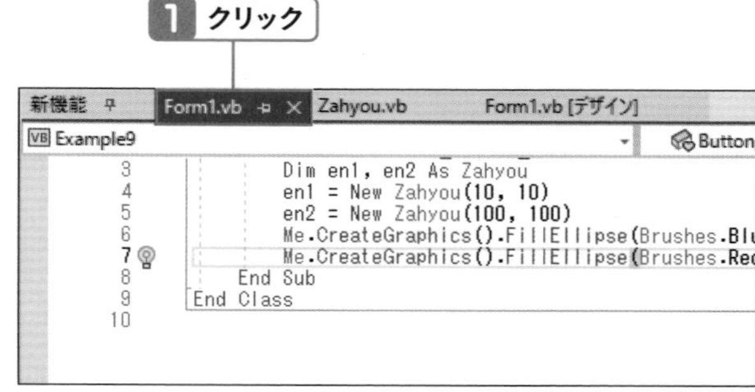

2 MouseMoveイベントプロシージャを作成する

Form1.vbのコードウィンドウが表示されている状態で、ウィンドウ中央の上のオブジェクトリストを表示して❶、[(Form1 イベント)]を選択します❷。
さらに、ウィンドウ右上のイベントリストを表示して❸、[MouseMove]を選択します❹。

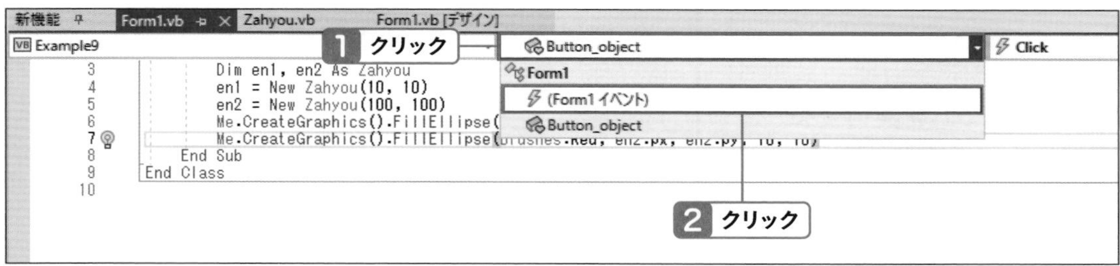

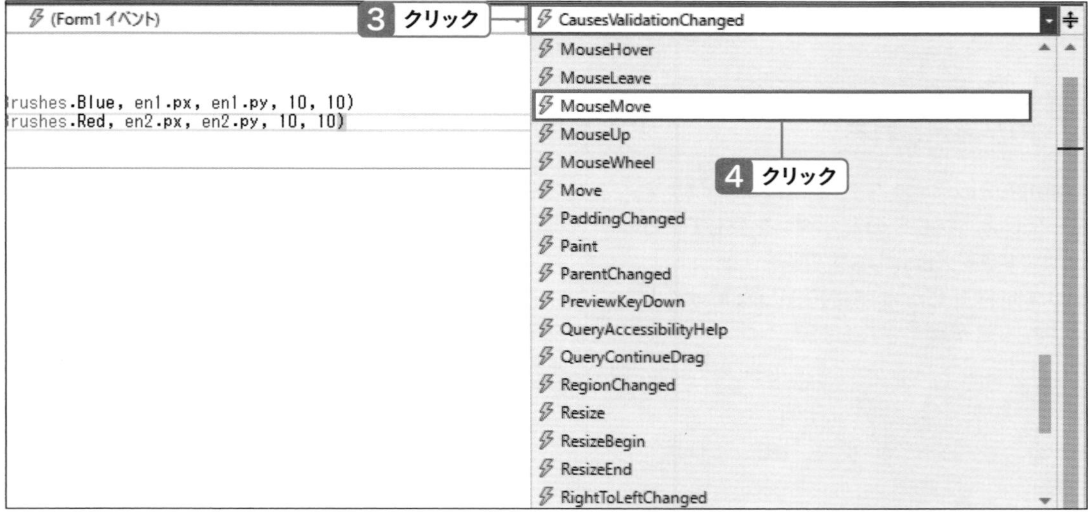

3 MouseMoveイベントプロシージャにコードを入力する

MouseMoveイベントプロシージャのスケルトンが作成されますので、プロシージャの中に次のコードを入力します1。

```
        Me.CreateGraphics().FillEllipse(Brushes.Red, en2.px, en2.py, 10, 10)
    End Sub

    0 個の参照
    Private Sub Form1_MouseMove(sender As Object, e As MouseEventArgs) Handles Me.MouseMove
        Dim en As Zahyou
        If e.Button = MouseButtons.Left Then
            en = New Zahyou(e.X, e.Y)
            Me.CreateGraphics().FillEllipse(Brushes.Blue, en.px, en.py, 10, 10)
        End If
    End Sub
End Class
```

1 入力する

```
Private Sub Form1_MouseMove(sender As Object, _
    e As MouseEventArgs) Handles Me.MouseMove
    Dim en As Zahyou
    If e.Button = MouseButtons.Left Then
        en = New Zahyou(e.X, e.Y)
        Me.CreateGraphics().FillEllipse(Brushes.Blue, en.px, en.py, 10, 10)
    End If
End Sub
```

4 プログラムを実行する

[デバッグ] メニュー → [デバッグの開始] の順にクリックしてプログラムを実行します1。

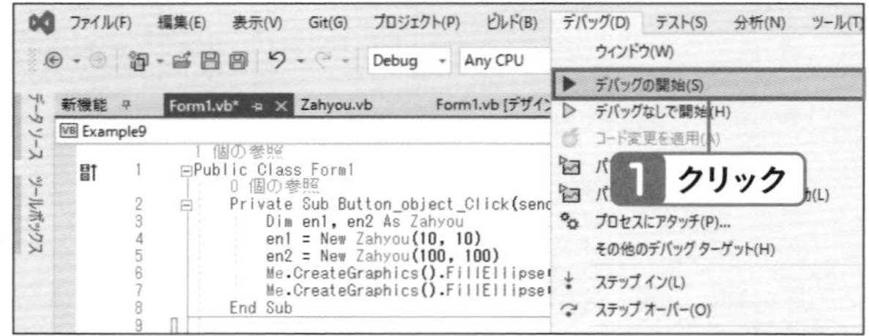

5 マウスカーソルの移動で円が表示される

Example9のフォーム上にマウスカーソルを持っていき、マウスの左ボタンを押している状態でドラッグ操作します1。
マウスが移動した場所に円がつながって表示され、線が表示されます。

Tips

マウスのボタンを押していないと、線は表示されません。

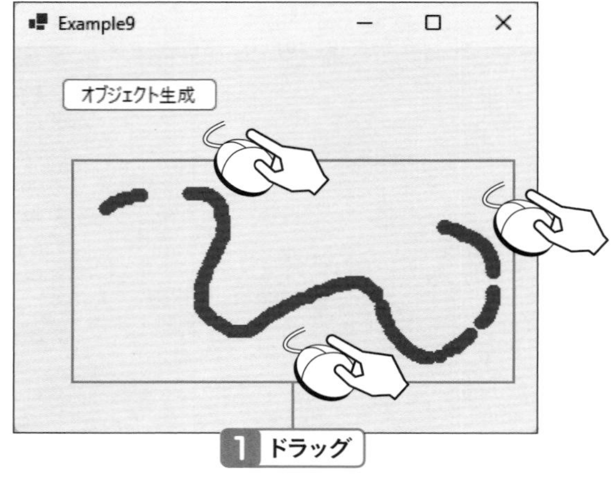

理解 MouseMoveイベントについて 

>>> MouseMoveイベント

フォーム上でマウスカーソルが移動すると、**MouseMove**イベントが発生します。MouseMoveイベントプロシージャを作成しておけば、マウスカーソルの移動時に処理を行うことが可能になります。
MouseMoveイベントはマウスカーソルが移動するたびに発生します。

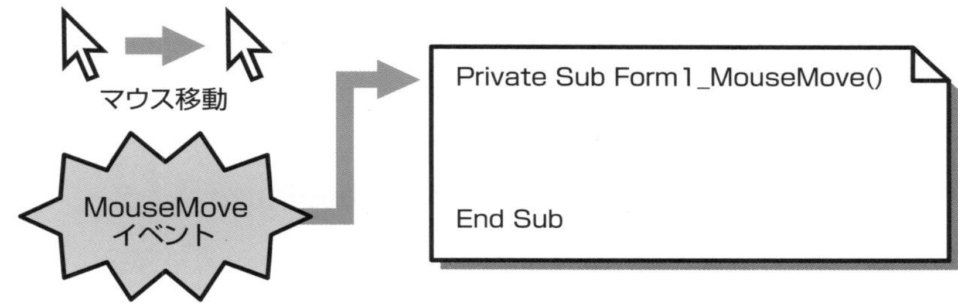


```
Private Sub Form1_MouseMove(sender As Object, _
    e As MouseEventArgs) Handles Me.MouseMove
```

MouseMoveイベントプロシージャの2つ目の引数eには、マウスの状態が渡されてきます。引数eには、フォーム上での位置座標、マウスボタンの状態などが含まれています。

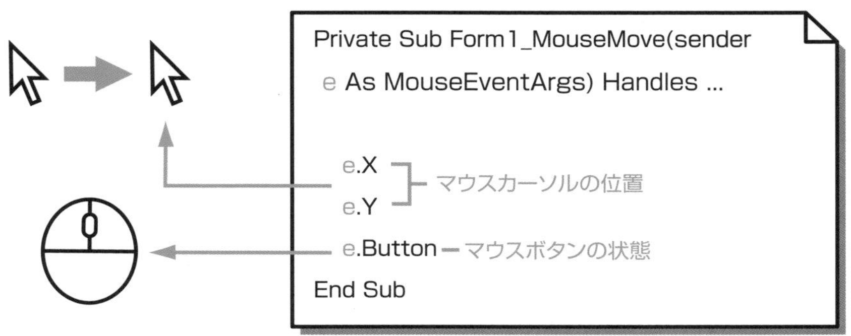

```
If e.Button = MouseButtons.Left Then
    en = New Zahyou(e.X, e.Y)
    Me.CreateGraphics().FillEllipse(Brushes.Blue, _
      en.px, en.py, 10, 10)
End If
```

上記のコードでは、マウスの左ボタンが押されている状態でのみ円を表示させるため、Ifの条件式を利用します。e.Buttonによりマウスボタンの状態がわかります。マウスの左ボタンが押されているならば、MouseButtons.Leftと同じ値が入り、条件式が真になります。
Ifの条件式が真の場合のみ、円を表示するコードが実行されます。

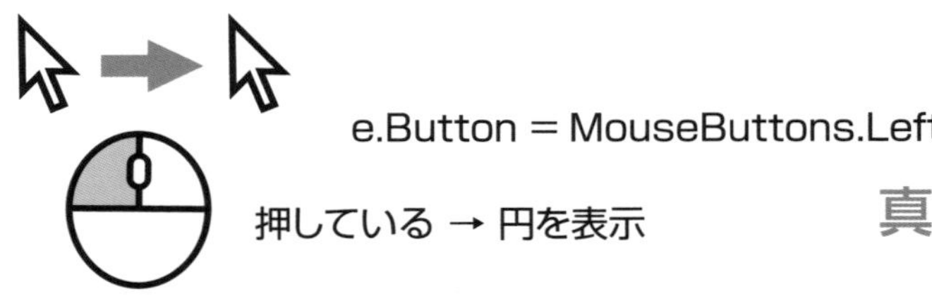

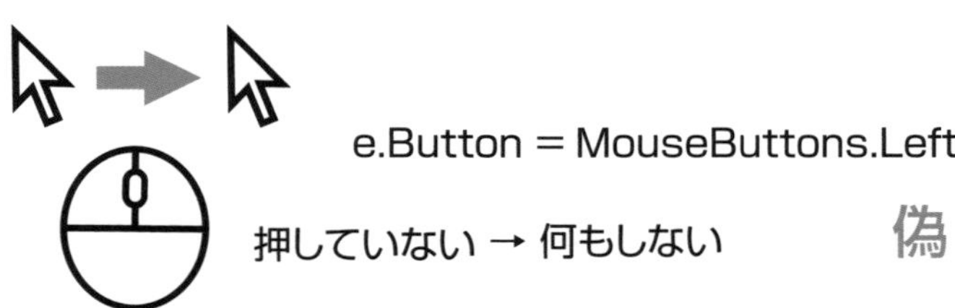

引数eには、マウスカーソルの位置も渡されてきます。座標値は、eのプロパティXとYで取得することができます。座標値は、フォーム上の位置であるため、そのままZahyouオブジェクトの座標値に代入します。

>>> プログラムの問題点

MouseMoveイベントプロシージャで、簡単なお絵かきプログラムを作成することができました。
しかし、このプログラムには欠点があります。
フォーム上でドラッグ操作して、線が表示されている状態から、フォームを最小化してみましょう。最小化されるとタスクバーにしまわれます。タスクバーのExample9をクリックしてフォームを復元させてみます。
すると、表示されていたはずの線がなくなってしまいます。
これは、フォームを最小化から復元した際にフォームの再表示が行われることが原因です。最小化から復元されフォームの再表示が行われる際、フォーム自体は表示されますが、フォームの上に描いた線は表示されません。フォーム自体は自動で再表示されますが、フォームの上に描かれた線は、フォームの再表示の際にプログラマが線の再表示のコードを記述しないといけないのです。次の節でこの問題を解消することにします。

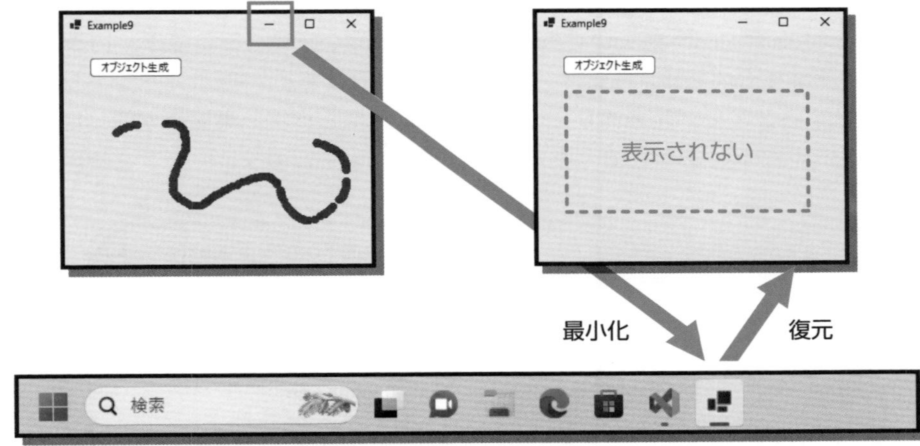

まとめ

- MouseMoveイベントは、マウスカーソルを移動した際に、発生する
- MouseMoveイベントプロシージャを作成すれば、マウスカーソルが移動したときに処理を行うことができる

3 Paintイベントプロシージャで線を表示してみよう

完成ファイル | [1203]→[Example9]→[Example9.sln]

予習 Paintイベントプロシージャで線を再表示しよう

MouseMoveイベントプロシージャでマウスカーソルの位置に線を表示することで、簡単なお絵かきプログラムを作成することができました。
しかし、一度最小化して復元すると、線の表示が消えてしまいました。ここではこの問題点を解消させるコードを作成します。
問題は、復元される際に、再表示が行われることが原因でした。ここでは、再表示が行われる際に発生するPaintイベントプロシージャを作成、利用します。Paintイベントプロシージャ内で線を再表示することで、元の通りに復元されるようにします。再表示するには一度表示した線の位置を記憶しておく必要があります。これにはフォームのフィールドを使用します。

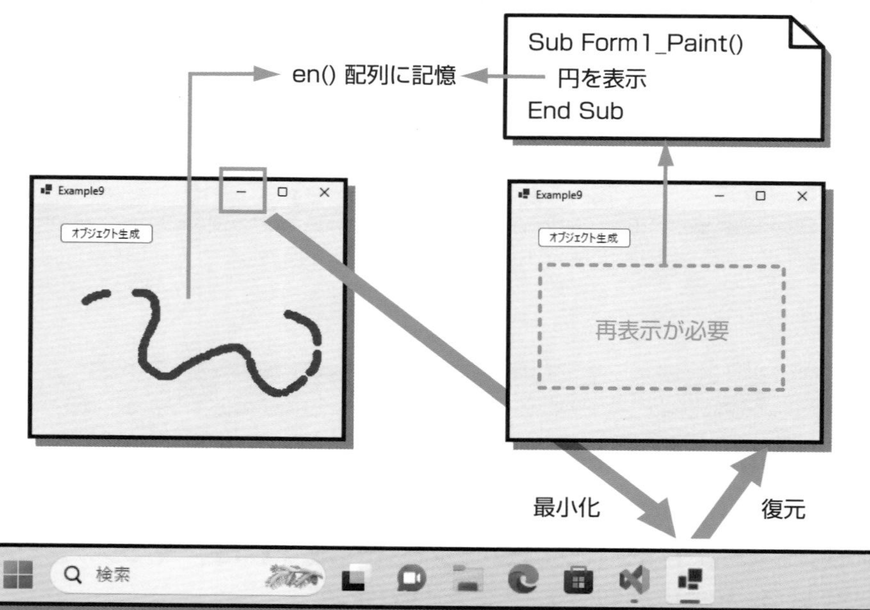

体験 Paintイベントプロシージャで線を表示しよう

1 フォームにフィールドを作成する

プロジェクト「Example9」を開いてください。[Form1.vb]タブをクリックしてコードウィンドウを表示させます1。

コードウィンドウにコードを次のように追加します2。

1 クリック

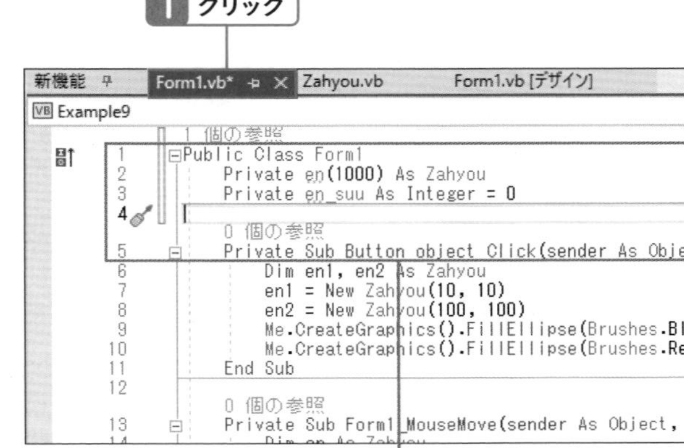


```
Public Class Form1
    Private en(1000) As Zahyou
    Private en_suu As Integer = 0

    Private Sub Button_object_Click(sender
```

2 入力する

2 MouseMoveイベントプロシージャを変更する

MouseMoveイベントプロシージャを次のように変更します1。

```
        Dim en1, en2 As Zahyou
        en1 = New Zahyou(10, 10)
        en2 = New Zahyou(100, 100)
        Me.CreateGraphics().FillEllipse(Brushes.Bl
        Me.CreateGraphics().FillEllipse(Brushes.Re
    End Sub

    0 個の参照
    Private Sub Form1_MouseMove(sender As Object,
        If e.Button = MouseButtons.Left Then
            en(en_suu) = New Zahyou(e.X, e.Y)
            Me.CreateGraphics().FillEllipse(Brushe
              en(en_suu).px, en(en_suu).py, 10, 1
            en_suu = en_suu + 1
        End If
    End Sub
End Class
```

>>> Tips

ローカル変数のenは削除します。

```
Private Sub Form1_MouseMove(sender As Object, _
    e As MouseEventArgs) Handles Me.MouseMove
    If e.Button = MouseButtons.Left Then
        en(en_suu) = New Zahyou(e.X, e.Y)
        Me.CreateGraphics().FillEllipse(Brushes.Blue, _
          en(en_suu).px, en(en_suu).py, 10, 10)
        en_suu = en_suu + 1
    End If
End Sub
```

1 修正する

3 Paintイベントプロシージャを作成する

Form1.vbのコードウィンドウが表示されている状態で、ウィンドウ左上のリストから、[(Form1 イベント)]を選択します。
さらに、ウィンドウ右上のリストからPaintを選択します1。

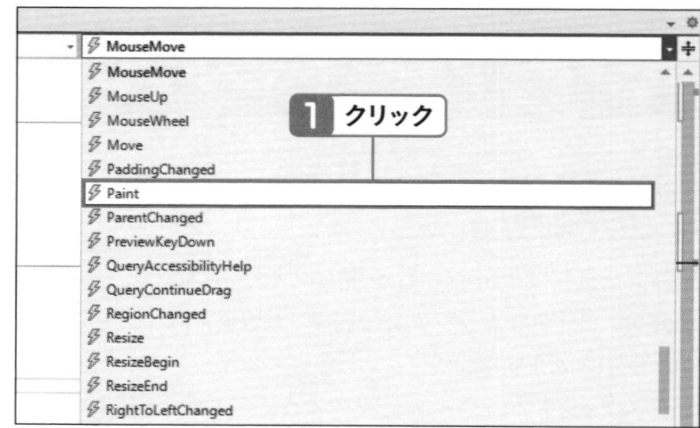

4 Paintイベントプロシージャにコードを入力する

Paintイベントプロシージャのスケルトンが作成されますので、プロシージャの中に次のコードを入力します1。

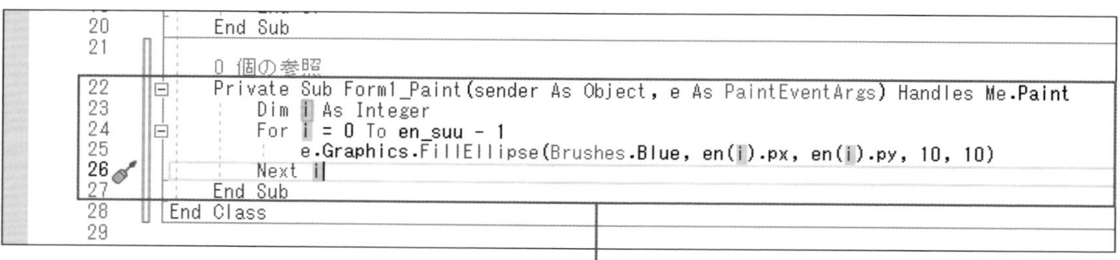

1 入力する

```
Private Sub Form1_Paint(sender As Object, _
    e As PaintEventArgs) Handles Me.Paint
    Dim i As Integer
    For i = 0 To en_suu - 1
        e.Graphics.FillEllipse(Brushes.Blue, en(i).px, en(i).py, 10, 10)
    Next i
End Sub
```

5 描画してみる

[デバッグ]メニュー → [デバッグの開始]の順にクリックしてプログラムを実行します。
Example9のフォーム上にマウスカーソルを持っていき、マウスの左ボタンを押している状態でドラッグ操作します1。
フォームを最小化、復元してみましょう。
復元時にちゃんと元の通りに復元されることがわかります。

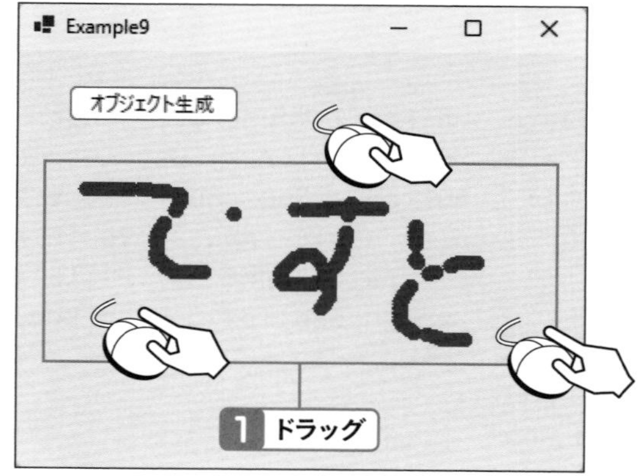

理解 Paintイベントについて

Paintイベント

フォームが隠れていた状態から表に出てくる際など、再表示が必要になるとフォームのPaintイベントが発生します。Paintイベントプロシージャを作成して、フォームに対して表示を行うコードを記述しておけば、フォームにはいつもその内容が表示されることになります。

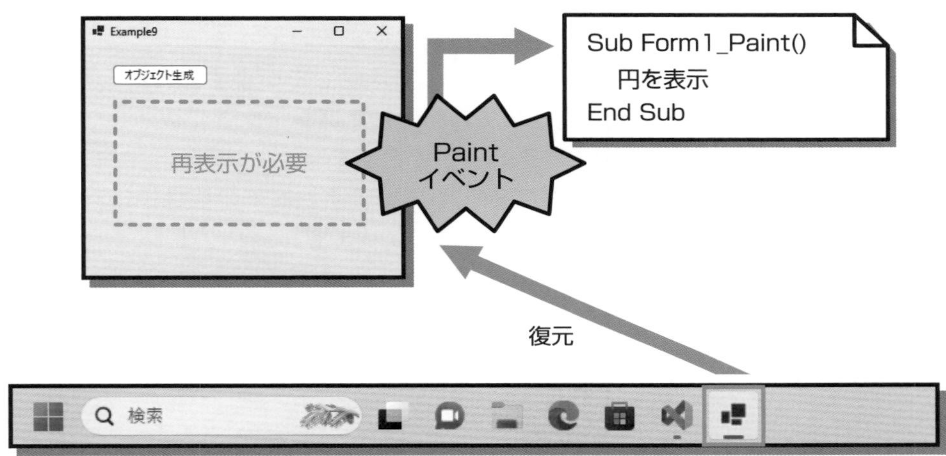

コードについて

円が表示されるまでの流れを追いながらコードを説明します。

```
Public Class Form1
    Private en(1000) As Zahyou
    Private en_suu As Integer = 0
```

最初に、Zahyouオブジェクトのオブジェクト変数enを、添え字1000の配列で宣言します。次に宣言したInteger型のen_suuはオブジェクト変数enの添え字に利用します。配列変数enはマウスを動かした場所の座標をすべて記憶しておくための変数です。フォームの再表示の際に、この記憶しておいた座標を利用します。

```
Private Sub Form1_MouseMove( ………  ← ①②
    If e.Button = MouseButtons.Left Then
        en(en_suu) = New Zahyou(e.X, e.Y)  ← ③
        Me.CreateGraphics().FillEllipse(Brushes.Blue, _
        en(en_suu).px, en(en_suu).py, 10, 10)
        en_suu = en_suu + 1  ← ④
    End If
```

プログラムが起動して、マウスを移動させると①、MouseMoveイベントが発生し、Form1_MouseMoveのイベントプロシージャが実行されます②。

イベントプロシージャ内で、オブジェクトをNewで作成しています。作成したオブジェクトは、配列のen_suu番目に記憶しておきます。配列はオブジェクト変数となっているので、Newして生成したオブジェクトを代入することができます③。

Newを行う際に、引数で座標値を渡して初期化しています。実際の座標値は、MouseMoveイベント内なのでマウスカーソルを移動した位置になります。

MouseMoveによりオブジェクトを作りましたので、配列の添え字を1つ進めます④。

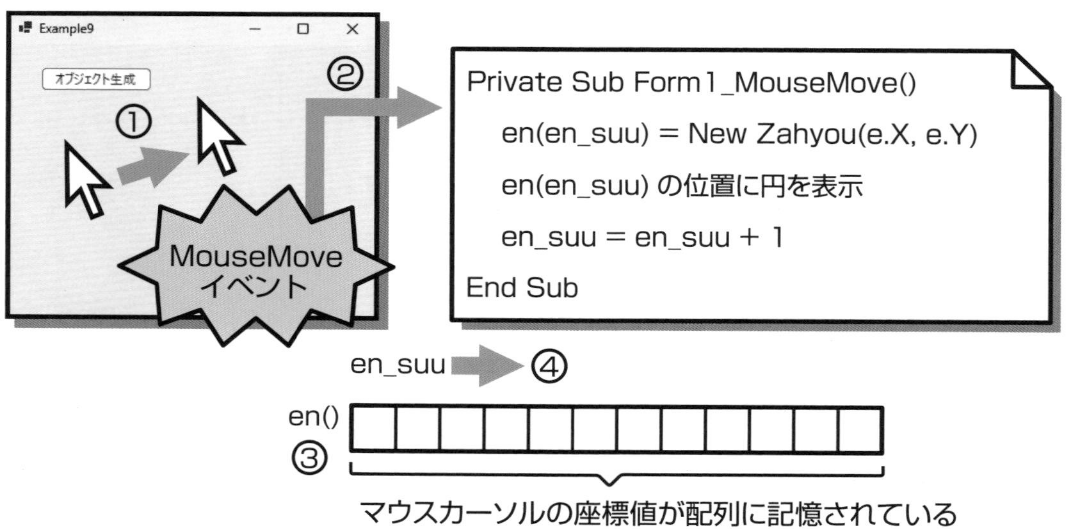

```
Private Sub Form1_Paint(sender As Object, _
    e As PaintEventArgs) Handles Me.Paint      ―①
    Dim i As Integer
    For i = 0 To en_suu - 1  ←②
        e.Graphics.FillEllipse(Brushes.Blue, _
        en(i).px, en(i).py, 10, 10)            ―③
    Next i
End Sub
```

フォームを最小化して復元すると、フォームの再表示が行われます。再表示イベントが発生し、Paintイベントプロシージャが実行されることになります①。

Paintイベントプロシージャでは、0からen_suu - 1までの繰り返し処理を行い②、繰り返し処理の中でGraphicsオブジェクトを使って円を表示します③。

FillEllipseに渡す座標値は配列に記憶しているZahyouオブジェクトのプロパティpxとpyを使って表示する位置を指定しています。

これで、MouseMoveで円を表示したときと同じ位置に円が表示されます。

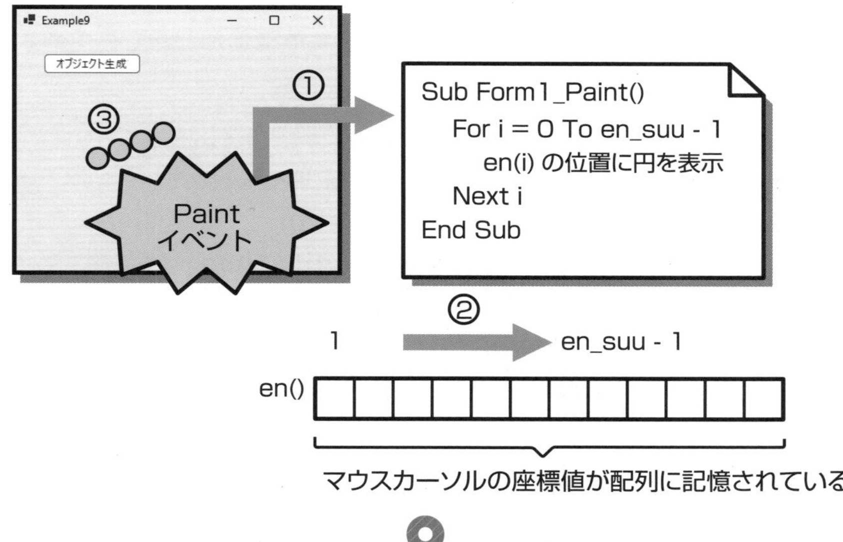

まとめ

- ◉フォームの再表示が必要なとき、Paintイベントが発生する
- ◉Paintイベントプロシージャで表示を行うことで、フォームにいつも決まった表示をすることができる

第12章 練習問題

■問題1

次の文章の穴を埋めよ。

フォームなどに図形を表示するには、Graphicsオブジェクトを使用する。Graphicsオブジェクトの[①]メソッドを呼び出すことにより、引数で指定した色、位置で塗りつぶされた円が表示される。
フォーム上をマウスカーソルが移動するとフォームに対して[②]イベントが発生する。[②]イベントプロシージャ内でマウスカーソルの位置に円を表示することで、マウスカーソルが移動した跡をなぞるように線を表示させることができる。

ヒント 321ページ、327ページ

■問題2

以下のコードは、Example9のMouseMoveイベントプロシージャを改修して、マウスの右ボタンを押している状態では、赤い円を表示するように機能追加したものである。コード中の穴を埋めてコードを完成させなさい。

```
Private Sub Form1_MouseMove(sender As Object, _
    e As MouseEventArgs) Handles Me.MouseMove
    If e.Button = MouseButtons.Left Or _
        e.Button = MouseButtons.Right Then
        en(en_suu) = New Zahyou(e.X, e.Y)
        If e.Button = MouseButtons.Left Then
            Me.CreateGraphics().FillEllipse(Brushes.Blue, _
            en(en_suu).px, en(en_suu).py, 10, 10)
        ElseIf [ ① ] = MouseButtons.Right Then
            Me.CreateGraphics().FillEllipse( [ ② ] , _
            en(en_suu).px, en(en_suu).py, 10, 10)
        End If
        en_suu = en_suu + 1
    End If
End Sub
```

ヒント 赤はRed、右はRight。

ファイルIO

13-1　フォームにメニューを作成してみよう

13-2　座標データをファイルに保存してみよう

13-3　座標データをファイルから読み込んでみよう

13-4　動きを確認してみよう

第13章 ファイルIO

1 フォームにメニューを作成してみよう

完成ファイル | [1301] → [Example9] → [Example9.sln]

予習 メニューの作成方法を知ろう

12章では、簡単なお絵かきプログラムを作成しました。この章では、さらにプログラムを改修して、よりプログラムらしくしていきます。
ここでは、とりかかりとして、フォームにメニューを作成します。GUIプログラムには、ウィンドウの上部にメニューバーと呼ばれる部分があります。Visual Basicにもありますよね。
ここでは、**フォームにメニューバーを作成する**方法について解説します。

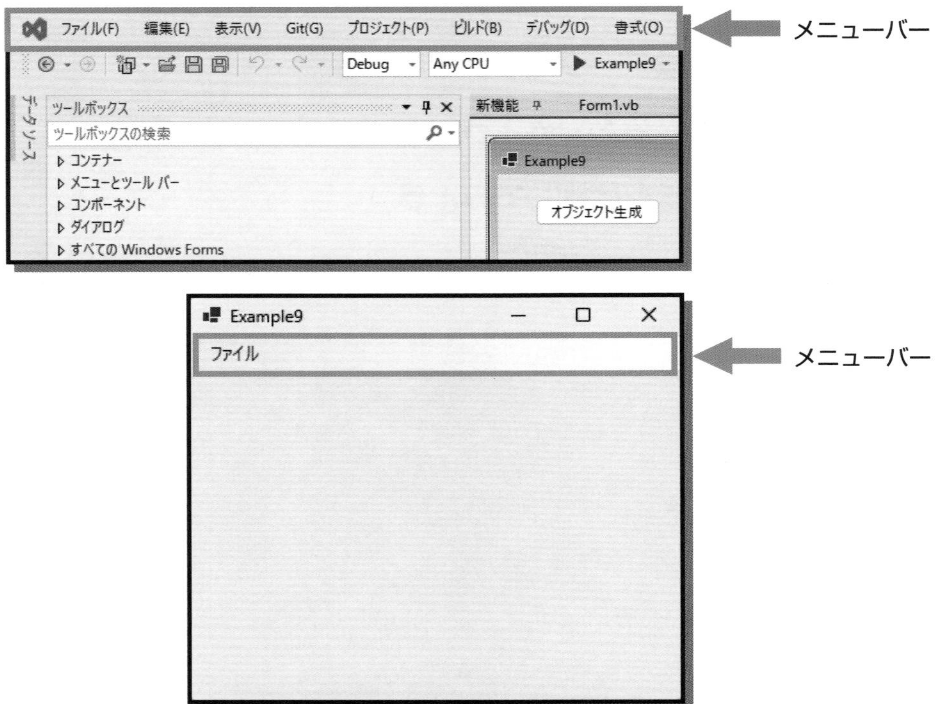

体験 メニューを作成しよう

1 フォームのデザインウィンドウを表示する

プロジェクト「Example9」を開いてください。Example9を改修してプログラムを作成していきます。
[Form1.vb [デザイン]] タブをクリックしてデザインウィンドウを表示させます1。

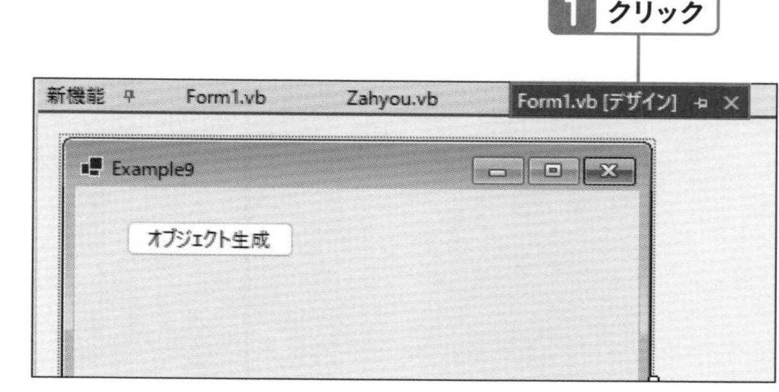

2 メニューバーを作成する

ツールボックスの [MenuStrip] をクリックします1。MenuStripはリストの [メニューとツールバー] の中にあります。
フォーム上でクリックします2。メニューバーが作成されます。メニューバーは自動的にフォームの上部に配置されます。また、デザインウィンドウの下に [MenuStrip1] といった表示が追加されます。

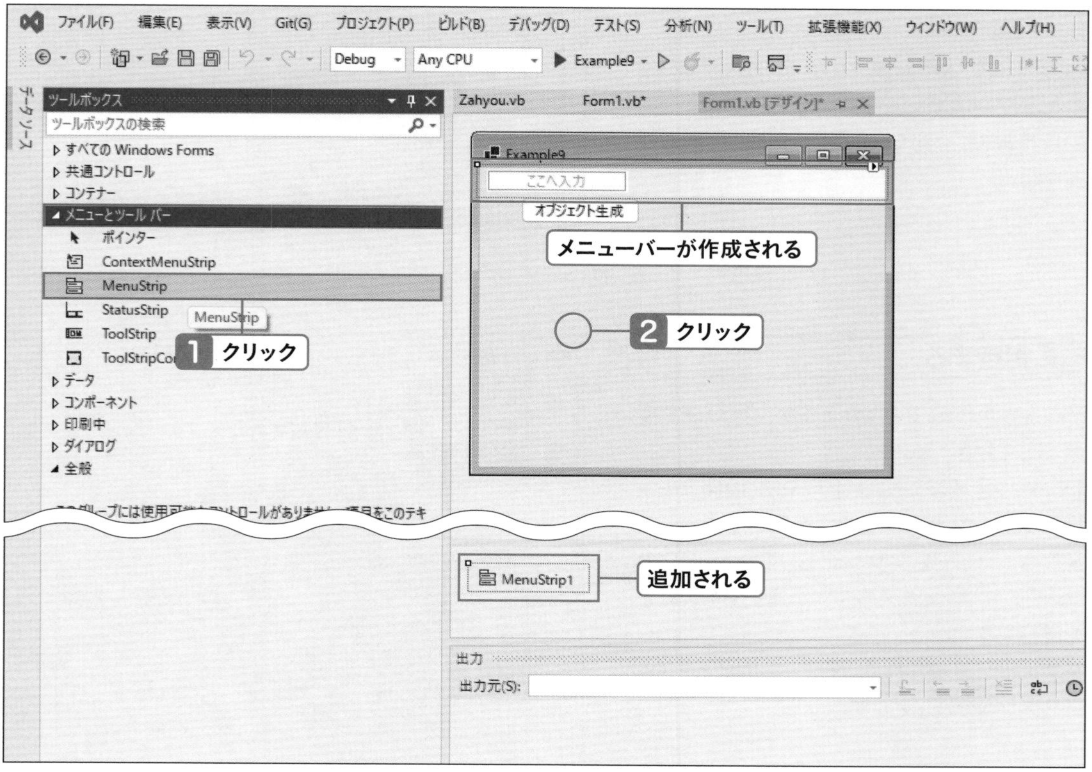

3 ファイルメニューを作成する

フォームに追加されたメニューバーの「ここへ入力」と書かれた部分をクリックします1。入力可能な状態に変化しますので、「ファイル」と入力してください2。

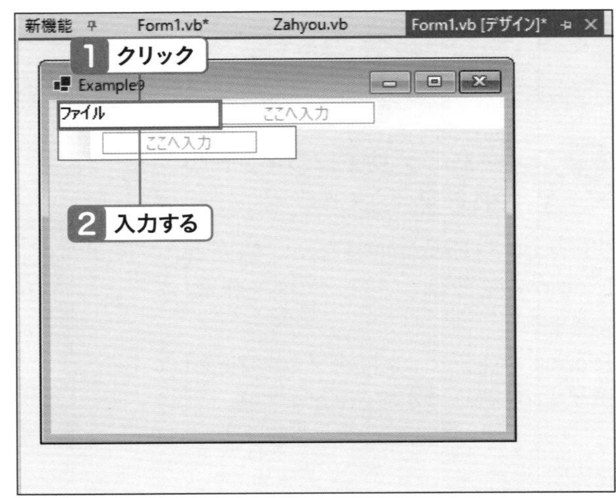

4 ファイルメニューに「開く」と「保存」を作成する

ファイルと入力することで、ファイルメニューが作成されます。ファイルの下に表示されている「ここへ入力」と書かれた部分をクリックします1。

入力可能な状態に変化しますので、「開く」と入力してください2。

同じ要領で、「開く」の下に「保存」と入力します3。

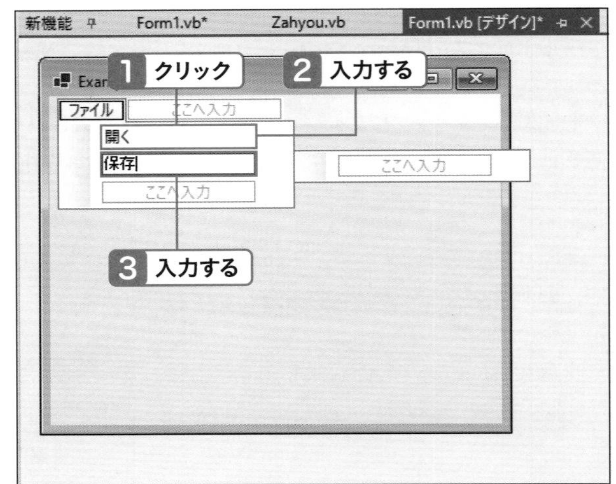

5 実行する

メニューが作成できたかどうか、実行させて確認しておきましょう。

[デバッグ]メニュー → [デバッグの開始]の順にクリックしてプログラムを実行します。

メニューバーをクリックし、Example9のフォームにファイルメニューが追加されたことを確認します。

メニューが追加されていることを確認したら、プログラムを終了します。

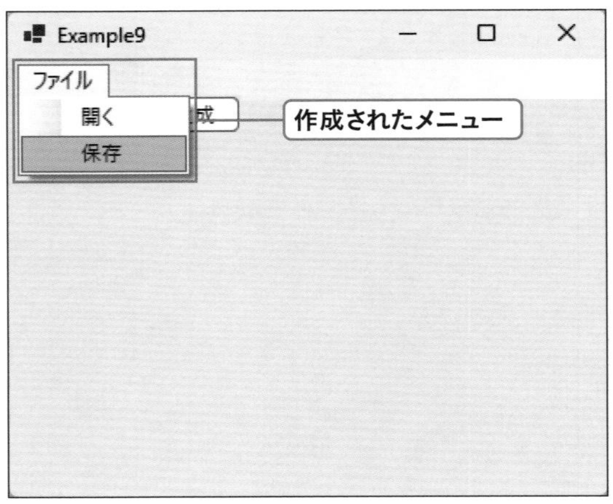

6 OpenFileDialogを追加する

ファイルメニューの［開く］で使用するファイル選択ダイアログをフォームに追加します。ツールボックスの［OpenFileDialog］をクリックします1。OpenFileDialogはリストの［ダイアログ］の中にあります。フォーム上をクリックします2。OpenFileDialogはフォーム上には表示されません。MenuStripと同様に、デザインウィンドウの下には表示されます。

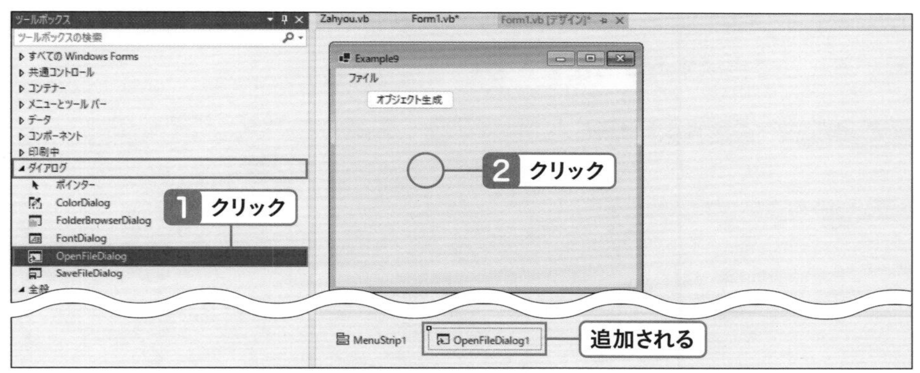

7 SaveFileDialogを追加する

ファイルメニューの［保存］で使用するファイル保存ダイアログをフォームに追加します。ツールボックスの［SaveFileDialog］をクリックします1。フォーム上をクリックします2。SaveFileDialogはフォーム上には表示されません。デザインウィンドウの下には表示されます。

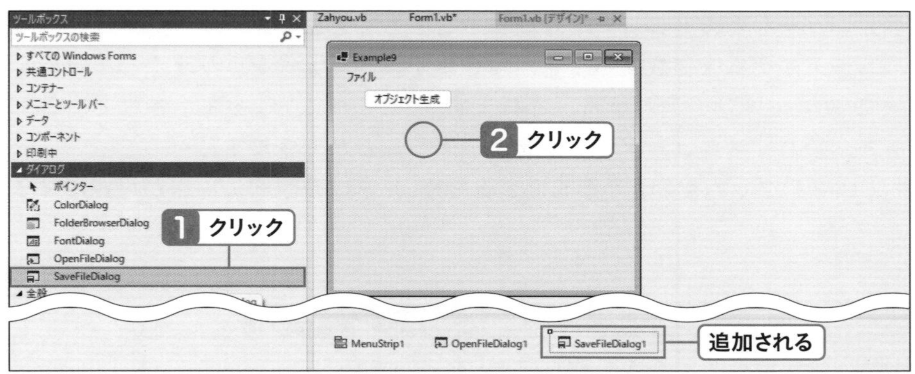

8 ［オブジェクト生成］ボタンを削除する

メニューを作成したため、ボタンは削除してしまいましょう。［オブジェクト生成］ボタンをクリックします1。Deleteキーを押してボタンを削除します2。

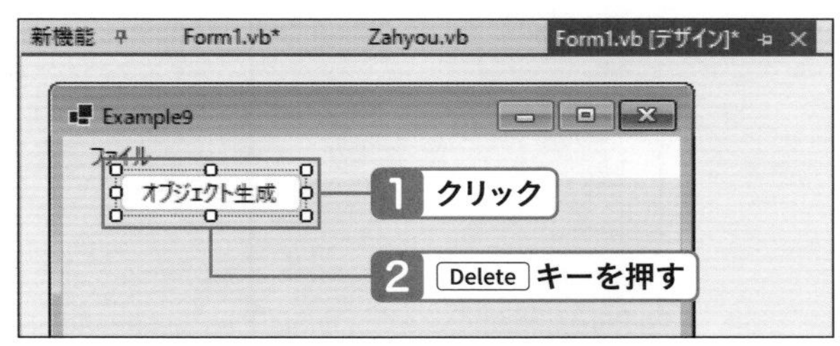

理解 メニューの作成方法とファイル選択ダイアログについて

メニューの作成方法

フォームにメニューを作成するには、ツールボックスのMenuStripを使用します。MenuStripをクリックして選択し、フォーム上をクリックしてMenuStripコントロールをフォーム上に配置することで作成することができます。

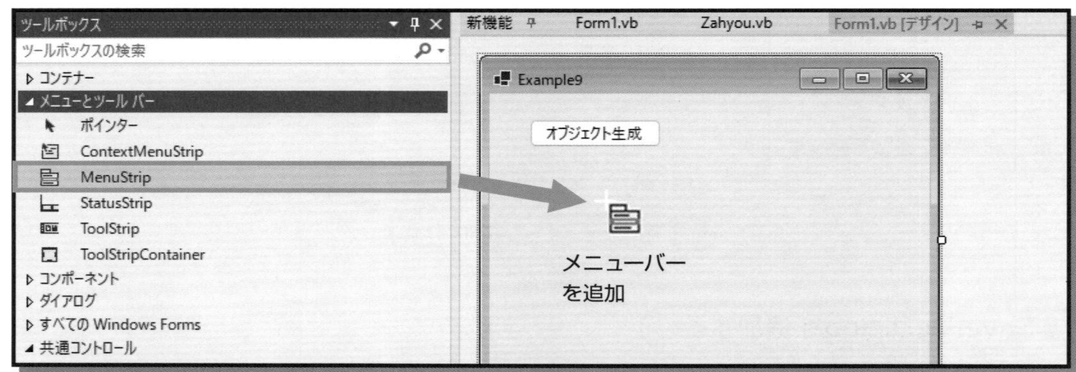

MenuStripを作成することで、フォームにメニューバーが作成されます。メニューバーにメニューを作成していきます。例では、ファイルメニューだけを作成しましたが、必要なら編集メニューや表示メニューなどのメニューを作成することもできます。

メニューにはメニューアイテムを作成することができます。メニューをクリックして選択するとそのメニューのメニューアイテムが表示されます。「ここへ入力」と表示されている部分をクリックすると、新しくメニューアイテムを追加することができます。

Visual Basicでは、GUIプログラムをGUIで作成できるため、非常に直観的に操作が可能になっています。

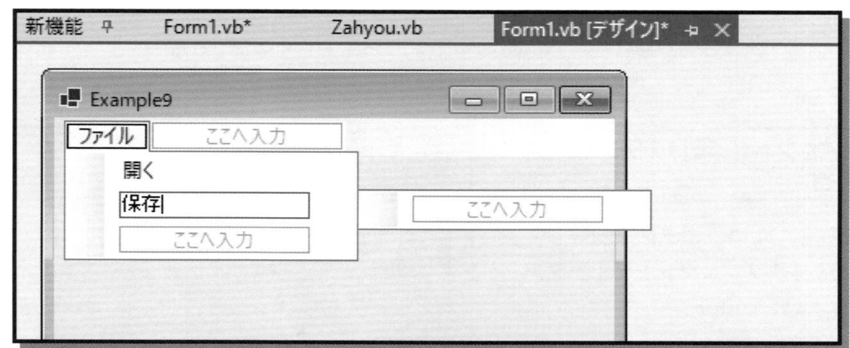

>>> ファイル選択ダイアログ

ファイル選択ダイアログであるOpenFileDialogと、ファイル保存ダイアログであるSaveFileDialogについてもフォーム上のコントロールとして作成することができます。ただし、これらのコントロールは、フォーム上には表示されません。
作成したコントロールのメソッドを呼び出すことで、ファイル選択ダイアログが表示されます。しかし、フォームに表示されていないとコントロールをクリックできず、選択するのに困ってしまいます。そのため、デザインウィンドウの下に表示されます。
OpenFileDialog、SaveFileDialogの使用方法については、次節で解説します。

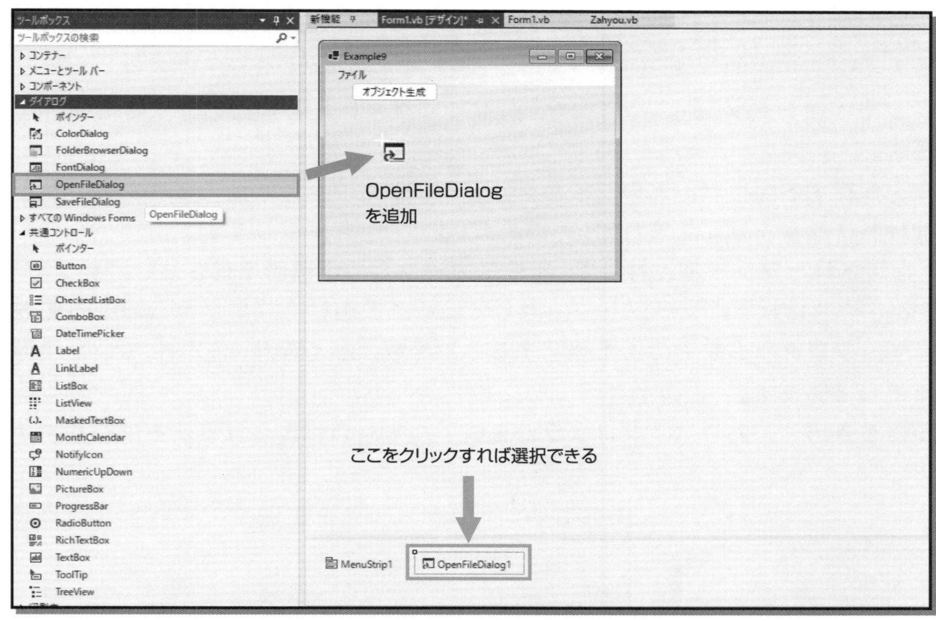

まとめ

- ◉フォームにMenuStripコントロールを配置することで、メニューバーを作成できる
- ◉デザインウィンドウに表示されているメニューバーを操作することでメニューを作成することができる
- ◉フォームにOpenFileDialogコントロールを配置することで、ファイル選択ダイアログを使うことができる

2 座標データをファイルに保存してみよう

完成ファイル | [1302] → [Example9] → [Example9.sln]

予習 座標データを保存する方法を知ろう

340ページで作成したメニューの[保存]がクリックされたときに動作するコードを作成していきます。
ファイルを保存する際には、どのフォルダにどういったファイル名で保存するのかを決めてもらわなければなりません。これには、**SaveFileDialog**を使用します。
加えて、指定されたファイルに対して、マウスカーソルの座標値を書き込む必要があります。MouseMoveイベントプロシージャで記憶している座標値は、プログラムの中の変数で記憶しています。プログラムをそのまま終了すると、変数はなくなり、記憶していた座標値は忘れ去られてしまいます。
ファイルに書き出しておけば、プログラムを終了しても忘れ去られることはありません。

体験 座標データをファイルに保存しよう

1 ファイルメニューを表示させる

［Form1.vb［デザイン］］タブをクリックしてフォームのデザインウィンドウを表示させます1。

メニューの［ファイル］をクリックして、ファイルメニューを表示させます2。

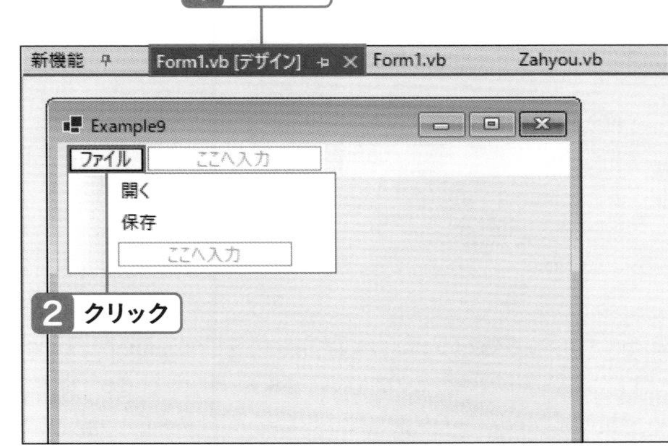

2 イベントプロシージャのスケルトンを作成する

［保存］をダブルクリックして、イベントプロシージャのスケルトンを作成します1。

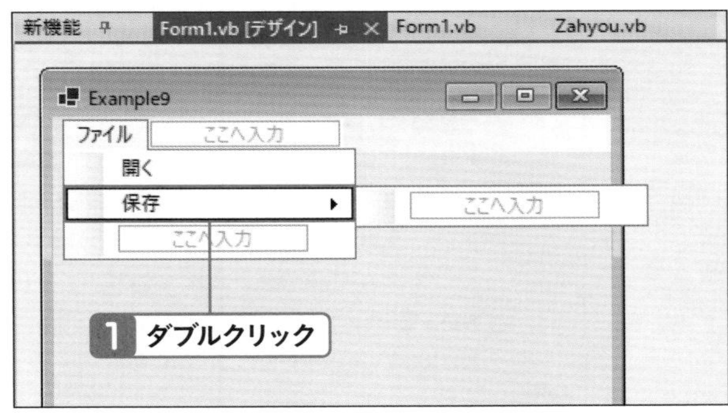

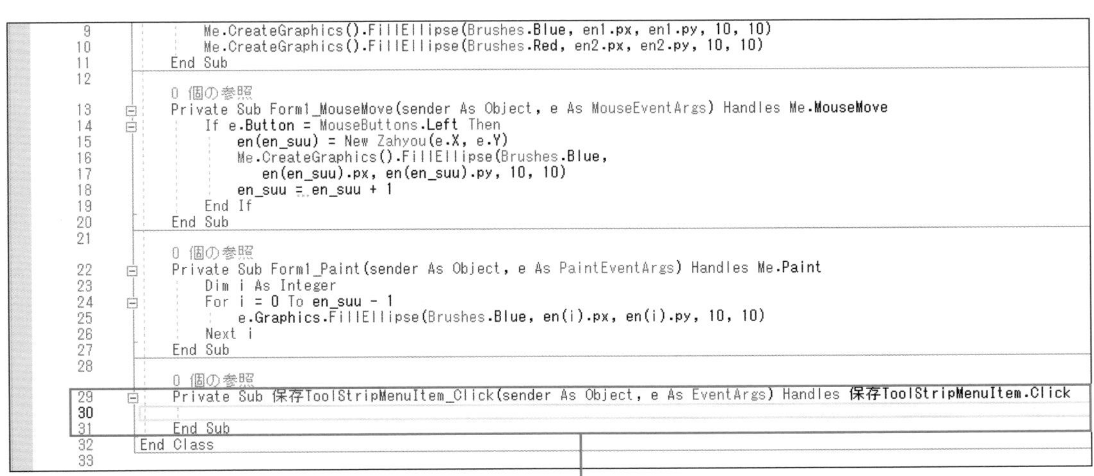

Me.CreateGraphics().FillEllipse(Brushes.Blue, en1.px, en1.py, 10, 10)
Me.CreateGraphics().FillEllipse(Brushes.Red, en2.px, en2.py, 10, 10)
End Sub
0 個の参照
Private Sub Form1_MouseMove(sender As Object, e As MouseEventArgs) Handles Me.MouseMove
If e.Button = MouseButtons.Left Then
en(en_suu) = New Zahyou(e.X, e.Y)
Me.CreateGraphics().FillEllipse(Brushes.Blue,
en(en_suu).px, en(en_suu).py, 10, 10)
en_suu = en_suu + 1
End If
End Sub
0 個の参照
Private Sub Form1_Paint(sender As Object, e As PaintEventArgs) Handles Me.Paint
Dim i As Integer
For i = 0 To en_suu - 1
e.Graphics.FillEllipse(Brushes.Blue, en(i).px, en(i).py, 10, 10)
Next i
End Sub
0 個の参照
Private Sub 保存ToolStripMenuItem_Click(sender As Object, e As EventArgs) Handles 保存ToolStripMenuItem.Click
End Sub
End Class
イベントプロシージャのスケルトンが作成される

3 イベントプロシージャにコードを入力する

イベントプロシージャ内に次のコードを入力します。少し長いですが、がんばって入力しましょう**1**。

```
Private Sub 保存ToolStripMenuItem_Click(sender As Object, _
    e As EventArgs) Handles 保存ToolStripMenuItem.Click
    Dim hozon_file As String
    Dim i As Integer
    Dim kakikomi As IO.StreamWriter
    Dim kakikomi_gyou As String
    If SaveFileDialog1.ShowDialog() = DialogResult.OK Then
        hozon_file = SaveFileDialog1.FileName
        kakikomi = New IO.StreamWriter(hozon_file)
        For i = 0 To en_suu - 1
            kakikomi_gyou = en(i).px & " " & en(i).py
            kakikomi.WriteLine(kakikomi_gyou)
        Next i
        kakikomi.Close()
    End If
End Sub
```

1 入力する

4 ボタンのイベントプロシージャを削除する

341ページで［オブジェクト生成］ボタンを削除しましたが、このボタンのイベントプロシージャのコードが残ったままです。必要ないので、削除します。

コードウィンドウを上方向にスクロールします。ボタンのイベントプロシージャをドラッグして**1**、Delete キーを押して**2**、削除します。

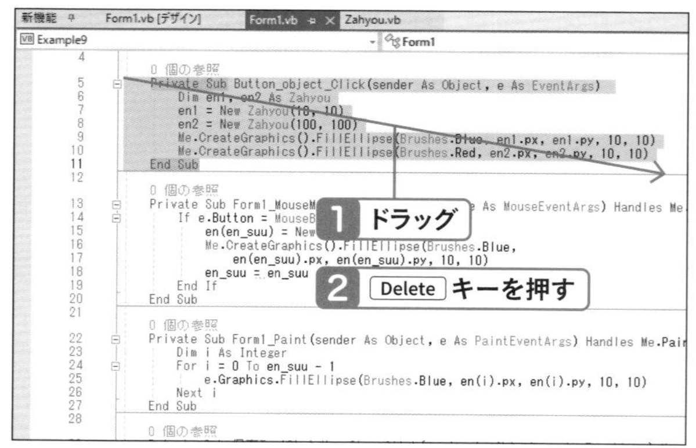

理解 SaveFileDialogの使用方法とファイルへの保存

SaveFileDialogの使用方法

```
If SaveFileDialog1.ShowDialog() = DialogResult.OK Then    ─1
    hozon_file = SaveFileDialog1.FileName
    kakikomi = New IO.StreamWriter(hozon_file)    ─2
    For i = 0 To en_suu - 1
        kakikomi_gyou = en(i).px & " " & en(i).py    ─3
        kakikomi.WriteLine(kakikomi_gyou)
    Next i
    kakikomi.Close()    ─4
End If
```

SaveFileDialogのShowDialogメソッドを実行すると、[名前を付けて保存]ダイアログが表示されます。

1 ボタンの判定

```
If SaveFileDialog1.ShowDialog() = DialogResult.OK Then
    hozon_file = SaveFileDialog1.FileName
```

[名前を付けて保存]ダイアログで、[保存]または[キャンセル]ボタンがクリックされたときにダイアログが終了し、ShowDialogメソッドの呼び出し元に戻ってきます。ShowDialogメソッドの戻り値によりダイアログでどのボタンがクリックされたかがわかります。戻り値が、DialogResult.OKなら[保存]ボタンが、DialogResult.Cancelなら[キャンセル]ボタンがクリックされたことがわかります。
例のコードでは、[保存]ボタンがクリックされた場合にのみ、ファイルへの書き込み処理を行うようにしています。
[名前を付けて保存]ダイアログで入力されたファイル名は、FileNameプロパティに記憶されています。

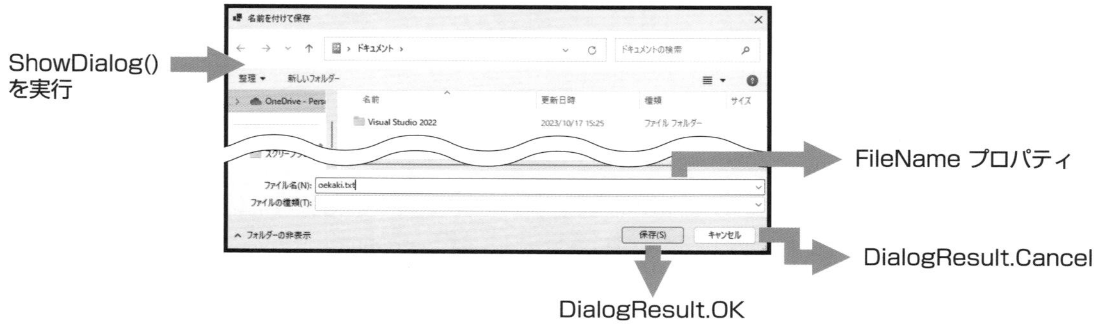

2 StreamWriterによるファイルへの保存

```
kakikomi = New IO.StreamWriter(hozon_file)
```

オブジェクト変数　　ファイル名

ファイルへの保存は、**IO.StreamWriter**クラスのオブジェクトを使って行います。StreamWriterはストリームライターと読みます。ライターは書き手という意味です。ストリームに書き込むためのクラスであると考えてください。
ストリームは、ファイルへつながるパイプのようなものであると思ってください。保存するデータが、パイプのような「ストリーム」を通じて、ファイルに書き込まれるのです。

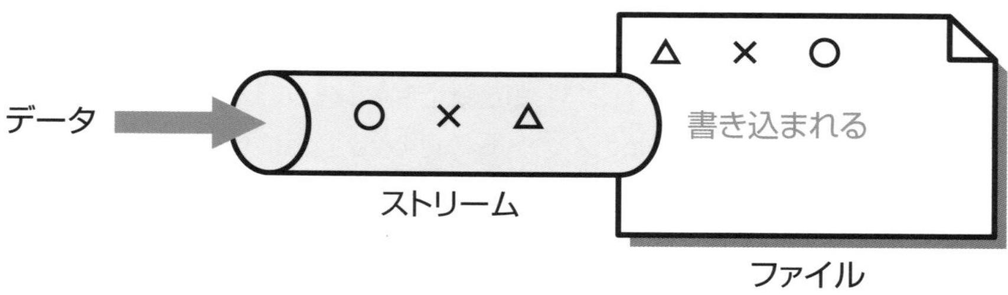

StreamWriterはクラスであるため、Newによりオブジェクト化して使用します。作成されたオブジェクトは、引数で指定されたファイル名のファイルに書き込むことができます。

3 座標の書き込み

```
kakikomi_gyou = en(i).px & " " & en(i).py
kakikomi.WriteLine(kakikomi_gyou)
```

例のコードでは、ファイルへの書き込みは、Zahyouオブジェクトごとに行っています。kakikomi_gyou変数に1つのZahyouオブジェクトのxとy座標値を代入します。xとy座標値の間に1つのスペースを置いて、xとyの値を区別できるようにしています。
StreamWriterのWriteLineメソッドでファイルへの書き込みを行います。WriteLineメソッドは引数で与えられた文字列を1行ずつ書き込みます。

4 ストリームを閉じる

```
kakikomi.Close()
```

ファイルへの書き込みが終了したら、Closeメソッドを呼び出してストリームを閉じます。この処理がないと、いつまでもファイルへの書き込みが終了していないと思われてしまいます。

COLUMN 名前空間

Visual Basicではオブジェクトの名前を名前空間で重ならないように付けることができます。IO.StreamWriterの「IO.」の部分は名前空間です。
名前空間は数あるオブジェクトを整理する「区画」のようなものです。Visual Basicには数多くのオブジェクトが存在していますので、名前空間により整理して収納されています。
名前空間によりオブジェクト名の衝突を回避することができます。たとえば、StreamWriterという名前のオブジェクトは、IOだけでなく別の名前空間でも作成されているかもしれません。同じ名前であっても名前空間が異なれば作成することができます。IO内のStreamWriterを使いたいのであれば、「IO.StreamWriter」と記述することで正確に指定できます。
名前空間自体もオブジェクトであり、名前空間内に作成されます。このことにより名前空間は階層構造にすることができます。

まとめ

- **SaveFileDialogにより、[名前を付けて保存]ダイアログを表示させることができる**
- **IO.StreamWriterにより、ファイルへデータを書き出すことができる**

3 座標データをファイルから読み込んでみよう

完成ファイル | [1303] → [Example9] → [Example9.sln]

予習 座標データを読み込む方法を知ろう

[保存]のコードはできましたので、メニューの[開く]がクリックされたときに動作するコードを作成していきます。ファイルから読み込む場合は、**OpenFileDialog**を使用します。
指定されたファイルから、座標値を配列enに読み込みます。読み込みさえうまくいけば、Paintイベントプロシージャで表示を行ってくれます。

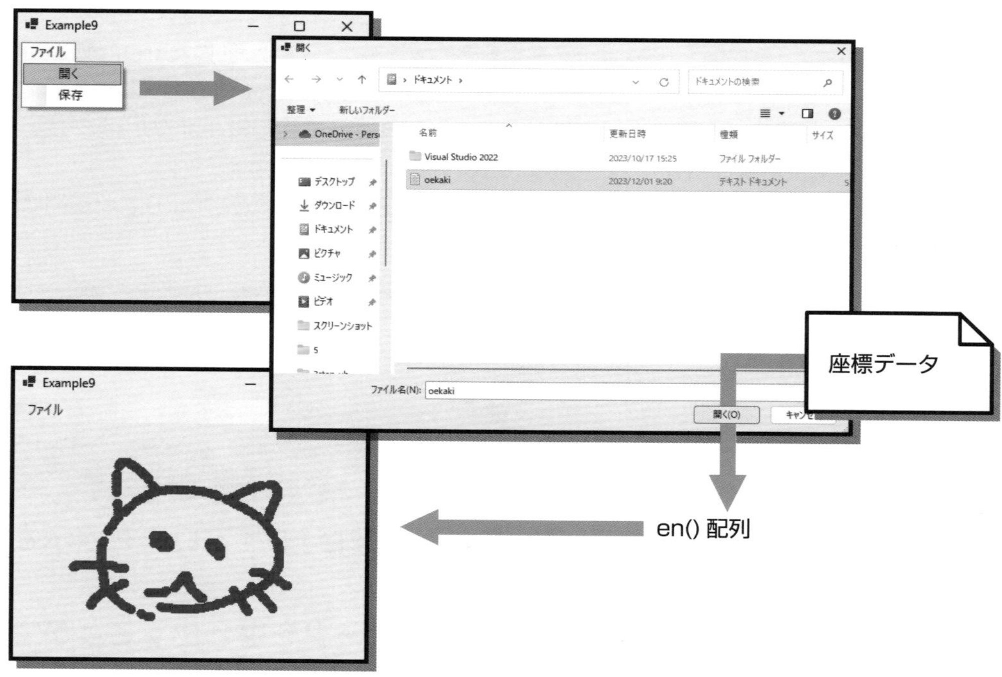

体験 座標データをファイルから読み込もう

1 ファイルメニューを表示させる

［Form1.vb［デザイン］］タブをクリックしてフォームのデザインウィンドウを表示させます1。

メニューの［ファイル］をクリックして、ファイルメニューを表示させます2。

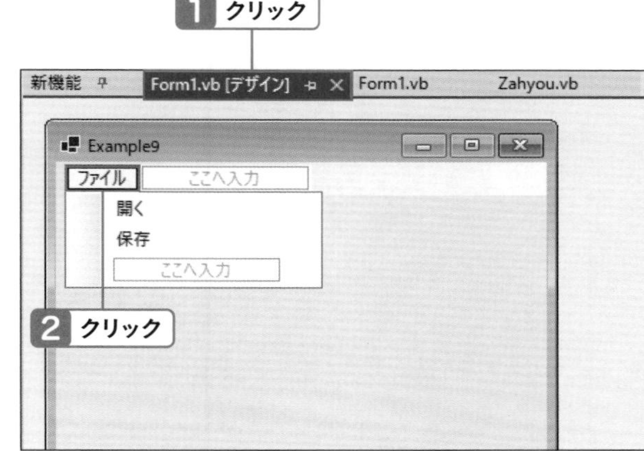

2 イベントプロシージャのスケルトンを作成する

［開く］をダブルクリックして、イベントプロシージャのスケルトンを作成します1。
17   Next i
  18   End Sub
  19
       0 個の参照
  20   Private Sub 保存ToolStripMenuItem_Click(sender As Object, e As EventArgs) Handles 保存ToolStripMenuItem.Click
31   Next i
  32   kakikomi.Close()
  33   End If
  34   End Sub
  35
       0 個の参照
  36   Private Sub 開くToolStripMenuItem_Click(sender As Object, e As EventArgs) Handles 開くToolStripMenuItem.Click
  37
  38   End Sub
  39 End Class
  40

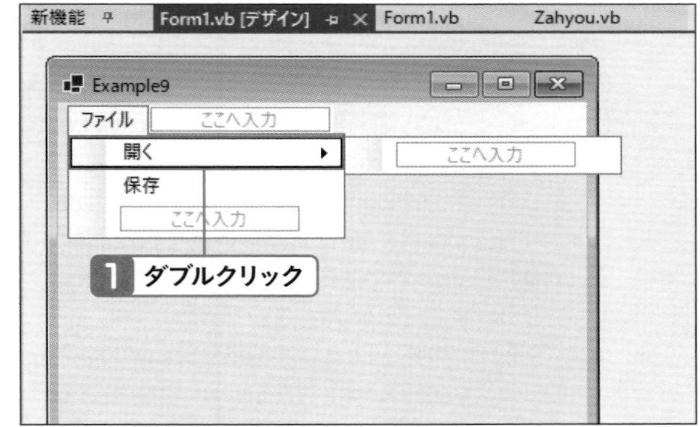

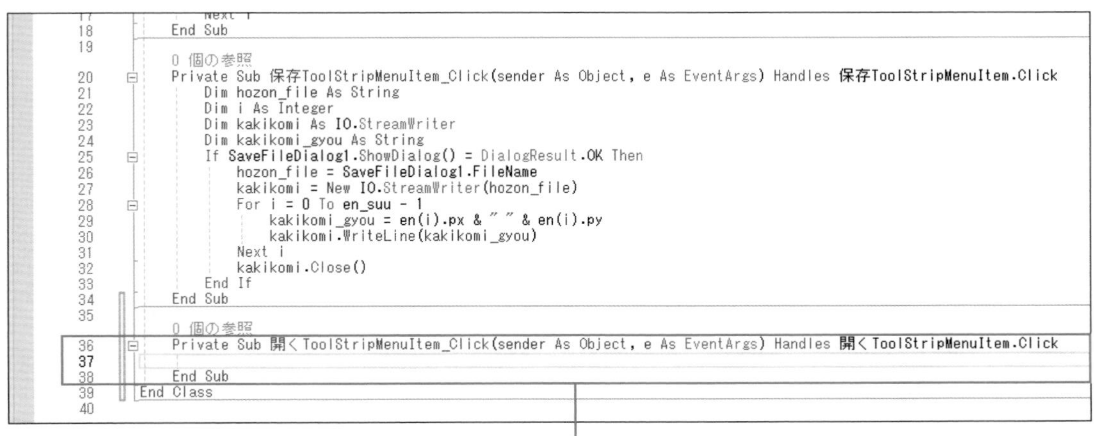

イベントプロシージャのスケルトンが作成される

3 イベントプロシージャにコードを入力する

イベントプロシージャ内に次のコードを入力します。少し長いですが、がんばって入力しましょう 1 。

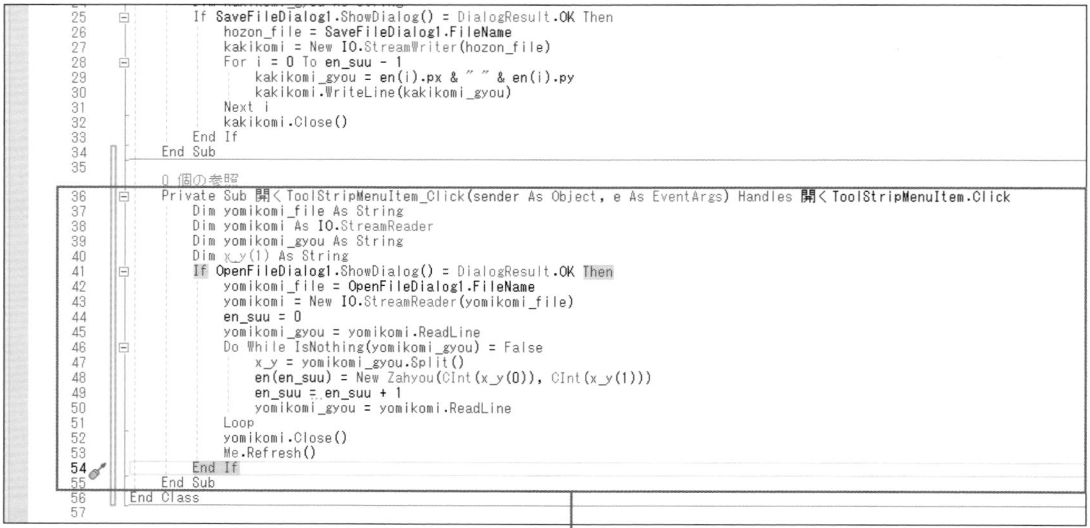

```
        If SaveFileDialog1.ShowDialog() = DialogResult.OK Then
            hozon_file = SaveFileDialog1.FileName
            kakikomi = New IO.StreamWriter(hozon_file)
            For i = 0 To en_suu - 1
                kakikomi_gyou = en(i).px & " " & en(i).py
                kakikomi.WriteLine(kakikomi_gyou)
            Next i
            kakikomi.Close()
        End If
    End Sub

    0 個の参照
    Private Sub 開くToolStripMenuItem_Click(sender As Object, e As EventArgs) Handles 開くToolStripMenuItem.Click
        Dim yomikomi_file As String
        Dim yomikomi As IO.StreamReader
        Dim yomikomi_gyou As String
        Dim x_y(1) As String
        If OpenFileDialog1.ShowDialog() = DialogResult.OK Then
            yomikomi_file = OpenFileDialog1.FileName
            yomikomi = New IO.StreamReader(yomikomi_file)
            en_suu = 0
            yomikomi_gyou = yomikomi.ReadLine
            Do While IsNothing(yomikomi_gyou) = False
                x_y = yomikomi_gyou.Split()
                en(en_suu) = New Zahyou(CInt(x_y(0)), CInt(x_y(1)))
                en_suu = en_suu + 1
                yomikomi_gyou = yomikomi.ReadLine
            Loop
            yomikomi.Close()
            Me.Refresh()
        End If
    End Sub
End Class
```

```
Private Sub 開くToolStripMenuItem_Click(sender As Object, _
    e As EventArgs) Handles 開くToolStripMenuItem.Click
    Dim yomikomi_file As String
    Dim yomikomi As IO.StreamReader
    Dim yomikomi_gyou As String
    Dim x_y(1) As String
    If OpenFileDialog1.ShowDialog() = DialogResult.OK Then
        yomikomi_file = OpenFileDialog1.FileName
        yomikomi = New IO.StreamReader(yomikomi_file)
        en_suu = 0
        yomikomi_gyou = yomikomi.ReadLine
        Do While IsNothing(yomikomi_gyou) = False
            x_y = yomikomi_gyou.Split()
            en(en_suu) = New Zahyou(CInt(x_y(0)), CInt(x_y(1)))
            en_suu = en_suu + 1
            yomikomi_gyou = yomikomi.ReadLine
        Loop
        yomikomi.Close()
        Me.Refresh()
    End If
End Sub
```

1 入力する

理解 OpenFileDialogの使用方法とファイルからの読み込み

OpenFileDialogの使用方法

```
If OpenFileDialog1.ShowDialog() = DialogResult.OK Then    ─1
    yomikomi_file = OpenFileDialog1.FileName
    yomikomi = New IO.StreamReader(yomikomi_file)    ─2
    en_suu = 0
    yomikomi_gyou = yomikomi.ReadLine    ─3
    Do While IsNothing(yomikomi_gyou) = False    ─4
        x_y = yomikomi_gyou.Split()    ─5
        en(en_suu) = New Zahyou(CInt(x_y(0)), _
        CInt(x_y(1)))
        en_suu = en_suu + 1
        yomikomi_gyou = yomikomi.ReadLine
    Loop
    yomikomi.Close()    ─6
    Me.Refresh()
End If
```

OpenFileDialogの使用方法は、SaveFileDialogとほとんど同じです。OpenFileDialogのShowDialogメソッドを呼び出すと、[開く]のダイアログが表示されます。

1 ボタンの判定

```
If OpenFileDialog1.ShowDialog() = DialogResult.OK Then
    yomikomi_file = OpenFileDialog1.FileName
```

戻り値によりダイアログでどのボタンがクリックされたかがわかるのもSaveFileDialogと同じです。
例のコードでは、[開く]のダイアログから[開く]がクリックされた場合にのみ、ファイルへの読み込み処理を行うようにしています。ダイアログで入力されたファイル名は、FileNameプロパティに記憶されています。

2 ファイルからの読み込み

```
yomikomi = New IO.StreamReader(yomikomi_file)
```

ファイルへの保存は、IO.StreamWriterクラスのオブジェクトを使って行いましたが、読み込みは、IO.StreamReaderを使います。Readerはリーダーと読みます。
ストリームから読み込むためのクラスであると考えてください。
StreamReaderはクラスであるため、Newによりオブジェクト化して使用します。StreamReaderのコンストラクタには引数でファイル名を与えることができます。作成されたオブジェクトは、引数で指定されたファイル名のファイルからデータを読み込むことができます。

3 ファイルの読み込み

```
yomikomi_gyou = yomikomi.ReadLine
```

ReadLineメソッドを使うと、ファイルから1行ごとに読み込みが行われます。

4 座標の読み込み

```
Do While IsNothing(yomikomi_gyou) = False
```

349ページで解説したように、読み込んだファイルには1行ごとに座標が記録されています。ファイルから読み込む場合は、最初に何行あるか調べない限り座標がいくつ記録されているのかはわかりません。そのため、ReadLineで1行分読み込んでみて、読み込みができなくなった時点でループを終了するようにしています。

5 読み込んだ座標値の分割

```
x_y = yomikomi_gyou.Split()
en(en_suu) = New Zahyou(CInt(x_y(0)), CInt(x_y(1)))
```

ファイルには1行にx座標とy座標の値が書かれています。ReadLineメソッドは読み込んだ行を戻り値として返してきます。戻り値はString型であるため、文字列として記憶されます。読み込み行の値を変数yomikomi_gyouで一度記憶しておきます。yomikomi_gyouには2つの値が文字列で記憶されています。x=100,y=80といった座標値であったのなら、xとy座標がスペースをはさんで記録されているはずです。前節で解説したように、読み込んだファイルには1行ごとに座標が記録されています。

```
100 80
```

このままCIntにかけても数値には変換できません。100と80にわける必要があります。この分割には、Stringの**Split**メソッドを使うことができます。Splitメソッドを実行すると、スペースをはさんで記録されたXとY座標がわけられ、それぞれが配列の要素として戻り値になります。この戻り値をx_yという配列変数に代入しています。

6 ストリームを閉じる、再表示イベントを発生させる

```
yomikomi.Close()
Me.Refresh()
```

ファイルからの読み込みが終了したら、Closeメソッドを呼び出してストリームを閉じます。この処理がないと、いつまでもファイルの読み込みが終了していないと思われてしまいます。最後のMe.Refresh()は、再表示イベントを発生させるための命令です。Refreshメソッドを呼び出すと、再表示イベントが発生し、Paintイベントプロシージャが実行されます。これで、ファイルから読み込んだ座標値で円が表示されます。

まとめ

- **OpenFileDialogにより、ファイル選択ダイアログを表示させることができる**
- **IO.StreamReaderにより、ファイルからデータを読み込むことができる**

4 動きを確認してみよう

完成ファイル | [1304] → [Example9] → [Example9.sln]

予習 プログラムの動作確認をしよう

ファイルへの保存、ファイルからの読み込み処理が完成しました。ここでいよいよ実行させてみましょう。
マウスで絵を描き、ファイルに保存します。プログラムを再起動し、保存ファイルから座標データを読み込んで絵を再現させます。

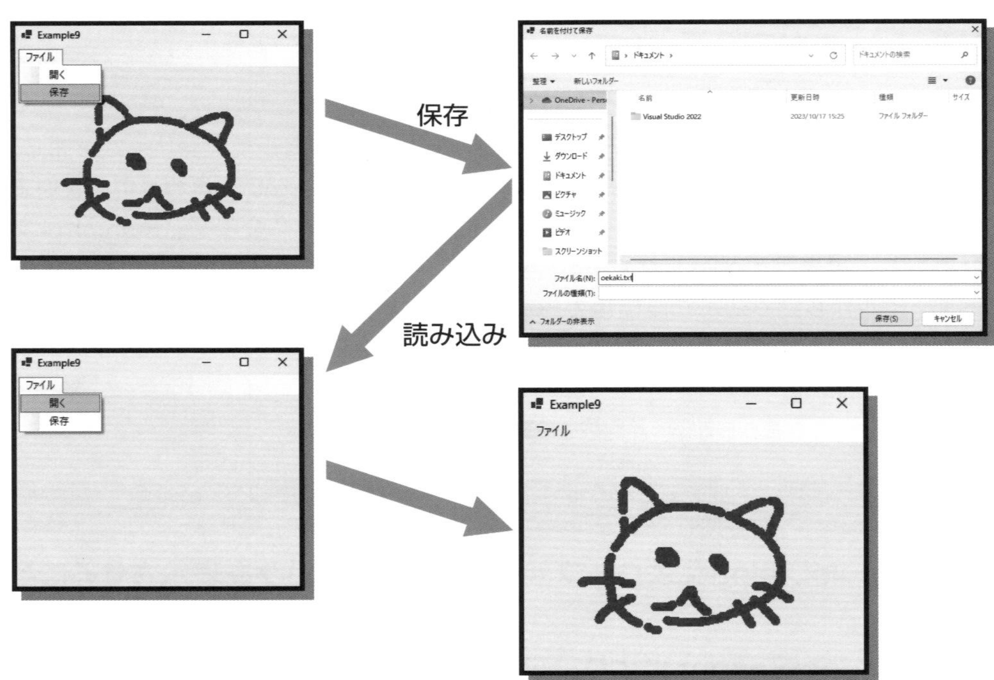

正しく再現されるかを検証する

体験 動きを確認しよう

1 プログラムを実行する

[デバッグ] メニュー → [デバッグの開始] の順にクリックしてプログラムを実行します1。ビルドエラーが発生した場合は、前節に戻ってコードに間違いがないか確認します。

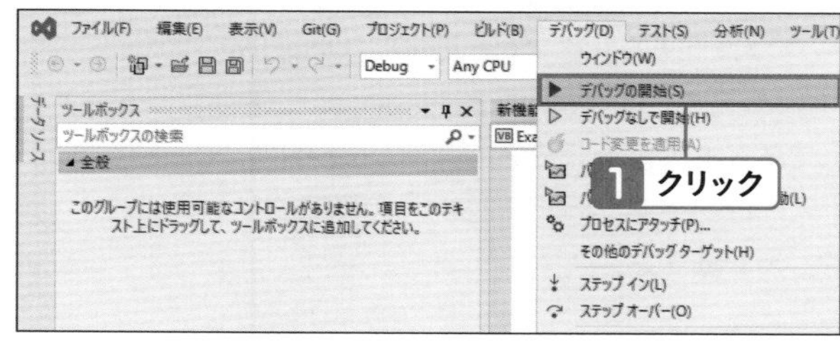

2 絵を描く

フォーム上でドラッグ操作して、適当に絵を描きます。
[ファイル] メニュー → [保存] の順にクリックします1。

3 ファイルに保存する

[名前を付けて保存] のダイアログが表示されます。[ファイル名] に「oekaki.txt」と入力します1。
[保存] ボタンをクリックします2。
これで、ファイル oekaki.txt に座標値が書き込まれました。プログラムは終了させましょう。

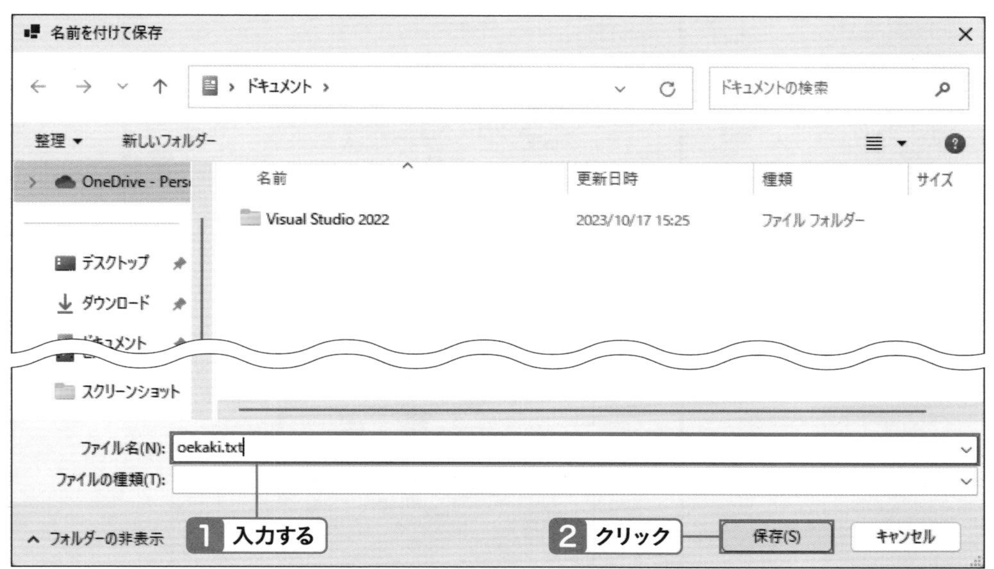

4 プログラムを実行する

[デバッグ] メニュー → [デバッグの開始] の順にクリックしてプログラムを実行します。
一度プログラムを終了したので、2で描いた絵は消えてしまっています。ファイルに保存してある座標値を読み込んでみましょう。
[ファイル] メニュー → [開く] の順にクリックします1。

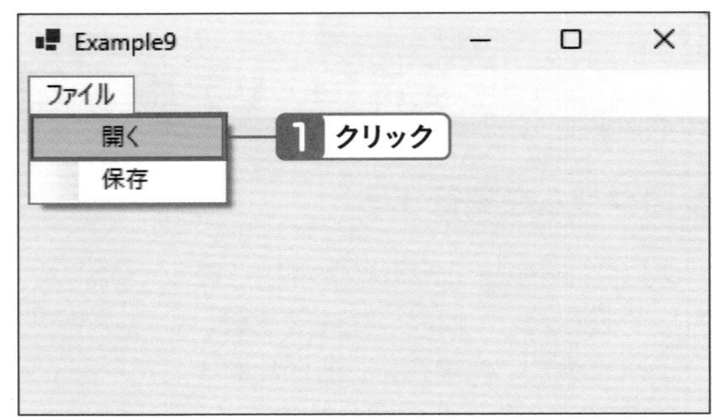

5 ファイルを開く

「開く」のダイアログが表示されます。リストからoekaki.txtをクリックします1。
[ファイル名] にoekaki.txtが入ります。[開く] ボタンをクリックします2。

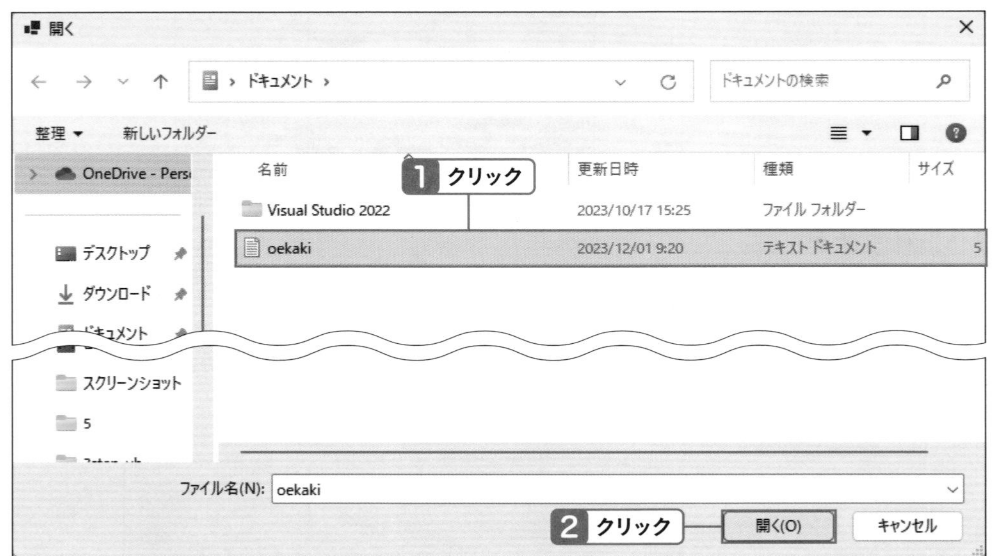

6 保存されている絵が表示される

oekaki.txtに保存されている座標値が読み込まれ、フォームに表示されました。

理解 プログラムの動作検証、テストについて

プログラムの動作検証

このくらいの規模のプログラムになると、頭の中だけで動きを追いかけていくのが難しくなってきます。特に、ファイルからの読み込み部分は、繰り返し処理の部分が、複雑です。ファイルから1行読み込んで、X座標とY座標に分割して、オブジェクトを作って、といくつものステートメントがあります。じっくり順を追っていかないと、すぐには理解できないと思います。

幸い、Visual Basicには使いやすいデバッガが付属しています。デバッガでステップ実行しながら変数の値、どういった行を読み込んだか、Splitで戻ってきた結果がどうなっているのかなどを確認しながらプログラムを追いかけてみると、プログラムの動きが見えてくると思います。

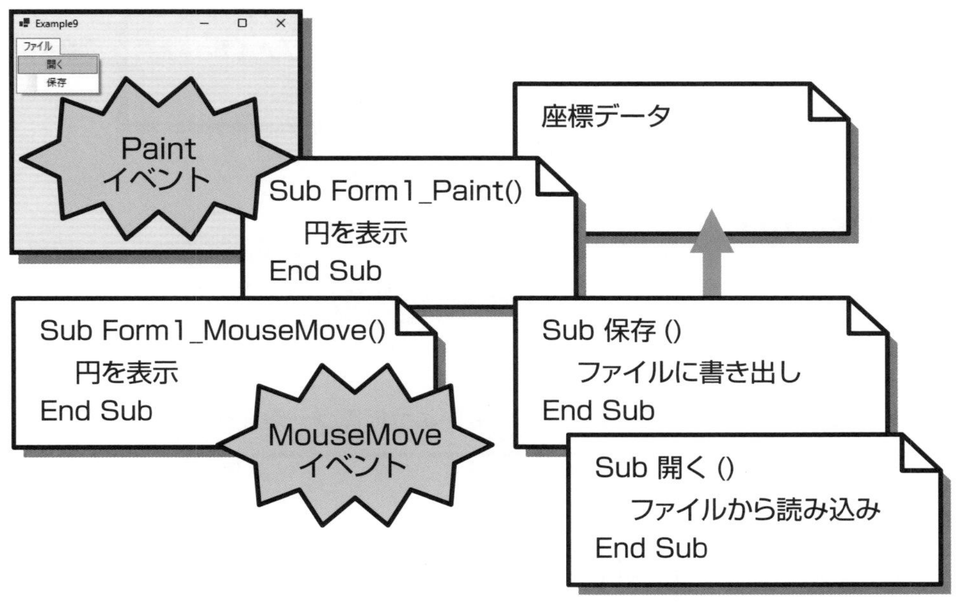

複雑なのでデバッガでステップ実行しながら動きを追う

>>> プログラムのテストについて

マウスのドラッグで描画した絵を座標値としてファイルに保存し、ファイルから座標値を読み込むことができました。一通り動作するプログラムになったわけですが、まだ完全ではありません。

円の数を1000個以上にすることができない、といったこともそうですが、ファイルを作成することができない、フォルダに保存しようとした場合はどうなるのか、開くで指定したファイルが保存したときのものでなかったらどうなるのか、といったことが考慮されていません。このようなプログラムが想定していない例外的な事象を**プログラムエラー**と呼びます。プログラムエラーとなるような状態になっても、プログラムが異常終了することなく動作するようにしなければなりません。

こういったプログラムの不具合を見つけるには、**テスト**を行うしかありません。プログラミングにおいてテストは重要です。テストすることからプログラミングを行う開発方法もあるくらいです。みなさんもテストしてプログラムの悪いところを見つけてみてください。

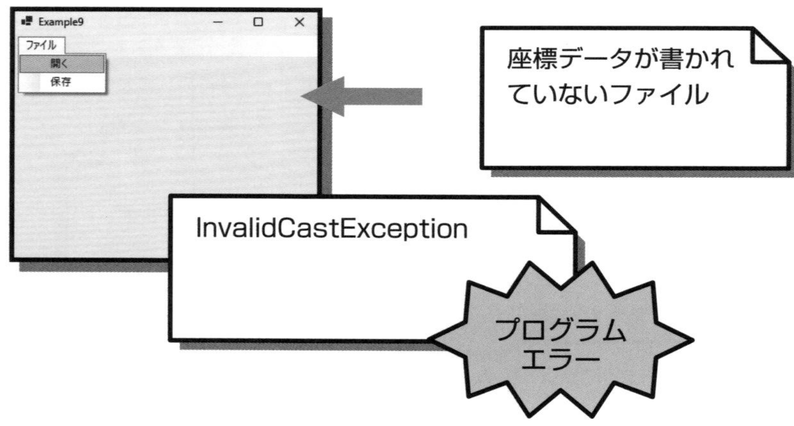

プログラムが異常終了することがないようにエラー処理を行った方がよい

COLUMN 例外処理について

実際に座標値が書かれていないファイルを開いてみると、多くの場合InvalidCastExceptionが発生します。こういった**例外**（Exception）をプログラムで処理するには、Try Catch構文を使います。本書では詳しくは説明しませんが、次のようにすると例外を捕捉することができ、InvalidCastExceptionはハンドルされませんでした、といったウィンドウは表示されなくなります。

```
Try
    ステートメント
Catch

    例外が発生したときに実行されるステートメント

End Try
```

TryとCatchの間に複数のステートメントを記述できます。この間のステートメントで例外が発生すると、CatchからEnd Tryまでの間のステートメントが実行されます。例外が発生しなければ、CatchからEnd Tryまでの間のステートメントは実行されません。

まとめ

- 複雑なプログラムの動きを追うときはデバッガのステップ実行を利用する
- プログラムの不具合を見つけるにはテストを十分に行う必要がある

第13章 練習問題

■問題1

次の文章の穴を埋めよ。

ファイルにデータを書き出す際には、IO.［ ① ］を使用する。IO.［ ① ］はクラス名であるため、使用する際はNewによりオブジェクトを生成して使用する。IO.［ ① ］にはファイル名を引数とするコンストラクタが存在している。ファイル名を指定してオブジェクト化したストリームは、指定したファイル名へデータを書き込むことができるものとなる。
ファイルからデータを［ ② ］際は、IO.StreamReaderを使用する。ReadLineなどのメソッドによりデータをファイルから［ ② ］ことができる。

ヒント 348ページ、354ページ。書き手はWriter、読み手はReader。

■問題2

以下のコードは、Example9のファイル読み込み処理のイベントプロシージャを改修して、座標値ファイルのコピーを作成するように機能追加したものである。コード中の穴を埋めてコードを完成させなさい。

```
Dim yomikomi_file As String
Dim yomikomi As IO.StreamReader
Dim yomikomi_gyou As String
Dim kakikomi As IO.StreamWriter
Dim x_y(1), kakikomi_gyou As String
If OpenFileDialog1.ShowDialog() = DialogResult.OK Then
    yomikomi_file = OpenFileDialog1.FileName
    kakikomi = New IO. [ ① ] ("コピー.txt")
    yomikomi = New IO.StreamReader(yomikomi_file)
    yomikomi_gyou = yomikomi.ReadLine
    Do While IsNothing(yomikomi_gyou) = False
        x_y = yomikomi_gyou.Split()
        kakikomi_gyou = x_y(0) & " " & x_y(1)
        kakikomi. [ ② ] (kakikomi_gyou)
        yomikomi_gyou = yomikomi.ReadLine
    Loop
    yomikomi.Close()
    kakikomi.Close()
End If
```

ヒント ファイルへの書き込みはStreamWriterを使用する。

練習問題解答

第1章 練習問題解答

■問題1

①エディタ　②コンパイラ　③デバッガ

➡14ページ参照

■問題2

①ツール　②統合開発

➡14ページ参照

■問題3

GUIに関する記述です。

➡20ページ参照

■問題4

ウインドウ、ボタン、ラベル、テキストボックスなど

➡21ページ参照

第2章 練習問題解答

■問題1

①コントロール　②プロパティ

➡34、38ページ参照

■問題2

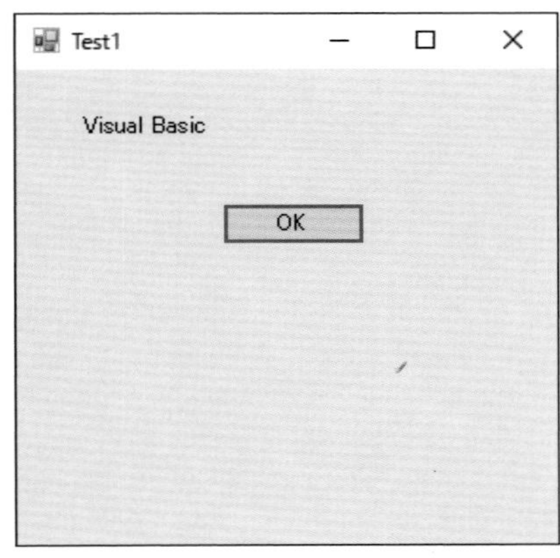

- **作成例は、以下のフォルダに収録しています。**

  [Chap2] → [02L2] → [Test1] → [Test1.sln]

  ➡ ラベルについては32ページ、
  ボタンについては42ページ参照

第3章 練習問題解答

■問題1

① イベント　② プロシージャ

解説

① GUIプログラムは、イベント駆動型プログラムです。詳細は、53ページを参照して下さい。

② イベントプロシージャにプログラマが命令を記述します。詳細は、55ページを参照して下さい。

■問題2

完成したコードは次の通りです。

```
Public Class Form1

    Private Sub Button_ao_Click(sender As Object, …
        Label_iro.BackColor = Color.Blue
    End Sub
End Class
```

解説

以下の手順に沿ってプログラムを作成します。

- **手順1**

  58ページを参照し、ボタン(Button_ao)のイベントプロシージャのスケルトンを作成する。

- **手順2**

  62ページを参照し、イベントプロシージャの中身を記述する。

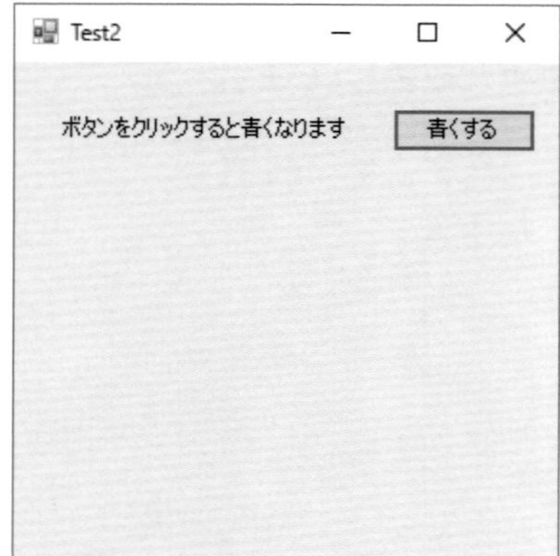

・**作成例は、以下のフォルダに収録しています。**
[Chap3] → [03L2] → [Test2] → [Test2.sln]

第4章 練習問題解答

■問題1

① ステートメント　② 上　③ 下

解説

① プログラムは、ステートメントを最小単位として作成していきます。詳細は、83ページを参照して下さい。

②・③ ステートメントは、上から下の順番で実行されていきます。詳細は、83ページを参照して下さい。

■問題2

5　3　4　2　1　の順に表示されます。

➡83ページ参照

■問題3

5　3　4　1　の順に表示されます。

➡85、96ページ参照

第5章 練習問題解答

■問題1

① 演算　② 変数

➡113、118ページ参照

■問題2

6が表示されます。

解説

4／2が先に計算されるので、5－2＋3となり、6と表示されます。コード自体については127ページを参照してください。

■問題3

8、16の順に表示されます。

解説

2^3は、2の3乗という計算です。つまり、8になります（113ページ参照）。すなわち、変数chuukan_kekkaには8が、変数kekkaには16が代入され、それぞれ出力ウィンドウに表示されます。

第6章 練習問題解答

■問題1

① Integer　② Double

➡154ページ参照

■問題2

① Double　② CDbl

解説

① 変数sahenは浮動小数点型であるDouble型で宣言します。

② テキストボックスに入力された値をCDblでDouble型に型変換します。

完成したプログラムは次のようになります。

```
Public Class Form1

    Private Sub Button_keisan_Click(sender As …
        Dim sahen As Double
        Dim uhen As Double
        sahen = CDbl(TextBox_sahen.Text)
        uhen = CDbl(TextBox_uhen.Text)
        TextBox_kotae.Text = CStr(sahen + uhen)
    End Sub
End Class
```

- **作成例は、以下のフォルダに収録しています。**
  [Chap6] → [06L2] → [Example3] → [Example3.sln]

■問題3

hensuu_StringにInteger型である110を代入する際に、String型への型変換が行われます。

➡ 170ページ参照

第7章 練習問題解答

■問題1

① 条件式　② Then

解説

① If命令には条件式を記述します。

② 条件式が真である場合に限りThen以降のステートメントが実行されます。詳細は、180ページを参照して下さい。

■問題2

「100 >= tensuu」と表示されます。

➡ 186ページ参照

解説

2行目で、変数tensuu に100が代入されているため、最初のIf命令はtensuu < 50で偽となり、ステートメントは実行されません。次のIf命令は100 >= tensuuで真となり、ステートメントが実行され、100 >= tensuuと表示されます。

■問題3

「条件式は真」と表示されます。

➡200ページ参照

2行目で、変数tensuu に80が代入されているため、If命令、0 <= tensuuは真となります。次のIf命令、tensuu <= 100も真となります。Andでつながれているため、2つの条件式がそれぞれ真となり、全体も真となり、次のステートメントが実行されます。

第8章　練習問題解答

■問題1

① Do While　② 初期値

➡208、231ページ参照

■問題2

① kosuu < 20（または kosuu <= 19）　② ＋

解説

① Do Whileの条件式は、「kosuuが20より小さい」になります。20になった時点でループ処理が終了するようにします。

② Do Whileの条件式で使用されている変数kosuuを順に増やす処理になります。

完成したコードは次の通りです。

```
Public Class Form1

    Private Sub Button_test_Click(sender As …
        Dim kosuu As Integer
        kosuu = 0
        Do While kosuu < 20
            Debug.Write("◎")
            kosuu = kosuu + 1
        Loop
    End Sub
End Class
```

- **作成例は、以下のフォルダに収録しています。**

[Chap8] → [08L2] → [Test3] → [Test3.sln]

第9章 練習問題解答

■問題1

① 要素　② 要素数（または最大の添え字）

■問題2

① 9　② kaisuu

解説

① 配列の宣言時に配列の大きさを最大の添え字で指定します。要素数が10であるため、最大の添え字は9になります。ループの終了値も同じ9になります。

② 配列の1要素を指定するには添え字が必要です。ループで処理しようとしているので、ここでの配列の添え字は、ループ変数である、kaisuuになります。

完成したコードは次の通りです。

```
Public Class Form1

    Private Sub Button_test_Click(sender As …
        Dim hairetsu(9) As Char
        Dim kaisuu As Integer
        For kaisuu = 0 To 9
            hairetsu(kaisuu) = "◎"
        Next kaisuu
        Debug.Print(CStr(hairetsu))
    End Sub
End Class
```

- **作成例は、以下のフォルダに収録しています。**

[Chap9]→[09L2]→[Test4]→[Test4.sln]

第10章 練習問題解答

■問題1

① モジュール　② 引数

解説

① プロシージャおよびファンクションはモジュールで定義することができます。モジュールの詳細については、269ページを参照して下さい。

② プロシージャ、ファンクションには、引数を付けることができます。引数の詳細については、287ページを参照して下さい。

■問題2

ファンクションに関する記述です。

➡281、283ページ参照

■問題3

① Return　② Function

解説

① ファンクションの戻り値はReturn命令で呼び出し元に戻すことができます。戻り値については、283ページを参照して下さい。

② ファンクションは、End Functionで終了します。ファンクション定義の詳細については、281ページを参照して下さい。

完成したファンクションは以下のようになります。

```
Function syouhizei(ByVal kingaku As Integer) As Integer

    Return kingaku * 0.1

End Function
```

第11章 練習問題解答

■問題1

① オブジェクト　② コンストラクタ

解説

① クラスは、オブジェクトの設計図となるものです。オブジェクトの生成にはNewを使用します。メソッドは、クラスからではなくオブジェクトから呼び出すことができます。詳細については、302ページを参照して下さい。

② Newによりオブジェクトを生成する際に、コンストラクタが呼び出されます。コンストラクタでは、オブジェクトの初期化を行います。詳細は、308ページを参照して下さい。

■問題2

Publicに関する記述です。

➡301ページ参照

■問題3

定義できます。

解説

2つのメソッドは同じset_iroという名前ですが、引数の数が異なっているため別のメソッドとして区別されます。詳細は、309ページを参照して下さい。

第12章 練習問題解答

■問題1

① FillEllipse　② MouseMove

解説

① GraphicsオブジェクトのFillEllipseメソッドにより円を表示することができます。詳細については、321ページを参照して下さい。

② マウスカーソルが移動するとMouseMoveイベントが発生します。詳細については、327ページを参照して下さい。

■問題2

① e.Button　② Brushes.Red

解説

① マウスボタンの状態がRightと一致するかどうかを条件式とします。

② 赤い円を表示させるため、Brushes.Redを指定します。

完成したイベントプロシージャは以下のようになります。

```
Private Sub Form1_MouseMove(sender As Object, _
    e As MouseEventArgs) Handles Me.MouseMove
    If e.Button = MouseButtons.Left Or _
        e.Button = MouseButtons.Right Then
        en(en_suu) = New Zahyou(e.X, e.Y)
        If e.Button = MouseButtons.Left Then
            Me.CreateGraphics().FillEllipse(Brushes.Blue, _
                en(en_suu).px, en(en_suu).py, 10, 10)
        ElseIf e.Button = MouseButtons.Right Then
            Me.CreateGraphics().FillEllipse(Brushes.Red, _
            en(en_suu).px, en(en_suu).py, 10, 10)
        End If
        en_suu = en_suu + 1
    End If
End Sub
```

- **作成例は、以下のフォルダに収録しています。**

  [Chap12]→[12L2]→[Example9]→[Example9.sln]

第13章 練習問題解答

■問題1

① StreamWriter　② 読み込む

解説

① StreamWriterでデータを書き出すことができます。詳細は、348ページを参照して下さい。

② StreamReaderでデータを読み込むことができます。詳細は、354ページを参照して下さい。

■問題2

① StreamWriter　② WriteLine

解説

① ファイルへ書き込むため、StreamWriterをNewします。

② WriteLineメソッドでファイルに変数の内容を書き込みます。

完成したコードは以下のようになります。

```
Dim yomikomi_file As String
Dim yomikomi As IO.StreamReader
Dim yomikomi_gyou As String
Dim kakikomi As IO.StreamWriter
Dim x_y(1), kakikomi_gyou As String
If OpenFileDialog1.ShowDialog() = DialogResult.OK Then
    yomikomi_file = OpenFileDialog1.FileName
    kakikomi = New IO.StreamWriter("コピー.txt")
    yomikomi = New IO.StreamReader(yomikomi_file)
    yomikomi_gyou = yomikomi.ReadLine
    Do While IsNothing(yomikomi_gyou) = False
        x_y = yomikomi_gyou.Split()
        kakikomi_gyou = x_y(0) & " " & x_y(1)
        kakikomi.WriteLine(kakikomi_gyou)
        yomikomi_gyou = yomikomi.ReadLine
    Loop
    yomikomi.Close()
    kakikomi.Close()
End If
```

- **作成例は、以下のフォルダに収録しています。**

[Chap13] → [13L2] → [Example9] → [Example9.sln]

Visual Studio Community 2022のインストール

ここでは、Visual Basicでプログラミングを行うための開発環境Visual Studio Community 2022のインストール方法を解説します。
本書では、次ページの手順でインストールを行います。場合によってはインストール後、コンピュータを再起動する必要があります。

1 ダウンロード

Microsoftのサイト(以下URL)からVisual Studio Community 2022のインストーラーをダウンロードします。

 https://www.visualstudio.com/ja/downloads/

Visual Studio 2022にはいくつかのエディションがあります。無償で利用可能なVisual Studio Communityをダウンロードするとよいでしょう❶。サイトには、Visual Studio 2022のシステム要件もあります。対象のPCが要件を満たしているか確認しましょう。

2 インストーラーの起動

Visual Studio 2022のインストーラー(VisualStudioSetup.exe)をダウンロードして実行します。
インストーラーを実行すると、右の画面が表示されますので、[続行]ボタンをクリックして❶、インストールを進めます。

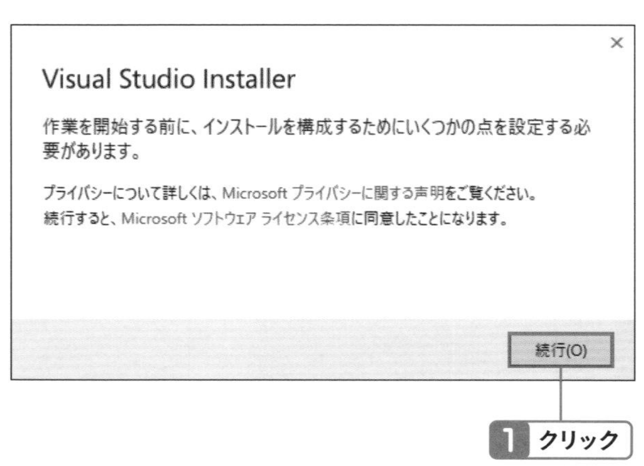

3 インストールするパッケージの選択

しばらくすると、インストールするパッケージの選択画面になります。
本書では、.NETフレームワークおよびWindowsフォームを使用したプログラムを作成していきますので、[.NETデスクトップ開発]をクリックして1、チェックを付けた状態にします。

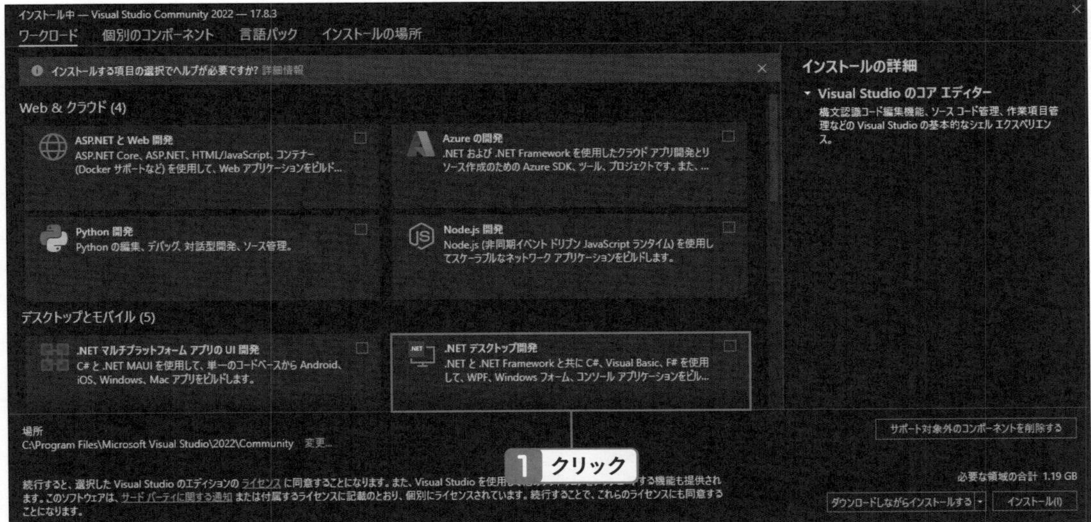

4 インストールを開始

[.NETデスクトップ開発]にチェックが付いている状態を確認して1、
[インストール]ボタンをクリックします2。

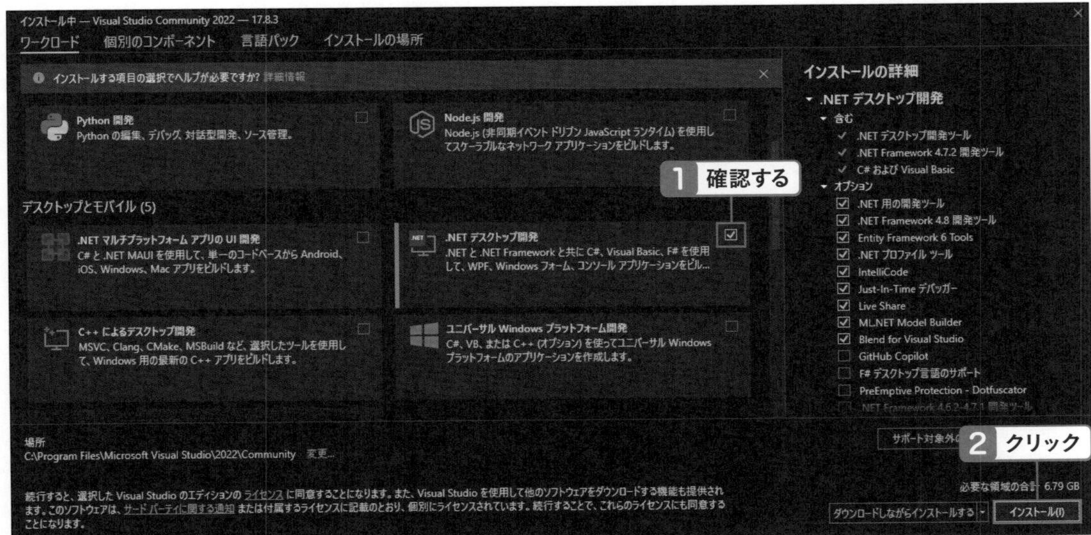

5 インストールの終了

以下の画面になったら、インストールは終了です。[OK] ボタンをクリックして1、インストーラーを終了します。再起動指示が出ている場合はPCを再起動します。
Visual Studioを起動すると、「Visual Studioにサインイン」というウィンドウが表示されます。今回使用するCommunityエディションの場合、「今はスキップする。」をクリックして、アカウントを作成せずに利用することができます。また、Microsoftアカウントを取得済みの場合、Microsoftアカウントでサインインします。

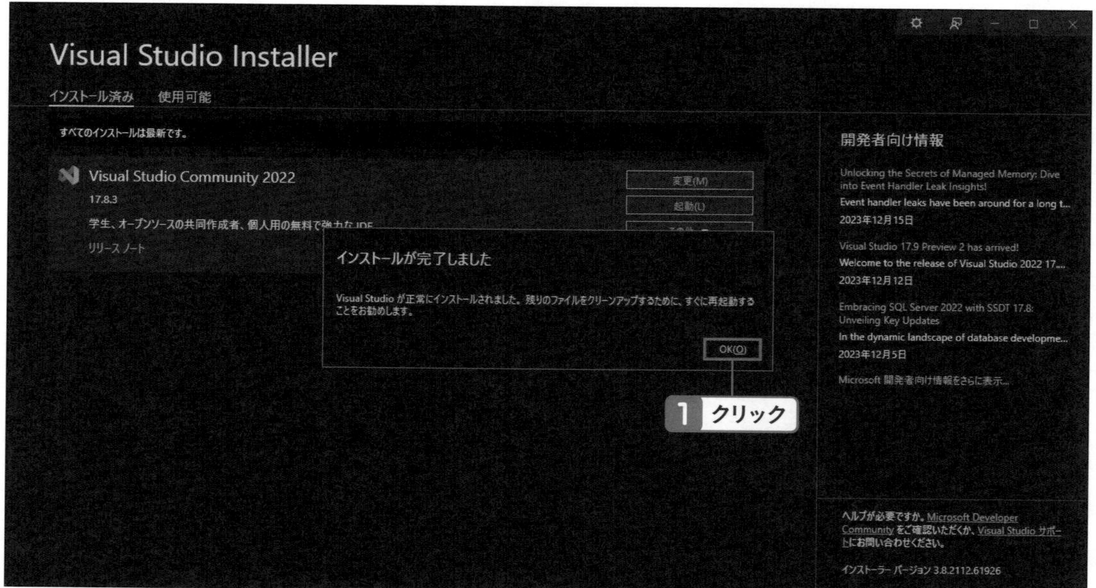

Visual Studio Community 2022をインストールするために必要な要件

Visual Studio Community 2022のインストールに必要な要件は、以下の通りになっています。
(以下は2023年12月現在の情報です。最新の情報についてはMicrosoft社のWebページをご確認ください)

◉OS

Windows 11 OS 最小バージョン以降 (Home、Pro、Pro Education、Pro for Workstations、Enterprise、Education)
Windows 10 OS 最小バージョン以降 (Home、Professional、Education、Enterprise)
Windows Server Core 2016、2019、2022
Windows Server 2016、2019、2022 (Standard、Datacenter)

◉プロセッサ

ARM64またはx64プロセッサでクアッドコア以上を推奨。ARM32プロセッサはサポート外

◉RAM

4GB以上。16GB以上を推奨

◉ハードディスク容量

最小850MB、最大210GBの空き領域 (インストールされる機能により異なる)

◉ディスプレイ

WXGA (1366x 768) 以上。フルHD (1920 x 1080) 以上を推奨

サンプルファイルのダウンロード

本書で利用しているサンプルファイルは、以下のURLのサポートページからダウンロードすることができます。ダウンロード直後は圧縮ファイルの状態なので、適宜展開してから使用してください。

http://gihyo.jp/book/2024/978-4-297-14025-0/support

フォルダの構成

展開後のサンプルファイルは、次のフォルダ構成になっています。

① [Projects] フォルダを開くと、[Chap2] から [Chap13] までのフォルダが表示されます。 フォルダ名は、[Chap2] は第２章というように、各章番号に対応しています。
② 続いて、これらのフォルダ（例：[Chap2] フォルダ）を開くと、複数のフォルダが表示されます。フォルダ名は、[0201] は第２章の第１節というように、章の中の各節番号に対応しています。
また、章末の練習問題でプログラムを作成する課題がある場合は、加えて [02L2] のように、「章番号L問題番号」というファイル名でサンプルファイルが用意されています。
③ さらに、これらのフォルダ（例：[0201] フォルダ）を開くと、[Example○] が表示されます。このフォルダ名は、各節で作成されるプロジェクト名に対応しています。
④ [Example○] フォルダ内の [Example○.sln] をダブルクリックすると、その節で解説しているプロジェクトのサンプルファイルが開きます。＜プロジェクトの場所は信頼されていません＞というエラーメッセージが表示される場合は、無視して＜OK＞をクリックしてください。
⑤ サンプルファイルをVisual Studioで開くと、配置されているフォルダが異なるためフォームやコードウインドウが表示されません。ソリューションエクスプローラを使って表示させてください。ソリューションエクスプローラについては35ページを参照してください。

これらのサンプルファイルは、Visual Studio Community 2022をインストールした環境で使用することができます。インストールの方法は、376ページを参照してください。

Index

索引

Index

■ま行

■や行

■ら行

［著者略歴］
朝井　淳（あさい　あつし）　Asai Atsushi
1966年（丙午）生まれの男。最近はAWSサービスと介護に奮闘中。自作PCにProxmoxを入れサーバーを立てることと料理が好きな、システムエンジニア兼テクニカルライターである。

主な著書
「［改訂第４版］SQLポケットリファレンス」（技術評論社）
「［データベースの気持ちがわかる］SQLはじめの一歩」（技術評論社）
「C言語 ポインタが理解できない理由」（技術評論社）

● **カバーデザイン**
小川純（オガワデザイン）
● **カバーイラスト**
日暮真理絵
● **DTP**
SeaGrape
● **編集**
土井清志
● **お問い合わせページ**
https://book.gihyo.jp/116

3ステップでしっかり学ぶ Visual Basic入門 改訂第3版

2009年12月　5日　　初　版　第1刷発行
2024年 3月16日　　第3版　第1刷発行

著者	朝井　淳
発行者	片岡　巌
発行所	株式会社技術評論社 東京都新宿区市谷左内町21-13 電話　03-3513-6150　販売促進部 　　　03-3513-6160　書籍編集部
印刷／製本	図書印刷株式会社

定価はカバーに表示してあります。

ISBN978-4-297-14025-0　C3055
Printed in Japan

〒162-0846
東京都新宿区市谷左内町21-13
株式会社技術評論社　書籍編集部
「3ステップでしっかり学ぶ　Visual Basic入門
改訂第3版」質問係
FAX番号　03-3513-6167